大学数学基础教程

张若军　刘文静　编

清华大学出版社
北京

内 容 简 介

全书内容共分上、下两篇，上篇介绍数学文化，包括数学概述、常用的数学思想与方法简介、三次数学危机、数学美学、数学国际以及数学的新进展共 6 章内容；下篇介绍数学的应用，包括代数学应用、几何学应用、分析学应用、概率统计应用及运筹学应用共 5 章内容.

根据文科的特点，本书强调数学基本思想的阐释，省略烦琐的计算和证明，叙述上力求简洁直观、浅显易懂. 本书选材较宽泛，且注重阐释数学的文化价值及数学理论的应用价值. 每章后面的思考题、自主探索或合作研究的习题内容，旨在强调对学生的思维训练和学习能力的培养，以期达到文理通融，提高文科生数学素养的目的. 考虑到教学学时的限制，教师可根据需要灵活选择内容和组织教学.

本书便于教学和自学，适合作为艺术类、体育类专业以及对数学要求较为宽松的文科专业的大学数学教材，同时可作为感兴趣的学习者的一本参考资料.

图书在版编目(CIP)数据

大学数学基础教程/张若军，刘文静编. —北京：清华大学出版社，2017(2025.1 重印)
ISBN 978-7-302-48617-6

Ⅰ. ①大… Ⅱ. ①张… ②刘… Ⅲ. ①高等数学－高等学校－教材 Ⅳ. ①O13

中国版本图书馆 CIP 数据核字(2017)第 256922 号

责任编辑：汪 操 赵从棉
封面设计：刘艳芝
责任校对：王淑云
责任印制：丛怀宇

出版发行：清华大学出版社
网 址：https://www.tup.com.cn，https://www.wqxuetang.com
地 址：北京清华大学学研大厦 A 座 **邮 编**：100084
社 总 机：010-83470000 **邮 购**：010-62786544
投稿与读者服务：010-62776969，c-service@tup.tsinghua.edu.cn
质量反馈：010-62772015，zhiliang@tup.tsinghua.edu.cn
印 装 者：涿州市般润文化传播有限公司
经 销：全国新华书店
开 本：185mm×230mm **印 张**：17.25 **字 数**：377 千字
版 次：2017 年 12 月第 1 版 **印 次**：2025 年 1 月第 4 次印刷
定 价：59.00 元

产品编号：074965-02

前言

FOREWORD

数学作为历史悠久且源远流长的科学，如今，在世界各地的学校教育的各个阶段、各个层面已然成为学习时间最长、对升学考试和素质培养都非常重要的一门课程.21 世纪，数学对科技的发展与进步更是举足轻重、不可或缺.因此，一个有修养学识的当代人，需要具备一些数学素质，能够对世界和自身多些理性的思考，而非仅仅是感性的强大.

2015 年秋季学期，我校教务处决定为音乐表演专业、体育专业以及少数民族本科生开设"大学数学"课程.此前，21 世纪初至今，我校已经为新闻与传播、政治学与行政学、外语等人文专业开设了"大学数学"课程.但此"大学数学"非彼"大学数学"，面对高中数学基础要求相对较低，学生对数学更具"抵触"情绪，且在全国高校几无开设此类课程的情形，授课教师面临一系列难题：如何选择合适的内容编写教材，进而制订教学大纲？采用何种教学模式更有效？怎样的考核方式更能体现公平与合理？……

作为教学的依据与载体，教材是课程教学首先要解决的问题.经过几番深入讨论，我们授课教师达成较为一致的意见，那就是：采用更多样的视角，不太过数学化的追求细枝末节、面面俱到，不用太多的数学技术铺垫，但要做到通俗易懂，再兼具一点点有趣.然而，数学教师总觉得前期不奠定些基础，后期讲述就不清楚.教师习惯了纯数学的讲授，哪怕是非常复杂或技巧性很强的数学题，教师明白以后，似乎可以一劳永逸，因为自己懂得，所以也觉得简单，但却忽略了学生的感受.事实上，如铁桶般严密无懈可击的数学定义、定理、命题大多数时候恰是学生"惧怕"数学之源，对教师而言却是——不严谨则难以忍受，甚至"痛苦"得很.许多优秀的数学科普读物在某些地方似乎不够严格详细，但更少高高在上、曲高和寡的感觉，至少让人了解数学思想的普适性和应用的广泛性.尽管严肃与通俗二者微妙的平衡很难把握，但在教材的编写中也许可以做一尝试.

基于以上的认识，本书分为上、下两篇编写，上篇介绍数学文化，下篇介绍数学的应用.上篇的编写原则是叙述简单扼要，每章后设置 5～8 个思考题，为课后的进一步讨论学习之用.下篇的主要编写原则如下：

（1）省略复杂的计算和技巧性的证明，不设烦琐的例题、习题，代之以更加基础平实的内容；

(2) 阐述简洁清晰，对概念、定理、结论的来龙去脉交代清楚；

(3) 每章后的习题分为自主探索、合作研究两部分，鼓励个体较深入的学习探究以及提升与人合作的研究能力.

在课程成绩评定方面，教师可以考虑采用过程式考核的评价标准，最终成绩包括出勤、课上表现、课后作业、自主探索或合作研究的报告、期末的闭卷考试几部分，这样的评价方式更能体现对学习过程的有效监督，成绩组成也更趋于合理.

数学教师思想的转变在课程的教学中是十分重要的，教师千万不要将艺术体育类的大学数学课程等同于理工科的高等数学课程，不要奢望目标宏大到将文科学生训练成合格的理工科学生——熟练高等数学的基本概念、掌握必备的计算技能和证明技巧，以及应用数学解决实际问题的初步能力等. 若沿袭高等数学课程多年一成不变的模式，则我们的教学将是失败中的失败，师生都将身心俱疲. 鉴于此，本书的初衷是在短时间内向学生传递一些重要的数学文化与数学应用的内容. 而要做到这一点，唯一可行的方案就是在内容取舍上“偷工减料”——但还要不至于显得莫名其妙，的确很难！我们今天的探索，就在于为艺术体育类的大学数学课程寻找一个基调，尽管众口难调.

对于此类课程，也许由数学大家以百家讲坛的模式来讲述更为理想，更能做到雅俗共赏. 作为教学一线的普通基层教师，在开设此类课程时，更多的是以有限的能力去尽力做一些尝试，能让艺术体育类专业的学生即使不能爱上数学，至少不再惧怕数学. 希望我们的尝试能有些许成效. 编者十分赞赏将此类课程定位为：减少对数学累积的“仇恨”，搭建一座文理通融的桥梁，传递一缕文化的馨香，培养一点数学的素养. 教材的前言、第 1 章至第 8 章由张若军编写，第 9 章至第 11 章由刘文静编写，最后由张若军统稿. 教材的内容是按照一个学期，每周 3 学时安排的. 在具体的教学过程中，教师可根据需要做出删减或增补. 带“*”的内容难度较大，可作为课外的选读.

编者十分感谢中国海洋大学教务处对本书出版提供资助和大力支持，也感谢数学科学学院多年来对数学公共课教学的重视，尤其是方奇志教务长、谢树森院长、李长军副院长给予的关心和鼓励. 还要感谢编者的许多同事在教材编撰方面提供的帮助，使得本书得以顺利付梓. 鉴于编者的数学和写作水平，书中的错漏之处在所难免，期待广大同行批评指正，以便日后有机会进行修订. 更希望本书能够抛砖引玉，以期未来有更优秀的、更适合的此类教材出版，能更好地实现数学教育人文化的目标.

编　者

2017 年 7 月

目录

CONTENTS

上篇　数学文化

第1章　数学概述 …… 3
1.1　数学的定义与内容 …… 3
1.1.1　数学的诸多定义 …… 3
1.1.2　数学科学的内容 …… 5
1.2　数学发展史概况 …… 7
1.2.1　数学发源时期 …… 7
1.2.2　初等数学时期 …… 8
1.2.3　近代数学时期 …… 10
1.2.4　现代数学时期 …… 11
1.3　数学科学的特点与价值 …… 11
1.3.1　数学科学的特点 …… 11
1.3.2　数学科学的价值 …… 14
1.4　数学与各学科的联系 …… 20
1.4.1　数学与哲学 …… 20
1.4.2　数学与科学 …… 21
1.4.3　数学与艺术 …… 22
思考题1 …… 27
拓展阅读1 …… 27

第2章　常用的数学思想与方法简介 …… 30
2.1　公理化方法 …… 30
2.1.1　公理化方法的产生和发展 …… 30
2.1.2　公理系统构造的三性问题 …… 32
2.1.3　公理化方法的意义和作用 …… 33

2.2 类比法 …… 34
2.3 归纳法与数学归纳法 …… 36
2.3.1 归纳法 …… 36
2.3.2 数学归纳法 …… 38
2.4 数学构造法 …… 39
2.5 化归法 …… 42
2.5.1 特殊化与一般化 …… 43
2.5.2 关系映射反演方法 …… 44
2.6 数学模型方法 …… 45
思考题2 …… 48
拓展阅读2 …… 49

第3章 三次数学危机 …… 52
3.1 悖论举例 …… 52
3.2 第一次数学危机 …… 55
3.2.1 无理数与毕达哥拉斯悖论 …… 55
3.2.2 第一次数学危机的解决 …… 57
3.3 第二次数学危机 …… 59
3.3.1 无穷小与贝克莱悖论 …… 59
3.3.2 第二次数学危机的解决 …… 61
3.4 第三次数学危机 …… 62
3.4.1 集合论与罗素悖论 …… 62
3.4.2 第三次数学危机的解决 …… 63
3.5 数学的三大学派 …… 65
3.5.1 逻辑主义学派 …… 65
3.5.2 直觉主义学派 …… 66
3.5.3 形式主义学派 …… 66
思考题3 …… 67
拓展阅读3 …… 68

第4章 数学美学 …… 70
4.1 数学与美学 …… 70
4.1.1 数学美的概念 …… 70
4.1.2 数学美的一般特征 …… 71
4.2 数学美的内容 …… 73
4.2.1 简洁美 …… 74
4.2.2 对称美 …… 75

4.2.3 和谐美 …… 77
4.2.4 奇异美 …… 79
4.3 数学美的地位和作用 …… 83
思考题 4 …… 85
拓展阅读 4 …… 85

第 5 章 数学国际 …… 88
5.1 世界数学中心及其变迁 …… 88
5.2 国际数学组织与活动 …… 91
5.2.1 国际数学联盟 …… 91
5.2.2 国际数学家大会 …… 92
5.3 国际数学大奖 …… 94
5.3.1 菲尔兹奖——青年数学精英奖 …… 94
5.3.2 沃尔夫奖——数学终身成就奖 …… 96
5.3.3 其他数学奖 …… 97
5.4 国际数学竞赛 …… 99
5.4.1 国际数学奥林匹克竞赛 …… 99
5.4.2 国际大学生数学建模竞赛 …… 100
思考题 5 …… 100
拓展阅读 5 …… 101

第 6 章 数学的新进展之一——分形与混沌 …… 104
6.1 分形几何学 …… 104
6.1.1 海岸线的长度 …… 104
6.1.2 柯克曲线及其他几何分形 …… 106
6.1.3 分数维与分形几何 …… 109
6.2 混沌动力学 …… 112
6.2.1 洛伦兹的天气预报与混沌的概念 …… 112
*6.2.2 产生混沌的简单模型——移位映射 …… 113
*6.2.3 倍周期分支通向混沌——逻辑斯蒂映射 …… 114
6.3 分形与混沌的应用及哲学思考 …… 115
6.3.1 应用举例 …… 115
6.3.2 哲学思考 …… 117
思考题 6 …… 118
拓展阅读 6 …… 119

下篇 数学的应用

第 7 章 代数学应用专题 …… 123
7.1 百鸡问题及其他——初等数论之应用 …… 123
7.1.1 百鸡问题 …… 123
7.1.2 同余的概念 …… 123
7.1.3 物不知数 …… 124
7.1.4 “物不知数”问题的解法 …… 125
7.1.5 “百鸡问题”的解法 …… 127
7.2 暗算之保密通信——数论及线性代数之应用 …… 129
7.2.1 加密通信简介 …… 129
7.2.2 公开密钥体制 …… 130
7.2.3 RSA 公钥方案的实施与实例 …… 130
7.2.4 矩阵和行列式的概念 …… 131
7.2.5 加密信息的矩阵传递 …… 136
*7.3 几何作图三大难题的解决——近世代数之应用 …… 137
7.3.1 几何作图的三大难题 …… 137
7.3.2 可构造数域与尺规作图 …… 138
7.3.3 几何作图三大难题的解答 …… 142
习题 7 …… 143

第 8 章 几何学应用专题 …… 146
8.1 图形的美与实用——初等几何之应用 …… 146
8.1.1 黄金分割的来源及应用实例 …… 146
8.1.2 方圆合一的自然规则 …… 149
8.1.3 多边形内角和与拼装技术 …… 150
8.1.4 正多面体的种类及应用 …… 150
8.2 远光灯、机械曲线——解析几何之应用 …… 152
8.2.1 解析几何之圆锥曲线简介 …… 152
8.2.2 圆锥曲线的应用 …… 154
8.2.3 远光灯的原理解析 …… 156
8.2.4 旋轮线(最速降线)的产生及应用 …… 157
*8.3 莫比乌斯带、迷宫及其他——拓扑学之应用 …… 160
8.3.1 拓扑学概述 …… 160
8.3.2 莫比乌斯带的性质及应用 …… 161
8.3.3 迷宫的走法 …… 162

8.3.4 拓扑学的应用举例 …… 163

*8.4 网络的最短路径——微分几何之应用 …… 164

8.4.1 微分几何简介 …… 164

8.4.2 不同寻常的最短路径 …… 164

习题 8 …… 166

第 9 章 分析学应用专题 …… 168

9.1 经济学中的边际效用——导数之应用 …… 168

9.1.1 边际效用 …… 168

9.1.2 函数 …… 169

9.1.3 极限 …… 173

9.1.4 导数 …… 176

9.1.5 导数的应用 …… 179

9.2 不规则平面图形的面积和旋转体的体积——积分之应用 …… 182

9.2.1 问题的提出 …… 182

9.2.2 不定积分 …… 183

9.2.3 定积分 …… 185

9.2.4 定积分的应用 …… 188

9.3 音乐中的数学——级数之应用 …… 192

9.3.1 简单声音的数学公式 …… 193

9.3.2 音乐结构的数学本质 …… 193

9.3.3 音乐性质的数学解释 …… 195

9.3.4 数学分析在声音合成领域中的应用 …… 195

9.4 刑侦学中的数学——微分方程之应用 …… 196

9.4.1 微分方程简介 …… 196

9.4.2 死亡时间的确定 …… 197

9.4.3 血液中酒精浓度的测定 …… 198

习题 9 …… 199

第 10 章 概率统计应用专题 …… 201

10.1 直觉的误区——概率之应用 …… 202

10.1.1 问题的提出 …… 202

10.1.2 直觉的误区——古典概率 …… 203

10.1.3 会面问题——几何概率 …… 208

10.1.4 无序中的有序——统计概率 …… 208

10.1.5 主观概率 …… 210

10.2 正态分布——最自然的分布 …… 211

10.2.1 随机变量及其概率分布 …… 211
10.2.2 期望、方差和标准差 …… 212
10.2.3 正态分布 …… 213
10.2.4 百年灯泡存在的原因 …… 215
10.2.5 医院床位紧缺问题的分析 …… 216
10.3 预言美国总统选举结果——随机抽样之应用 …… 217
10.3.1 统计学概述 …… 217
10.3.2 抽样调查 …… 218
10.3.3 美国总统选举前的民意测验 …… 219
10.4 池塘里鱼的数量问题——最大似然估计之应用 …… 221
10.4.1 由样本估计总体 …… 221
10.4.2 最大似然估计法的原理 …… 224
10.4.3 池塘里鱼的数量问题 …… 225
*10.5 医学中的药效问题——假设检验之应用 …… 226
10.5.1 假设检验 …… 226
10.5.2 药物检测 …… 228
习题 10 …… 230

第 11 章 运筹学应用专题 …… 233
11.1 对抗与合作——博弈论 …… 233
11.1.1 博弈的含义 …… 233
11.1.2 个人利益与集体利益的冲突——囚徒困境 …… 236
11.1.3 搭便车——智猪博弈 …… 240
11.1.4 狭路相逢勇者胜——懦夫博弈 …… 242
11.1.5 双赢或双亏——情侣博弈和安全博弈 …… 243
11.1.6 混合策略 …… 244
11.1.7 动态博弈 …… 249
11.2 资源的合理利用——规划论 …… 252
11.2.1 生产计划问题——线性规划 …… 253
11.2.2 背包问题——整数线性规划 …… 255
*11.3 四色问题——图论 …… 256
习题 11 …… 257

习题答案或提示 …… 260

参考文献 …… 266

上篇

数学文化

数学文化是在数学的产生和发展过程中，人类社会实践所创造的有价值、有意义的物质财富和精神财富的总和，特指精神财富．虽然数学不能直接创造物质财富，但其在推动所有科学技术的发展方面都扮演着极其重要、不可替代的角色．同时，数学传承的精神、思想和方法深刻地影响着人们的思维和世界观．因此，数学是人类文化的重要组成部分，数学文化是数学和人文的结合．本篇撷取数学文化的部分主要内容，从宏观的角度解释数学的本质、简介数学的发展史、认识数学的价值、领略数学的思想方法、直面数学危机、品味数学之美、追踪数学热点．通过本篇的学习，我们可以从不同于以往数学知识的层面审视数学、感悟数学，以更多样的角度对数学有更透彻的理解和更丰富的体验．

第1章 数学概述

数学是打开科学大门的钥匙……忽视数学必将伤害所有的知识，因为忽视数学的人是无法了解任何其他科学乃至世界上任何其他事物的. 更为严重的是，忽视数学的人不能理解到他自己这一疏忽，最终将导致无法寻求任何补救的措施.

——罗杰·培根(R. Bacon，约1214—1293，英国哲学家、自然科学家)

人类的发展史就是不断认识、适应和改造自然的历史，在这一过程中，数学随之产生和发展起来. 作为几千年来人类智慧的结晶和人类文明的一个重要组成部分，数学所蕴含的精神、思想和方法是我们取之不尽、用之不竭的宝贵财富.

今天，数学已渗透到人类生活的各个领域，成为衡量一个国家发展、科技进步的重要标准，现代的人才应具备一定的数学基本素质也成为共识. 本章将从多个视角探讨究竟"什么是数学?"

1.1 数学的定义与内容

1.1.1 数学的诸多定义

数学，起源于人类早期的生产活动，为中国古代六艺之一(六艺中称之为"数")，也被古希腊学者视为哲学的起点. 数学的英语为 Mathematics，源自于古希腊语，意思是"学问的基础".

伟大的革命导师恩格斯(F. V. Engels，德，1820—1895)早在19世纪就曾说过："数学是研究现实世界中的数量关系与空间形式的一门科学."这是一个一度得到大家广泛共识的数学的定义. 但是，随着现代科学技术和数学科学的发展，人类进入信息时代，"数量关系"和"空间形式"具备了更丰富的内涵和更广泛的外延. "混沌""分形几何"等新的数学分支出现，而这些分支已经很难包含在上述定义之中.

如今，数学已经发展成了一个蔚为壮观、极为庞大的领域，对"什么是数学?"这个基本问题的回答却仍是众说纷纭. 英国哲学家、数学家罗素(B. Russell，1872—1970)曾说过："数学是我们永远不知道我们在说什么，也不知道我们说的是否对的一门学科.”而法国数学家波雷尔(E. Borel,1871—1956)则说：“数学是我们确切知道我们在说什么，并肯定我们说的是否对的唯一的一门科学.”两位数学大家给出了表面看似相悖的回答！

南京大学的方延明教授(1951—)在其编著的《数学文化》一书中，搜集了14种数学的定义抑或是人们对数学的看法：万物皆数说，符号说，哲学说，科学说，逻辑说，集合说，结构说，模型说，工具说，直觉说，精神说，审美说，活动说，艺术说.

(1) 万物皆数说认为数的规律是世界的根本规律，一切都可以归结为整数与整数之比.此说来源于古希腊的毕达哥拉斯(Pythagoras of Samos，约前560—前480)及其学派，毕达哥拉斯曾说：“数学统治着宇宙.”

(2) 符号说认为数学是一种高级语言，是符号的世界.德国数学家希尔伯特(D. Hilbert,1862—1943)曾说：“算术符号是文字化的图形，而几何图形则是图像化的公式；没有一个数学家能缺少这些图像化的公式.”

(3) 哲学说认为数学等同于哲学.古希腊的亚里士多德(Aristotle，前384—前322)曾说：“新的思想家虽说是为了其他事物而研究数学，但他们却把数学和哲学看作是相同的.”

(4) 科学说认为数学是精密的科学.德国数学家、有“数学王子”之称的高斯(J. C. F. Gauss,1777—1855)曾说：“数学是科学的皇后，数论是数学的皇后.”

(5) 逻辑说认为数学推理依靠逻辑.持有“逻辑说”者强调数学是不需要任何特定概念的，只需要通过逻辑概念就可以导出其他数学概念.

(6) 集合说认为数学各个分支的内容都可以用集合论的语言表述.集合无处不在，每个数学问题都可以纳入到集合的范畴.“集合说”已经成为现代数学的基础.

(7) 结构说(关系说)强调数学语言、符号的结构及联系方面，认为数学是一种关系学.此说来源于20世纪上半叶著名的法国布尔巴基学派所主张的“数学是研究抽象结构的理论”.

(8) 模型说认为数学是研究各种形式的模型，如微积分是物体运动的模型，概率论是偶然与必然现象的模型，欧氏几何是现实空间的模型，非欧几何是超维空间的模型.英国数学家、逻辑学家怀特黑德(A. N. Whitehead,1861—1947)说过“数学的本质就是研究相关模式的最显著的实例”.

(9) 工具说认为数学是所有其他知识工具的源泉.法国数学家笛卡儿(R. Descartes,1596—1650)曾说：“数学是一个知识工具，比任何其他由于人的作用而得来的知识工具更为有力，因为它是所有其他知识工具的源泉.”

(10) 直觉说认为数学的来源是人的直觉，数学主要是由那些直觉能力强的人推进的.荷兰数学家布劳威尔(L. Brouwer,1881—1966)曾说：“数学构造之所以称为构造，不仅与这种构造的性质本身无关，而且与数学构造是否独立于人的知识以及与人的哲学观点都无关，它是一种超然的先验直觉.”

(11) 精神说认为数学不仅是一种技巧，更是一种精神，特别是理性的精神.此说来自美国近代数学教育家克莱因(M. Klein,1908—1992)，他曾说：“数学是一种精神，特别是理性的精神,能够使人的思维得以运用到最完美的程度.”

(12) 审美说认为数学家无论是选择题材还是判断能否成功的标准,主要是美学的原则.古希腊哲学家、数学家普洛克拉斯(Proclus,411—485)就曾说过:“哪里有数,哪里就有美.”

(13) 活动说认为数学是人类最重要的活动之一.20世纪奥地利著名的学术理论家、哲学家波普尔(K. Popper,1902—1994)曾说:“数学是人类的一种活动.”

(14) 艺术说认为数学是一门艺术.法国数学家波雷尔就坚信“数学是一门艺术,因为它主要是思维的创造,靠才智取得进展,很多进展出自人类脑海深处,只有美学标准才是最后的鉴定者”.

方延明教授的观点是:从数学学科的本身来讲,数学是一门科学,这门科学有它的相对独立性,既不属于自然科学,也不属于人文、社会或艺术类科学;从它的学科结构看,数学是模型;从它的过程看,数学是推理与计算;从它的表现形式看,数学是符号;从对人的指导看,数学是方法论;从它的社会价值看,数学是工具.……用一句话来概括:数学是研究现实世界中数与形之间各种模型的一门结构性科学.

美国数学家、数学教育家柯朗(R. Courant,1888—1972)在其科普名著《什么是数学》一书的序言中说:“数学,作为人类智慧的一种表达形式,反映生动活泼的意念,深入细致的思考,以及完美和谐的愿望,它的基础是逻辑和直觉、分析和推进、共性和个性.”同时,在该书第一版修正版的序言中,他还说:“除非学生和教师设法超越数学的形式主义,并努力去把握数学的实质,否则产生受挫和幻灭的危险将会更甚.”

综上,尽管人们对数学的认识和看法不尽相同,但独特而唯一的数学带给世界的改变毋庸置疑是巨大的.

1.1.2 数学科学的内容

大数学家高斯曾说过:“数学是科学之王,它常常屈尊去为天文学和其他自然科学效劳,但在所有的关系中,它都堪称第一.”

随着科学技术的迅猛发展,数学的地位日益提高,这是因为当今科学技术发展的一个重要特点是高度的、全面的定量化,而定量化实际上就是数学化.因此,人们把数学看成是与自然科学、社会科学并列的一门科学,称为数学科学.

数学科学按内容可大致分为五大分支:①纯粹数学(基础数学);②应用数学;③计算数学;④概率论与数理统计;⑤运筹学与控制论.

近半个多世纪以来,现代自然科学和技术的发展,正在改变着传统的学科分类与科学研究的方法.“数、理、化、天、地、生”这些曾经以纵向发展为主的基础学科与日新月异的技术相结合,使用数值、解析和图形并举的方法,推出了横跨多种学科门类的新兴领域,在数学科学内部也产生了新的研究领域和方法,如混沌、分形几何等.数学科学如同浩瀚的大海,至今已发展成拥有100多个学科分支的庞大体系.尽管如此,其核心领域还是代数学(研究数的理论)、几何学(研究形的理论)及分析学(沟通形与数且涉及极限运算的部分),它们构成了数学科学金字塔的底座.

数学科学的内容除了初等数学中的算术、代数、立体几何、平面解析几何包含的内容外，大部分分散在数学系本科阶段的诸多课程内，如数学分析、高等代数、空间解析几何、常微分方程、复变函数、实变函数、泛函分析、近世代数、拓扑学、数论等. 除此之外，大学本科阶段还要学习一些课程，这些课程不属于三大核心领域，但也是非常重要的. 例如，关于随机数学、计算数学、模糊数学、最优化理论和方法等内容的课程，这些课程的基础理论和计算的知识仍属于上述三大核心领域. 当然，数学科学还有很多更深的内容在本科阶段是接触不到的，而是放在数学专业的研究生阶段学习.

所谓随机数学就是指所研究的数学问题受随机因素的影响. 随机数学的规律性是体现在对事件进行大量重复试验的基础之上，或者说是统计规律. 现实中的系统与对象避免不了随机因素的影响，研究这类问题就必须运用随机数学的理论与方法. 例如，人口统计、天文观测、产品质量控制、疾病预防、地震预报等问题的研究中就需要随机模型. 因为随机因素的影响无处不在，所以随机数学的理论与方法将会更为迅速的发展与普及，其应用将越来越广泛地渗透到人类生产活动、科学研究的各个方面. 大学本科阶段开设的课程中，“概率论”“数理统计”“随机过程”属于随机数学的范畴.

计算数学是研究数值近似的理论和方法的科学. 例如，对高于四次的代数方程来说，已经没有代数解法了，所以，要把它们的根准确地算出来，一般来说是非常困难甚至是不可能的，有时也不必要，于是人们就用各种近似的方法来求这些解. 对于一般的超越方程(超越方程是等号两边至少有一个含有未知量的初等超越函数式的方程，如指数方程、对数方程、三角方程、反三角方程等)，也只能采用数值分析的方法进行求解. 在求定积分时，如何利用简单的函数去近似替代所给的函数，以便于求解，也是计算方法的一项主要内容. 在计算机科学高速发展的今天，研究新的算法尤为重要. 大学本科阶段开设的课程中，“计算方法”和“数值逼近”属于计算数学的范畴.

模糊数学是研究和处理模糊性现象的一种数学理论和方法. 在客观世界里，除了确定性现象和随机现象，还普遍存在着模糊现象. 对模糊现象的描述没有分明的数量界限，而模糊性又总是伴随着复杂性出现. 许多复杂系统，如人脑系统、社会系统、航天系统等，参数和变量众多，各种因素交错，具有明显的模糊性. 各门学科，尤其是人文学科、社会学科及其他“软科学”近年来的数学化、定量化趋势把模糊性的数学处理问题推向中心地位. 更重要的是，随着电子计算机、控制论、系统科学的迅速发展，要使计算机能像人脑那样对复杂事物具有识别能力，就必须研究和处理模糊性. 大学本科阶段开设的“模糊数学”课程阐述了模糊数学的理论、方法和应用.

最优化理论和方法中的“最优化”，通俗地讲，是指用尽可能小的代价来获得尽可能大的效益. 最优化理论和方法是近几十年形成的应用数学学科，主要运用数学方法研究各种系统的优化途径及方案，为决策者提供科学决策的依据. 它的主要研究对象是各种有组织系统的管理问题及其生产经营活动，目的在于针对所研究的系统，求得一个合理运用人力、物力和财力的最佳方案，发挥和提高系统的效能，达到系统的最优目标. 随着科学技术和生产经营的日益发展，最优化方法被广泛应用到公共管理、经济管理、国防等各个领域，发挥着越来越重要的作用. 古语“运筹帷幄之中，决胜千里之外”，生动地说明了合理决策的重要性. 大学本科阶段开设的课程中，“运筹学”“组合优化”“数学规划”属于最优化理论和方法的范畴.

除了上述的数学课程，在数学专业研究的本科以上阶段，将会根据不同的专业分支学习更加专门的数学知识，尤其是近现代的数学前沿领域的知识，向更加艰深、高级的层次发展.

1.2 数学发展史概况

法国数学家庞加莱(H. Poincaré，1854—1912)曾说：“如果我们想预知数学的未来，最合适的途径就是研究数学这门科学的历史和现状.”本小节将简述数学的发展史.

在对数学史分期的问题上，普遍被大家接受的分法为如下四个时期：数学发源时期(公元前 6 世纪前)，初等数学时期(公元前 6 世纪至公元 17 世纪中叶)，近代数学时期(17 世纪中叶至 19 世纪中叶)和现代数学时期(19 世纪中叶至今).

数学发展的历史非常悠久，大约在一万年以前，人类从生产实践中就逐渐形成了“数”与“形”的概念，但真正形成数学理论还是从古希腊人开始的. 除去数学发源时期，表 1-1 将数学理论形成和发展的三个时期的时间、研究对象以及所对应的代表课程作了归纳.

表 1-1 数学理论的形成和发展的三个时期

比较项目	初等数学时期 (常量数学时期)	近代数学时期 (变量数学时期)	现代数学时期
时间	17 世纪中叶前	17 世纪中叶至 19 世纪中叶	19 世纪中叶至今
对象	常量 简单图形	变量 曲线、曲面(形与数统一)	集合、空间 构件、流形 (以集合和映射为工具)
代表课程	初等代数 立体几何	数学分析 高等代数 解析几何	泛函分析 近世代数 拓扑学

1.2.1 数学发源时期

这个时期是最基本的数学概念的形成时期. 人类从数数开始逐步建立了自然数的概念，形成了简单的计算方法，认识了最简单的几何图形，逐步形成了理论与证明之间逻辑关系的纯粹数学. 这个时期的算术和几何没有分开，而是彼此紧密交错着.

世界不同年代出现的不同的进位制和各种符号系统，都说明了数学萌芽的多元性. 但对早期数学贡献较多的是一些具有代表性的国家和地区.

(1) 古代埃及(公元前4世纪以前)——几何的故乡：创造了巍峨雄伟的神庙和金字塔，现存的最重要的数学文献是“纸草书”，记载了现实生活中的诸多数学问题.

(2) 古代巴比伦(公元前6世纪中叶以前)——代数的源头：主要传世文献是“泥板”，现发现的泥板文书中，约300多块是数学文献，记录了古巴比伦人的数学贡献.

(3) 古代印度(公元前3世纪以前)——阿拉伯数字的诞生地：成书于公元前15世纪至前5世纪的著作《吠陀》是婆罗门教的经典，其残存的一部分《绳法经》，是印度最早的数学文献.写在白桦树皮上的“巴克沙利手稿”记录了公元前3世纪至公元前2世纪的印度数学.

(4) 西汉(公元前202年至公元9年)以前的中国：夏代已有“勾三股四弦五”；商代已经使用完整的十进制记数；公元前5世纪出现了计算工具——算筹，从春秋末期直到元末，算筹一直被当作主要的计算工具；春秋战国时代，开始出现严格的十进制筹算记数，中国传统数学的最大特点便建立在筹算基础之上；秦朝已经有了完整的“九九乘法口诀表”；为避免涂改，唐代后期，中国创用了一种商业大写数字，又称会计体：壹、贰、叁、肆、伍、陆、柒、捌、玖、拾、佰、仟、万.

1.2.2 初等数学时期

初等数学时期也称为常量数学时期，持续约2000多年.当时数学研究的主要对象是常量和不变的图形.公元前6世纪，希腊几何学的出现成为第一个转折点，数学由具体的实验阶段过渡到抽象的理论阶段，初等数学开始形成.此后又经历不断地发展、交流和丰富，最后形成算术、几何、代数、三角等独立的学科.这一时期的成果大致相当于现在中小学数学课程的主要内容.

初等数学时期的主要贡献包括古希腊数学、东方和欧洲文艺复兴时代的数学.

1. 古希腊数学

公元前600年至前300年，是古希腊数学的发端时期，先后出现了对后世颇有影响的六大学派：爱奥尼亚学派、毕达哥拉斯学派、伊利亚学派、诡辩学派、柏拉图学派、亚里士多德学派.古希腊数学以几何定理的演绎推理为特征，具有公理化的模式.

公元前300年至前30年，是希腊数学的黄金时代，先后出现了欧几里得、阿基米德和阿波罗尼奥斯这三大数学家，他们的成就标志着古希腊数学的巅峰.

欧几里得(Euclid of Alexandria，约前325—前265)用公理化方法写就了《几何原本》，被后人奉为演绎推理的圣经.阿基米德(Archimedes of Syracuse，前287—前212)的杰出贡献在于发展了穷竭法，用于计算周长、面积或体积，求得圆周率介于$3\frac{1}{7}$和$3\frac{10}{71}$之间(约为3.14)，是数学史上第一次给出的科学求圆周率的方法.阿波罗尼奥斯(Apollonius of Perga，约前262—前190)最重要的数学成就是以严谨的风格写成传世之作《圆锥曲线论》.

公元前30年至公元600年，古希腊数学的杰出代表有托勒密(C. Ptolemy，埃及，约

90—约 165)、丢番图(Diophantus of Alexandria,埃及,约 3 世纪)等.

2. 中世纪的东西方数学

公元前 1 世纪至公元 14 世纪,是中国传统数学的形成和兴盛时期. 公元 5 世纪至 15 世纪的印度、阿拉伯以及欧洲数学主要发展了算术、初等代数和三角几何学.

(1) 中国传统数学名著和中国古代数学家

据文献证实,中国传统数学体系在秦汉时期形成.

《周髀算经》(周髀是周朝测量日光影长的标杆)成书于西汉末年(约公元前 1 世纪),是一部天文学著作,但涉及许多数学知识,包括复杂的分数乘除运算、勾股定理等.

《九章算术》是中国传统数学中最重要的著作,成书于公元 1 世纪初,它由历代多人修订、增补而成. 全书共 9 卷,称为"九章",完整叙述了当时已有的数学成就,标志着以筹算为基础的中国传统数学体系的形成,奠定了中国传统数学的基本框架.

三国时期的赵爽(3 世纪,生卒不详)撰《周髀算经注》,用"弦图"证明了勾股定理. 魏晋时期的数学家刘徽(3 世纪,生卒不祥)撰《九章算术注》,提出"析理以辞,解体用图",对《九章算术》的方法、公式和定理进行了一般的解释和推导. 刘徽提出的"割圆术"中用到的极限思想以及对圆周率 π 的估算值是他所处时代的辉煌成就. 南朝的祖冲之(429—500)的著作《缀术》记载了他取得的圆周率的计算和球体体积推导的两大数学成就. 祖冲之给出的圆周率 π 的近似值约率$\frac{22}{7}$和密率$\frac{355}{113}$被认为是数学史上的奇迹.

中国传统数学的成就在宋元时期达到顶峰,涌现出许多杰出的数学家和先进的计算技术. 李冶(1192—1279)、秦九韶(约 1202—1261)、杨辉(13 世纪,生卒不祥)和朱世杰(约 1260—1320),在中算史上被称为宋元四大数学家. 历史渊源和独特的发展道路,决定了中国传统数学的重要特点: 追求实用,注重算法,寓理于算. 尤其以计算为中心、具有程序性和机械性的算法化模式的特点.

(2) 印度、阿拉伯及欧洲的数学家及数学成就

中世纪的国外数学以印度、阿拉伯地区以及欧洲的数学成果为主.

公元 5 世纪至 12 世纪是印度数学的繁荣时期,保持了东方数学以计算为中心的实用化特点,主要贡献是算术与代数. 阿耶波多第一(Āryabhata Ⅰ,约 476—550)是印度科学史上的重要人物,他改进了希腊的三角学,制作了正弦表,计算了 π 的近似值. 婆罗摩笈多(Brahmagupta,约 598—665)的著作《婆罗摩修正体系》(宇宙的开端)中涉及算术与代数. 婆什迦罗第二(Bhāskara Ⅱ,约 1114—1185)著有《算法本源》《莉拉沃蒂》两部重要的数学著作,主要探讨算术和代数问题. 印度的数学成就在世界数学史上占有重要地位,许多数学知识由印度经阿拉伯国家传入欧洲,促进了欧洲中世纪时期的数学发展. 但是,印度数学著作叙述过于简练,命题或定理的证明常被省略,又常以诗歌的形式出现,加之浓厚的宗教色彩,致使其晦涩难读.

公元8世纪至15世纪，阿拉伯帝国统治下的各民族共同创造了“阿拉伯数学”．早期的花拉子米(al-Khwārizmī，783—850)于820年出版了《还原与对消的科学》，即后来传入欧洲的《代数学》，被称为“代数教科书的鼻祖”．他的另一部著作《算法》系统介绍了印度数码和十进制记数法，于12世纪传入欧洲并被广泛传播．中期的奥马·海亚姆(Omar Khayyám，1048—1131)著有《还原与对消问题的论证》一书，其杰出的贡献是研究3次方程根的几何作图法，提出了用圆锥曲线图求根的理论．这一创造，使代数和几何的联系更加紧密，成为阿拉伯数学的最重大成就之一．后期的纳西尔丁(Nasīr al-Dīn，1201—1274)最重要的著作《论完全四边形》是数学史上流传至今的最早的三角学专著，其中首次陈述了正弦定理．卡西(al-Kāshī，约1380—1429)著有传世百科全书《算术之匙》，其中有十进制记数法、整数的开方、高次方程的数值解法以及贾宪三角等中国数学的精华．

12世纪是欧洲数学的翻译时期，希腊的著作从阿拉伯文译成拉丁文传入欧洲．欧洲人了解到了希腊和阿拉伯数学，从而有了后来欧洲数学发展的基础．欧洲中世纪最杰出的数学家是斐波那契(L. P. Fibonacci，意，约1170—1250)，他1202年编著完成的代表作《算盘书》讲述算术和算法，一度风行欧洲，名列12—14世纪数学著作之冠．1228年，《算盘书》的修订本载有“兔子问题”：某人养了一对兔子，假定每对兔子每月生一对小兔，而小兔出生后两个月就能生育，也每月生一对兔子．假设每次生的兔子都是一雌一雄，且所有的兔子都不病不死．问从一对初生的兔子开始，一年内能繁殖多少对兔子？按照所给的规律，每个月的兔子数分别为1，1，2，3，5，8，13，21，34，55，89，144．一般地，数列$\{a_n\}$，若满足$a_1=a_2=1$，$a_{n+2}=a_{n+1}+a_n$，$n=1,2,\cdots$则称为“斐波那契数列”．这是欧洲最早出现的递推数列，也是数学史上最著名的数列，在理论和应用上都有巨大价值，至今仍被人们关注和研究．

1.2.3 近代数学时期

近代数学时期也常称变量数学时期．14世纪至16世纪的文艺复兴运动催生出欧洲新生的资产阶级文化，同时加速了数学从古典向近代转变的步伐．

变量数学建立的第一个里程碑是1637年笛卡儿的著作《几何学》．《几何学》阐释了解析几何的基本思想：在平面上引入坐标系，建立平面上的点和有序实数对之间的一一对应关系，其中心思想是通过代数的方法解决几何的问题，最主要的观点是使用代数方程表示曲线．恩格斯就曾指出：“数学中的转折点是笛卡儿的变数，有了变数，运动进入了数学；有了变数，辩证法进入了数学；有了变数，微分和积分也立刻成为必要的了．”

17世纪后半叶，牛顿(I. Newton，英，1642—1727)和莱布尼茨(G. W. Leibniz，德，1646—1716)各自独立创立的微积分是变量数学发展的第二个里程碑．微积分的出现是科学史上划时代的事件，解决了许多工业革命中迫切需要解决的大量有关运动变化的实际问题，展示了它无穷的威力．但初期的微积分逻辑基础不完善，后来形成的极限理论及实数理论才真正奠定了微积分的逻辑基础．

微积分还在应用中推动了许多新的数学分支的发展．例如，常微分方程、偏微分方程、级数理论、变分法、微分几何等,所有这些理论都是由于力学、物理学、天文学和各种生产技术问题的需要而产生和发展的. 微积分以及其中的变量、函数和极限等概念,运动、变化的思想,使辩证法渗入了全部近代数学,并使数学成为精确地表述自然科学和技术的规律及有效地解决问题的有力工具.

17 世纪,与解析几何同时产生的还有产生于透视画的射影几何,纯粹几何方法在射影几何中占统治地位. 这一时期的代数学中的线性方程组理论和行列式理论有了较大的进展,数论也在古典数论的基础上有了较大的进步.

18 世纪,由微积分、微分方程、变分法等构成的"分析学",已经成为与代数学、几何学并列的三大学科之一,并且在 18 世纪里,其繁荣程度远远超过了代数学和几何学. 这一时期的数学及后来完善与补充的内容,构成了"高等数学"课程的核心.

1.2.4 现代数学时期

现代数学时期的数学主要研究最一般的数量关系和空间形式,而通常的数量及通常的一维、二维、三维的几何图形是其特殊情形. 这一时期也是代数学和几何学的解放时期. 19 世纪非欧几何的出现,改变了欧几里得几何学是唯一几何学的传统观点,它的革命性思想为新几何开辟了道路,人类得以突破感官的局限而深入到揭示自然更深刻的本质; 群论则开创了近世代数学的研究,代数学的研究对象扩大为向量、矩阵等,并逐渐转向研究代数系统结构本身. 同时,"分析算术化"的思想被提出,分析学的严密理论基础逐步被建立. 这个时期,整个现代数学的基础和主体是抽象代数、拓扑学和泛函分析. 及至 20 世纪 40—50 年代,随着科学技术日趋定量化的要求和电子计算机的发明和应用,数学几乎渗透到所有的科学部门中,从而形成了许多边缘学科,如生物数学、数理语言学、计量经济学等. 应用数学也得到了长足的发展,一大批具有独特数学方法的应用学科涌现出来,例如,运筹学、密码学、模糊数学、计算数学等.

现代数学呈现出多姿多彩的局面,主要表现在: 数学的对象、内容在深度和广度上有了很大的发展; 数学不断分化、不断综合; 电子计算机介入数学领域,产生了巨大而深远的影响; 数学渗透到几乎所有的科学领域,发挥着越来越大的作用.

1.3 数学科学的特点与价值

1.3.1 数学科学的特点

1. 抽象性

众所周知,全部数学概念都具有抽象性,但又都有非常现实的背景. 数学所研究的"数"

和“形”与现实世界中的物质内涵往往没有直接关系. 例如,数1,可以是1个人,也可以是1亩地或其他别的一个单位的东西;一个球面既可以代表一个足球面,也可以代表一个乒乓球面等;二次函数 $y=ax^2+bx+c$,可以表示炮弹飞行的路线,振动物体所释放的能量和自然界中质量和能量的转化关系等;一元函数 $y=f(x)$ 的导数 $f'(x)$ 可以表示作变速直线运动的物体的瞬时速度,也可以表示平面曲线切线的斜率,还可以表示质量分布非均匀细棒的密度等,除了数学概念外,数学的抽象性还表现在数学的结论中,更体现在进行推理计算的数学研究的过程之中.

数学的抽象有别于其他学科的抽象,其抽象的特点在于:

(1) 在数学抽象中保留了量的关系和空间形式而舍弃了其他;

(2) 数学的抽象是一级一级逐步提高的,它们所达到的抽象程度大大超过了其他学科中的一般抽象;

(3) 数学本身几乎完全周旋于抽象概念和它们相互关系的圈子之中.

数学中的抽象思维是数学家必须具备的素质. 把现实世界的一个具体问题“翻译”成一个数学问题,就是一个“抽象”的过程. 把直觉的认识上升到理性认识,更需要抽象. 数学中研究问题的方法,常常是先特殊后一般、先简单后复杂、先有限后无限,但不能把特殊的、简单的、有限的情形全部照搬到一般的、复杂的、无限的情形. 有的可以推广,但是是有条件的,这种推广就是抽象的过程. 学习数学的时候就应该注重抽象思维能力的培养. 事实上,数学的发展过程就是常量与变量、直与曲、简单与复杂、特殊与一般、有限与无限互相转化的过程,这个转化过程实际上就是数学家辩证思维的体现.

2. 精确性

数学的精确性表现为数学定义的准确性,推理和计算的逻辑严密性以及数学结论的确定无疑与无可争辩性. 数学中的严谨推理和一丝不苟的计算,使得每个数学结论都是牢固的、不可动摇的. 这种思想方法不仅培养了科学家,而且也有助于提高人的科学文化素质,它是全人类共有的精神财富.

所谓严密性就是指数学中的一切结论只有经过用可以接受的证明证实之后才能被认为是正确的. 在数学中只有“是”与“非”,没有中间地带. 要说“是”必须证明,要说“非”应举出反例. 这个事实决定了数学家的思维方式与物理学家或其他工程技术专家的思维方式有所不同. 有人认为“哥德巴赫猜想”是对的,因为你举不出一个反例来,但是数学家不认同这种说法,数学家要证明这个猜想是正确的. 四色地图问题(任何一张地图只用四种颜色就能使具有共同边界的国家着上不同的颜色)尽管在1976年被美国数学家阿佩尔(K. I. Appel, 1932—2013)与哈肯(W. Haken, 1928—)给出了一个证明——他们把这个问题归结为考虑大约2000个不同地图的特征,然后编制程序,使用计算机解决数学问题——但是数学家还是希望能找到一个分析证明,通过严密的逻辑推理来解决.

数学理论的严密性要求学习数学的人在学习过程中,不仅要做习题,掌握解题的方法,而且要重视和学会证明结论的思想和技巧，理解数学问题背后的精神和方法. 强调证明，不是说不要几何直观(直觉)，不要例证(验证). 在学习数学、研究数学时，直观和例证都是重要的，能启发人们的思维，但直观和例证不能代替严密的证明.

3. 应用的广泛性

1959 年 5 月，我国数学家华罗庚(1910—1985)在人民日报上发表了《大哉数学之为用》的文章，精辟地论述了数学的广泛应用："宇宙之大，粒子之微，火箭之速，化工之巧，地球之变，生物之谜，日用之繁等各方面，无处不有数学的贡献."

在现实生活和科学研究中，凡是出现"量"的地方就少不了用到数学，研究量的关系、量的变化关系、量的关系的变化等都离不开数学. 今天，数学已经贯穿到一切科学部门的深处，成为科学研究的有力工具，缺少它就不能准确刻画出客观事物的变化，更不能由已知数据推出其他数据，因而就减少了科学预见的准确性. 伟大的革命导师马克思(K. Marx，德，1818—1883)说："一门科学，只有在其中成功地使用了数学，才算真正发展了."印度数理统计学家拉奥(A. N. Rao，1920—　)也曾说："一个国家的科学水平可以用它消耗的数学来度量."

回顾人类历史上的重大科学技术进步，数学在其中发挥的作用是非常关键的.

例 1(航空航天)　牛顿 17 世纪就已经通过数学计算预见了发射人造天体的可能性. 19 世纪麦克斯韦方程从数学上论证了电磁波的存在，其后赫兹通过实验发现了电磁波，接着就出现了电磁波声光信息传递技术，使得曾经只存在于人们幻想之中的"顺风耳""千里眼""空中飞行""探索太空"等都成为现实.

例 2(能量能源)　爱因斯坦(A. Einstein，德-美，1879—1955)相对论的质能公式 $E=mc^2$(其中 E 表示能量，m 表示质量，c 表示光速)，首先从数学上论证了原子反应将释放出巨大能量，预示了原子能时代的来临. 随后人们在技术上实现了这一预见，到了今天，原子能已成为发达国家电力能源的主要组成部分.

例 3(计算机)　电子数字计算机的诞生和发展完全是在数学理论的指导下进行的. 数学家图灵(A. M. Turing，英，1912—1954)和冯·诺依曼(J. Von Neumann，匈-美，1903—1957)的研究对这一重大科学技术进步起了关键性的推动作用.

例 4(生命科学)　19 世纪 60 年代，孟德尔(G. J. Mendel，奥，1822—1884)以组合数学模型来解释实验观察得到的遗传统计资料，从而预见了遗传基因的存在性. 20 世纪 50 年代美国生物学家沃森(J. D. Watson，1928—　)和英国科学家克里克(F. Crick，1916—2004)借助代数拓扑中的扭结理论发现了 DNA 分子的双螺旋结构——遗传基因的实际承载体. 此后，数学更深刻地进入遗传密码的破译研究.

例 5(国民经济)　20 世纪前半叶，日本和美国都投入大量资金和人力进行电视清晰度的有关研究，日本起步最早，所研究的是模拟式的；美国起步稍晚，但所研究的是数字式的. 经过多年较量，数字式以其绝对的优越性取得关键性胜利，得到世界多数国家认可. 今天，电视屏幕还可以通过互联网成为信息传递处理的工作面，数学技术在如此重要项目的激烈较量中起了决定作用.

例 6(现代战争) 1991 年的海湾战争是一场现代高科技战争，其核心技术竟然是数学技术. 在海湾战争中，多国部队方面使用一套数字通信与控制技术把对方干扰得既聋又瞎，而让己方信息畅通无阻. 采用精密的数学技术，可以在短短数十秒的时间内准确拦截对方发射的导弹，又可以引导我方发射导弹准确击中对方的目标. 美国总结海湾战争经验得出的结论是："未来的战场是数字化的战争."

例 7(地震预报) 地震是地壳快速释放能量过程中造成振动而产生地震波的一种自然现象. 大地震常常造成严重的人员伤亡，财产损失，还可能造成海啸、滑坡等次生灾害. 2008 年，美国科学家利用数学模型进行地震预测，预测到未来 30 年内加州南部可能面临 7.7 级大地震而遭受巨大损失. 加州地处美国的地震活跃带，20 世纪，在加州北部发生了 1906 年、1989 年两次旧金山大地震，1906 年的强度甚至达到可怕的 8.6 级.

例 8(地质勘探) 当今社会的生产和生活离不开石油，石油勘探需要了解地层结构. 多年来，人们已经发展了一整套数学模型和数学程序，目前石油勘探与生产普遍采用的数学技术是：首先发射地震波，然后将各个层面反射回来的信息收集起来，用数学方法进行分析处理，能将地层各个剖面的图像和地层结构的全貌展现出来.

例 9(医疗诊断) 在医疗诊断方面，医生需要了解病人身体内部和器官内部的状况与变异. 最早的调光片将骨骼和各种器官全都重叠在一起，往往难以辨认. 现在有了一整套的基于数学原理的 CT 扫描或 MRI 技术，可以借助精密设备收集射线穿透人体或核磁共振带出的信息，将人体各个层面的状况清晰地呈现出来.

1.3.2 数学科学的价值

1. 语言

自然语言是具体语言，而数学语言是形式化的语言. 随着社会的数学化程度日益提高，数学语言已成为人类社会中交流和储存信息的重要手段，成为一切科学的共同语言.

享有"近代自然科学之父"称谓的意大利物理学家、天文学家、数学家伽利略(Galileo Galilei，1564—1642)曾说过："展现在我们眼前的宇宙像一本用数学语言写成的书，如不掌握数学符号语言，就像在黑暗的迷宫里游荡，什么也认识不清."1965 年诺贝尔物理学奖得主——美国物理学家费曼(R. P. Feynman，1918—1988)也曾说过："若是没有数学语言，宇宙似乎是不可描述的."

例 10 微积分学

17 世纪牛顿建立了微积分学和万有引力定律，用这一数学语言和理论框架来表示在重力作用下物体的运动(包括开普勒(Kepler)行星运动法则)，成为近代科学史上的伟大成就之一.

例 11　群论

19 世纪初,法国数学家伽罗瓦(E. Galois,1811—1832)创立了群论——纯粹的代数学理论. 20 世纪上半叶,物理学家发现群论这种数学语言可以统一能量守恒定律、动量守恒定律、电荷守恒定律等反映客观世界对称性的理论.

2. 思维

数学是一种思维的工具. 所谓思维,就是人脑对客观事物间接的和概括的反映,是认识的高级形式. 数学的创造、学习、研究都是思维的过程. 数学不仅能锻炼人的逻辑思维能力,而且能锻炼人的形象思维能力,更能激发人的灵感.

例 12　晶体结构

20 世纪初,化学家利用 X 射线的衍射不能准确地确定晶体中原子的位置. 1950 年后,美国科学家豪普特曼(H. A. Hauptman,1917—　)和卡尔勒(J. Karle,1918—　)用统计数学方法研究了晶体的衍射数据,利用古典傅里叶分析的思想方法建立了测定晶体结构的直接法并用之确定了 5～6 种分子结构,用数学方法解决了难倒现代化学家的谜. 他们的成果为探索新的原子、分子、晶体的结构和化学反应提供了基本方法,两位科学家因此获得 1985 年诺贝尔化学奖.

例 13　人体器官的三维图像

20 世纪 50 年代,美国物理学家科马克(A. M. Cormack,1924—1998)利用奥地利数学家拉东(J. Radon,1887—1956)给出的拉东变换的思想,探讨各种 CT(电子计算机 X 射线断层扫描技术)原理,得到了 CT 理论的奠基性结果:用 X 射线照射人体,再检测透射后的强度,经计算机用卷积反投影算法或快速傅里叶变换处理数据,然后重组人体断层图像. 1971 年,英国工程师豪斯菲尔德(G. N. Hounsfield,1919—　)根据 CT 原理建立了第一套 CT 并于次年首次临床试验成功,两人因此贡献荣获 1979 年诺贝尔生理学和医学奖.

这一原理已被扩展到 MRI(磁共振图像技术),它利用磁共振现象从人体中获得电磁信号,并重建出人体信息. MRI 成像原理更加复杂,分辨率更高,得到的信息也更加丰富.

3. 方法

从哲学的观点来看,任何事物都是量和质的统一体,都有自身量的方面的规律,不掌握量的规律,就不可能对各种事物的质获得明确、清晰的认识. 而数学正是一门研究量的科学,它不断地在总结和积累量的规律性,因而必然成为人们认识世界的有力工具.

德国物理学家伦琴(W. C. Röntgen,1845—1923)因为发现 X 射线而成为首届诺贝尔物理学奖的获得者,当有人问他在研究中需要什么时,他的回答是:"第一是数学,第二是数学,第三是数学."

例 14　物理学中的数学方法

20 世纪 70 年代,数学和物理经历着一种奇迹般的概念合流. 一方面,为了用统一的方式来处理电磁相互作用、弱相互作用和强相互作用，规范场理论在物理学中发展起来. 另一方面，数学内在动机引起了对黎曼几何学的推广，这种推广涉及纤维丛理论. 而令人称奇的是，规范场理论竟然用到了纤维丛上的联络.

数学大师陈省身(中-美，1911—2004)和物理学家杨振宁(中-美，1922—)在各自的领域耕耘了几十年后，发现彼此的工作之间有深刻的联系：陈省身建立的整体微分几何学为杨振宁所创立的规范场理论提供了合适而精致的数学框架.

例 15 信息技术上的数学方法

随着信息技术的发展，声音、图像等信息的容量日益增大. 现有的通信技术，如果需要进行快速或实时传输以及大量存储数据，就要对数据进行压缩. 数据压缩，通俗地讲，就是用最少的数码来表示信号，其作用是能较快地传输各种信号. 在同等的通信容量下，如果将数据压缩后再传输，就可以传输更多的信息，也就可以增加通信能力.

近三十年来，由近代数学中的调和分析理论发展起来的小波分析理论十分热门. 美国耶鲁大学的研究者发现，可以利用小波压缩和储存任何种类的图像或声音，并提高效率 20 倍，这种数据压缩技术是通信技术的一个重要突破.

4. 应用

19 世纪的法国数学家傅里叶(J. B. J. Fourier，1768—1830)曾指出："数学的主要目标是公众的利益和对自然现象的解释."下述的例子很好地说明了这个断言.

例 16 在经济学上的应用

数学对经济学最有价值的贡献之一是一般均衡理论. 一般均衡理论是 1874 年法国经济学家瓦尔拉斯(L. Walras，1834—1910)开创的，用以描述自由市场的行为. 瓦尔拉斯认为，整个经济体系处于均衡状态时，所有消费品和生产要素的价格将达到一个均衡状态，它们的产出和供给，将有一个确定的均衡量. 他还认为在"完全竞争"的均衡条件下，出售一切生产要素的总收入和出售一切消费品的总收入必将相等. 美国数学家、经济学家阿罗(K. J. Arrow，1921—)利用荷兰数学家布劳威尔的不动点定理证明了一般均衡理论，成功地将数学和经济学结合起来并取得了经济学中的一个重大突破——因为深厚的数学基础使阿罗能清晰地阐述问题，避免了不必要的复杂性. 阿罗因为在经济学中的诸多贡献而获得 1972 年诺贝尔经济学奖.

例 17 在文学上的应用

近几十年来，为了研究文学作品，人们越来越多地借助于数学工具，应运而生的数理语言学就是用数学的方法研究语言，给语言以定理化和形式化的描述. 它包括：统计语言学、代数语言学、算法语言学. 其中统计语言学就是用统计的方法处理语言资料，衡量各种语言的相关程度，比较不同作者的文体风格，确定不同时期的语言发展特征等. 例如，苏联著名作家肖洛霍夫(M. A. Sholokhov，1905—1984)的长篇小说《静静的顿河》是一部讲述顿河哥萨克民族命运的名著，肖洛霍夫用 14 年的时间完成了这部"令人惊奇的佳作"，并获得 1965 年的诺贝尔文学奖，成为苏联第一位获此奖的作家. 但小说出版后，某些别有用心的人认为小说内容是抄袭一位名不见经传的哥萨克作家的。为弄清真相，一些学者利用统计语言学、借助计算机对照两位作家的作品，最后认定《静静的顿河》的作者是肖洛霍夫无疑.

例 18 在生物科学上的应用

20 世纪中期，随着蛋白质空间结构的解析和 DNA 双螺旋结构的发现，开启了以遗传信息载体核酸和生命功能执行者蛋白质为主要研究对象的分子生物学时代. 分子生物学更多的是注重经验而非抽象的理论或概念. 传统的生物学家们大多关注定性的研究，以发现新基因或新蛋白质为主要目标，对于定量的研究，如分子动力学过程等，没有给予足够的重视. 尽管 20 世纪的下半叶，在没有足够定量研究的情况下，现代生命科学领域中仍旧取得了丰硕的成果，但是，随着后基因组时代的到来，生物科学的研究者必须要具备定量研究能力和知识已是大势所趋了.

英国生物学家、遗传学家纳斯(P. Nurse，1949—)因细胞周期方面的卓越研究获得了 2001 年度诺贝尔生理学和医学奖. 他曾在一篇回顾 20 世纪细胞周期研究的综述文章中这样写道："我们需要进入一个更为抽象的陌生世界，一个不同于我们日常所想象的细胞活动的、能根据数学有效地进行分析的世界."

5. 品格

数学有两种品格：工具品格和文化品格. 数学的工具品格表现为视数学为一种实用的工具；而数学的文化品格，则是指数学训练在人们的思维方法和生活方式中潜在地起着根本性的作用，并受用终生的品格.

古希腊著名哲学家柏拉图(Plato，前 427—前 347)曾创办了一所哲学学校"柏拉图学园"，并在校门口张榜声明不懂几何学的人不要进他的学校就读. 柏拉图学园里所设置的课程都是关于社会学、政治学和伦理学一类的课程，所探讨的问题也都是关于社会、政治和道德方面的问题. 因此，学园的课程和论题并不需要直接以几何知识或几何定理作为其学习或研究的工具. 可见，柏拉图之所以要求学生先通晓几何学，绝非着眼于数学的工具品格，而是看重数学的文化品格，因为他充分认识到立足于数学的文化品格的数学训练对于提升一个人的综合素质起着举足轻重的作用.

当今社会，仍有许多有识之士，实践着柏拉图的主张，重视数学的文化品格远胜于数学的工具品格. 例如，英国的律师在大学要修多门高等数学课程，不是因为英国的法律要以高深的数学知识为基础，而只是出于这样一种认识，那就是通过严格的数学训练，能使学生具有坚定不移而又客观公正的品格，并形成一种严格而精确的思维习惯，从而对他们取得事业的成功大有助益. 再如，闻名世界的美国西点军校的数学计划中，规定学员除了要选修一些在实战中能发挥重要作用的数学课程，如运筹学、优化技术和可靠性方法等，还要必修多门与实战不能直接挂钩的高深的数学课程. 因为他们充分认识到，只有经过严格的数学训练，才能使学员们在军事行动中，把那种特殊的活力与高度的灵活性结合起来，才能使学员们具有把握军事行动的能力和适应性，从而为他们驰骋疆场打下坚实的基础.

数学文化品格的重要使命就是传递一种思想、方法和精神，数学教育在传授知识、培养能力的同时，还能提高受教育者的人文素养，促使其身心协调发展和素质的全面提高.

(1) 培养规则意识

数学严谨、准确的特点，要求每一个问题的解决都必须遵守数学规则，每一个定理的推证、每一个计算结果的获取、每一个结论的判断，都要做到有理可依、有据可循. 因此，数学习题的演练、数学问题的解决可以训练学生注重推理和说理，这种能力迁移至工作与生活中，内化为受教育者的素质，将表现出信守诺言、遵守规范等行为. 这些规范包括社会公认的规则、公共道德的标准. 简言之，数学学习中所要求的对规则的遵守能够迁移，使人们形成一种对社会公德、秩序、法律等内在的自我约束力.

(2) 培养周密思维和创新能力

数学教育家波利亚(G. Pólya，匈-美，1887—1985)说："在数学家证明一个定理之前，必须猜想到这个定理；在他完成证明的细节之前，必须先猜想出证明的主导思想."数学学习与研究数学使人变得聪明理智. 数学学习中需对各种现象进行归纳、抽象，需要将纷繁复杂的各种问题转化成数学模型，这本身就是创新过程. 数学能培养人的思维的周密性，在自然科学研究中，通过数学推理能发现一些暂时没被人们认识的规律.

除了上述重要的两方面，数学还可以培养勤奋的品质，因为学习数学是一种意志的锻炼，需要刻苦、需要静心、需要拼搏. 在数学的学习和研究中还可以磨炼胜不骄、败不馁的优良品质.

6. 精神

美国数学教育家克莱因说过："数学是一种精神，一种理性的精神. 正是这种精神，使得人类的思维得以运用到最完善的程度. 也正是这种精神，试图决定性地影响人类的物质、道德和社会生活；试图回答有关人类自身存在提出的问题；努力去理解和控制自然；尽力去探索和确立已经获得知识的最深刻的和最完美的内涵."

数学科学的特点决定了数学的精神，而数学家是数学精神的承载者，数学家的思维特点归纳起来就是思维的严谨性、抽象性、灵活性及批判性. 此外，数学家还具备迥异常人的直觉、想象、美感和审美能力. 特别地，数学家身上具备勤奋刻苦、甘于寂寞、勇于拼搏和不断进取的精神，他们发自内心喜爱甚至痴迷数学，陶醉于数学之美，追寻精神之自由. 下面的例子体现了数学家所追求的数学精神.

例 19 π的追寻

$\sqrt{2}$是一个无理数，它是代数方程 $x^2-2=0$ 的根；$\frac{\sqrt{5}-1}{2}$也是一个无理数，它是代数方

程 $x^2+x-1=0$ 的根，$\sqrt{2}$，$\frac{\sqrt{5}-1}{2}$这类无理数称为代数无理数. π 虽是无理数，但它不是任何有理系数多项式所对应方程的根，因此被称为超越无理数. 19 世纪下半叶，数学家证明了 π 是超越无理数. 事实上，几千年前，人们就在思考圆周长与其直径之比，即圆周率，两百多年前才用 π 这样一个希腊字母表示它，一百多年前才证明它不仅是无理数，还是一个超越数. 现实生活里，一般人记得 π 的前 4 位近似小数就够了，即使是土木工程师，记得 π 的前 7 位近似小数也够用了，如果要计算地球周长并要求精确到 1cm 之内，也只需要用到 π 的前 9 位近似小数. 若论实用，人们用不着计算冗长的更多位数的小数了，但是，我国南北朝时期的数学家祖冲之就已算到了 π 的 7 位小数，17 世纪初德国数学家鲁道夫(Ludolph van Ceulon，1540—1610)精确算到小数点后 35 位. 近代计算机出现之后，20 世纪 50 年代就算到了 π 的 10 万位小数，1987 年算到了 1 亿位以上，1995 年算到了 40 多亿位. 没有计算机，这一结果是难以想象的.

由于 π 是无理数，因此它的绝对精确值是不可能得到的. 从古至今，对 π 的小数的计算从观察、测量到利用数学表达式逼近，从手算到计算机，人类对 π 进行着不舍的追寻. 这种追寻的主要原因在于：它可以检验超级计算机的硬件和软件的性能；探讨 π 的数值展开的模式或规律；计算方法和思路可以引发新的概念和思想. 总之，对 π 的深入认识，体现了数学家探索真理的一种精神.

例 20 谜一样的病态图形

数学家还能够透过表象，通过严谨的推理得到超乎想象的、与情理的推断似乎相矛盾的结果. 一个简单的微积分中的例子是：由双曲线 $y=\frac{1}{x}$在 $x\geqslant 1$ 的部分绕 x 轴旋转一周所得的旋转曲面称为加百利(英文：Gabriel，是圣经中的报喜天使的名字)喇叭(图 1-1)，可以用严谨的数学方法证明这个喇叭所围的体积是有限的，而它的表面积却是无限的(见第 9 章). 通俗地讲，人们可以用有限的涂料把喇叭填满，但绝不可能有足够的涂料把喇叭的表面涂满. 加百利喇叭一度被称为病态的图形. 这个结论实在令人难以想象，这是数学之所以迷人的一个特点，也是令数学家着迷的地方.

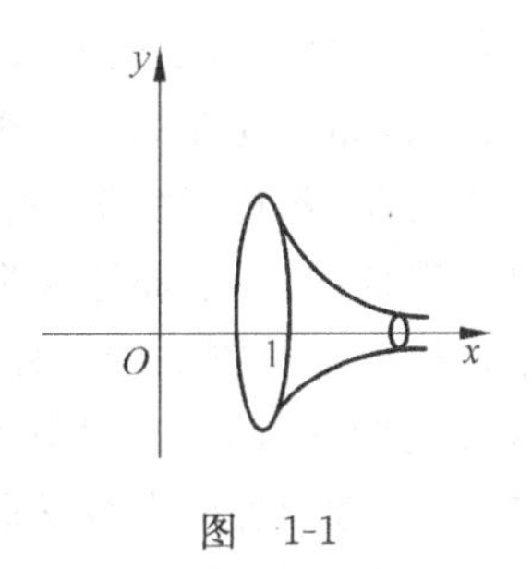

图 1-1

数学作为世界上所有教育系统的学科金字塔的塔基，是古老但又生机盎然的科学，它从生产实践和科学研究所涉及的其他学科中汲取营养和动力，反过来向对方提供思想、概念、问题和解决的办法. 正如德国教育心理学家赫尔巴特(J. F. Herbart，1776—1841)所说：“数学是我们这个时代中有势力的科学，它不声不响地扩大它所征服的领域.”今天，有无数未解决的数学问题，有形形色色未开垦的数学领域，等待富有想象力、有创新和拼搏精神、有执着信念的人们去征服！

1.4 数学与各学科的联系

1.4.1 数学与哲学

有位哲学家曾说："没有数学，我们无法看透哲学的深度；没有哲学，人们也无法看透数学的深度；若没有两者，人们就什么也看不透."这句话精妙地阐释了数学与哲学的关系.

在科学技术不发达的古代，人们对世界的认识是肤浅的和笼统的，未能形成分门别类的具体科学，哲学同各种具体科学之间没有明确的分工和严格的界限，数学、天文学、力学等常常包括在哲学之中.许多哲学家本身就是数学家，如亚里士多德、笛卡儿、莱布尼茨、罗素等.牛顿的《自然哲学的数学原理》是经典力学的划时代著作，从中可见哲学和数学之间不仅联系密切，而且彼此相互促进，共同推动着科学的发展.

数学和哲学都具有高度的抽象性和严密的逻辑性.数学是研究事物的量及其关系规律的具体科学，哲学则是研究自然、社会和思维的普遍规律的系统化的世界观和方法论，可以说哲学与数学是共性与个性、普遍与特殊的关系.

一方面，哲学以数学等具体科学为基础，依赖具体科学提供的大量丰富的具体知识与规律，经过加工改造，才能抽象、概括出整个世界最一般的本质和最普遍的规律.所以，具体科学能够解释并验证哲学思想，其不断的发展也必定促进着哲学的完善.另一方面，哲学必然为数学等具体科学的发展提供正确的世界观和方法论上的指导.一位数学家不懂得哲学和辩证法，那么他在数学上很难取得进展.在高等数学中，时时处处蕴含着丰富的辩证法，蕴含着直与曲、常量与变量、确定与随机、有限与无限的转化.例如，求定积分的过程就蕴含着丰富的辩证法，以求曲边梯形的面积为例，在$\lambda\to 0$(λ是n个小矩形底边长度的最大值，用以刻画曲边梯形分割的精细程度)的条件下，n个小矩形的面积之和转化为曲边梯形的面积，直线转化为曲线，近似值转化为精确值，这个过程蕴藏了矛盾的对立统一以及量变质变的规律，其中哲学思想在数学研究中的指导作用是显而易见的.

哲学曾将整个宇宙作为自己的研究对象，研究范围包罗万象.而数学最初的范畴只有算术和几何.17世纪，自然科学的发展使哲学退出了一系列研究领域，哲学的中心问题从"世界是什么样的"变成"人怎样认识世界"；而数学凭借其独有的逻辑思维和对量的分析，不断扩大自己的领域，开始研究运动与变化——数学的影响力越来越大，而哲学的影响力越来越小.今天，数学在向一切学科渗透，包括人文科学、社会科学的大量领域，它的研究对象不断拓广；而西方现代哲学却只能将注意力限于意义的分析，把哲学的中心问题缩小到"人能说出些什么".

事实上，哲学应当是人类认识世界的先导，关心的应当是科学的未知领域.数学则能在具体学科领域出色地工作.因此，二者应取长补短，相辅相成，共同推动科学的进步！

1.4.2 数学与科学

早在13世纪，英国哲学家、自然科学家培根就说过“数学是打开科学大门的钥匙”. 回顾科学的发展历史，凡具有划时代意义的科学理论与实践的成就，几乎无一例外地借助了数学的力量.

例1 麦克斯韦方程→电磁波理论→现代通信技术

1863年，英国物理学家麦克斯韦(J. C. Maxwell，1831—1879)系统总结实验得到的电磁现象规律，将之表述为麦克斯韦方程，用纯粹数学的方法在理论上推导出以光速传播的电磁波的存在性. 据此，他提出了光的电磁理论.

20多年后，德国物理学家赫兹(H. R. Hertz，1857—1894)证实了电磁波的存在，在实践上证明了光就是一定频率范围内的电磁波，从而统一了光的波动理论与电磁理论. 不久，无线电报被发明，电磁波走进了千家万户，人类也一步一步迈进信息化时代.

例2 黎曼几何→广义相对论

1854年，德国数学家黎曼(B. Riemann，1826—1866)否定欧氏几何的平行公设，给出了一个不同于传统欧氏几何学的几何体系——黎曼几何，这在当时曾不被人接受和理解.

60年后，爱因斯坦在广义相对论中使用的空间几何就是黎曼几何. 在广义相对论中，爱因斯坦放弃了关于时空均匀性的概念，认为由于有物质的存在，整个时空是不均匀的，会发生弯曲，而引力场实际上是一个弯曲的时空，这是宇宙观的一次巨大的革命.

例3 纳维-斯托克斯(Navier-Stokes)方程→流体力学→航空学

纳维-斯托克斯方程是流体力学中描述黏性不可压缩流体的运动方程. 这个方程因1821年由法国数学家纳维(L. Navier，1785—1836)、1845年由英国数学物理学家斯托克斯(G. G. Stokes，1819—1903)分别建立而得名.

流体力学是研究流体(包含气体及液体)现象以及相关力学行为的科学. 理论流体力学的基本方程就是纳维-斯托克斯方程. 航空学中航空器的研究、设计、制造等都离不开流体力学的理论. 借助于航空学，人类制造了宇宙飞船、航空母舰，创建了国际空间站，航空航天技术得以飞速发展，人类探索宇宙空间的愿望成为现实.

例4 数理逻辑和量子力学→现代电子计算机

作为20世纪最伟大的科技发明之一——现代电子计算机因为具有高速的数值计算、逻辑计算以及存储记忆等功能，已经成为当今社会不可或缺的电子工具. 计算机内部的运算是由数字逻辑电路组成的，数理逻辑是计算机工作的基础.

例5 牛顿万有引力定律(含开普勒行星运动三大定律)→天文学、物理学和其他自然科学

德国天文学家开普勒(J. Kepler，1571—1630)于1609—1619年提出了行星运动的三大定律(开普勒定律). 开普勒定律是继哥白尼提出日心说以后天文学的又一次革命，完善和简化了哥白尼(M. Kopernik，波兰，1473—1543)的日心宇宙说.

牛顿的万有引力定律是17世纪自然科学最伟大的成果之一.牛顿认为万有引力是所有物质的基本特征,万有引力定律把地面上的物体运动的规律和天体运动的规律统一起来,第一次揭示了自然界中一种基本相互作用的规律,是人类认识自然历史上的一座里程碑,对以后天文学、物理学和其他自然科学的发展具有深远的影响.开普勒定律可以由万有引力定律推导出来,所以可看作万有引力定律的推论.

例6 微积分学→天文学、力学和现代的科学技术

16世纪的欧洲处在资本主义萌芽时期,生产实践的发展向自然科学提出了许多新的课题,迫切要求天文学、力学等基础学科给予回答,而这些学科都深刻依赖于数学,因而也推动了数学的发展.17世纪微积分学应运而生,并被广泛应用于解决天文学、力学中的各种实际问题,取得了巨大的成就,并逐渐在现代科学技术的发展中显示了非凡的威力.

有"现代电子计算机之父"之称的美籍匈牙利数学家、发明家冯·诺依曼对微积分学有如下评价:微积分是现代数学的第一个成就,而且怎样评价它的重要性都不为过.

1.4.3 数学与艺术

美国代数学家哈尔莫斯(P. R. Halmos,1916—2006)说:"数学是创造性艺术,因为数学家创造了美好的新概念;数学是创造性艺术,因为数学家像艺术家一样的生活,一样的思考;数学是创造性艺术,因为数学家这样对待它."

数学能陶冶人的美感,增进理性的审美能力.一个人的数学造诣越深,越是拥有一种直觉力,这种直觉力就是理性的洞察力,也是由美感所驱动的选择力,这种能力有助于使数学成为人们探索宇宙奥秘和揭示规律的重要力量.

1. 数学与音乐

数学与音乐之间的联系源远流长,早在中世纪,算术、几何和音乐就都包括在教育课程之中.数学与音乐的最大共性是都使用符号,都是一种抽象的过程.数学是对事物量的方面的抽象,并通过各种形式表达、揭示出客观世界的内在规律,以一种理性的方式来描述客观世界.音乐是以音符为基本符号,是对自然音响的抽象,通过对它们排列组合,概括我们主观世界的各种活动,以一种感性的方式来描述客观世界.

古希腊时代的毕达哥拉斯认为宇宙是由声音与数字组成的,他说:"音乐之所以神圣和崇高,就是因为它反映出作为宇宙本质的数的关系."

例7 乐谱的书写

乐谱的书写是表现数学对音乐影响的一个显著标志.乐谱上的速度、节拍(4/4拍、3/4拍,等等)、音符(全音符、二分音符、四分音符、八分音符、十六分音符,等等)反映了乐曲的表现形式.音乐的创作是与书写出的乐谱的严密结构融为一体的,书写乐谱时确定每小节内的某分音符数,与求公分母的过程相似——不同长度的音符必须与某一节拍所规定的小节相适应.

例 8 音阶与调音理论

公元前六世纪，毕达哥拉斯学派发现：一根拉紧的弦发出的声音取决于弦的长度；要使弦发出和谐的声音，则必须使每根弦的长度成整数比. 这个事实使他们得出了和声与整数之间的关系，而且他们还发现谐声是由长度成整数比的同样绷紧的弦发出的——这就是毕达哥拉斯音阶和调音理论.

中国古代的音乐研究和创作中也很早就有了数学的应用.《吕氏春秋 · 大乐》中说："音乐之所由来者远矣：生于度量，本于太一."所谓"生于度量"，即是说音律的确定需要数学. 约春秋中期，《管子 · 地员篇》中记载的确定音律的方法"三分损益法"就是数学方法的具体应用. 明代数学家、音乐理论家朱载堉(1536—1611)在《律吕精义》中创造的十二平均律，实际是将指数函数应用于音律的确定. 十二平均律有许多优点，是当前最普遍、最流行的律制，被世界各国所广泛采用.

例 9 音乐的分析、设计与指数函数、周期函数

许多乐器的形状和结构与各种数学概念有关. 不管是弦乐器还是由空气柱发声的管乐器，它们外形的边缘都反映出一种指数函数所描绘的曲线形状. 例如，钢琴的弦和风琴的管外形边缘都是如此.

19 世纪法国数学家傅里叶的工作使乐声性质的研究达到顶点，他建立的关于声音的数学分析理论代表了用数学方法研究音乐理论的最高成就. 他证明了所有乐声都可用数学式子来描述，这些数学式子是简单的正弦函数之和(见第 9 章). 声音既然是若干简单正弦函数的叠加，单一的声音元素(即可以由一个正弦函数来表示，也称为"简谐波")发出来的声音必然单调乏味，只有很多种声音元素融合在一起才能形成美妙动听的旋律，这就是"复合波"(即各种不同频率、振幅及相位元素的叠加).

傅里叶分析的伟大之处不仅在于可以利用它来分析音乐，还可以用它来设计数字音乐. 数学研究发现周期函数在乐器的现代设计和声控计算机的设计方面是必不可少的.

例 10 钢琴键盘与数列

乐器之王——钢琴的键盘与斐波那契数列有关：在钢琴的键盘上，从一个 C 键到下一个 C 键就是音乐中的一个八度音程，其中共包括 13 个键，有 8 个白键和 5 个黑键，5 个黑键分成 2 组，一组有 2 个黑键，一组有 3 个黑键. 2,3,5,8,13 恰好是著名的斐波那契数列中的前几个数.

例 11 琴弦振动的数学定律

17 世纪的法国数学家梅森(M. Mersenne，1588—1648)总结了弦振动的四条基本规律：①弦振动的频率与弦长成反比. 即对密度、粗细、张力都不变的弦，增加它的长度会使频率降低，反之会使频率增加. ②弦振动的频率与作用在弦上的张力的平方根成正比. 演奏家在演出前，对乐器的弦调音时，把弦时而拉紧，时而放松，就是调整弦的张力. ③弦振动的频率与弦的直径成反比. 在弦长、张力固定的情况下，弦的直径越粗，频率越低. 例如，小提琴的四条弦，细的奏高音，粗的奏低音. ④弦振动的频率与弦的密度的平方根成反比. 一切弦乐器的制

造都离不开这四条基本定律.

例 12 音乐中的数学变换

近年,有美国的学者以"音乐天体理论"为基础,利用数学模型设计了一种新的方式,对音乐进行分析归类,提出了"几何音乐理论",把音乐语言转换成几何图形,并将成果发表于《科学》(SCIENCE)杂志上,他们认为用此方法可以帮助人们更好地理解音乐.图 1-2 为科学家们展示的音乐模型图.

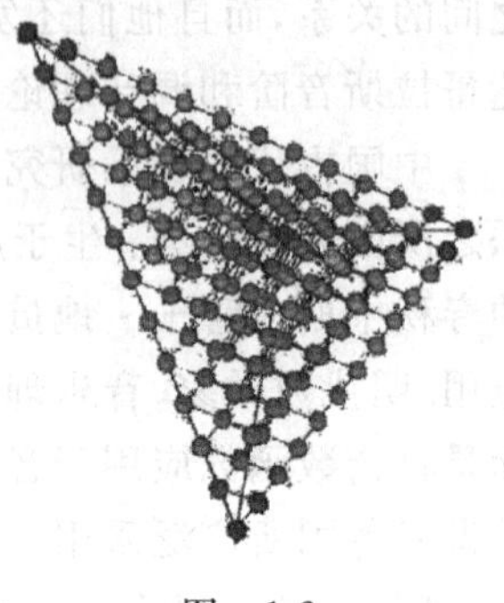

图 1-2

他们所用的基本几何变换包括平移、对称、旋转等(这里的变换是对五线谱而言的).平移变换通常表示一种平稳的情绪,对称(关于原点、X 轴或 Y 轴对称)则表示强调、加重情绪,如果要表示一种情绪的转折(如从高潮转入低谷或从低谷转入高潮),则多采用绕原点 180°的旋转.

古罗马时期的思想家圣奥古斯汀(A. Augustinus,354—430)就曾说过"数可以把世界转化为和我们心灵相通的音乐"的名言.开普勒、伽利略、欧拉(L. Euler,瑞士,1707—1783)、哈代(G. H. Hardy,英,1877—1947)等大数学家都潜心研究过音乐与数学的关系.很多近现代作曲家对音乐与数学的结合进行过大胆的实验,例如匈牙利天才作曲家巴托克(Bartók,1881—1945)就曾探索将黄金分割法用于作曲中;俄裔美国音乐理论家、作曲家、指挥家席林格(J. Schillinger,1895—1943)尝试从纯粹的函数图像出发作曲;勋伯格(A. Schoenberg,奥-美,1874—1951)创造"十二音技法";凯奇(J. Cage,美,1912—1992)开创"随机音乐";克赛纳基斯(I. Xenakis,希腊,1922—2001)创立"算法音乐";施托克豪森(K. Stockhausen,德,1928—2007)制作"图表音乐"的思想,等等,这些均是音乐与数学结合的范例.

综上,从古至今,音乐与数学紧密地联系在一起.随着数学和音乐的不断发展,人们对它们之间关系的理解和认识也在不断加深.英国数学家西勒维斯特(J. J. Sylvester,1814—1897)如此评价数学与音乐的关系:"难道说音乐不就是感觉中的数学吗?两者的灵魂是完全一致的!因此,音乐家可以感觉到数学,而数学家也可以想象到音乐.虽说音乐是梦幻,而数学是现实,但当人类智慧升华到完美的境界时,音乐和数学就互相渗透而融为一体了.两者将照耀着未来的莫扎特-狄利克雷或贝多芬-高斯的成长……"

2. 数学与美术

美术中蕴藏着数学.无论何种美术作品,如绘画、雕塑、工艺美术、建筑艺术等(按照《中国大百科全书》美术卷关于"美术"的分类),总离不开大小和形状.数和形是数学的研究对象,数形和谐带来美感.数学在美术中有很多应用,许多优秀的美术作品将算术、代数、几何、拓扑、透视方法、分形艺术等运用其中.

例 13 黄金分割在美术中的应用

断臂的维纳斯雕像的尺寸在诸多地方符合黄金比，非常迷人. 早在古希腊时代，人们就认为，如果形体符合数学上的黄金比，会显得更加和谐美丽. "法国农民画家"米勒(J. F. Millet，1814—1875)的画作《拾穗者》很美，金色的阳光斜照在三位劳动妇女身上，清新明亮，她们的瞬间姿态如雕像般高贵，充满尊严. 画面之所以这么美，不但因为作者有高超的绘画技巧和坚实的生活基础，而且因为画中隐藏着黄金比. 世界艺术宝库中著名的帕特农神庙也蕴藏着丰富的黄金比，古今中外的许多建筑中都十分注重黄金比的运用.

例 14 几何元素在美术中的应用

在美术作品中，恰当地利用几何图形会更好地展现主题或产生奇异的效果. 有些图标用几何图形组成画面，简明生动. 用于设计装饰画、平面镶嵌或空间设计中的几何图形常会给人留下深刻的印象.

美术中的点彩画法是将点运用于美术中，作画的人将红、黄、蓝等各种颜色直接涂到画面上，让它们互相穿插，各种颜色的多少视需要而定，远距离观察就不会注意单个的彩色小点，而会感受不同颜色混合在一起产生的总体效果.

新印象主义的创始人修拉(G. Seurat，法，1859—1891)是点彩画法的创始人，其代表作品《大碗岛星期天的下午》(见图 1-3)，描写了人们在塞纳河阿尼埃的大碗岛上休息度假的情景，画面由一些竖直线和水平线组成，且它们不是连续线条，而是由许多细密小圆点合理安排组成的，整个画面也是由小圆点组成的，看起来井井有条，整体感强烈.

图 1-3

例 15 透视在美术中的应用

绘画艺术中，三维现实世界在二维平面上的真实再现需要依据几何学中的透视理论，因此，艺术家们对透视理论进行了研究，提出了将几何原理应用于绘画的透视画法.

透视画法由 19 世纪初法国艺术家、化学家达盖尔(L. J. M. Daguerre，1787—1851)发明，之后成为一种流行的艺术形式，在中西方被广泛运用. 透视画法又有多种不同的分类，意大利文艺复兴时期的杰出代表达·芬奇(Da Vinci，1452—1519)在其名画《最后的晚餐》中最常用到的是线透视，它的基本原理是：在画者和被画物体之间假想一面玻璃，固定住眼睛的位置(用一只眼睛看)，连接物体的关键点与眼睛形成视线，再相交于假想的玻璃上. 在玻璃上呈现的各个点的位置就是要画的三维物体在二维平面上的点的位置.

例 16 平移、对称在美术中的应用

在同一平面内，将一个图形整体按照某个直线方向移动一定的距离，这样的图形运动称为图形的平移运动，简称平移. 平移不改变图形的形状和大小. 对称是指图形在某种变换条件下，其相同部分间有规律重复的现象，亦即在一定变换条件下的不变现象. 对称分为轴对称、中心对称、旋转对称等.

中国的剪纸艺术历史悠久，外轮廓是圆形的装饰纹样叫作团花，很多团花是轴对称图形

也是旋转对称图形(旋转 60°). 对称在建筑装饰中有大量应用,在二维装饰图案中,总共有 17 种本质上不同的对称性图案. 有研究表明,在古埃及的装饰物中,确实存在着所有 17 种对称性图案,直到 19 世纪人们才从理论上证明了只有 17 种可能性. 阿拉伯装饰艺术常使用五次旋转对称,其中涉及黄金分割. 安排下一个五边形,则周围需要作复杂的调整,这要比安排三角形、四边形和六边形的情况复杂得多.

例 17 拓扑在美术中的应用

拓扑,简言之,就是研究各种图形在连续变换下不变的性质,这种变换是拉长或弯曲,但不是撕裂或黏合(见第 8 章). 荷兰版画家埃舍尔(M. C. Escher,1898—1972)的作品《莫比乌斯带上的蚂蚁》(见图 1-4),表现了拓扑学的"视觉效果",揭示了莫比乌斯带是单侧曲面的事实. 他的另一作品《画廊》(见图 1-5)则是拓扑变形的一个著名例子,版画看起来好像是印刷在经过奇妙的拓扑变形的橡皮薄板上,此画作引来了诸多的认识论等哲学上的问题讨论.

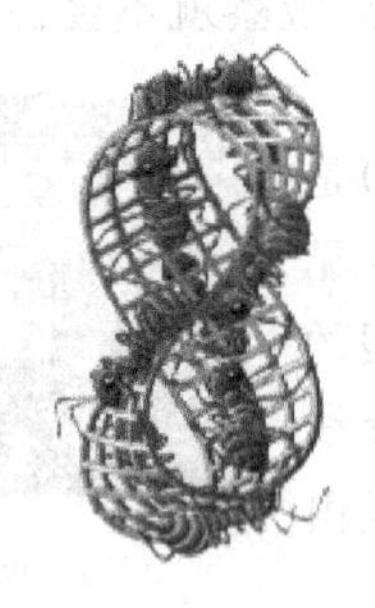

图 1-4

图 1-5

例 18 分形在美术中的应用

分形艺术是利用分形几何原理(见第 6 章),借助计算机的运算,将数学公式反复迭代,再结合艺术性的塑造,将抽象神秘的数学公式变成一幅幅、一帧帧精美绝伦、现实易懂的画作. 分形艺术为艺术家的创作和想象提供了更广阔的空间,利用它所创作出的作品是一些形态逼真、充满魅力的分形,如分形山脉、分形云彩、分形湖泊等. 这些作品所表现出来的精湛的技艺,令人赞叹不已. 分形体现了科学与艺术的融合,数学与艺术审美上的统一.

此外,对高等数学中经常涉及的无穷,美术作品也有所表现. 前面提到的荷兰版画家埃舍尔把数学家的无穷观念具象化,其作品《圆之界限》试图用从中心向外部的不断缩小过程来体现无穷(见图 1-6). 从某种意义上,他关于无穷的作品在艺术上对无穷进行了探索,把无穷的过程实现到使用绘画工具能够达到的最大限度.

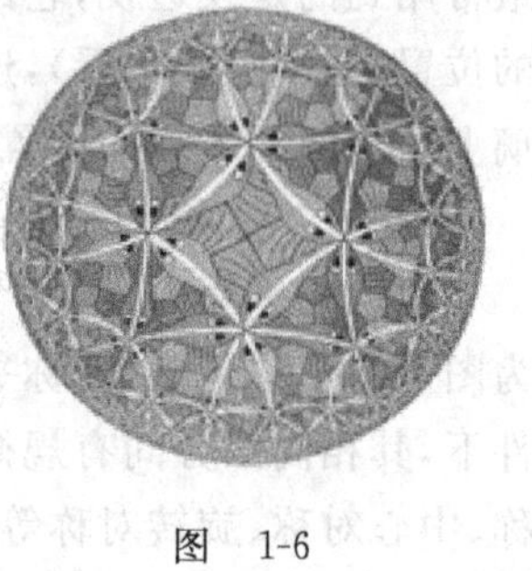

图 1-6

思考题 1

1. 数学是一切科学的共同语言，如何理解这种观点？试举例说明.

2. 数学是一门艺术，如何认识这种观点？

3. 数学定义中的“模型说”是如何界定数学的？你认为合适吗？

4. 你知道体育中用到了哪些高等数学知识吗？（譬如博弈论、决策论.）

5. 数学科学的内容有哪些？

6. 阐述数学科学的特点；举例说明数学在生产生活等领域的广泛而重要的应用.

7. 中国传统数学与古代西方数学相比较，有哪些重要的特点？

8. 德国近代数学家克莱因曾说：“音乐能激发或抚慰情怀，绘画使人赏心悦目，诗歌能动人心弦，哲学使人获得智慧，科学可改善物质生活，但数学能给予以上的一切.”如何理解这句话？

拓展阅读 1

1. 自学成才，独步中华——华罗庚(1910—1985)，中国当代著名数学家

1910 年 11 月 12 日，华罗庚出生于江苏金坛. 他幼时爱动脑思考，因思考问题过于专心被同伴戏称为“罗呆子”. 华罗庚进入金坛县立初中后，其数学才能被老师发现，并尽心予以培养. 初中毕业后，华罗庚曾入上海中华职业学校就读，因拿不出学费而中途退学，帮助父母打理杂货店，故一生只有初中文凭. 此后，他顽强自学，用 5 年时间学完了高中和大学低年级的全部数学课程. 1928 年，他不幸染上伤寒，落下腿部残疾. 1930 年，他在杂志上发表了一篇关于五次方程的论文而轰动数学界，被清华大学算学系主任熊庆来(1893—1969)破例于 1931 年请去任清华大学数学系助理员. 从 1931 年起，华罗庚在清华大学边工作边学习，用一年半的时间学完了数学系全部课程并自学了英、法、德语，在国外杂志上发表了 3 篇论文，1933 年被破格聘任为助教，1935 年被提升为教员. 1936 年，华罗庚被保送到英国剑桥大学进修，两年中发表了 10 多篇论文，引起国际数学界赞赏. 1938 年，在抗日的烽火中，华罗庚毅然回国，在西南联大任教，并艰难地写出名著《堆垒素数论》. 1946 年 7 月，他应普林斯顿大学邀请去美国研究与讲学，并于 1948 年被美国伊利诺依大学聘为终身教授.

1949 年中华人民共和国成立，华罗庚毅然放弃伊利诺依大学的优裕生活，携全家返回祖国. 他在归国途中发表了《致中国全体留美学生的公开信》，在信中深情地说：“梁园虽好，

非久居之乡,归去来兮!"1950 年 2 月回国后,华罗庚任清华大学数学系教授,并着手筹建中国科学院数学研究所,1952 年,他出任中国科学院数学研究所第一任所长. 20 世纪 50 年代,在百花齐放、百家争鸣的学术空气下,华罗庚著述颇丰,同时还发现和培养了王元(1930—)、陈景润(1933—1996)等数学人才. 1956 年,他着手筹建中国科学院计算数学研究所. 1958 年,他担任中国科技大学副校长兼数学系主任. 从 1960 年起,华罗庚开始在工农业生产中推广统筹法和优选法,足迹遍及全国,创造了很好的经济效益. 1966 年,"文化大革命"的十年浩劫中,他遭受批判,被抄家,手稿遗失殆尽. 1978 年,华罗庚出任中国科学院副院长并于翌年入党. 晚年的他不顾年老体衰,仍奔波在建设第一线. 他还多次应邀赴欧美及中国香港地区讲学,先后被法国南锡大学、美国伊利诺伊大学、香港中文大学授予荣誉博士学位,并于 1982 年全票当选为美国科学院外籍院士,1983 年当选为第三世界科学院院士. 1985 年 6 月 12 日,华罗庚在日本东京做学术报告时,因心脏病突发不幸逝世.

华罗庚虽然只有初中学历,但他自学成才,经过艰苦的努力成为国际公认的世界级数学大师,在他研究的数论、代数、矩阵几何学、多复变函数论、调和分析与应用数学的众多领域中,都有以他的名字命名的定理与方法. 华罗庚为中国和世界的数学事业做出了巨大贡献.

华罗庚的名言:"埋头苦干是第一,熟练生出百巧来,勤能补拙是良训,一份辛勤一份才","人做了书的奴隶,便把活人带死了. 把书作为人的工具,则书本上的知识便活了,有生命了".

2. 数学当歌,人生几何——陈省身(1911—2004),当代著名美籍华人数学家

1911 年 10 月 28 日,陈省身出生于浙江嘉兴. 他少年时就对数学产生浓厚的兴趣,喜欢独立思考,自主发展. 1926 年,年仅 15 岁的陈省身考入南开大学数学系,1931 年考入清华大学研究院,师从中国微分几何先驱孙光远(1900—1979),1934 年硕士毕业,成为中国国内最早的数学研究生之一. 同年,陈省身得到奖学金资助,赴德国汉堡大学数学系留学,师从著名几何学家布拉希开(W. Blaschke,1885—1962),在布拉希开研究室完成了博士论文,研究的是嘉当方法在微分几何中的应用. 1936 年年初,陈省身获得博士学位,之后来到法国巴黎. 1936 年初到 1937 年夏,他在法国著名几何学大师嘉当(E. Cartan,1869—1951)那里从事研究,度过了一段紧张而愉快的时光,受益匪浅. 1937 年夏,陈省身回国,担任西南联大教授. 1943 年后,他前往美国,历任美国普林斯顿高等研究所研究员,芝加哥大学、伯克利加州大学终身教授等. 1985 年,陈省身在南开大学创办数学研究所,先后培养造就了一批世界知名的数学家,为我国及世界数学事业的发展做出了杰出贡献! 2000 年,陈省身定居天津南开大学,2004 年 12 月 3 日,因病逝世.

陈省身的数学工作范围极广,包括微分几何、拓扑学、微分方程、代数、李群等很多方面. 他是创立现代微分几何学的大师,他引进的一些概念、方法和工具,成为现代数学中的重要组成部分. 陈省身还是一位杰出的教育家,他培养了大批优秀的博士生. 他本人也获得了许多荣誉和奖励，1976 年获美国总统颁发的美国国家科学奖，1983 年获美国数学会“全体成就”斯蒂尔奖，1984 年获沃尔夫奖. 2004 年 11 月 2 日，经国际天文学联合会下属的小天体命名委员会讨论通过，国际小行星中心正式发布公报，将一颗永久编号为 1998CS2 号的小行星命名为“陈省身星”，以表彰他对全人类的贡献.

陈省身曾说过：“我读数学没有什么雄心，我只是想懂得数学. 如果一个人的目的是名利，数学不是一条捷径.”“做研究实在是吃力而不一定讨好的事，所以学业告一段落便不再继续那是自然现象，中外皆然……，长期钻研数学是一件辛苦的事.”“对我来说，主要是这种活动给我满足，甘苦自知，不是一言可尽的……”

第2章 常用的数学思想与方法简介

数学处于人类智能的中心领域，数学方法渗透、支配着一切自然科学的理论分支，它已愈来愈成为衡量成就的主要标志.

——冯·诺依曼(J. Von Neumann，匈-美，1903—1957)

数学思想是对数学知识和方法的本质认识，它是从某些具体的数学内容和对数学的认知过程中提炼和概括出来的观点，它在认识活动中被反复运用，因而带有一般意义和相对稳定的特征. 数学方法是以数学为工具进行科学研究的方法，即用数学的语言表达事物的状态、关系和过程，经过推导、运算与分析，以形成解释、判断和预言的方法.

数学思想直接支配着数学的实践活动，对数学方法起指导作用，数学方法是数学思想具体化的反映. 或者说，数学思想是数学的灵魂，数学方法是数学的行为，二者密不可分.

2.1 公理化方法

2.1.1 公理化方法的产生和发展

公理化方法也称演绎法，是从最基本的原始概念和公理出发，按照演绎推理规则，推导出其他命题，建立起一个严谨的理论体系的思维方法.

公理化方法最早大约出现在公元前3世纪，古希腊的哲学家、逻辑学家亚里士多德总结了古代积累起来的几何学和逻辑学的丰富资料，以三段论为演绎推理规则，在历史上提出了第一个公理系统. 所谓三段论，是由三部分组成的推理方法，这三部分是：一般的判断(大前提)、特殊的判断(小前提)、结论. 如果大前提正确，小前提正确，则结论一定正确. 例如，大前提：马有四条腿；小前提：白马是马；结论：白马有四条腿.

最常用的演绎推理就是三段论. 从三段论中可以看出，公理化方法是由一般到特殊的逻辑思维方法. 这里的大前提、小前提在推理过程中一定或假定是正确的，则得到的结论正确，这是数学结论正确性与可靠性的保证.

公理化方法的发展大致经历了三个阶段：实体公理化阶段、形式公理化阶段和纯形式公理化阶段，用它们构建起来的理论体系的典范分别是欧几里得的《几何原本》、希尔伯特的《几何基础》和 ZFC《公理化集合论》.

1. 欧几里得的《几何原本》——实体公理化阶段

受亚里士多德的影响，欧几里得把公理化方法应用于几何学. 他从 23 个定义、5 条公设和 5 条公理出发，演绎出 96 个定义和 465 条命题，将当时的全部几何学知识推演出来，完成了数学史上的重要著作《几何原本》.

在《几何原本》中，公设和公理的区别是：公理是适用于一切科学的真理，而公设是只适用于几何学的原理. 公理和公设是不言自明的基本原理，是建立其他命题的出发点.

欧几里得在《几何原本》中给出的 5 条公设是：

Ⅰ. 连接任意两点可以作一直线段；

Ⅱ. 一直线段可以沿两个方向无限延长而成为直线；

Ⅲ. 以任一点为中心、任意长为半径可以作圆；

Ⅳ. 所有直角都相等；

Ⅴ. 若同一平面内任一条直线与另两直线相交，同侧的两内角之和小于两直角，则这两直线无限延长必在该侧相交(也称平行公设).

5 条公理是：

Ⅰ. 等于同量的量彼此相等；

Ⅱ. 等量加等量，其和相等；

Ⅲ. 等量减等量，其差相等；

Ⅳ. 彼此能重合的东西是相等的；

Ⅴ. 整体大于部分.

后人把欧几里得的几何理论称为“欧氏几何”，成立欧氏几何的平面称为“欧氏平面”，成立欧氏几何的空间称为“欧氏空间”.《几何原本》表现的公理化方法被称为“实体公理化方法”，因为在这样的公理系统中，概念直接反映着数学实体的性质，并且概念、公理和推理论证过程往往基于直觉指导.

欧几里得的《几何原本》构建了第一个数学公理体系，在数学发展史上树立了一座不朽的丰碑，被认为是古代数学公理化的最高成就.

2. 希尔伯特的《几何基础》——形式公理化阶段

《几何原本》虽然开创了数学公理化方法的先河，但其公理系统还有许多不完善的地方，主要表现为：①有些定义使用了一些没有确切定义的概念；②有些定义是多余的；③有些定理的证明过程依赖于图形的直观；④平行公设不够简洁和直接. 许多数学家通过对这些问题的研究，使公理化方法不断完善，并促进了数学科学的发展.

1899 年，德国数学家希尔伯特发表了《几何基础》一书，摆脱了直观成分，提出选择和组织公理系统的三原则，奠定了对一系列几何对象及其关系进行更高一级抽象的基础，不仅完善了欧几里得几何的公理系统，而且解决了公理化方法的一系列逻辑推理问题.

希尔伯特的几何公理化方法使人们可以在高度抽象的意义下给出公理系统，只要能满足系统中的各公理的要求，就可以使这个公理系统所涉及的对象是任何事物. 并且在公理中表述事物或对象之间的关系时，也可以具有其具体意义的任意性.《几何基础》一书成为“形式公理化方法”的奠基著作.

3. ZFC《公理化集合论》——纯形式公理化阶段

希尔伯特在进行“证明论”的研究过程中，又把形式公理化方法推向一个新的阶段——纯形式公理化阶段. 纯形式公理化方法的基本思想是采用符号语言把一个数学理论的全部命题变成公式的集合，然后证明这个公式的集合是无矛盾的.

19 世纪末，许多数学家开始接纳和应用康托尔(G. Cantor，德，1845—1918)创立的集合论，将之视为现代数学的基础. 但是，罗素悖论出现了(见第 3 章)，数学家们都力图消除悖论，其中最有效的方法就是公理化方法. 1908 年，德国数学家策梅洛(E. Zermelo，1871—1953)采取希尔伯特的纯形式公理化方法回避悖论，将集合论变成了一个完全抽象的公理化理论，他提出了由 7 条公理组成的第一个集合论公理系统——Z 系统. 在这样一个公理化理论中，“集合”这个概念一直不加定义，而它的性质由公理反映出来，从而消除罗素悖论产生的条件. Z 系统经过许多人的修改和补充形成了现代数学中标准的公理化集合论，即 ZFC 纯形式公理化集合论.

2.1.2 公理系统构造的三性问题

数学公理化的目的是要把一门数学表述为一个演绎系统. 这个系统的出发点是一组基本概念和公理. 因此，如何引进基本概念和建立一组公理便是公理化方法的关键.

基本概念是不加定义的概念，无法用更原始、更简单的概念去界定，它们必须是对数学实体的高度抽象. 当基本概念确定以后，重要的问题就是如何选取和设置公理了.

19 世纪末，希尔伯特在历史上第一次明确提出了选择和组织公理系统的三原则(也称**公理系统的“三性”**)：相容性、独立性、完备性. 即，一个公理系统是否科学，它的基础在逻辑上是否完善、合理，要看它是否满足公理系统构造的“三性”.

1. 相容性

相容性即不矛盾性. 这一要求是指在一个公理系统中，不允许同时能够证明某一定理和它的否定理. 因为如果能从该公理系统导出命题 A 和否命题非 A，从 A 与非 A 并存就说明出现了矛盾，而矛盾的出现归根到底是由于公理系统本身存在着矛盾的认识，这是思维规律所不容许的. 因此，公理系统的相容性是一个基本要求.

2. 独立性

独立性即不依从性. 这一要求是指在一个公理系统中的每一条公理都独立存在,不要互相包含,即不允许有一条公理能用其他公理推导出来. 这就要求公理的数目减少到最低限度,不允许公理集合中出现多余的公理.

3. 完备性

完备性是指能确保从公理系统中推导出所研究的数学某分支的全部命题,也就是说,必要的公理不能减少,否则,这个数学分支的许多真命题将得不到理论的证明或者造成一些命题的证明没有充足的理由.

简言之,相容性保证了公理系统内部的和谐性,独立性保证了公理体系的简洁性,完备性保证了公理体系的完全性. 从理论上讲,一个公理系统的上述三条要求是必要的,也是合理的. 至于某个所讨论的公理系统是否满足或能否满足上述要求,甚至能否在理论上证明满足上述要求的公理系统确实存在等,则是另外一回事. 应该指出的是,对于一个较复杂的公理体系来说,要逐一验证这三条要求相当困难,至今不能彻底实现.

一个公理系统的相容性是至关重要的,因为一个理论体系不能矛盾百出,而独立性和完备性的要求则是次要的. 因为在一个理论体系中,如果有多余的公理,对于理论的展开没什么妨碍;如果独立的公理不够用,数学上常常补充一些公理,逐步使之完备.

公理系统的相容性证明绝非易事,由于这一工作中所持的基本观点不同,20 世纪初,在数学基础论的研究中形成了逻辑主义学派、直觉主义学派和形式主义学派三大流派. 这些流派虽然最后并未解决相容性证明问题,但在方法论上却各有贡献,对于数学的研究与发展都具有重要的意义.

2.1.3　公理化方法的意义和作用

公理化方法是人类认识论的一大创举,是数学可靠性的基础. 它之所以重要,是因为数学理论都是用演绎推理组织起来的,每一个数学理论都是一个演绎体系. 演绎方法作为从一般到特殊的推理形式,是组织数学知识的最好方法,是公理化方法在思维与表达等方面的方法论要求,它能超越技术与仪器的限制,可以极大程度地消除我们认识上的不清和错误. 公理化方法的基本构件是定义(概念)、公理和定理,如果有怀疑的地方,也都回归到对基础概念及公理的怀疑.

公理化方法具有分析、总结数学知识的作用,凡取得公理化结构形式的数学,由于定理和命题均已按照逻辑演绎关系串联起来,使用起来比较方便. 因此,公理化方法对近现代数学的发展有极其深刻的影响,能够建立公理化体系已成为数学分支发展完善的重要标志. 公理化方法不仅在现代数学和数理逻辑中广泛应用,而且已经远远超出数学的范围,渗透到其他自然科学领域甚至某些社会科学部门.

当一门科学积累了相当丰富的经验知识，需要按照逻辑顺序加以综合整理，使之条理化、系统化，上升到理性认识之时，公理化方法便是一种有效的手段. 例如，概率论是一个古老的学科，由于人们对概率概念的不同理解，因此建立起来的理论体系也不完全一样. 柯尔莫哥洛夫（A. N. Kolmogorov，苏联，1903—1987）建立了在公理集合论上的概率论体系，给予概率论以严格的逻辑基础，使概率论得到了进一步的发展，产生了许多新的分支.

公理化方法将一门数学的基础分析得清清楚楚，这就有利于比较各门数学的实质性异同，并能促进和推动新理论的创立. 例如，在几何方面，平行公设的研究导致了非欧几何的创立. 欧几里得《几何原本》中的 5 条公理和 5 条公设中的Ⅰ～Ⅳ很容易被接受，但第Ⅴ公设从一开始就受到人们的怀疑，因为它缺乏其他公理和公设的直观性、明显性，而且文字的叙述冗长. 因此，在《几何原本》问世的 2000 年中，不少人试图去修正第Ⅴ公设. 经过无数次失败的尝试，直到 19 世纪初，大批数学家才开始意识到第Ⅴ公设是不可证明的，唯一的办法是要么承认它，要么重新构筑一个体系. 在富有科学想象力的众多数学家的努力下，后一种思路导致了非欧几何的诞生.

欧氏几何的第Ⅴ公设等价于：在平面内过已知直线外一点，只有一条直线与已知直线平行，故又称为平行公设. 1826 年俄国数学家罗巴切夫斯基（N. I. Lobachevsky，1792—1856），1832 年匈牙利数学家鲍耶（J. Bolyai，1802—1860）通过各自独立工作，将平行公设修改为Ⅴ′：过直线外一点，至少能作两条直线与已知直线平行. 在此基础上，他们推出了一个又一个新奇的结论后仍找不到逻辑上的矛盾（例如，三角形的内角和小于 180°）. 这些新结论构成了一个不同的几何体系，后来被称为罗巴切夫斯基几何（简称罗氏几何）. 1854 年德国数学家黎曼（B. Riemann，1826—1866）修改平行公设为Ⅴ″：过直线外一点，不能作与已知直线相平行的直线. 在此基础上，黎曼也推出了一系列新奇的无逻辑矛盾的结论（例如，三角形的内角和大于 180°）. 这些新结论构成的几何体系，后来被称为黎曼几何.

罗氏几何与黎曼几何统称为非欧几何. 平行公设成为欧氏几何与非欧几何的分水岭. 非欧几何的出现，是 19 世纪数学发展的一个重大突破，体现了公理化方法是在探索事物发展规律，做出新的发现和预见的一种重要方法.

数学的公理化方法是数理逻辑研究的一项重要内容. 数理逻辑用数学方法研究推理过程，它对公理化方法进行研究，一方面使公理化方法向着更加形式化和精确化的方向发展，一方面把人的某些思维形式，特别是逻辑推理形式加以公理化、符号化. 这种研究使数学工作者增进了使用逻辑方法的自觉性，在科学方法论上具有示范作用. 同时，公理化方法的形式简洁性、条理性和结构的和谐性符合美学上的要求.

2.2 类比法

类比法是指由两个对象在某些属性方面的相同或相似，进而推出它们在其他属性方面也可能相同或相似的一种思维方法.

数学上的两个系统,如果在它们各自的部分之间,可以清楚地定义一些关系,在这些关系上,它们具有共性,那么,这两个系统就可以类比.类比法是数学研究中最基本的创新思维方式,它具有启发思路、提供线索的作用,运用类比法往往能发现新知识、探索新领域.

我们平时的学习与生活中处处充满着类比.类比可以是方法上的类比,也可以是对结果的类比,也可以二者兼而有之.比如:"仿生学""人工神经网络"等都是典型的类比法.在数学研究中,类比法虽然不是证明方法,但它是开阔解题思路的重要方法,更是一种卓有成效的数学创造发现的方法.一般地,人们由类比法获得猜想或假说,再用演绎法等加以证明.

开普勒曾说:"我珍视类比胜于任何别的东西,它是我最可信赖的老师,它能揭示自然界的奥秘,在几何学中它应该是最不容忽视的."这是开普勒在其天文学研究中的切身体验.德国近代著名哲学家康德(I. Kant,1724—1804)也曾说:"每当智力缺乏可靠论证思路时,相似思考往往能指引我们前进."教育家波利亚则形容:"类比是一个伟大的引路人."

例 1 数的概念的扩充

数学中有各种各样的运算,每一种运算都与一定的数集相联系.在正整数集合内,可以进行加法运算,即正整数对于加法运算是封闭的(这里的封闭是指:两个正整数加法运算的结果还在正整数集合内.以下谈到的封闭类似);但正整数集合对于减法运算不再封闭,为使减法运算能通行无阻,就需要对正整数集合进行扩充,引入整数集合;但整数集合对于除法运算又不是封闭的,为使加减乘除四则运算能通行无阻,又需要对整数集合进行扩充,引入有理数集合;但有理数集合对于极限运算又不是封闭的,于是,为使极限运算能通行无阻,又需要对有理数集合进行扩充,引入无理数,从而扩充成为实数集.

例 1 中的类比是运算封闭性的推广,数学上推广某种特性是常见的一种类比法运用.

例 2 整数理论与多项式理论

整数是多项式的极特殊的例子,整数和多项式彼此并不相同,但两者有许多概念、结果和方法是共同的,是可以类比的内容.例如,整数和多项式中有相似的加、减、乘、带余除法的运算法则.整数理论中有"**算术基本定理**",即任一大于 1 的自然数都可以分解成若干个素数的乘积,如果不计素数因子的顺序,这种分解是唯一的;多项式理论中有"**代数学基本定理**",即复系数 $n(n>0)$ 次多项式在复数域内恰有 n 个根(k 重根按 k 个计).

例 2 中的类比是算术领域与初等代数领域的类比,这种从个别到一般的推广也是常见的一种类比法运用.

例 3 球与超球

解析几何中,三维空间中的点的表示是(x_1,x_2,x_3),方程 $x_1^2+x_2^2+x_3^2\leqslant 1$ 表示的图形是球;而 n 维空间中的点的表示是$(x_1,x_2,\cdots,x_n)$,方程 $x_1^2+x_2^2+\cdots+_n^2\leqslant 1$ 表示的图形称为超球.

例 3 中的类比将三维空间的概念推广到 n 维空间.而解析几何将对几何性质的研究转变为对代数性质的研究,因此,也可通过类比,把三维空间的代数性质移植到 n 维空间.这种低维到高维的推广是常见的一种类比法运用.

例 4 有限和与无限和

$$\frac{1}{2}+\frac{1}{2^2}+\cdots+\frac{1}{2^n}=\frac{\frac{1}{2}\left[1-\left(\frac{1}{2}\right)^n\right]}{1-\frac{1}{2}}=1-\left(\frac{1}{2}\right)^n,\quad n=1,2,\cdots.$$

$$\frac{1}{2}+\frac{1}{2^2}+\cdots+\frac{1}{2^n}+\cdots=\lim_{n\to\infty}\left[1-\left(\frac{1}{2}\right)^n\right]=1.$$

中国战国时期的思想家庄子(前 369—前 286),在其所著《庄子·天下篇》中所述的"一尺之棰,日取其半,万世不竭",涉及无限和(即无穷级数),就是例子中的第二个等式. 例 4 中的类比将有限推广到无限,也是常见的一种类比法运用.

当然,类比绝不是等同,在类比法运用的过程中必然会遇到新的问题,得到新的结论. 在高等数学中,类比法得到的结论比比皆是,许多陌生对象的性质和研究方法常常来自于数学家对类比法的精当运用.

2.3 归纳法与数学归纳法

2.3.1 归纳法

归纳法是从特殊的、具体的认识推进到一般认识的一种思维方法. 归纳法是实验科学最基本的推理方法,本质上属于逻辑学的范畴. 归纳法符合人类对客观事物的认识过程,即人们总是通过个性发现共性,通过特例发现规律,通过现象发现本质.

近代科学中使用归纳法的始祖是英国思想家、哲学家弗朗西斯·培根(F. Bacon, 1561—1626),他在 1620 年出版的《新工具》、1623 年出版的《论科学的价值和发展》两本著作中,提倡归纳法和实验科学.

归纳法包括完全归纳法和不完全归纳法两类. **完全归纳法**(也称穷举法或枚举法)是考察一类事物的所有对象,肯定或否定它们具有某一种属性,从而得到这类事物具有或不具有这一属性的结论的推理方法. 完全归纳法得到的结论一定是正确的. **不完全归纳法**(也称经验归纳法或实验归纳法)是考察一类事物的部分对象,肯定或否定它们具有某一种属性,从而得到这类事物具有或不具有这一属性的结论的推理方法. 不完全归纳法得到的结论可能正确也可能错误.

完全归纳法在数学上用于证明.

例 1 证明:无穷数列 22,222,2222,…中没有正整数的平方数.

证明 因为正整数分为两类:正奇数和正偶数,而 $(2n)^2=4n^2$,$(2n+1)^2=4n^2+4n+1$ $(n=1,2,\cdots)$,所以正偶数的平方除以 4 余数为 0,正奇数的平方除以 4 余数为 1. 从而,正整数的平方除以 4 的余数，或者为 0，或者为 1，二者必居其一，且只居其一.

因为$\underbrace{22\cdots2}_{n}=2\times10^{n-1}+2\times10^{n-2}+\cdots+2\times10+2$，所以无穷数列 22，222，2222，…中的每一个数除以 4 余数都为 2，所以该无穷数列中没有正整数的平方数.

不完全归纳法在数学上常用于猜测和推断.

例 2 费马数

法国数学家费马(P. de Fermat，1601—1665)于 1640 年提出猜想：形如 $2^{2^n}+1$ 的数(其中 n 为自然数)都是素数. 后来，人们把形如 $2^{2^n}+1$ 的数称为费马数，记为 $F_n=2^{2^n}+1$. 费马当时验证了 $F_0=3$，$F_1=5$，$F_2=17$，$F_3=257$，$F_4=65537$ 是素数(也称费马素数)，对于其他情形并未给出证明.

1732 年，瑞士数学家欧拉分解出 $F_5=641\times6700417$，说明 F_5 不是素数，宣告了费马的猜想是错的. 此后，人们对更多的费马数进行研究，又陆续找到 200 多个反例，却未找到第 6 个正面的例子. 即便当电子计算机成为数学家研究费马数的有力工具后，在所知的费马数中竟然没有再添加一个费马素数. 迄今为止，只有 F_0，F_1，F_2，F_3，F_4 才是素数. 甚至有人猜想：当 $n\geqslant5$ 时，费马数全是合数.

在对费马数的研究上，费马从观察开始，用不完全归纳法做出了错误的猜测.

几千年来，数学家们一直在寻找一个能求出所有素数的公式，至今也未找到，而且也未能证明这样的公式不存在. 虽然费马数作为一个关于素数的公式是错误的，但在 1801 年，高斯证明了如下的**高斯定理**：对奇数 n，当且仅当 n 是一个费马素数，或者若干个不相等的费马素数的乘积时，才能用直尺和圆规作出正 n 边形. 高斯本人就根据这个定理作出了正 17 边形，将从古希腊开始 2000 年来没有进展的尺规作图问题向前推进了一大步.

例 3 哥德巴赫猜想

德国数学家哥德巴赫(C. Goldbach，1690—1764)于 1742 年 6 月 7 日给欧拉的信中提出以下猜想(哥德巴赫猜想)：任一大于 2 的整数都可写成三个素数之和(注：当时人们认为 1 也是素数). 欧拉在回信中提出另一版本，即任一大偶数都可写成两个素数之和(例如，18＝5＋13). 现在人们常见的哥德巴赫猜想陈述为欧拉的版本，把命题“任一充分大的偶数都可以表示成为一个素数因子个数不超过 a 的数与另一个素数因子个数不超过 b 的数之和”记作“$a+b$”，哥德巴赫猜想也就因此被人们称为“1＋1”. 1966 年，我国数学家陈景润证明了“1＋2”成立，即“**任一充分大的偶数都可以表示为 1 个素数及一个不超过 2 个素数的乘积之和**”(例如，$22=7+5\times3$). 1973 年，陈景润在《中国科学》上发表论文对此给出了详细的证明，在国际数学界引起轰动，他得到的结论被命名为“陈氏定理”.

哥德巴赫猜想是用不完全归纳法得到的一个一般命题，但至今还没有证明其正确与否. “数学王子”高斯曾说：“在数论中由于意外的幸运颇为经常，所以用归纳法可萌发出极漂亮的新的真理.”他还曾说：“数学中的一些美丽的定理具有这样的特性：它们极易从事实中归纳出来，但证明却隐藏极深.”无论怎样，数学家们在各种猜想的证明过程中正在发现或即将发现更加行之有效的方法.

2.3.2 数学归纳法

数学归纳法是一种只在数学中使用的从特殊到一般的推理方法,本质上属于演绎方法.它主要用来研究与正整数 n 有关的数学命题,在高中数学中常用来证明等式、不等式或数列的通项公式等.

数学归纳法的内容:假设 $p(n)$是一个含有正整数 n 的命题,如果

(1) $p(n)$当 $n=1$ 时成立;

(2) 在 $p(k)$成立的假定下,$p(k+1)$也成立,

那么命题 $p(n)$对任意正整数 n 都成立.

上述两个步骤,(1)称为归纳起点,(2)称为归纳推断.

数学归纳法利用有限递推的方法论证涉及无限的命题,成为沟通有限和无限的桥梁,得到了数学家的重用.

例 4 用数学归纳法证明

数列$\{a_n\}$:$\sqrt{6}$,$\sqrt{6+\sqrt{6}}$,$\sqrt{6+\sqrt{6+\sqrt{6}}}$,…,$\sqrt{6+\sqrt{6+\sqrt{6+\cdots+\sqrt{6}}}}$ (n 个根号)严格单调增加且有上界.

证明 (1) 首先得到数列的递推关系式 $a_{n+1}=\sqrt{6+a_n}$,$n=1,2,\cdots$.

(2) 当 $n=1$ 时,有 $a_1=\sqrt{6}<\sqrt{6+\sqrt{6}}=a_2$.

假设 $n=k$ 时,有 $a_k<a_{k+1}$,则当 $n=k+1$ 时,$a_{k+1}=\sqrt{6+a_k}<\sqrt{6+a_{k+1}}=a_{k+2}$,由数学归纳法知,数列$\{a_n\}$严格单调增加.

(3) 当 $n=1$ 时,有 $a_1=\sqrt{6}<3$.

假设 $n=k$ 时,有 $a_k<3$,则当 $n=k+1$ 时,$a_{k+1}=\sqrt{6+a_k}<\sqrt{6+3}=3$,由数学归纳法知,数列$\{a_n\}$有上界 3.

综上,数列$\{a_n\}$严格单调增加且有上界.

例 5 用数学归纳法证明平均值不等式:

对任意有限个正数 $a_1,a_2,\cdots,a_n$,满足 $\sqrt[n]{a_1a_2\cdots a_n}\leqslant\dfrac{a_1+a_2+\cdots+a_n}{n}$.

$\left(\text{注:}\sqrt[n]{a_1a_2\cdots a_n}\right.$称为 $a_1,a_2,\cdots,a_n$ 的几何平均,$\dfrac{a_1+a_2+\cdots+a_n}{n}$称为 $a_1,a_2,\cdots,a_n$ 的算术平均.$\left.\right)$

证明 (1) 首先,证明 $n=2^k(k=1,2,\cdots)$时不等式成立(对 k 施行数学归纳法).

$k=1$ 时,由 $2a_1a_2\leqslant a_1^2+a_2^2$,得 $4a_1a_2\leqslant(a_1+a_2)^2$,即 $\sqrt{a_1a_2}\leqslant\dfrac{a_1+a_2}{2}$.

设 $n=2^k$ 时，有不等式 $\sqrt[2^k]{a_1a_2\cdots a_{2^k}}\leqslant\frac{a_1+a_2+\cdots+a_{2^k}}{2^k}$，那么

$n=2^{k+1}$ 时，$\sqrt[2^{k+1}]{a_1a_2\cdots a_{2^k}a_{2^k+1}\cdots a_{2^{k+1}}}=\sqrt{\sqrt[2^k]{a_1\cdots a_{2^k}}\sqrt[2^k]{a_{2^k+1}\cdots a_{2^{k+1}}}}$

$$\leqslant\sqrt{\frac{a_1+\cdots+a_{2^k}}{2^k}\cdot\frac{a_{2^k+1}+\cdots+a_{2^{k+1}}}{2^k}}\leqslant\frac{1}{2}\left(\frac{a_1+\cdots+a_{2^k}}{2^k}+\frac{a_{2^k+1}+\cdots+a_{2^{k+1}}}{2^k}\right)$$

$$=\frac{a_1+\cdots+a_{2^{k+1}}}{2^{k+1}}.$$

(2) 再证对一切 $n>2$ 且 $n\neq2^k$ 时，不等式也成立.

因为 $n\neq2^k$，故必存在正整数 m，使得 $2^m<n<2^{m+1}$，记 $p=2^{m+1}$，$a=\frac{a_1+a_2+\cdots+a_n}{n}$，添加 $p-n$ 个常数 $a_{n+1}=a_{n+2}=\cdots=a_p=a$ 后，考察 p 个正数 $a_1,a_2,\cdots,a_n,a_{n+1},\cdots,a_p$，因 $\frac{a_1+a_2+\cdots+a_n+a_{n+1}+\cdots+a_p}{p}=\frac{na+(p-n)a}{p}=a$，故算术平均值不改变，而由 $p=2^{m+1}$ 已证得情形，所以

$$a_1a_2\cdots a_na^{p-n}=a_1a_2\cdots a_na_{n+1}\cdots a_p\leqslant\left(\frac{a_1+a_2+\cdots+a_p}{p}\right)^p=a^p,$$

从而 $a_1a_2\cdots a_n\leqslant a^n$，即 $\sqrt[n]{a_1a_2\cdots a_n}\leqslant a=\frac{a_1+a_2+\cdots+a_n}{n}$.

综上，对一切正整数 n，平均值不等式成立.

数学归纳法有不同的形式，上例是法国数学家柯西(A. L. Cauchy，1789—1857)给出的精彩证明，采用了向前-向后数学归纳法，构思十分巧妙.

从 2.3.1 节和 2.3.2 节中，可以看到，归纳法与数学归纳法分属于不同的方法论范畴，但二者之间存在密切的联系，常常一起使用. 在数学研究中，特别是对于与正整数 n 有关的数学命题，人们常常依靠不完全归纳法来猜测一般结论，而利用数学归纳法来证明命题.

2.4 数学构造法

数学构造法是指数学中的概念或方法按固定的方式经有限步骤能够定义或实现的方法.

数学构造法是一种基本的数学方法，可以说，从数学产生伊始，数学构造法就随之产生了. 但构造法这个术语的提出，以至将这个方法推向极端，是源于数学基础研究中的直觉主义学派. 关于对数学"可靠性"的研究，直觉主义学派的创始人布劳威尔提出了一个著名的口号"存在必须被构造". 他强调数学直觉，坚持数学对象必须可以构造.

数学构造法经常被应用于构造概念、图形、公式、算法、方程、函数、反例等. 可以说，数学构造法在数学中的地位不仅古老，而且十分重要.

例 1(构造算法) 求两个正整数最大公因数的欧几里得**辗转相除法**.

辗转相除法首次出现于欧几里得的《几何原本》第Ⅶ卷中，而在中国则可以追溯至东汉时期的数学名著《九章算术》. 两个正整数的最大公约数(也称公因数)是能够同时整除它们的最大的正整数.

设给定两个正整数 a 和 b，且 $a>b$. 用 b 除 a 得到商 q_0，余数为 r_0，写成下式：

$$a = q_0 b + r_0,\quad 0 \leqslant r_0 < b,$$

若 $r_0=0$，则 a 和 b 的最大公约数显然是 b.

若 $r_0 \neq 0$，用 r_0 除 b，得到商 q_1，余数 r_1，即

$$b = q_1 r_0 + r_1,\quad 0 \leqslant r_1 < r_0,$$

若 $r_1=0$，则 r_0 除尽 b，又 $a=q_0 b+r_0$，所以 r_0 也除尽 a. 对于任何一个除尽 a 也除尽 b 的数 q，仍由 $a=q_0 b+r_0$ 知，q 也一定除尽 r_0，因此，r_0 是 a 和 b 的最大公约数.

若 $r_1 \neq 0$，用 r_1 除 r_0，得到商 q_2，余数 r_2，即

$$r_0 = q_2 r_1 + r_2,\quad 0 \leqslant r_2 < r_1,$$

若 $r_2=0$，则易知 r_1 是 b 和 r_0 的公约数，仍由 $a=q_0 b+r_0$ 知，r_1 是 a 和 b 的公约数. 对于任何一个除尽 a 也除尽 b 的数 q，再由 $a=q_0 b+r_0$ 知，q 也一定除尽 b 和 r_0，又由 $r_0=q_2 r_1$ 知，q 也一定除尽 r_0 和 r_1，因此，r_1 是 a 和 b 的最大公约数. 如此下去，就可以求出两个整数的最大公约数.

利用计算机算法的语言，可以说辗转相除法是将每一步计算的输出值作为下一步计算时的输入值，因此是一种递归算法.

在求正整数 a 和 b 的最大公约数问题中，若设 k 表示步骤数，辗转相除法的计算过程如下：在第一步计算时(此时记 $k=0$)，设 r_{-2} 和 r_{-1} 分别等于 a 和 b(设 $a>b$)，第二步(此时 $k=1$)计算 r_{-1}(即 b)和 r_0(第一步计算产生的余数)相除产生的商和余数，依次类推，整个算法可以表示如下：

$$\begin{aligned}
a &= q_0 b + r_0,\quad 0 \leqslant r_0 < b,\\
b &= q_1 r_0 + r_1,\quad 0 \leqslant r_1 < r_0,\\
r_0 &= q_2 r_1 + r_2,\quad 0 \leqslant r_2 < r_1,\\
r_1 &= q_3 r_2 + r_3,\quad 0 \leqslant r_3 < r_2,\\
&\vdots\\
r_{N-2} &= q_N r_{N-1},\quad 0 = r_N.
\end{aligned}$$

因每一步的余数都在减小并且非负，故必然存在第 N 步时 r_N 等于 0，使算法终止，r_{N-1} 就是 a 和 b 的最大公约数. 用上述的辗转相除法，容易算出 252 和 105 的最大公约数是 21.

例 2(构造图形)

(1) 勾股定理(西方称毕达哥拉斯定理)的证明.

约公元前 1 世纪成书的《周髀算经》是中国一部较早记载勾股定理的著作，西方则传说是毕达哥拉斯学派发现的勾股定理.

公元3世纪，我国三国时期的数学家赵爽在所著的《周髀算经注》中给出了勾股定理的一个构造性证明方法(图2-1). 其证法为：勾股相乘为朱实二(即 $a\times b$ 等于两个红色直角三角形的面积)，倍之为朱实四. 以勾股之差自相乘为中黄实(即 $(b-a)^2$ 等于中间黄色小正方形的面积). 朱实四加中黄实一亦成弦实$\left(即\ 4\times\frac{a\times b}{2}+(b-a)^2=c^2\right)$，化简即得 $a^2+b^2=c^2$.

勾股定理被誉为千古第一定理，有许多重要的应用. 例如，在勾股定理的基础上，有了距离公式，导致了无理数的发现等. 关于勾股定理的证明，公开发表的有效证明方法有300多种.[①]上述赵爽构造"弦图"(以直角三角形的弦为边的正方形的图)的证明采用数形结合的方法，别具匠心，堪称经典.

(2) 证明不等式：对于任意的 $0<x<\frac{\pi}{2}$，有 $\sin x<x<\tan x$.

作单位圆，设圆心角 $\angle AOB$ 为一锐角，弧度为 x(图2-2). 过点 A 的切线与 OB 的延长线相交于点 C，$BD\perp OA$. 因为 $\triangle AOB$ 的面积<扇形 AOB 的面积<直角三角形 AOC 的面积，故有 $\frac{1}{2}\sin x<\frac{1}{2}x<\frac{1}{2}\tan x$，从而得到要证明的不等式.

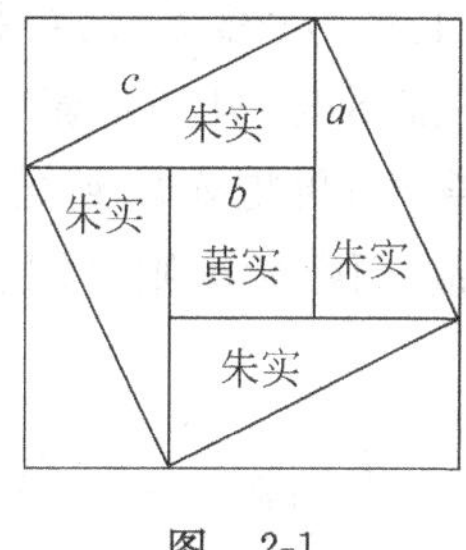

图　2-1

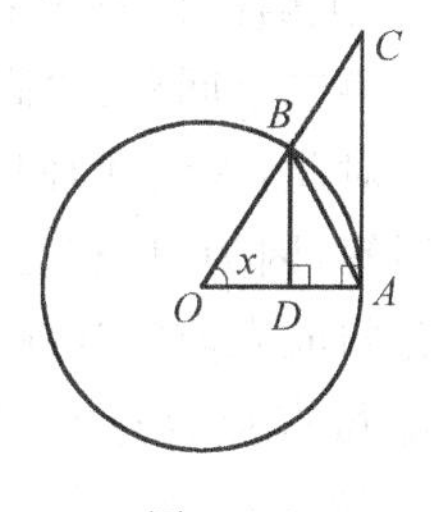

图　2-2

例3(构造概念)

(1) 函数在一点的导数的概念：设函数 $y=f(x)$ 在点 x_0 附近有定义，对应于自变量的任一改变量 Δx，函数的改变量为 $\Delta y=f(x_0+\Delta x)-f(x_0)$. 此时，如果极限

$$\lim_{\Delta x\to 0}\frac{\Delta y}{\Delta x}=\lim_{\Delta x\to 0}\frac{f(x_0+\Delta x)-f(x_0)}{\Delta x}$$

存在，则称此极限值为函数 $f(x)$ 在点 x_0 的导数，记为 $f'(x_0)$(见第9章).

(2) 古典概率的概念：一个随机试验有 N 个等可能的结果，其中有 M 个结果导致随机事件 A 发生，则定义 A 发生的概率为

$$P(A)=\frac{M}{N},$$

① 对勾股定理的证明有兴趣者，可查阅李迈新著《挑战思维极限：勾股定理的365种证明》一书.

称为事件 A 的古典概率(见第 10 章).

例 4(构造反例) 欧几里得对于存在无穷多个素数的证明.

素数是 2,3,5,7,…这样的数,它们不能被分解为更小的因子之乘积. 素数是人们用乘法来构造所有正整数的原材料,每一个不是素数的数都可以被至少一个素数所整除. 欧几里得的《几何原本》中收录了素数无穷多的证明,一直被数学家所称道. 其证明如下:

假设素数只有有限个,不妨设为 2,3,5,…,P,其中 P 为最大的素数,定义数 $Q=(2\times3\times5\times\cdots\times P)+1$. 明显地,$Q$ 不能被 2,3,5,…,P 当中的任何一个素数所整除,因为被其中任何一个数去除,所得到的余数都是 1. 因此,Q 是一个比 P 大的新的素数. 这与"P 是最大的素数"这一假设相矛盾,故假设是错误的,从而素数有无穷多个.

2.5 化归法

匈牙利女数学家罗莎·彼得(P. Rozsa)在其著作《无穷的玩艺》一书中曾对"化归法"作过生动的比喻. 她写道:"假设在你面前有煤气灶、水龙头、水壶和火柴,现在的任务是要烧水,你应当怎样去做?"正确的回答是:"在水壶中放上水,点燃煤气,再把水壶放到煤气灶上."接着罗莎又提出第二个问题:"假设所有的条件都不变,只是水壶中已有足够的水,这时你应该怎样去做?"对此,人们往往回答说:"点燃煤气,再把壶放到煤气灶上."但罗莎认为这并不是最好的回答,因为"只有物理学家才这样做,而数学家则会倒去壶中的水,并且声称已经把后一问题化归成先前的问题了."

罗莎自认为比喻虽有点言过其实,却道出了化归法的根本特征:在解决一个问题时,人们的眼光并不落在问题的结论上,而是去寻找一些熟知的结果,尽管向前走两步,也许能达到目的,但我们也情愿退一步回到原来已解决的问题上去. 而这种化归思维对于数学家来说是非常典型的. 利用化归法解决问题的过程可以用框图 2-3 表示.

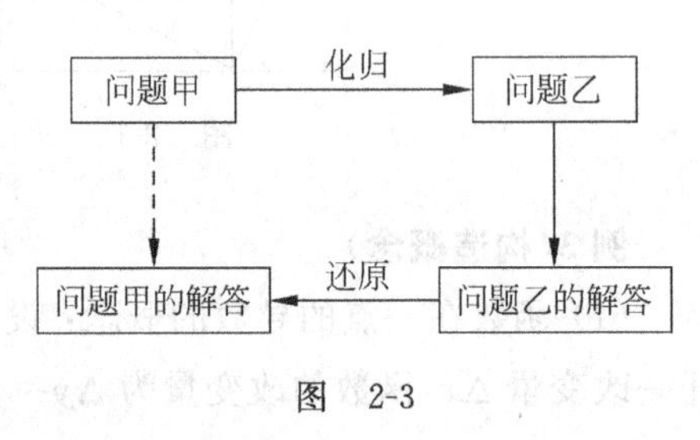

图 2-3

化归法是指把待解决的问题,通过某种转化过程,归结到一类已经解决或者比较容易解决的问题中去,最终求得原问题的解答的方法. 其过程就是将一个问题由繁化简,由难化易,由未知化已知. 如中学代数中求解特殊的一元高次方程时,是化归为一元一次和一元二次方程来解的;在解析几何中,对一般圆锥曲线的研究,则是通过坐标轴平移或旋转化归为基本的圆锥曲线来进行的. 在高等数学中,计算定积分、求一元函数的极限、讨论广义积分等也常常利用化归法. 数学中的"充分必要条件"本质上就是对数学对象性质的化归.

化归法有三个要素:化归的对象、目标和手段. 使用各种化归法时,一般应遵循三条原则:其一是熟悉化原则,即将不熟悉的问题转化为较熟悉的问题;其二是简单化原则,即将复杂的问题化为较简单的问题；其三是和谐化原则，即将问题的表现形式变形为更加符合数学内部固有规律的和谐统一的特点．三条原则中，熟悉化原则无疑是最主要的．

例 1 已知三角形的三边长分别是 $m^2+m+1,2m+1,m^2-1$，证明该三角形是钝角三角形．

证明 因为 $m^2+m+1,2m+1,m^2-1$ 是三角形的边长，故 $m^2+m+1>0,2m+1>0,m^2-1>0$ 同时成立，解之得 $m>1$．

从而有 $(m^2+m+1)-(2m+1)=m(m-1)>0,(m^2+m+1)-(m^2-1)=m+2>0$．故 m^2+m+1 是三角形的最大边长，设其所对应的角为 α，则由余弦定理得

$$\cos\alpha=\frac{(2m+1)^2+(m^2-1)^2-(m^2+m+1)^2}{2(2m+1)(m^2-1)}=-\frac{1}{2}.$$

所以 $\alpha=120°$，故该三角形是钝角三角形．

例 1 的关键是找出三角形的最大角，证明最大角为钝角．因为三角形的最大角与最大边对应，所以问题化归为找出三角形的最大边．

实行化归的常用方法有特殊化与一般化、关系映射反演(RMI)等．下面简述特殊化与一般化和关系映射反演(RMI)这两种方法．

2.5.1 特殊化与一般化

特殊与一般是对立统一的两个方面，二者相辅相成，是不可分割的整体．人们通常通过认识特殊去探索一般，通过认识一般去研究特殊．

特殊化方法是指在研究一个给定集合的性质时，先研究某些个体或子集的性质，从中发现每个个体都具有的特性后，再猜想给定集合的性质，最后用严格的逻辑推理证明猜测的正确性．

一般化方法是指在研究一个给定集合的性质时，先研究包含该集合的较大集合的性质，该集合一定具有与较大集合相同的性质．

例 2 证明方程 $(m+1)x^4-3(m+1)x^3-2mx^2+18m=0$ 对任何实数 m 都有一个共同的实数解，并求此实数解．

证明 由于方程对任意实数 m 都有一个共同的实数解，将问题特殊化：分别取 $m=0$，$m=-1$，得到方程 $x^4-3x^3=0$ 和 $2x^2-18=0$，求出这两个方程的公共解为 $x=3$．将 $x=3$ 代入方程 $(m+1)x^4-3(m+1)x^3-2mx^2+18m=0$ 验证，得到结论．

例 3 球面上有 100 个大圆，任意三个大圆不共点，可将球面分成几个部分？

解 将问题一般化．设球面上 $n-1(n>1)$ 个大圆将球面分成 P_{n-1} 部分，再增加一个大圆时，这个大圆与前面 $n-1$ 个大圆中每一个均有两个交点，共有 $2(n-1)$ 个交点，这些交点将第 n 个大圆分成 $2(n-1)$ 段弧，每一段弧都将它所在的 P_{n-1} 中的部分分成两部分，则有关系式 $P_n=P_{n-1}+2(n-1)$，又因为 $P_1=2$，所以

$$\begin{aligned}P_n&=P_{n-1}+2(n-1)=P_{n-2}+2(n-2)+2(n-1)=\cdots=P_1+2[1+2+\cdots+(n-1)]\\&=2+2[1+2+\cdots+(n-1)]=n^2-n+2.\end{aligned}$$

从而，在球面上有 100 个大圆（任意三个大圆不共点）的特殊情况下，可将球面分成 9902 个部分.

2.5.2 关系映射反演方法

关系映射反演方法，简称 RMI(relationship-mapping-inversion)方法，是一种分析处理问题的普遍方法，属于一般科学方法论的范畴.

RMI 方法的基本思想是：当处理某问题甲有困难时，可以联想适当的映射，把问题甲及其关系结构 R 映成与它有一一对应关系、且易于考察的问题乙，在新的关系结构中将问题乙处理完毕后，再把所得到的结果通过映射反演到 R，求得问题甲的结果. RMI 方法的框图如图 2-4 所示.

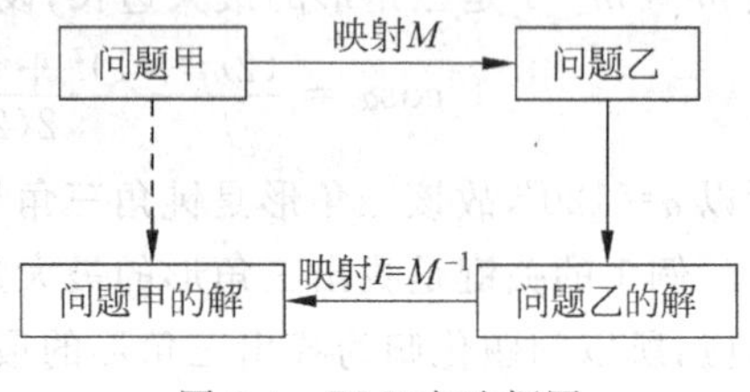

图 2-4 RMI 方法框图

RMI 方法是一种矛盾转化的方法，在数学中应用非常广泛. 数学中许多方法，例如，分割法、函数法、坐标法、换元法、复数法、向量法、参数法都属于 RMI 方法.

RMI 方法不仅在数学中应用广泛，而且在几乎一切工程技术或应用科学部门中，都可以利用这一原则去解决问题. 通常的做法是：选择合适的映射 M，使得具体问题中的目标对象的映像较容易确定下来，从而通过反演也就较容易将目标对象寻找出来. RMI 方法甚至可以拓展到人文社会科学中去. 例如，哲学家处理现实问题的思想方法就可以看作 RMI 方法的拓展，哲学家将客观物质世界的问题作为目标对象，通过哲学思维，将之转化为哲学理论体系中的相应问题，从中寻找答案，通过反演来解决客观世界中的现实问题.

例 4 计算 $p=\sqrt[3]{a}\sqrt[7]{b}(a>0,b>0)$ 的数值.

人们进行诸如上述问题的复杂的数字开方和乘方等数值计算时，往往应用对数方法，其计算过程如图 2-5 所示.

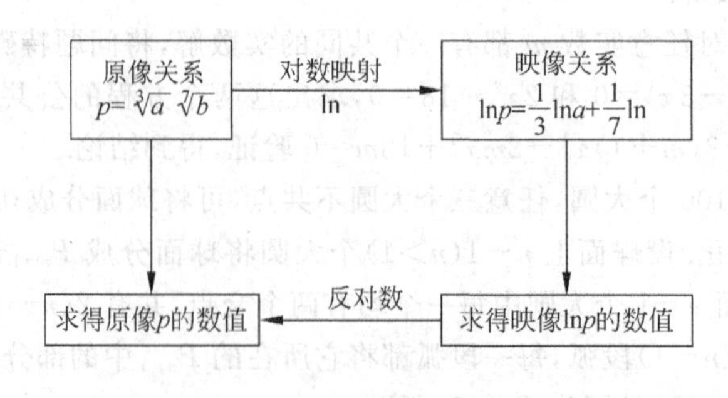

图 2-5

对数的发明者是苏格兰数学家纳皮尔(J. Napier,1550—1617),他在对数的理论上花费了至少20年的时间.纳皮尔将指数运算与真数运算的对应法则视为映射与反演的关系,利用对数,把乘法转化为加法,除法转化为减法,乘方开方转化为乘法运算,从而大大提高了计算效率.在16世纪末,纳皮尔首先将上述映射和反演方法发展成为一套数值计算方法,并编制了对数表.纳皮尔的对数方法被整个欧洲采纳,尤其是天文界为这个惊人的发现而沸腾.

纳皮尔曾说:"我总是尽我的精力和才能来摆脱那种繁重而单调的计算."法国数学家拉普拉斯(P. S. M. de Laplace,1749—1827)则称赞对数的发明说:"对数的发现,以其节省劳力而延长了天文学家的寿命."

例5　用解析几何方法处理平面几何问题.

用解析几何方法处理平面几何问题的基本思想是:按照解析几何,笛卡儿坐标平面上的点用有序数对(x,y)来表示,直线和曲线分别用含x,y的一次和二次方程来表示.这样,作为原像的几何图形——点、线便和作为映像的(x,y)及含x,y的一次和二次方程一一对应起来.这种对应关系即映射关系.

一般地,一个几何问题无非是关于某些特定几何图形间的关系问题.这种关系结构问题在上述映射下便转化为代数式之间的关系问题,于是通过代数运算不难求得所需要的一些代数关系,这种关系再翻译回去就可得到原来几何图形间的某种几何结论.上述思想可以用框图2-6表示.

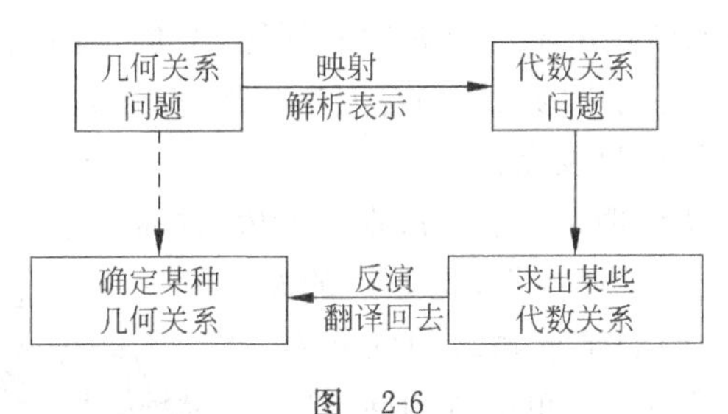

图　2-6

2.6　数学模型方法

人们在观察、分析和研究一个现实对象时经常使用模型,例如,宇宙飞船模型、楼房布局模型.生活中随处可见的照片、玩具、地图等都是模型,它们能概括地、集中地反映现实对象的某些特征,帮助人们迅速而有效地了解并掌握那个对象.

数学模型(mathematical model,MM)是针对或参照某种事物系统的特征或数量相依关系,采用形式化数学语言,概括地或近似地表述出来的一种数学结构.更确切地说:数学模型就是对一个特定的对象,为了一个特定的目标,根据特有的内在规律,做出一些必要的简化假设，运用适当的数学工具得到的一个数学结构. 这里的数学结构可以是数学公式、算法、表格、图示等.

数学模型方法(以下简称 MM 方法)是指借助 MM 来揭示对象本质特征和变化规律的方法，它是一种基本的数学方法.

MM可以按照不同的方式分类，例如：

(1) 按照 MM 的应用领域可分为：人口 MM、交通 MM、环境 MM、生态 MM、污染 MM、城镇规划 MM 等.

(2) 按照建立 MM 所使用的数学工具可分为：初等数学 MM、几何 MM、微分方程 MM、概率 MM、图论 MM、规划论 MM 等.

(3) 按照 MM 的表现特性可分为：离散 MM、连续 MM、线性 MM、非线性 MM、确定 MM、随机 MM 和模糊 MM 等.

(4) 按照建立 MM 的目的可分为：描述 MM、分析 MM、预报 MM，优化 MM、决策 MM、控制 MM 等.

(5) 按照对 MM 的了解程度可分为：白箱 MM、灰箱 MM 和黑箱 MM.

在初等数学中，我们就已经使用 MM 方法解决过许多实际问题了，例如工程问题、鸡兔同笼问题、航行问题、相遇问题等，而现实生活中实际问题的 MM 通常要复杂得多. 下面是两个经典的 MM 方法的应用实例，这两个例子对数学的发展产生过深刻的影响.

例 1 哥尼斯堡七桥问题(确定 MM)

1735 年，瑞士大数学家欧拉由于一个偶然的问题，开创了图论和拓扑学. 当时，普鲁士的普莱格尔河上有七座桥，将河中的两座岛与河岸相连. 有人提出了问题：能否一次走遍七桥，每座桥只走一次，最后回到出发点？

欧拉使用数学模型方法证明不可能一次走遍七桥. 推而广之，他提出这种类型的问题有解的标准. 欧拉指出，具体的几何数据，比如桥的宽窄、长短是什么无所谓，关键的是事物之间的联系. 因此，他将这道题简化成了一个简单的点的网络图，点与点之间用边相连，每个点代表一块陆地，每条边代表一座桥，如图 2-7 所示.

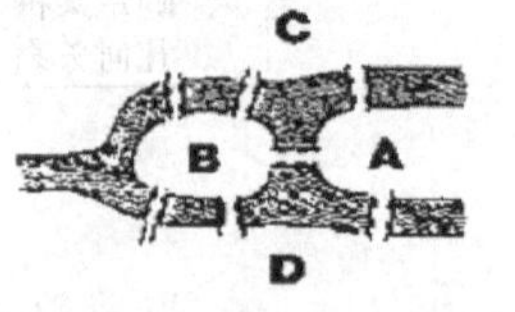

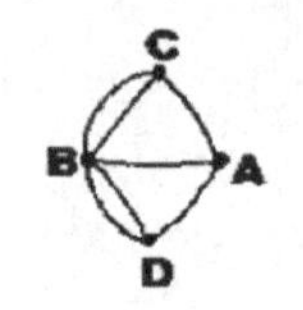

图 2-7

按照上述想法，我们得到四个点七条边. 这个问题就简化为：能否找到一条遍历该网络的路径，包括每条边一次且仅包括一次(简称一笔画问题)？欧拉将这种遍历路径分成两类：一类称为开放路径(起点和终点不是同一点)；另一类称为闭合路径(起点与终点是同一点). 他证明了哥尼斯堡七桥问题中的这个特定网络不属于这两类路径中的任何一个.

欧拉的分析过程大致是这样的：假设某个网络上存在闭合路径，每当这个路径中的一条边遇到一个点时，一定有下一条边从那个点引出. 因此，如果存在闭合路径，那么与任何给定点相连的边的条数必须为偶数，即每个点必须有偶数秩(与这个点相连的边数). 因此，哥尼斯堡七桥的网络图不存在任何闭合路径，因为那个网络有三个点的秩为 3，一个点的秩为 5. 开放路径也有类似的标准，但是必须恰好两个点是奇数秩：一个是路径的起点，另一个是终点. 哥尼斯堡七桥网络图中有四个点是奇数秩，因此也不存在开放路径.

欧拉解决哥尼斯堡七桥问题所采用的数学方法成为了拓扑学和图论的开端(图 2-8).

例 2 蒲丰投针试验(随机 MM)

1777 年，法国科学家蒲丰(G. L. L. de Buffon，1707—1788)提出了著名的投针试验方法. 这一方法的步骤是：

(1) 取一张白纸，在上面画上许多条间距为 a 的平行线；

(2) 取一根长度为 $l(l<a)$ 的针，随机地向画有平行直线的纸上掷 N 次，观察针与直线相交的次数 n；

(3) 计算针与直线相交的概率 p.

以 x 表示针的中点到最近的一条平行线的距离，φ 表示针与平行线的交角，如图 2-9 所示.

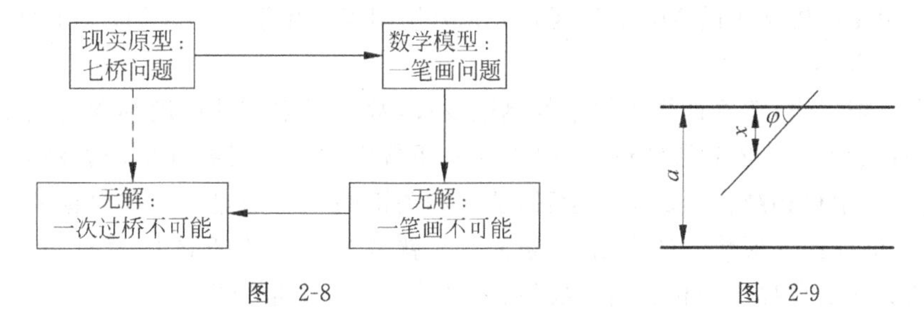

图 2-8　　图 2-9

显然有 $0\leqslant x\leqslant \frac{a}{2}$，$0\leqslant\varphi\leqslant\pi$，记长方形区域 $G=\left\{(x,\varphi)\mid 0\leqslant x\leqslant\frac{a}{2},0\leqslant\varphi\leqslant\pi\right\}$. 为使针与平行线相交，必须满足 $x\leqslant\frac{l}{2}\sin\varphi$，记区域 $g=\left\{(x,\varphi)\mid 0\leqslant x\leqslant\frac{l}{2}\sin\varphi,0\leqslant\varphi\leqslant\pi\right\}$. 故所求的概率为

$$p=\frac{g\text{ 的面积}}{G\text{ 的面积}}=\frac{\frac{l}{2}\int_0^{\pi}\sin\varphi\mathrm{d}\varphi}{\frac{1}{2}a\pi}=\frac{2l}{\pi a}.$$

此概率计算的结果(其中定积分的知识见第 9 章，概率计算公式见第 10 章)与圆周率 π 有关，蒲丰首次使用随机试验处理确定性数学问题，为概率论的发展起到了一定的推动作用. 历史上不少人利用投针试验计算了 π 的近似值，方法就是投针 N 次，计算针与线相交的次数 n，再以频率值 $\frac{n}{N}$ 作为概率 p，求得 $\pi\approx\frac{2lN}{an}$.

1777 年蒲丰试验时，所用针的长度为平行线间距的一半，所投针的总次数为 2212 次，其中针与平行线相交的次数为 704 次，因此，做除法 2212/704≈3.142，计算结果非常接近 π. 1901 年，意大利数学家拉茨瑞尼(Lazzerrini)进行了 3048 次投针试验，给出圆周率的近似值 3.1415929，计算出的 π 的精度更高.

蒲丰投针试验采用了建立一个概率模型进行数值计算（计算 π）的方法.第二次世界大战以后，随着电子计算机的发展，按照上述思路形成了一种计算方法——概率计算方法，也称蒙特卡洛方法（Monte Carlo method），这种方法在物理、化学、生态学、社会学以及经济学等领域中得到了广泛应用.

MM 构造的一般过程，首先需要针对现实原型，分析其对象与关系结构的本质属性，以便确定 MM 的类别，其次要确定所研究的系统并抓住主要矛盾，最后要进行数学抽象.还要注意 MM 应具有严格逻辑推理的可能性以及导出结论的确定性，而且相对于较复杂的现实原型来说，MM 应具有化繁为简、化难为易的特点.

建立 MM 的过程一般要经过模型准备—模型假设—模型建立—模型求解—模型检验—模型应用等步骤.一个成功的数学模型一般应具备三个特征：解释已知现象、预言未知现象和被实践所证明.

在科学史上，不乏 MM 的精彩范例.例如，牛顿万有引力定律是力学中的经典 MM；麦克斯韦方程组是电磁学中的 MM；门捷列夫元素周期表是化学中的 MM；孟德尔遗传定律是生物学中的 MM 等.

半个多世纪以来，随着计算机技术的迅速发展，数学以空前的广度和深度向工程技术、自然科学、社会科学等众多领域渗透.但不论是用数学方法在科技和生产领域解决实际问题，还是与其他学科相结合形成交叉学科，首要和关键的一步是建立研究对象的 MM，并加以分析求解，即任何一项数学的应用，主要或首先就是 MM 方法的应用.MM 方法的意义就在于对所研究的对象提供分析、预报、决策、控制等方面的定量结果.

MM 方法应用日益广泛的原因有三条：一是社会生活的各个方面日益数量化；二是计算机的发展为精确化提供了条件；三是很多无法试验或费用很大的试验问题，用 MM 方法进行研究是一条捷径.

建立 MM 的全过程称为数学建模.数学建模是在 20 世纪六七十年代进入一些西方国家大学的，我国清华大学、北京理工大学等在 20 世纪 80 年代初将数学建模引入课堂.经过 30 多年的发展，现在绝大多数本科院校和许多专科学校都开设了各种形式的数学建模课程和讲座，为培养学生利用数学方法分析、解决实际问题的能力开辟了一条有效的途径.

思考题 2

1. 数学公理系统的三性（即相容性、独立性、完备性）具体指什么？

2. 何谓类比法？通过实例说明类比法的作用.

3. （1）阐述归纳法与数学归纳法的区别与联系.

（2）是否每一个与正整数 n 有关的数学命题都可以用数学归纳法证明？

(3) 只长一根头发的人显然是秃子，若一个大家公认的秃子长了 n 根头发，那么他再多长一根头发，即长了 $n+1$ 根头发，大家仍会公认他是秃子. 于是根据数学归纳法，无论长多少根头发的人都是秃子，分析这个荒唐结论的问题出在哪里.

(4) 设 $f(x)=\dfrac{x}{\sqrt{1+x^2}}$，记 $f_n(x)=\underbrace{f\{f[f\cdots f(x)]\}}_{n\text{个}f}$，$n$ 是正整数. 用数学归纳法证明：$f_n(x)=\dfrac{x}{\sqrt{1+nx^2}}$.

4. 用数学构造法证明：

(1) 在任何两个有理数 a 和 b 之间一定还存在有理数.

(2) 存在 5000 个连续的自然数，它们都是合数(即除了 1 和它本身还有其他因数的数).

(3) 对于定义域包含于实数集并且关于原点对称的任何函数 $f(x)$，都可以表示成一个奇函数和一个偶函数的和.

5. 化归法的思想是什么？常用的化归法有哪些？

6. (1) 何谓数学模型方法？简述欧拉解决哥尼斯堡七桥问题的建模思路.

(2) 以下网络中哪一个是可以遍历的(即一笔而不重复地画出来)？

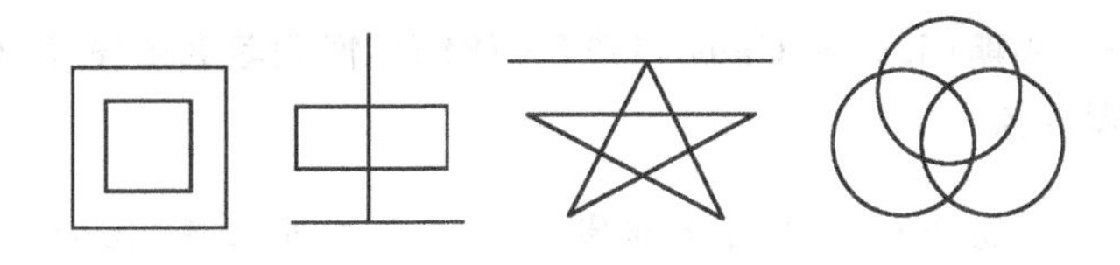

拓展阅读 2

1. 业余数学家之王——费马(P. de Fermat，1601—1665)，17 世纪法国数学家

1601 年 8 月 17 日，费马出生于法国南部. 他从小生活在富裕舒适的环境中，并受到了良好的启蒙教育，培养了广泛的兴趣和爱好. 中学毕业后，他先后在奥尔良大学和图卢兹大学学习法律，30 岁时获得法学学士学位，毕业后担任律师，并兼任图卢兹议会顾问，以后不断升迁. 费马一生虽没有什么突出政绩值得称道，但他从不滥用职权，他的公开廉明赢得了人们的信任和称赞. 尽管费马的社会工作非常繁忙，但他酷爱数学，利用全部业余时间从事数学研究. 他结交有名的数学家，如笛卡儿、帕斯卡(B. Pascal，法，1623—1662)等人. 他在解析几何、微积分、数论和概率论等领域都做出了卓越的开创性的贡献，对物理学也有重要贡献. 费马是解析几何的发明人之一，在笛卡儿的《几何学》发表之前，他就

发现了解析几何的基本原理，建立了坐标法. 他也是微积分的先驱者之一，他在1629年所写的《求最大和最小值的方法》一文中引入了无穷小量，给出了求函数极值的方法及求曲线切线的方法. 费马善于思考，特别善于猜想，他超人的直觉能力对17世纪数论的发展影响深远. 费马提出了数论中的许多猜想，因此也被人称为"猜想数学家"，这些猜想(包括著名的费马大定理)经许多数学大师的苦思冥想，最终均获证明. 费马还是概率论的主要创始人. 1665年1月12日，费马病逝.

费马性情谦和内向，好静成癖，无意构制鸿篇巨制，更无意付梓刊印. 他的研究成果，是他的长子从其遗书的眉批、朋友的书信以及残留的旧纸堆中整理汇集而出版的，因此写作年月大多不详. 费马生前没有完整的著作出版，因而当时除少数几位密友外，他的名字鲜为人知. 直到19世纪中叶，随着数论的发展，他的著作才引起数学家和数学史家的研究兴趣. 随后，费马的名字才在欧洲大地不胫而走. 值得一提的是，人们现在早就认识到时间性对于科学的重要性，费马17世纪的数学研究成果未能及时发表、传播和发展，既是个人的名誉损失，也影响了那个时代数学前进的步伐.

费马一生从未受过专门的数学教育，数学研究只是业余爱好. 然而，在17世纪的法国还找不到哪位数学家可以与之匹敌. 费马堪称17世纪法国最伟大的数学家之一，被后世的数学家赞誉为"业余数学家之王". 对此，他当之无愧.

2. 数学王子——高斯(J. C. F. Gauss, 1777—1855)，德国著名数学家、物理学家、天文学家、大地测量学家

1777年4月30日，高斯生于德国北部城市的一个工匠家庭. 他幼时家境贫困，但聪敏异常，受一贵族资助才得以进入学校接受教育. 1792年，15岁的高斯进入卡罗琳学院. 在那里，高斯开始研究高等数学. 他独立发现了二项式定理的一般形式、数论上的"二次互反律""质数分布定理""算术几何平均". 1795年，高斯进入哥廷根大学. 1796年，19岁的高斯得到了数学史上一个十分重要的结果：正十七边形尺规作图之理论与方法，解决了欧几里得以来悬而未决的问题. 5年以后，高斯又证明了"Fermat 素数"与正多边形可以尺规作图之间的关系定理. 1798年，高斯转入黑尔姆施泰特大学，翌年因证明代数基本定理获博士学位. 代数基本定理是一项重要贡献，其存在性证明开创了数学研究的新途径.

高斯的成就遍及数学的各个领域，在数论、非欧几何、微分几何、复变函数论等方面均有开创性贡献. 在对天文学、大地测量学和磁学的研究中，高斯也偏重于采用数学方法，他创造的最小二乘法在天文学上得到公认，今天仍在使用，只要稍作修改就能适应现代计算机的要求. 高斯的很多学生也是有影响的数学家，如后来闻名于世的戴德金(R. Dedekind，德，1831—1916)和黎曼，戴德金是杰出的代数学家，黎曼创立了黎曼几何学. 从1807年起，高斯担任哥廷根大学教授兼哥廷根天文台台长，1855年2月23日卒于哥廷根.

高斯一生共发表155篇论文. 他对待学问十分严谨，只是把他自己认为是十分成熟的作品发表出来,“少些,但要成熟”是其名言.由于高斯在数学、天文学、大地测量学和物理学中的杰出研究成果,他被选为许多科学院和学术团体的成员.“数学王子”的称号是对他一生恰如其分的赞颂.

3. 数学家之英雄——欧拉(L. Euler,1707—1783),18世纪瑞士数学家、物理学家

阿基米德、牛顿、高斯和欧拉是公认的世界上最著名的四位数学家,这是人们对他们的数学业绩以及数学思想方法对整个数学的深远影响给出的评价.

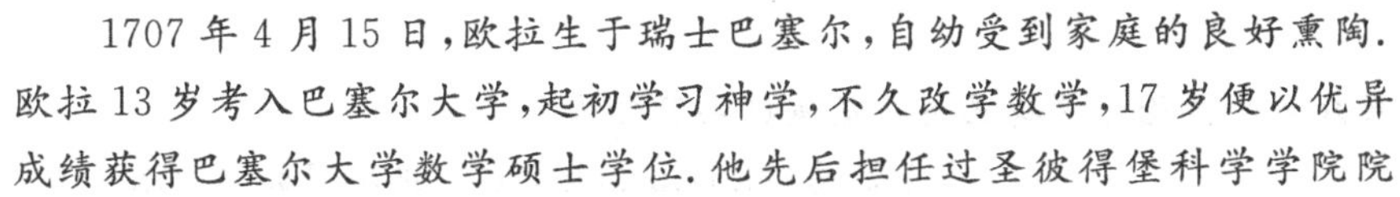

1707年4月15日,欧拉生于瑞士巴塞尔,自幼受到家庭的良好熏陶.欧拉13岁考入巴塞尔大学,起初学习神学,不久改学数学,17岁便以优异成绩获得巴塞尔大学数学硕士学位.他先后担任过圣彼得堡科学学院院士、柏林科学院物理数学所所长等职.欧拉是数学史上最多产的科学家,不仅著作数量多,而且涉猎广,在许多学科中都可以见到用他的名字命名的公式和定理.他一生共发表论文和专著500多种,还有400余种未发表的手稿.1909年,瑞士科学院开始出版《欧拉全集》,共74卷,到20世纪80年代尚未出齐.欧拉浩瀚的著述中不仅包含科学创建,而且富有科学思想.其著作行文流畅,妙笔生花,富有文采,因而欧拉被誉为“数学界的莎士比亚”.欧拉是复变函数论的先驱,变分法的奠基人,理论流体力学的创始人.他在微积分方面也做了大量的基础性的工作.

欧拉不仅学识超群,而且品质高尚,识才育人,荐贤举能,为后人所敬仰,他晚年的时候被欧洲几乎所有数学家尊称为“大家的老师”.由于在天文研究中长期观测太阳,1735年28岁的欧拉右眼失明,1766年59岁时左眼也失明了.1776年,妻子病故.面对生活的巨大不幸,欧拉没有沮丧,他凭借非凡的毅力,超人的才智,进行由他口授、儿女笔录的心智创造的特殊科学研究活动.欧拉坚韧不拔的毅力和旷古稀有的记忆力令世人倾倒,他晚年时尚能复述青年时期笔记的内容,还通过心算,判断一道由17项组成的数字之和第50位上的一个数字.在失明的17年中,他竟发表了400余种论文和专著,欧拉因此享有“数学家之英雄”的美誉.

1783年9月18日,欧拉在俄国的圣彼得堡逝世.他是18世纪数学界的中心人物,为数学和科学的发展做出了卓越的贡献.

第3章 三次数学危机

古往今来，为数众多的悖论为逻辑思想的发展提供了食粮.

——布尔巴基(N. Bourbaki，20世纪法国数学学派)

所谓数学危机，是指涉及数学理论的基础，在一定数学理论体系内部无法解决的重大矛盾.在数学的发展历史上，经历过三次大的危机，而这些危机都是通过悖论的形式反映出来的.三次数学危机引发了数学上空前的思想解放，产生了数学基础研究的三大学派，进而推动了数学科学的进一步发展.

3.1 悖论举例

悖论的英文是Paradox，字面意思是荒谬的理论.通俗地讲，悖论就是这样的推理过程：它看上去是合理的，却得出了矛盾的结果.悖论不同于通常的诡辩或谬论，诡辩或谬论可以通过已有的理论说明错误的原因，而悖论是在现有的理论体系内无法解释的认识上的矛盾，它包括逻辑矛盾、思想方法上的矛盾及语义矛盾.下面是几个著名悖论的例子.

悖论1 先有鸡还是先有蛋

鸡与鸡蛋的先后问题是流传甚广的悖论.鸡生蛋，蛋生鸡，这是人所共知的常识，但涉及最早的鸡与鸡蛋，就要对鸡蛋给予明确定义.

一种定义是：鸡生的蛋叫鸡蛋.按照这个定义，一定是先有鸡.而最早的鸡当然也应该是从蛋里孵出来的，但是按照定义，它不叫鸡蛋，这样，最早的鸡不是鸡蛋孵出的.

另一种定义是：能孵出鸡的蛋叫鸡蛋，不管它是谁生的.这样，一定是先有蛋了，最早的鸡蛋孵出了最早的鸡，而最早的鸡蛋不是鸡生的.

无论怎样定义，都会产生逻辑上的矛盾，但又都不会影响生物进化发展的事实，至于如何选择定义，还有待生物学家的讨论.

这一悖论告诉我们：某些悖论的消除依赖于清晰的定义，通过分析悖论，人们需要明确概念，需要严格的逻辑推理.

悖论 2　秃头悖论

一个人有 10 万根头发，自然不能算是秃头，他掉 1 根头发，仍不是秃头．如此，让他一根一根地减少头发，直到掉光，似乎得出了一条结论：没有一根头发的光头也不是秃头了！这自然是十分荒谬的．

产生悖论的原因是：人们在严格的逻辑推理中使用了模糊不清的概念．什么是秃头，这是一个模糊的概念．一根头发没有，当然是秃头，只有一根还是秃头，这样一根一根增加，增加到哪一根就不是秃头了呢？并没有明确的标准．

如果需要制定一个明确的标准，比如 1000 根头发是秃头，那么 1001 根头发就不是秃头了，这又与人们的实际感受不一致．可以接受的比较现实的方法是引入模糊的概念，用分值来评价秃的程度．比如，一根头发也没有是 1(100％秃)，只有 100 根头发是 0.7(70％秃)，只有 1000 根头发是 0.5(50％秃)，等等．随着头发的增加，秃的分值逐渐减少，秃头悖论就可以消除了．

悖论 3　说谎者悖论

一个人说："我现在说的这句话是谎话．"这句话究竟是不是谎话呢？

如果说它是谎话，就应当否定它，即这句话不是谎话，是真话；如果说它是真话，也就肯定了这句话确实是谎话．

这句话既不是真的，也不是假的．人们称之为"永恒的说谎者悖论"．这是一个十分古老的悖论．

"永恒的说谎者悖论"属于"语义学悖论"，它的症结在于将作为论断的话与被论断的话混为一谈，而数学家已经找到了消除这种悖论的有效方法——语言分级．

悖论 4　伽利略悖论

1638 年，意大利物理学家、数学家伽利略在他的科学著作《两种新科学》中提到了一个问题：对于每一个正整数 n，都有一个平方数 n^2 与之对应，且仅有一个平方数与之对应，那么正整数集合 $\{n\}$ 和平方数集合 $\{n^2\}$ 哪个包含元素的数目大呢？

一方面，正整数集合里包含了所有的平方数，因为整体比部分大，所以前者显然比后者大；另一方面，每个正整数平方之后都唯一地对应了一个平方数，两个集合的大小应该相等，导致矛盾．

19 世纪末，德国数学家康托尔建立了集合论，并系统地研究了无穷集合的大小，即集合的势．他指出：如果两个集合间的元素能建立起一一对应的关系，就称它们等势．在这样的定义下，正整数集合 $\{n\}$ 和平方数集合 $\{n^2\}$ 的元素数目一样多，因为这两个集合的元素可以建立如下的一一对应：

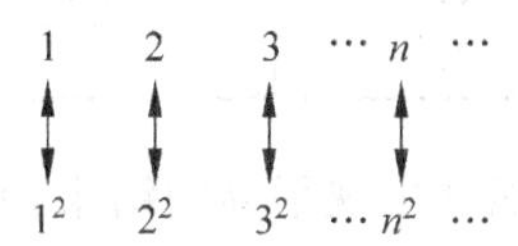

这样一来，整体和部分就相等了.

悖论 5 希尔伯特旅馆悖论

希尔伯特旅馆是德国数学家希尔伯特设计的一个著名的思想实验，试图说明理解无限的概念是困难的.

希尔伯特旅馆有无限个房间，并且每个房间都住了客人.一天，来了一个新客人，旅馆老板说："虽然我们已经客满，但你还是能住进来的.我让 1 号房间的客人搬到 2 号房间，2 号房间的客人搬到 3 号房间，依次类推，n 号房间的客人搬到 $n+1$ 号房间，你就可以住进 1 号房间了."又一天，来了无限个客人，老板又说："不用担心，大家仍然都能住进来.我让 1 号房间的客人搬到 2 号房间，2 号房间的客人搬到 4 号房间，3 号房间的客人搬到 6 号房间，依次类推，n 号房间的客人搬到 $2n$ 号房间，然后你们排好队，依次住进奇数号的房间吧."

对于现实生活中有限个旅馆房间的情形，已经客满的旅馆自然会被认为将无法再接纳新的客人，对于无限多个房间的希尔伯特旅馆则并非如此.前面的思想可以用如下的一一对应表示：

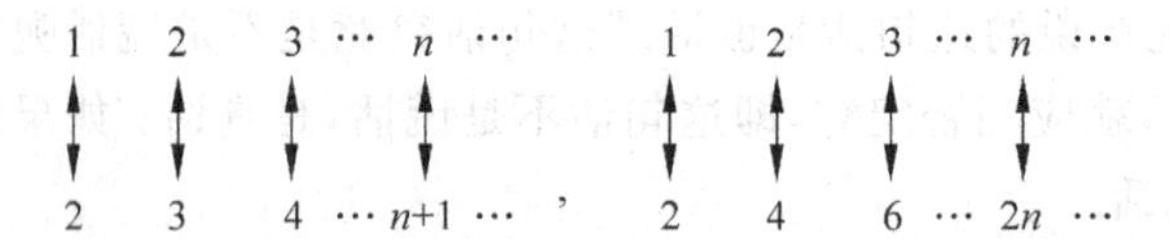

利用康托尔无穷集合的势的概念就可以解释了.因为它与人们对有限世界的认知常识相悖，所以希尔伯特旅馆被称作一个"悖论"，但它在逻辑上却是完全正确的.

悖论 6 选举悖论

美国乔治·华盛顿时代的财政部长亚历山大·汉密尔顿(A. Hamilton)于 1790 年提出了一种议员选举名额分配的方法(称为汉密尔顿方法)，并于 1792 年获得美国国会通过.以美国国会议员按州分配为例，具体操作如下：取各州选举人所占比例的整数部分，先让每个州拥有这整数个议员；再考虑所占比例的小数部分，按从大到小的顺序将余下的名额分配给相应的州，直到名额分配完为止.

以学生会选举为例.假设某高校有甲、乙、丙三个系，共 200 名学生(甲：103，乙：63，丙：34)，学生会设有 20 个委员席位，按汉密尔顿方法，产生 20 位委员(表 3-1).

表 3-1

系名	甲	乙	丙	总数
学生数	103	63	34	200
学生人数比例	51.5%	31.5%	17%	100%
按比例分配席位	10.3	6.3	3.4	20
最终委员数	10	6	4	20

考虑到 20 位委员在表决时可能会出现平局的结果，所以学生会决定设 21 个委员席位，仍按照汉密尔顿方法分配名额，产生 21 位委员(表 3-2).

表 3-2

系名	甲	乙	丙	总数
学生数	103	63	34	200
学生人数比例	51.5%	31.5%	17%	100%
按比例分配席位	10.815	6.615	3.57	21
最终委员数	11	7	3	21

计算结果表明，总名额增加一个，丙系的名额反而减少了一个，这当然对丙系不公平，因而这是汉密尔顿方法产生的一个选举悖论.

从1880年起，美国国会就针对汉密尔顿方法的公正合理性展开了争论. 新方法不久便被提出来，但是新方法又引出新的问题，于是更新的方法又出现了. 1952年美国数学家、经济学家阿罗证明了一个令人吃惊的结果——**阿罗不可能定理**：一个十全十美、完全公平合理的选举系统原则上是不存在的. 阿罗不可能定理是数学应用于社会科学的一个里程碑，在经济学的研究与实践中意义非凡，阿罗因此获得1972年诺贝尔经济学奖.

数学悖论是发生在数学研究中的悖论，简单说，是指一种命题，若承认它是真的，那么它又是假的；若承认它是假的，那么它又是真的，即无论肯定它还是否定它都将导致矛盾的结果. 悖论出现在数学中是一件严重的事情，尤其当一个数学悖论出现在基础理论中，涉及数学理论的根基，造成人们对数学可靠性的怀疑时，就会导致“数学危机”.

悖论既然出现了，人们自然就要想办法找到问题的症结将其消除. 我国数学教育家徐利治(1920—)指出：“产生悖论的根本原因，无非是人的主观认识与客观实际以及认识客观世界的方法与客观规律的矛盾，这种直接和间接的矛盾在一点上的集中表现就是悖论.”由于人的认识在各个历史阶段中的局限性和相对性，在人类认识的各个历史阶段所形成的各个理论体系中，本来就具有产生悖论的可能性. 人类认识世界的深化过程没有终结，悖论的产生和消除也没有终结，出现悖论—解决悖论—产生新悖论，这是一个无穷反复的过程. 因此，在绝对意义下去寻求产生悖论的终极原因和创造解决悖论的终极方法都是不符合实际的.

对于悖论问题的研究，促进了数学基础理论、逻辑学、语言学和数理哲学的发展. 语义学、类型论、多值逻辑及近代公理集合论无一不受到悖论的深刻影响，研究数学基础的三大学派的形成和发展也与悖论问题的研究密不可分.

3.2 第一次数学危机

3.2.1 无理数与毕达哥拉斯悖论

公元前5世纪，古希腊的毕达哥拉斯及其领导的学派对数学做出了非常大的贡献. 他们的贡献不仅包括具体的数学研究，还在于他们那些产生了深远影响的数学思想.

基于对大量自然现象的观察、总结，以及在几何、算术、天文和音乐方面的研究结果，毕达哥拉斯学派确立了在神秘的宇宙中数处于中心地位的观点，提出了“万物皆数”的基本信条. 在他们看来，一切事物和现象都可以归结为整数与整数的比. 例如，他们相信音乐和天文学都可以归结为数. 毕达哥拉斯通过在琴弦上重复试验发现，拨动琴弦所产生的音调的和谐由整数的比决定. 他们也相信行星的运动可以发出“天籁之声”，其中同样蕴含着数与数的比. 毕达哥拉斯学派中的一位学者的话清晰地表达了这种观点：“人们所知的一切事物都包含数；因此，没有数就既不能表达，也不能理解任何事物.”

在“万物皆数”的观念下，毕达哥拉斯学派对几何量进行了比较. 例如，比较两条线段 a 与 b 的长度，总可以找到一条小线段 c，使 a 与 b 均可以分成 c 的正整数倍，则小线段 c 就可以作为 a 与 b 的共同度量单位，并称线段 a 与 b 是**可公度的**. 如此，毕达哥拉斯学派认为：任意两个量都是可公度的. 古希腊人毫不怀疑地接受了这一结论，理所当然地认为作为共同度量的第三条线段是存在的.

然而事情出现了转折. 毕达哥拉斯的重要数学成果是提出并证明了勾股定理(毕达哥拉斯定理)，正是这一重要发现，将他推向了两难的尴尬境地. 他的学生希帕索斯(Hippasus，约前 470 年前后)在研究勾股定理时，意外地发现正方形的边与对角线是不可公度的！这个命题可以证明如下：

采用反证法. 不妨设正方形的边长为 1，对角线的长为 c. 根据毕达哥拉斯定理，有 $c^2=2$. 若 c 能表成整数比，例如，存在两个正整数 p,q，使得 $c=\frac{p}{q}\left(\text{设}\frac{p}{q}\text{为既约分数，即 } p,q \text{ 互素}\right)$，代入 $c^2=2$，得 $p^2=2q^2$，从而 p 一定是偶数，进一步可推出 q 也一定是偶数(因为奇数的平方是奇数，偶数的平方是偶数)，这与 p,q 互素矛盾. 因此 c 不能表示成两个整数之比.

希帕索斯的发现对于毕达哥拉斯及其学派来说是致命的. 据说希帕索斯因为泄露了这一发现而被抛入大海淹死，但他提出的不可公度问题还是逐渐流传开来. 一方面，毕达哥拉斯学派认为任意两个量都是可公度的；另一方面，该学派发现正方形的边与对角线是不可公度的，历史上称这一矛盾为“**毕达哥拉斯悖论**”.

毕达哥拉斯学派认为两条线段 a 与 b 是可公度的，用现在的语言表述就是指任意两条线段长的比是整数或分数，即有理数. 希帕索斯不可公度问题是指，正方形的对角线与边长之比不是有理数，而是无理数. 当时的古希腊人使用“可比数”与“不可比数”的术语，在转译的过程中，成了现在的“有理数”(rational number)与“无理数”(irrational number).

希帕索斯发现的$\sqrt{2}$(不可公度量)是数学史上的第一个无理数，现在看来，这应该是数学的一大重要发现. 然而，在当时的古希腊却被视为悖论并引发了严重的问题，原因如下：

(1) 无理数的发现动摇了毕达哥拉斯学派“万物皆数”的基本哲学信条. 无理数不能用

整数之比表示，这就宣告他们“一切事物和现象都可以归结为整数与整数的比”的数的和谐论是错误的，从而建立在其上的对宇宙本质的认识也是虚无的.

(2) 无理数的发现摧毁了建立在“任意两条线段都是可公度的”这一观点背后的观念.这种质朴的观念认为：线是由原子次第连接而成的，原子可能非常小，但质地一样，大小一样，它们可以作为度量的最后单位.这一认识构成了毕达哥拉斯学派的几何基础.

(3) 无理数的发现使辗转相除法受到质疑.早期的希腊数学家认为任何量都可公度还基于一种比较数量的方法——辗转相除法.假设 a 与 b 是两条线段的长，根据“数学原子论”，他们相信按照辗转相除法做下去，总会得到一个正整数，使得 a 与 b 都是这一正整数的若干整数倍.

(4) 无理数的发现与人们通过经验与直觉获得的一些常识相悖.根据经验以及各式各样的实验，任何量在任何的精度范围内都可以表示成有理数.这不仅是古希腊普遍接受的信仰，在测量技术高度发展的今天，这个断言也是正确的.

总之，毕达哥拉斯悖论意味着，就度量的实际目的来说完全够用的有理数，对数学来说却是不够的.

不可公度量的发现，不但强烈冲击和摧毁了许多传统的观点与“万物皆数”的信条，而且表现在它对具体数学成果的否定上.事实上，毕达哥拉斯学派的许多几何定理的证明都是建立在任何量都可公度的基础之上的.举一个例子，他们曾经证明了这样一个定理：等高的三角形 ABC 与 ADE，它们的底 BC 和 DE 在同一直线 MN 上，则其面积之比等于对应底之比.证明方法如下：因为一切量都可公度，可设 $BC=md$，$DE=nd$，其中 d 为公度单位.把 BC 等分成 m 份，并与顶点 A 连接，于是得到 m 个小三角形；把 DE 等分成 n 份，并与顶点 A 连接，得到 n 个小三角形.这些小三角形等底等高，故面积相等.又三角形 ABC 的面积等于 m 个这种小三角形的面积之和，三角形 ADE 的面积等于 n 个这种小三角形的面积之和.因此，可以推出，三角形 ABC 的面积∶三角形 ADE 的面积 $=m:n=BC:DE$，如图 3-1 所示.

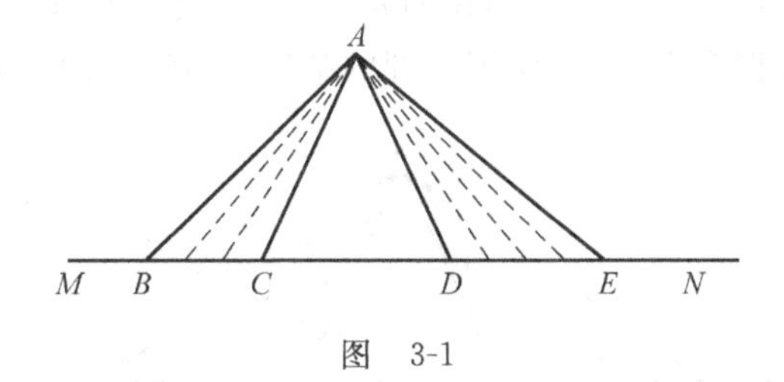

图　3-1

面对不可公度量，古希腊人陷于困惑与混乱之中，且毫无办法.这在当时引发了人们认识上的危机，从而导致了西方数学史上的一场大风波，史称“**第一次数学危机**”.

3.2.2　第一次数学危机的解决

不可公度量发现 100 多年后，大约在公元前 370 年，古希腊著名的数学家、天文学家、毕达哥拉斯学派的欧多克索斯(Eudoxus of Cnidos,前408—前355)通过建立既适用于可公度线段,也适用于不可公度线段的完整的比例论,部分地解决了第一次数学危机.

欧多克索斯的比例论的关键是他给出了比例相等的定义,用现代的代数符号表示,即:$a:b=c:d$是指,如果对于任给的正整数m,n,只要$ma>nb$,总有$mc>nd$;只要$ma=nb$,总有$mc=nd$;只要$ma<nb$,总有$mc<nd$.或更简洁地叙述为:$a:b=c:d$是指,对任一分数$\frac{n}{m}$,商$\frac{a}{b}$和$\frac{c}{d}$同时大于、等于或小于这个分数.

这一定义被誉为数学史上的一个里程碑.其贡献在于:在只知道有理数而不知道无理数的情况下,它指出可以用全部大于某数和全部小于某数的有理数来定义该数,从而使可公度量和不可公度量都能参与运算.欧几里得正是从这一定义出发,推出"$a:b=c:d$,则$a:c=b:d$"等25个有关比例的命题.在论证了比例的这些性质后,希腊人就能够对几何量之比进行运算了——与我们对实数进行运算的方式几乎完全相同,结果也相同.利用比例论,欧几里得对毕达哥拉斯学派的研究成果进行再整理,重新证明了由于不可公度量的发现而失效的命题.现以前一小节提到的定理为例,看看在比例论下,是如何逻辑严密地解决旧问题的.

在CB延长线上从点B依次截取$m-1$个与CB相等的线段,分别将分点$B_2,B_3,\cdots,B_m$与顶点A连接.于是,B_mC的长度为BC长的m倍,同时三角形AB_mC的面积也是三角形ABC面积的m倍.

同样在DE的延长线上依次截取$n-1$个与DE相等的线段,分别将分点$E_2,E_3,\cdots,E_n$与顶点A连接.于是,DE_n的长度为DE长的n倍,同时三角形ADE_n的面积也是三角形ADE面积的n倍.

三角形AB_mC与三角形ADE_n等高,因此当B_mC大于、等于或小于DE_n时,三角形AB_mC的面积也相应大于、等于或小于三角形ADE_n的面积.即BC长的m倍大于、等于或小于DE长的n倍,从而,三角形ABC面积的m倍大于、等于或小于三角形ADE面积的n倍.根据欧多克索斯的比例定义,就证明了定理的结论,如图3-2所示.

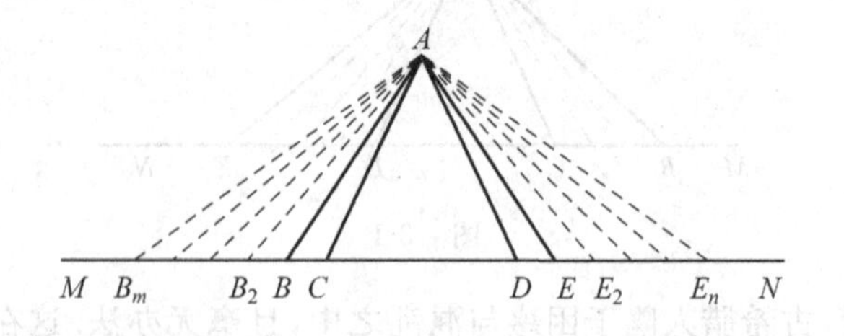

图 3-2

尽管欧多克索斯的定义和证明对一般人而言不易接受,但数学史家认为,比例论为处理无理数提供了逻辑依据,用几何方法消除了毕达哥拉斯悖论引发的数学危机,从而拯救了整个希腊数学.但是,需要指出的是,欧多克索斯的理论将量和数割裂开来,所谈论的量为几何量所代表的连续对象，如线段、面积、体积、角、时间等，而数只能代表离散对象，即整数或整数之比．或者说，欧多克索斯的解决方式，是借助于几何方法，通过避免直接出现无理数而实现的．在这种解决方案下，对无理数的使用只有在几何中是被允许的、合法的，在代数中就是不合逻辑的、非法的了．例如，因为有了严格的欧多克索斯的比例论，讨论正方形的边长和对角线之比是可行的，但是如果设正方形的边长为 1，根据毕达哥拉斯定理，求得对角线的长度为$\sqrt{2}$，从而引入$\sqrt{2}$这样的数，在古希腊就是非法的．因此，第一次数学危机并不能认为是真正解决了．

欧多克索斯回避了无理数的存在性，用几何的方法去处理不可公度量，这样做的结果是，几何的基础牢靠了，几何从全部数学中脱颖而出．欧几里得的《几何原本》中也采用了这一说法，以致在以后的近二千年中，几何几乎变成了全部严密数学的基础．

直到 18 世纪，仍有许多数学家一方面随意使用无理数进行各种运算，另一方面却怀疑它们的意义和存在性．19 世纪下半叶，实数理论建立后，人们才认识到这样的事实：全体整数之比构成有理数系，有理数系需要扩充，需要添加无理数．第一次数学危机的实质是不认识无理数，而无理数是无限不循环小数，可以看成是无穷多个有理数组成的数列的极限．无理数在数学中的合法地位被确立后，第一次数学危机才得以真正地解决．

第一次数学危机还反映出：直觉和经验未必可靠，推理证明才是可靠的．在此之前的数学基本都是提供算法，例如预测日食、计算金字塔高度等．第一次数学危机出现后，古希腊人开始重视几何的演绎推理，建立了几何的公理化体系，这是数学思想的一次巨大革命．

3.3 第二次数学危机

3.3.1 无穷小与贝克莱悖论

17 世纪上半叶笛卡儿创建解析几何之后，变量便进入了数学．随之，牛顿和莱布尼茨集众多数学家之大成，分别从物理和几何的角度出发，各自独立地发明了微积分，被誉为数学史上划时代的里程碑．

微积分诞生之初，就在解决实际问题中显示出巨大的威力．例如，在天文学中，利用微积分能够精确地计算行星、彗星的运行轨道和位置．英国天文学家哈雷(E. Halley，1656—1742)就通过这种计算断定 1531 年、1607 年、1682 年出现过的彗星是同一颗彗星，并推测它将于 1758 年底或 1759 年初再次出现，这个预见后来果然被证实(虽然哈雷已在此前逝世，但为了纪念他，这颗彗星被称为“哈雷彗星”)．海王星——太阳系最远的行星之一，也是在数学计算的基础上发现的．1846 年，法国天文学家勒威耶(U. Le Verrier，1811—1877)分析了天王星运动的不规律性，通过计算，推断出这是由其他行星的引力而产生的，并指出它应处的位置，后来德国天文学家伽勒(J. G. Galle，1812—1910)在柏林天文台果然发现了该行星．

虽然微积分的应用愈来愈丰富，但当时的微分和积分并没有确切的数学定义. 特别是一些定理的证明和公式的推导，在逻辑上前后矛盾，推出的结论却往往是正确无误的. 这样，微积分就具有了一些“混乱”和一种“神秘性”，这些“混乱”和“神秘性”主要集中在“无穷小”上. 这从牛顿的流数法（即求导数的方法）中可以窥见一斑. 微积分的一个来源，是求作变速直线运动的物体在某一时刻的瞬时速度. 我们来看一个例子.

设自由落体在时间 t 下落的距离为 $s(t)$，有公式 $s(t)=\frac{1}{2}gt^2$，其中 g 是重力加速度. 现在要求物体在 t_0 时刻的瞬时速度，先求平均速度 $\frac{\Delta s}{\Delta t}$，因为

$$\Delta s = s(t) - s(t_0) = \frac{1}{2}gt^2 - \frac{1}{2}gt_0^2$$

$$= \frac{1}{2}g[(t_0+\Delta t)^2 - t_0^2] = \frac{1}{2}g[2t_0\Delta t + (\Delta t)^2],$$

所以

$$\frac{\Delta s}{\Delta t} = gt_0 + \frac{1}{2}g\Delta t. \tag{*}$$

当 Δt 变为无穷小（记为 o，称为瞬）时，右端的 $\frac{1}{2}g\Delta t$ 也变为无穷小，因而上式右端可以认为是 gt_0，这就是物体在 t_0 时刻的瞬时速度，它是两个无穷小“o”的最终的比. 当然，牛顿也曾在他的著作中说明，所谓“最终的比”，就是分子、分母要成为 0 还不是 0 时的比——例如式（*）中的 gt_0，它不是“最终的量的比”，而是“比所趋近的极限”. 他这里虽然提出和使用了“极限”这个词，但并没有明确说清这个词的意思. 德国的莱布尼茨虽然也同时发明了微积分，但是也没有明确给出极限的定义.

牛顿的流数法非常实用，解决了大量过去无法解决的科技问题，成为当时数学的重要内容，被广泛运用. 但是流数法在逻辑上有问题，牛顿引入的无穷小“Δt”若是 0，式（*）左端当 Δt 变成无穷小后分母为 0，就没有意义了. Δt 若不是 0，式（*）右端的 $\frac{1}{2}g\Delta t$ 就不能随意去掉. 在推出式（*）时，前提是假定 $\Delta t\neq 0$ 才能做除法，那么，怎么又可以认为 $\Delta t=0$ 而求得瞬时速度呢？因此，牛顿的这套运算方法，就如同从 $5\times 0=3\times 0$ 出发，两端同除以 0，得出 $5=3$ 一样的荒谬. 这个推导中关于“无穷小”到底是什么充满了逻辑上的混乱.

牛顿本人对无穷小曾做过三种解释：1669 年说它是一种常量；1671 年说它是一个趋于零的变量；1676 年说它是两个正在消逝的量的最终比. 莱布尼茨也曾试图用和无穷小成比例的有限量的差分来代替无穷小，但他没有找到从有限量过渡到无穷小的桥梁.

著名的主观唯心主义哲学家、爱尔兰主教贝克莱（G. Berkeley，1685—1753）从维护宗教神学的利益出发，竭力反对蕴含运动变化这一新兴思想的微积分. 1734 年，贝克莱以“渺小的哲学家”为笔名出版了一本书，书名为《分析学家；或一篇致一位不信神数学家的论文，其中审查一下近代分析学的对象、原则及论断是不是比宗教的神秘，信仰的要点有更清晰的表

达，或更明显的推理》，标题中"不信神的数学家"指的是资助牛顿出版《自然哲学的数学原理》的哈雷. 该书猛烈攻击牛顿的理论，他指出：牛顿在应用流数法计算函数的导数时引入的无穷小"o"是一个非零的增量，但又承认被"o"所乘的那些项可以看作是零. 先认为"o"不是数 0，求出函数的改变量后又认为"o"是数 0，违背了逻辑学中的排中律. 无穷小既是 0，又不是 0，这个形式逻辑的矛盾就是"**贝克莱悖论**". 贝克莱质问："无穷小"作为一个量，究竟是不是 0？还讽刺挖苦说无穷小是"量的鬼魂". 贝克莱悖论引发了基于无穷小的理解与处理的微积分基础的危机，史称**第二次数学危机**.

3.3.2 第二次数学危机的解决

18 世纪，数学家在没有严格的概念、严密的逻辑支持的前提下，更多地依赖于直观而把微积分广泛应用于天文学、力学、光学、热学等各领域. 新方法、新结论、新分支纷纷涌现，取得了丰硕的成果，而微分方程、无穷级数等理论的出现更进一步丰富和拓展了数学自身的研究范围.

19 世纪，微积分一方面取得了巨大的成就，另一方面其中大量的数学理论没有正确、牢固的逻辑基础，例如无穷小的概念不清楚，从而导数、微分、积分等概念就不清楚. 只强调形式上的计算不能保证数学结论是正确无误的. 例如，在研究无穷级数的时候，数学家们做出许多错误的证明，并由此得到许多错误的结论. 在计算无穷级数 $1-1+1-1+\cdots+(-1)^{n+1}+\cdots$ 的和时，可以产生不同的结果：

$$1-1+1-1+\cdots+(-1)^{n+1}+\cdots=(1-1)+(1-1)+\cdots+(1-1)+\cdots=0,$$

$$1-1+1-1+\cdots+(-1)^{n+1}+\cdots=1-(1-1)-(1-1)-\cdots-(1-1)-\cdots=1,$$

将上述两种结果相加后除以 2，得

$$1-1+1-1+\cdots+(-1)^{n+1}+\cdots=\frac{1}{2}(0+1)=\frac{1}{2}.$$

事实上，因为级数 $1-1+1-1+\cdots+(-1)^{n+1}+\cdots$ 不收敛，所以没有和，上述的计算结果都是错误的. 但是由于没有严格的极限理论作为基础，数学家们在有限与无限之间任意通行而不考虑无穷级数收敛的问题，类似的悖论层出不穷.

19 世纪初，傅里叶级数理论（见第 9 章）的出现更是将微积分的逻辑基础薄弱的问题暴露无遗，数学家们认识到必须为微积分奠定严格的基础了.

探寻微积分基础的努力经历了将近 200 年. 在分析严格化方面真正有影响的，做出决定性工作的是法国数学家柯西. 19 世纪 20 年代，柯西重新定义了无穷小——当同一变量逐次所取的绝对值无限减小，以至比任何给定的数还要小，这个变量就是无穷小，这类变量以零为其极限. 柯西的无穷小不再是一个无限小的固定数，而是作为"极限为 0 的变量"，被归入到函数的范畴，从而摒弃了牛顿、莱布尼茨的模糊不清的"无穷小"的概念，较好地反驳了贝克莱悖论. 但是柯西的极限定义不是严格的逻辑叙述，而是过多依靠了运动的观点和几何的直觉. 德国数学家魏尔斯特拉斯（K. Weierstrass，1815—1897）进一步改进了柯西的工作，于

19 世纪 40 年代利用“ε-δ”语言建立了分析的严格基础. 现在高等数学教材中关于极限的定义就是魏尔斯特拉斯当时论述的一种形式上的改写. 这一定义使极限摆脱了对几何和运动的依赖,给出了只建立在数与函数概念上的清晰的定义,从而使一个模糊不清的动态描述,变成了一个严密叙述的静态观念,这是变量数学史上的一次重大创新,并彻底反驳了贝克莱悖论.

再回到上一小节中牛顿给出的式(*),式(*)两边都是 Δt 的函数,把物体在 t_0 时刻的瞬时速度定义为: 平均速度当 Δt 趋于 0 时的极限,即物体在 t_0 时刻的瞬时速度为 $\lim\limits_{\Delta t\to 0}\frac{\Delta s}{\Delta t}$. 对式(*)两边同时取 $\Delta t\to 0$ 时的极限,根据“两个相等的函数取极限后仍相等”,得瞬时速度$=\lim\limits_{\Delta t\to 0}\frac{\Delta s}{\Delta t}$. 再根据“两个函数和的极限等于极限的和”,求极限所得的结论与牛顿原先的结论是一样的,但每一步都有了严格的逻辑基础. “贝克莱悖论”的焦点“无穷小是不是 0?”,在这里给出了明确的回答,而没有“最终比”“无限地趋近于”那样含糊不清的说法.

后来的一些发现,使人们认识到,极限理论的进一步严格化,需要实数理论的严格化. 经过德国数学家魏尔斯特拉斯、戴德金、康托尔等人的努力,实数理论建立,微积分有了坚实牢固的基础,第二次数学危机彻底解决.

综上,第二次数学危机的实质是极限的概念不清晰,极限理论的基础不牢固,而极限正是“有穷过渡到无穷”的重要手段.

3.4 第三次数学危机

3.4.1 集合论与罗素悖论

19 世纪 70 年代,德国数学家康托尔创立了集合论. 因为全部数学概念可以应用集合论建立,而集合论的概念是逻辑概念,逻辑的理论似乎是没有矛盾的,因此一旦归结到集合论,数学基础的问题就解决了. 于是,集合论使数学家看到了希望: 数学终于可以在集合论的意义下统一起来了,集合论可能成为整个数学的基础. 尽管集合论自身的相容性尚未证明,但许多人认为这只是时间早晚的问题.

集合论的出现使数学呈现出空前繁荣的景象,可能一劳永逸地摆脱“数学基础”的危机令数学家们欢欣鼓舞. 1900 年在巴黎举行的第二届国际数学家大会上,法国数学家庞加莱甚至兴奋地宣称: “现在我们可以说,完全的严格性已经达到了!”可是仅仅两年过后,1902 年,一个震惊数学界的消息传出: 英国哲学家、数学家、逻辑学家罗素在集合论中发现了悖论!

罗素的想法是,任何集合都可以考虑它是否属于自身的问题,有些集合不属于它自身,而有些集合属于它自身.比如,由多个茶匙构成的集合显然不是另一个茶匙,而由不是茶匙的东西构成的集合却是一个不是茶匙的东西.事实上,一个集合或者不是它本身的成员(元素),或者是它本身的成员(元素),两者必居其一.罗素把前者称为“正常集合”,把后者称为“异常集合”.因此,由多个茶匙构成的集合是“正常集合”,由不是茶匙的东西构成的集合是“异常集合”.

若以 N 表示“不是其本身成员的所有集合的集合”,记为 $N=\{x|x\notin x\}$,于是任一集合或者属于 N,或者不属于 N,两者必居其一,且只居其一.试问:集合 N 是否属于 N?若 $N\in N$,则由 N 的定义应有 $N\notin N$;如果 $N\notin N$,则由 N 的定义又应有 $N\in N$.无论哪一种情况,利用集合的概念,都可以导出——$N\in N$ 当且仅当 $N\notin N$ 的逻辑矛盾,这就是罗素提出并加以论证的**罗素悖论**.

罗素悖论有许多通俗的版本,其中最著名的是1919年罗素给出的“理发师悖论”——某村的一个理发师宣称,他给且只给村里自己不给自己刮脸的人刮脸.那么现在的问题是:理发师是否给自己刮脸?如果他给自己刮脸,他就属于自己给自己刮脸的人,按宣称的原则,理发师不应该给他自己刮脸;如果他不给自己刮脸,他就属于自己不给自己刮脸的人,按宣称的原则,理发师应该给他自己刮脸.理发师因此陷入两难的困境之中.

罗素悖论内容简明,只涉及到集合论中最基本的概念,以致几乎没有什么可以辩驳的余地,这就大大动摇了集合论的基础.由于集合论概念已经渗透到众多的数学分支,逐渐成为现代数学的基础,因此集合论悖论的出现引起的震动是空前的和灾难性的.许多数学家沮丧失望,甚至哀叹:我们的数学就是建立在这样脆弱的基础之上么?这就导致了所谓数学史上的“**第三次数学危机**”.

德国数学家、数理逻辑先驱弗雷格(G. Frege,1848—1925)当时写了一部名为《算术基础》的专著,内容是构建以集合论作为整个算术的基础.正当弗雷格即将出版他的这部专著的第二卷时,罗素把他的发现写信告诉了弗雷格.弗雷格在第二卷末尾添加的后记中无可奈何地写道:“一个科学家遇到的最难堪的事情莫过于,当他的工作完成时,基础却坍塌了.当本书即将付梓时,罗素先生的一封信就使我陷入这样的尴尬境地.”

3.4.2 第三次数学危机的解决

第三次数学危机出现以后,包括罗素本人在内的许多数学家做出了巨大的努力来消除悖论.当时消除悖论有两种选择,一种是抛弃集合论,再寻找新的理论基础;另一种是分析悖论产生的原因,改造集合论.

人们选择了后一条道路,希望在消除悖论的同时,尽量把康托尔集合论中有价值的东西保留下来.这种选择的理由是,原有的集合论虽然简明,但并不是建立在清晰的公理基础之上的,这就留下了解决问题的余地.

罗素等人分析后认为,这些悖论的共同特征是“自我指谓”.即,一个待定义的概念,用了包含该概念在内的一些概念来定义,造成了恶性循环.例如,悖论中定义“不属于自身的集合"时,涉及到"自身"这个待定义的对象.因此,第三次数学危机的实质是"是其本身成员的所有集合的集合"这种界定集合的说法有问题,犯了自我指谓的错误,"所有集合的集合"涉及无穷集合,造成恶性循环.

罗素本人提出用集合分层的方法来消除悖论,但分层方法太烦琐,不受数学家们欢迎.后来,数学家们想到将康托尔"朴素的集合论"加以公理化,用公理规定构造集合的原则,例如,不允许出现"所有集合的集合""一切属于自身的集合"这样的集合.后经德国数学家策梅洛、弗兰克尔(A. A. Fraenkel,1891—1965)等数学家对集合论公理系统不断完善,形成了目前被大多数数学家所承认的公理系统,称为 ZFC 系统.这样,大体完成了由朴素集合论到公理集合论的发展过程,罗素悖论消除了,第三次数学危机似乎解决了.但是数学家们并不满意,因为 ZFC 系统的相容性(即自身的无矛盾性)尚未证明.庞加莱为此评论说:"为了防狼,羊群已经用篱笆圈起来了,却不知道圈内有没有狼."

关于数学系统的相容性问题,美籍奥地利数理逻辑学家哥德尔(K. Gödel,1906—1978)的工作是影响深远的.1931 年,年仅 25 岁的他在《数学物理月刊》上发表了一篇题为《论〈数学原理〉和有关系统中的形式不可判定命题》的论文,其中证明了下面的定理.

哥德尔第一不完全性定理:任一包含自然数算术的形式系统 S,如果是相容的,则一定存在一个不可判定命题,即存在某一命题 P,使 P 与 P 的否定在 S 中皆不可证.

若系统中存在不可判定命题,则称系统为不完全的,上述定理表明,任何形式系统都不能完全刻画数学理论,总有某个命题不能从系统的公理出发得以证明.

不仅如此,哥德尔很快在上述定理的基础上,进一步证明了下面的定理.

哥德尔第二不完全性定理:对于包含自然数系的任何相容的形式体系 S,S 的相容性不能在 S 中被证明.

这一定理表明,即使一个数学系统本身是相容的,其相容性在该系统的内部也是无法证明的.

哥德尔的两条定理表明:任何一个数学分支都做不到完全的公理推演,而且没有一个数学分支能保证自身没有内部矛盾,既"完备"又"相容"的公理系统是不存在的.这将数学放在了一个尴尬的境地,数学的"灾难"降临了,人们发出感慨:数学的真理性在哪里呢?德国数学家外尔(H. Weyl,1885—1955)甚至悲叹道:"上帝是存在的,因为数学无疑是相容的;魔鬼也是存在的,因为我们不能证明这种相容性."

在这里,哥德尔第一次分清了数学中的"真"与"可证"是两个不同的概念.可证明的命题固然是真的,但真的命题却未必是可形式证明的.哥德尔的不完全性定理不仅使数学基础的研究发生了划时代的变化,更是现代逻辑史上很重要的一座里程碑.由于逻辑体系中的无矛盾性和绝对确定性是不能同时成立的,因此逻辑体系的发展必然同时存在两种动力:无矛盾性和内部不确定性,这正是哥德尔不完全性定理所体现的深层次的哲学意义,也说明悖论的不可避免以及从方法论角度研究悖论的重要意义.

关于数学的可靠性问题，固然要根据数学科学的特点去追求逻辑可靠性，但最终还是要符合实践的可靠性，即数学的可靠性尚需接受社会实践的检验，实践永远是检验真理的唯一标准.

3.5 数学的三大学派

第三次数学危机使得许多数学家对整个数学基础产生了怀疑. 早在哥德尔两个不完全性定理提出来之前，从 1900 年至 1930 年左右，围绕着数学基础之争，形成了数学史上著名的三大数学学派：逻辑主义学派、直觉主义学派和形式主义学派.

3.5.1 逻辑主义学派

逻辑主义学派的代表人物是德国的数理逻辑学家弗雷格和英国数学家、哲学家罗素.

逻辑主义学派认为数学的可靠基础应是逻辑，提出“将数学逻辑化”的研究思路：

(1) 从少量的逻辑概念出发，去定义全部(或大部分)的数学概念；

(2) 从少量的逻辑法则出发，去演绎出全部(或主要的)数学理论.

总体来说，逻辑主义学派在数学基础问题上的根本主张就是确信数学可以化归为逻辑，他们希望先建立严格的逻辑理论，然后以此为基础去得到全部(至少是主要的)数学理论. 他们认为，一旦完成了这些工作，数学的可靠性问题就彻底解决了.

弗雷格最早明确提出了逻辑主义的宗旨，并为实现它做出了重大的贡献. 他的《算术基础》一书的第二卷即将付梓之时，罗素的集合论悖论出现，弗雷格基础研究工作的意义被从根本上否定了. 弗雷格陷入了极大的困惑，并最终放弃了他所倡导的逻辑主义的立场.

罗素在 19 世纪末逐渐形成了逻辑主义观点，意识到数理逻辑对数学基础研究的重要性. 在 20 世纪初，罗素和弗雷格一样，相信数学的基本定理能由逻辑推出，他试图得到“一种完美的数学，它是无可置疑的”，并希望比弗雷格走得更远. 罗素在 1912 年出版的著作《哲学的问题》中明确阐释了他的思想：逻辑原理和数学知识的实体是独立于任何精神而存在并且为精神所感知的，这种知识是客观的、永恒的.

逻辑主义学派的愿望最终没有实现，最重要的原因在于它将数学与现实的关系脱离开来. 人们批评逻辑主义学派的观点：将全部数学视为纯形式的、逻辑演绎科学，它怎么能广泛用于现实世界？罗素也承认了这一点，他说：“我像人们需要宗教信仰一样渴望确定性，我想在数学中比在任何其他地方更能找到确定性……在经过 20 多年的艰苦工作后，我一直在寻找的数学光辉的确定性在令人困惑的迷宫中丧失了.”

尽管逻辑主义学派招致了众多的批评，但它仍有不可磨灭的功绩. 一方面，逻辑主义学派成功地将古典数学纳入了一个统一的公理系统，成为公理化方法在近代发展中的一个重要起点；另一方面，他们以完全符号的形式实现了逻辑的彻底公理化，大大推进了数理逻辑这门学科的发展.

数学的基础不能完全归结为逻辑，但逻辑作为数学基础却始终占据着数学哲学最主要的位置，逻辑思维是整个数学科学各分支之间的联结纽带.

3.5.2 直觉主义学派

直觉主义学派诞生于逻辑主义学派形成之时.逻辑主义学派试图依赖精巧的逻辑来巩固数学的基础，而直觉主义学派却偏离甚至放弃逻辑.两大学派目标一致，但背道而驰.

直觉主义学派的代表人物是荷兰数学家布劳威尔，他在1907年的博士论文《论数学基础》中搭建了直觉主义学派的框架.他提出了一个著名的口号："存在即是被构造."

直觉主义学派认为数学的出发点不是集合，而是自然数.数学独立于逻辑，数学的基础是一种能使人认识"知觉单位"1以及自然数列的原始直觉，坚持数学对象的"构造性"定义.他们的基本立场包括：

(1) 对于无穷集合，只承认可构造的无穷集合，例如，自然数列.

(2) 否定传统逻辑的普遍有效性，重建直觉主义学派的逻辑规则.例如，他们对排中律的限制很严，排中律仅适用于有限集合，对于无限集合则不能使用.

(3) 批判古典数学，排斥非构造性数学.例如，他们不承认使用反证法的存在性证明，因为他们认为，要证明任何数学对象的存在性，必须证明它可以在有限步骤之内被构造出来.

直觉主义学派试图将数学建立在他们所描述的结构的基础之上，但他们将古典数学弄得支离破碎，一些证明十分笨拙，对数学添加了诸多限制.他们严格限制使用"排中律"使古典数学中大批受数学家珍视的东西成为牺牲品.希尔伯特曾强烈批评直觉主义学派："禁止数学家使用排中律就像禁止天文学家使用望远镜和拳击师用拳一样.否定排中律所得到的存在性定理就相当于全部放弃了数学的科学性.""与现代数学的浩瀚大海相比，那点可怜的残余算什么.直觉主义学派所得到的是一些不完整的没有联系的孤立的结论，他们想使数学瓦解变形."

直觉主义学派重建数学基础的愿望最终也失败了，但是，其所提倡的构造性数学已经成为数学中的一个重要群体，并与计算机科学密切相关.

直觉思维是数学思维的重要内容之一，这种直觉思维是非逻辑的，不是靠推理和演绎获得的.直觉主义学派正确指出，数学上的重要进展不是通过完善逻辑形式而是通过变革其基本理论得到的，逻辑依赖于数学而非数学依赖于逻辑.

3.5.3 形式主义学派

形式主义学派的代表人物是德国数学家希尔伯特，他在批判直觉主义学派的同时，提出了思考已久的解决数学基础问题的方案——“希尔伯特纲领”(也称形式主义纲领).

在希尔伯特看来，数学思维的对象是符号本身，符号就是本质. 公理也只是一行行的符号，无所谓真假，只要证明该公理系统是相容的，那么该公理系统就获得承认. 形式主义学派的目的就是将数学彻底形式化为一个系统.

形式主义学派的观点有两条：

(1) 数学是关于形式系统的科学，逻辑和数学中的基本概念和公理系统都是毫无意义的符号，不必把符号、公式或证明赋予意义或可能的解释，而只需将之视为纯粹的形式对象，研究它们的结构性质，并总能够在有限的机械步骤内验证形式理论之内的一串公式是否是一个证明.

(2) 数学的真理性等价于数学系统的相容性，相容性是对数学系统的唯一要求.

因此，在形式主义学派看来，数学本身是一堆形式演绎系统的集合，每个形式系统都包含自己的逻辑、概念、公理、定理及其推导法则. 数学的任务就是发展出每一个由公理系统所规定的形式演绎系统，在每一个系统中，通过一系列程序来证明定理，只要这种推导过程不矛盾，便获得一种真理. 但是这些推导过程是否就没有矛盾呢？形式主义学派确实证明了一些简单形式系统的无矛盾性，且他们相信可以证明算术和集合论的无矛盾性.

哥德尔不完全性定理引起震动后，关于数学基础之争渐趋平淡，数学家们更关注于数理逻辑的具体研究，三大学派的研究成果都被纳入了数理逻辑的研究范畴而极大地推动了现代数理逻辑的形成和发展.

思考题 3

1. 查找资料，举 1～2 个悖论的例子(不限于数学悖论)，并分析悖论产生的原因.

2. 一位著名的律师，和他的一名学生达成共识：当学生打赢第一场官司时就付老师学费. 但是这名学生没有任何客户，最终律师扬言要起诉学生. 而学生和老师都认为自己会赢得这场官司. 律师料想无论如何他会赢：如果法庭支持他这一方，就会要求学生付学费；如果律师输了，根据他们的约定，这名学生也不得不付学费. 而这名学生却从完全相反的角度考虑：如果律师赢了，那么根据他们的约定，这名学生不必付学费；如果律师输了，法庭会宣判这名学生不必付学费. 试分析这是逻辑悖论还是诡辩或谬论？

3. 如果希尔伯特旅馆客满后，来了无穷多个旅游团，旅游团中又有无穷多个客人，那么这个旅馆是否还可以安排这些客人？如何安排？

4. 三次数学危机都与哪些数学悖论相联系？并从与无穷的联系上，阐述悖论的实质.

5. 为什么会出现数学危机？数学危机给数学的进展带来怎样的影响？

6. 罗素的集合论悖论的通俗说法是什么？第三次数学危机的解决是否令人满意？

拓展阅读3

1. “万物皆数，宇宙和谐”的倡导者——毕达哥拉斯(Pythagoras of Samos，约前560—前480)，古希腊数学家、哲学家、天文学家

毕达哥拉斯出生在爱琴海的萨摩斯岛，自幼聪明好学，青壮年时期曾在埃及、巴比伦、印度等东方古国游历并学习几何学、天文学等各方面的知识.在经过认真思考、兼收并蓄后，毕达哥拉斯汲取各家之长，形成和完善了自己的思想体系.年近半百时，这位智者回到故乡开始讲学，广收门徒，逐渐建立了一个组织严密，宗教、政治、学术合一的学派——毕达哥拉斯学派.这个学派在当时赢得了很高的声誉，产生了广泛的政治影响力，也由此引起了敌对派的仇恨，后来受民主运动风暴的冲击，毕达哥拉斯最终被暴徒杀害.

毕达哥拉斯及其学派的思想和学说给后人留下了一份极为丰富的遗产，具有深远的历史意义.毕达哥拉斯学派最重要的影响表现在数学发现及数学思想上，他们提出了“万物皆数”学说，对数论做了深入研究，发现了完全数、亲和数、勾股数等.在几何方面最有名的贡献是勾股定理，通过勾股定理而发现无理数.他们还研究了三角形、多边形的理论，正五边形、正十边形的作图法……这些成果后来被欧几里得收入到《几何原本》之中，成为古希腊数学的重要组成部分.毕达哥拉斯是最早提出和使用“哲学”一词的人，他认为哲学家是“献身于发现生活本身的意义和目的，热爱知识，并设法揭示自然的奥秘的人”.毕达哥拉斯学派是西方美学史上最早探讨美的本质的学派.毕达哥拉斯本人还是音乐理论的鼻祖，第一个用数学观点阐明了单弦的乐音与弦长的关系.在天文学方面，他首创地圆说，认为日、月、五星及其他天体都呈球体.他更是无可非议的教育家，为学术传播做出了巨大的贡献.

2. 百科全书式的作家——罗素(B. Russel，1872—1970)，英国著名哲学家、数学家、逻辑学家，20世纪西方最著名、影响最大的社会活动家

1872年5月18日，罗素出生于英格兰的一个贵族家庭，童年生活孤寂，但十分迷恋数学.1890年，罗素考入剑桥大学三一学院，于1894年获得哲学、数学两个学士学位.1901年罗素发现了著名的罗素悖论，引发了数学史上的第三次数学危机.1903年罗素获得三一学院的研究员职位，于1908年当选为英国皇家学会成员.1910年至1913年，罗素与怀特黑德合作完成了名著《数学原理》一书，这是逻辑主义学派的权威论著，从而他成为逻辑主义的代表人物.

1920年罗素来华讲学一年，任北京大学客座教授.1922年回国后写了《中国问题》一书，讨论中国将在20世纪历史中发挥的作用，孙中山称其为“唯一真正理解中国的西方人”.

1950 年，罗素获得诺贝尔文学奖，以表彰其"捍卫人道主义理想和思想自由的多种多样、意义重大的作品". 1954 年，罗素发表了著名的《罗素-爱因斯坦宣言》，"有鉴于在未来的世界大战中核武器肯定会被运用，而这类武器肯定会对人类的生存产生威胁，我们号召世界各政府公开宣布它们的目的不能发展成世界大战，我们号召，解决它们之间的任何争执都应该用和平手段."并抗议美国发动的越南战争、苏联入侵捷克、以色列发动中东战争等.

罗素涉猎的研究领域除了哲学、数学、逻辑学，还有教育学、社会学、政治学等，主要著作有《几何学的基础》《莱布尼茨的哲学》《数理哲学导论》《西方哲学史》《我的哲学发展观》等，他被西方誉为"百科全书式的作家".

1970 年 2 月 2 日，罗素以 98 岁的高龄逝世于威尔士的家中.

3. 超穷集合论的创始人——康托尔(G. Cantor，1845—1918)，德国数学家，数学史上最富有想象力、最具有争议的人物之一

1845 年 3 月 3 日，康托尔出生于俄罗斯圣彼得堡，1856 年随全家移居德国. 1862 年，康托尔进入大学，曾就读于苏黎世大学、柏林大学、哥廷根大学. 期间，他从数学大师魏尔斯特拉斯、库默尔(E. Kummer，1810—1893)和克罗内克(L. Kronecker，1823—1891)那里学到了不少东西，后转入纯粹数学研究，并选择数学作为终身职业. 1867 年康托尔获博士学位，1869 年在哈雷大学得到教职，1879 年任教授，此后一直在哈雷大学工作直至去世.

康托尔的研究领域包括数论、经典分析、集合论、哲学和神学等方面. 19 世纪末他从事关于连续性和无穷的研究，并创立了超穷集合论，从根本上颠覆了传统数学中关于无穷的使用和解释，从而引发激烈的争论乃至包括他的老师、朋友的严厉谴责. 1884 年，由于他自己提出的著名的连续统假设长期得不到证明，加之与老师克罗内克的尖锐对立，个人家庭的变故，康托尔一度精神分裂，时好时坏，不得不经常在精神病院疗养. 1918 年 1 月 6 日，康托尔在哈雷大学附属精神病院逝世.

随着时间的推移，数学的发展最终证明康托尔是正确的，他所创立的集合论被誉为 20 世纪最伟大的数学创造. 集合论大大扩充了数学的研究领域，给数学结构提供了一个基础，不仅影响了现代数学，而且深深影响了现代哲学和逻辑学. 德国近代伟大的数学家希尔伯特高度赞誉康托尔的集合论是"数学天才最优秀的作品""这个时代所能夸耀的最巨大的工作". 在 1900 年第二届国际数学家大会上，希尔伯特把康托尔的连续统假设列入 20 世纪初有待解决的 23 个重要数学问题之首. 当康托尔的朴素集合论出现一系列悖论时，克罗内克的后继者荷兰数学家布劳威尔等人借此大做文章，希尔伯特用坚定的语言向他的同代人宣布："没有任何人能将我们从康托尔所创造的伊甸园中驱赶出来！"

第4章 数学美学

数学不仅拥有真理，而且还拥有至高的美——一种冷峻而严肃的美，正像雕塑所具有的美一样，这种美既不投合人类之天性的微弱方面，也不具有绘画或音乐的那种华丽的装饰，而是一种纯净而崇高的美，以至能达到一种只有最伟大的艺术才能显现的那种完美的境地.

——罗素(B. Russell，1872—1970，英国哲学家、数学家、逻辑学家)

苏联著名教育家苏霍姆林斯基(B. A. Cyxomjnhcknn，1918—1970)说过："美是一种心灵体操！它使我们的精神正直、心地纯洁、情感和信念端正."英国著名数学家哈代在其名著《一个数学家的辩白》一书中写道："要找到一位受过教育，但对数学之美的魅力感觉相当迟钝的人，是非常困难的."本章将探讨数学美的概念，数学美的产生和发展过程，数学美的内容以及数学美的地位和作用.

4.1 数学与美学

数学往往被大多数人认为是枯燥乏味的，与美学无缘，这种偏见有多种原因，与数学教材的内容、数学课程的教学都有关系. 古今中外许多杰出的数学家和科学家都曾高度赞赏并应用数学中的美学方法进行研究. 数学家也会从他们的数学研究工作里体会到美，他们形容数学是美丽的、是一种艺术，或至少是一种创造性的活动，通常拿来和音乐或诗歌相比较.

4.1.1 数学美的概念

美学思想早在中国先秦时代以及西方的古希腊时代就已产生，那时的科学和艺术通属哲学范畴，美学思想通常以哲学的论述形式出现. 18 世纪中叶，随着人类审美意识与美学思想的丰富，美学才从哲学的领域中分化出来，形成一门独立的学科.

传统的美学定义为人类对现实的审美活动的特征和规律进行研究的科学. 它的基本内

涵体现了人类的审美动机，社会进步和发展的需要以及人类精神的需求.

美是人类创造性实践活动的产物，是人类本质力量的感性显现. 人们通常所说的美以自然美、社会美，以及在此基础上的艺术美、科学美的形式存在. 其中，科学美作为一种社会实践活动中存在的美的表现形式，不是很容易引起人们的重视，但是却广泛存在于人们的科学研究和实践活动中. 人们对科学美的简明定义是：科学美是一种与真、善相联系的，人的本质力量以宜人的形式在科学理论上的显现. 科学美的表现形式有外在和内在两个层次. 按照两个层次，人们将科学美分为实验美和理论美. 实验美主要体现为实验结果的优美和所使用方法的精湛. 伽利略的比萨斜塔实验、法拉第(M. Faraday，英，1791—1867)的电磁感应实验、巴甫洛夫(I. P. Pavlov，俄，1849—1936)的条件反射实验都是实验美的经典. 理论美主要体现为科学创造中借助想象、联想、顿悟，通过非逻辑的直觉途径所提出的崭新的科学假说，经过优美的假设、实验和逻辑推理而得到的简洁明确的证明以及一些新奇的发现或发明. 日心说、遗传密码学说都是理论美的经典. 科学美通常以科学理论的简洁、和谐、奇异为重要标志.

数学美属于科学美，是自然美的客观反映，是科学美的核心. 由于数学在抽象的程度、逻辑的严谨性、应用的广泛性方面，都远远超过了一般的自然科学，所以，数学美又有其自身的特点. 人们对数学美的定义是：数学美是一种人的本质力量通过宜人的数学思维结构的呈现. 简言之，数学美就是数学中奇妙的有规律的让人愉悦的美的事物，包括数学结构、公式、定理、证明、理论体系等.

关于数学与美学之间的关系的论述，最早可以追溯到2000多年前的古希腊. 毕达哥拉斯学派认为，美表现为数学比例上的对称与和谐，其根源在于“整个天体就是一种和谐和一种数”.

历史上，许多学者或数学家对数学美从不同的侧面作过生动的阐述. 古希腊著名的哲学家亚里士多德曾说过：“虽然数学没有明显地提到美，但美也不能和数学完全分离. 因为美的主要形式就是秩序、匀称和确定性，而这些正是数学研究的一种原则.”古希腊哲学家、数学家普洛克拉斯也曾说过：“哪里有数，哪里就有美.”

我国著名数学家华罗庚谈到数学之美时说：“就数学本身而言，是壮丽多彩、千姿百态、引人入胜的……认为数学枯燥乏味的人，只是看到了数学的严谨性，而没有体会出数学的内在美.”我国数学教育家徐利治在他的著作中阐述了这样的看法：作为科学语言的数学，具有一般语言文字与艺术所共有的美的特点，即数学在其内容结构和方法上也具有自身的某种美，即所谓数学美. 数学美的含义是丰富的，如数学概念的简单性、统一性，结构关系的协调性、对称性，数学命题与数学模型的概括性、典型性和普遍性，还有数学中的奇异性等都是数学美的具体内容.

4.1.2 数学美的一般特征

法国数学家波雷尔曾说：“数学在很大程度上是一门艺术，它的发展总是起源于美学准则,受其指导、据以评价的."数学美不同于其他的美,它可能没有感官上带来的那种美,如鲜艳的色彩、美妙的声音、动感的画面,但它却是一种独特的美.

数学美的一般特征表现为以下几个方面.

1. 客观性

数学美是一种不依赖于人的意识活动的理性美,是客观存在的.数学美在审美意识上的物态化是借助于物质形式表现出来的美的感性形象.例如,对称美是侧重于形式的客观存在的一种美.一个球具有绕球心的旋转对称性,是把球转动前和绕球心转某一个角度后的两种情形相比较得出的.抽象到数学上,对称性可以概括为:如果某一现象在某一变换下不改变,则称此现象具有该变换下所对应的对称性.由此可见,作为数学美的一种表现形式——对称性是从客观世界抽象出来的,具有客观性.

2. 主观性

人们在数学理论的构建中,加入了创造者的主观审美意识,这样形成的数学美就体现了创造者的主观性.例如,德国数学家莱布尼茨试图寻找一种普遍的方法建立一般的科学,这种追求,导致了他对符号逻辑的研究.他对自然科学发展过程中出现过的各种符号进行了长期的研究,反复筛选他认为最优美的符号,他坚信美的符号可以大大节约思维劳动,使书写更加美观、紧凑、简洁和有效.正是在这种美学意义的指导下,他创造了大量最优美的微分积分符号,沿用至今.

3. 社会性

数学美的社会性是指数学美的属性在社会关系中可被社会人类欣赏的属性.数学美的社会性,最初体现为数学对象满足社会人类的实用需要,也就满足了审美需要.例如,陶器的花纹、建筑物的造型和装饰、画布的图案等都少不了各种各样优美的几何图形.当不再仅仅为满足生活的需要来看待数学时,人们便开始从中体验到征服自然的胜利所带来的精神上的愉悦,人们开始从审美的高度去审视数学美.例如,美的几何图形体现在它的规则性和象征性,图形的局部对称和整体重复,线和形的整齐多变但和谐统一等方面.

4. 物质性

数学美的物质性是指数学形式反映了物质世界的某些规律.例如,黄金分割是抽象的数学概念,但这个概念与客观世界有密切的联系.人们研究发现,只有在这种黄金分割的分布下,自然界的许多植物和花木才能让每一片叶子、枝条和花瓣互不重叠,从而最大限度地吸收阳光和营养,进行光合作用(第 8 章).由此看来,黄金分割是蕴藏在客观世界深层次上的内部规律,这种神奇结构的载体就是客观物质.另外,许多数学美的形式是客观事物的外观形式抽象的结果,而几何图形就是人们在劳动实践中对客观事物外形的抽象,例如,可以用具有对称美的代数方程 $x^3+y^3=3axy$ 表示茉莉花的外部轮廓线.

5. 相对性

数学美在不同的主客观条件下不断变化发展的相对标准，就是数学美的相对性.例如，数学公理化方法发展的三个阶段(第 2 章).每一阶段的公理化方法在当时都被认为是完美的，但这种数学美是相对的.尽管每一阶段，在数学家的努力下，公理化方法的优美程度不断提高，但仍然不能认为是绝对完美的.

6. 绝对性

数学美的绝对性是指数学美的内涵和标准具有普遍性和永恒性.科学的反映论认为数学美是随着数学历史的发展而不断变化的，又是有所继承的，既有相对性，又有绝对性.数学美的相对性中包含着数学美的绝对性的内容，所以数学相对美的历史长河，组成了数学理论的绝对美.数学美如同人们对世界认识的真理性一样，在人类历史发展的过程中，都经历着一个由相对到绝对的辩证过程.同样，绝对美的长河是由无数相对美构成的，所以无数相对美的数学理论的总和，就是数学的绝对美.

7. 蕴涵性

数学美与其他美的最根本的区别还在于它是蕴涵其中的美.艺术美容易引人入胜，使大多数人感兴趣，然而能够体会数学美而对数学产生兴趣的人却不多.这主要有两方面的原因：一是艺术美是外显的，比较容易使人感受、认识和理解；而数学美虽然也有一些外显的情形，如精美的图形、优美的公式、巧妙的解法等，但总的来说，数学中的美还是深深地蕴藏在它的基本结构之中，这种内在的理性美往往使人难以感受、认识和理解；二是数学教材和教学过分强调逻辑体系和逻辑推演，忽视数学美感、数学直觉的作用，日积月累，人们将数学与逻辑推理等同起来，学习的过程中就会感到枯燥乏味.

同时，数学之美还体现在其对客观实际的精确表述、对逻辑的完美演绎，正是这种精确与严格才成就了现代社会的美好生活.

4.2 数学美的内容

现实生活中，对于美的不同表现形式有不同的表达方式，例如，山河壮美、风景秀美、人物俊美、文笔优美……数学美也呈现多样性，它的概念和内容会随着数学的发展和人类文明的进步有所发展，数学美的分类也不尽相同，但它的基本内容是相对稳定的，主要包括简洁美、对称美、和谐美和奇异美.

4.2.1 简洁美

数学以简洁而著称.简洁美不是指数学内容本身简单,而是指数学概念、数学的表达形式、数学的证明方法和数学的理论体系的结构等数学语言的清晰简洁.数学理论的应用广泛,也在于它能用最简洁的方式揭示客观世界中的量及其关系的规律.简洁性是数学发现与创造中的美学因素之一,简洁美是人们最欣赏的一种数学美,也是数学家追求的目标.

简洁性作为数学美的一项基本内容,是人类思想表达经济化要求的反映.爱因斯坦说过:"美在本质上终究是简单性."希尔伯特认为:"数学中每一步真正的进展都与更有力的工具和更简单方法的发现密切联系着."

例 1(数学符号)

(1) 大数、小数的表示

17 世纪末,人们开始使用幂指数来表示大数和小数,例如10^{271},2^{-365},带来很多便利.回顾数的发展历史,在 10 世纪或 11 世纪,古印度人认为所有数均可由 1,2,3,4,5,6,7,8,9,0 这 10 个数字表示.这种表示方法后来被阿拉伯人采用,之后传到西欧,故一直谬传为阿拉伯数字.其中数字 0 的出现大约要晚好几百年,最初人们用圆点"·"表示 0,再后来用"∪"表示,最后才出现"0"的记法.而 10 个阿拉伯数字位置排列不同则意义不同,体现了数的表示的简洁性.

(2) 十进制与二进制

一个正整数既可以用十进制表示,也可以用二进制表示.二进制是从逻辑关系的简洁性考虑而引出的结果.例如用十进制表示数 89,二进制表示为 1011001($89=1\times2^6+0\times2^5+1\times2^4+1\times2^3+0\times2^2+0\times2^1+1\times2^0$).

数的十进制表示,所用基本符号为 10 个,虽然系统复杂,但表示上简洁,方便人工运算;数的二进制表示,所用基本符号为 2 个,表示上虽然麻烦,但系统简单,方便机器运算.众所周知,二进制与最简单的自然现象(信号的两极)相结合,造就了计算机.

(3) 高等数学中的运算符号

高等数学中的基本运算符号$\lim\limits_{n\to\infty}$,$\lim\limits_{x\to x_0}$,$\dfrac{\mathrm{d}y}{\mathrm{d}x}$,$\int f(x)\mathrm{d}x$,$\int_a^b f(x)\mathrm{d}x$ 等都是用简洁的形式表达了概念所蕴含的丰富的思想,刻画出"人类精神的最高胜利".因此,有些数学家把微积分比作"美女".

数学符号的科学性直接影响着数学语言的质量,影响着数学的传播和发展.笛卡儿坐标系的引入、对数符号的使用、复数单位的引进、矩阵和行列式的出现等大量符号的涌现都体现了数学记号更简洁、内容更深刻的事实.

例 2(数学公式)

(1) 物理力学中的公式

牛顿第一定律、牛顿第二定律以及万有引力定律所用数学公式如下:$F=0\Rightarrow v=c$(牛顿第一定律)；$F=ma$(牛顿第二定律)；$F=k\frac{m_1m_2}{r^2}$(万有引力定律). 这些公式都是非常简洁的. 例如，牛顿第二定律概括了力、质量、加速度之间的定量关系，简单清晰.

又如，爱因斯坦的质能公式 $E=mc^2$ 揭示了自然界的质量和能量的转换关系，其外在形式也是非常简洁的.

(2) 关于多面体的欧拉公式

没人能说清楚现实中的多面体有多少种，但它们的顶点数 V、棱数 E、面数 F 都服从十分简洁的欧拉公式：$V-E+F=2$，令人惊叹，堪称简洁美的典范.

在数学中，形式简洁、内容深刻、作用很大的公式还有许多. 事实上，数学中绝大部分公式都体现了"形式的简洁性，内容的丰富性".

例 3(数学理论)

(1) 构造公理系统的"三性"

希尔伯特曾将欧氏几何原始的公理化方法推向了完善化和形式化的现代公理化方法阶段，其中给出了构造一个公理体系所要求的相容性、独立性和完备性这三个条件，充分体现了简洁性的美学因素，其中的独立性就要求将任何多余的公理去掉.

(2) 欧几里得关于平行线的第五公设，与其他公理公设比较起来，内容和文字都显得复杂和累赘，远不如其他的简洁和自明，由此使得数学家对第五公设产生怀疑，导致非欧几何的诞生，这既体现了数学家对冗长和不简明的数学的排斥，又体现了对几何系统简洁美的追求.

4.2.2 对称美

法国数学家庞加莱曾指出："数学家非常重视他们的方法和理论是否优美，这并非华而不实的做法. 那么到底是什么使我们感到一个解答、一个证明优美呢？那就是各部分之间的和谐、对称、恰到好处的平衡……"

所谓对称性，即指组成某一事物或对象的两个部分的对等性. 从古希腊时代起，对称性就被认为是数学美的一项基本内容，是数学美的最重要特征. 由于现实世界中处处有对称，既有轴对称、中心对称和镜像对称等空间对称，又有周期、节奏和旋律的时间对称，还有与时空坐标无关的更为复杂的对称. 作为研究现实世界的空间形式与数量关系的数学，自然会渗透着圆满和自然的对称美.

例 4(数学符号或表达式)

(1) 初等数学中的符号

四则运算中的"＋、－、×、÷"，比较大小的"＜、＞、＝ "，这些符号都讲究上下左右对称的美.

(2) 高等数学中的表达式

多项式方程的虚根成对出现，代数式中的对称和轮换多项式，行列式、线性方程组的矩阵表示及克莱姆(Cramer)法则等都呈现出某种对称性.

例 5(几何图形)

几何中具有对称性的图形很多,都给人们一种优美的感觉.几何中存在着大号的点对称、线对称、面对称图形.球面被认为是最完美的几何图形!毕达哥拉斯就曾说过:“一切平面图形中最美的是圆,一切立体图形中最美的是球形.”这正是基于这两种图形在多个角度下展现的对称特性.

另外,函数 $y=f(x)$ 与反函数 $y=f^{-1}(x)$ 的图像关于直线 $y=x$ 对称;在各种对称变换下仍然变为它自己的图形等都显示了数学中存在着大量的具有某种对称性的几何图形.

例 6(概念或运算)

数学中的某些概念或运算也具有某种对称性.

(1) 数学抽象概念:共轭复数、共轭空间.

数学命题:命题,逆命题,否命题,逆否命题.

(2) 数学运算:加法(乘法)的交换律,加法(乘法)的结合律,函数与反函数运算,导数和不定积分的运算.

例 7(数学结构) 二项式定理的展开式中的系数构成了杨辉三角形:

1 1

1 2 1

1 3 3 1

1 4 6 4 1

1 5 10 10 5 1

1 6 15 20 15 6 1

……

在杨辉三角形的图案中,每一行除了首尾的数字是 1 以外,其他的数字是左上角和右上角的数字之和,这样就构成了有规律的并且是成对称形状的三角图案.

例 8(数学公式)

(1) 正弦定理、余弦定理、三角形的面积

设三角形的三边长分别为 a,b,c,相应的三个对角分别为 A,B,C,则有正弦定理:

$$\frac{a}{\sin A}=\frac{b}{\sin B}=\frac{c}{\sin C}.$$

余弦定理:

$$a^2=b^2+c^2-2bc\cos A,\quad b^2=c^2+a^2-2ca\cos B,\quad c^2=a^2+b^2-2ab\cos C.$$

此三角形的面积公式为

$$S_{\triangle}=\frac{1}{2}ab\sin C=\frac{1}{2}bc\sin A=\frac{1}{2}ca\sin B,$$

若设 $s=\frac{1}{2}(a+b+c)$，则有以下的海伦-秦九韶公式：

$$S_{\triangle} = \sqrt{s(s-a)(s-b)(s-c)}.$$

(2) 直线和圆的方程

用行列式(见第 7 章)表示平面上过两点 (x_1,y_1)，(x_2,y_2) 的直线的方程与平面上过三点 (x_1,y_1)，(x_2,y_2)，(x_3,y_3) 的圆的方程分别是：

$$\begin{vmatrix} x & y & 1 \\ x_1 & y_1 & 1 \\ x_2 & y_2 & 1 \end{vmatrix} = 0, \quad \begin{vmatrix} x^2+y^2 & x & y & 1 \\ x_1^2+y_1^2 & x_1 & y_1 & 1 \\ x_2^2+y_2^2 & x_2 & y_2 & 1 \\ x_3^2+y_3^2 & x_3 & y_3 & 1 \end{vmatrix} = 0.$$

例 9(数学理论)

群的概念和理论本质上就是来源于描述客观事物的对称性这一美学因素，对称性的抽象分析在建立群概念以至发展群理论方面发挥了重要作用. 1890 年，俄国著名晶体学家费德洛夫(Fedorov，1853—1919)根据空间图形的对称性和基本空间的点阵形式的相互结合，发现晶体中物质微粒的排列情况总共只有 230 种对称类型.

4.2.3 和谐美

和谐美是数学美的又一侧面，它比对称美更具有广泛性. 我们生活的宇宙是和谐的，庄子(约前 369—前 286)、毕达哥拉斯、柏拉图等均把宇宙的和谐比拟为音乐的和谐，德国天文学家开普勒甚至根据天体运行的规律把宇宙谱成一首诗. 和谐也是数学美的特征之一，和谐即雅致、严谨或形式结构的无矛盾性. 数学的和谐美具体表现为数学的部分与部分，部分与整体之间的和谐一致，以及数学和其他科学的和谐统一. 因为一切客观事物都是相互联系的，因而，作为反映客观事物的数学概念、定理、公式、法则也是互相联系的，可能表面看来不相同，但在一定条件下可处于一个统一体之中.

例 10(数学概念) 在集合论建立之后，代数中的“运算”、几何中的“变换”、分析中的“函数”这三个不同领域中的基本而重要的概念，便可以统一于“映射”概念之下.

例 11(数学理论体系)

(1) 数学中的公理化方法，使零散的数学知识用逻辑的链条串联起来，形成完整的知识体系，在本质上体现了部分和整体之间的和谐统一. 例如，欧几里得的《几何原本》在点、线、面、体几个抽象概念和五条公设及五条公理的基础上演绎出一套公理化的理论体系，将他之前的古希腊数学成果尽收其中.

(2) 20 世纪法国著名的数学学派——布尔巴基学派的著作《数学原本》用结构的思想和语言来重新整理各个数学分支，从本质上揭示数学的内在联系，使之成为一个有机整体.

例 12(数学方法和结论)

(1) 数学方法

法国数学家笛卡儿于 1637 年发表长篇著作《更好地指导推理和寻求科学真理的方法论》一书,该书三个附录之一的《几何学》阐述了他的坐标几何的思想.笛卡儿利用坐标的方法,使代数和几何在数学内部达到了横向的统一,建立了解析几何这门全新的学科,将几何图形与代数方程联系起来,把几何图形的直观性同代数方程的可计算性结合起来,体现了数与形统一和谐的数学美.

(2) 数学结论

瑞士数学家欧拉在 1748 年出版的著作《无穷小分析引论》中详细研究了二次曲线.他通过笛卡儿坐标变换,把平面上所有二次方程 $ax^2+2bxy+cy^2+dx+ey+f=0$ 所表示的二次曲线化归为 9 种标准形式.其性质和类型取决于三个量:$h=a+c$,$\delta=\begin{vmatrix} a & b \\ c & d \end{vmatrix}$,$\Delta=\begin{vmatrix} a & b & d \\ b & c & e \\ d & e & f \end{vmatrix}$,其中 δ,Δ 是平移和旋转变换下的不变量.

进而欧拉又把平面二次曲线标准化问题推广到空间二次曲面标准化问题,可以通过坐标变换,把空间二次曲面方程化归为 17 种标准形式.他的开创性工作说明,只要通过一定的坐标变换,任何一般方程就可以转变为标准方程,这就使得繁杂多样化变为统一.

例 13(数学公式)

著名的欧拉公式:$e^{i\pi}+1=0$ 将最基本的代数数 0,1,i 和超越数 e,π 用最基本的运算符号巧妙地组合在一起,可谓数学创造的艺术精品.数学中有许多常数,但 0,1,i,e,π 是最基本的:0,1,i 是代数学中最基本的数量,而 π 是几何中最基本的数量,e 被称为自然常数,在描述变化率(出生率、死亡率等)的问题中经常出现,因而在分析学中扮演着重要的角色.这五个最基本的常数以如此简洁的方式联系在一起,充分显示了数学内部的优美和谐.所以欧拉公式被很多人认为是数学中最美的公式,极具影响力.

例 14(比例)

"匀称性"的概念可以看成"对称性"的概念的自然发展,黄金分割是典型的例子.黄金分割是指事物各部分间的度量符合一定的数学比例关系:将整体一分为二,较大部分与较小部分度量之比等于整体与较大部分之比,其比值为 1∶0.618 或 1.618∶1.对线段而言,即长段为全段的 0.618.0.618 被公认为最具有审美意义的比例数字,研究表明,这种比例最能引起人"匀称美"的感觉,因此被称为黄金分割.

黄金分割也被誉为"人间最巧的比例",有许多重要的作用(见第 8 章).

数学的和谐还表现为它能够为自然界的和谐、生命现象的和谐、人自身的和谐等找到最佳论证.哲学家卡洛斯(Paul Carus,德-美,1852—1919)曾说过:"没有哪一门科学能比数学更为清晰地阐明自然界的和谐性."

在人和动物的血液循环系统中，血管不断地分成两个同样粗细的支管，依据流体力学原理，由数学计算知，它们的直径之比在分支导管系统中，可使液流的能量消耗最少. 血液中的红细胞、白细胞、血小板等固体平均占血液的 44%，由数学计算可知 43.3%是液体流动时所携带固体的最大含量. 眼球视网膜上的影像经过“复对数变换”而成为视觉皮层上的“平移对称”图像，人们可以看到一个不失真的世界，这就是数学变换，也是奥妙无穷的生命现象的优化. 动物的头骨看上去似乎差异很大，其实它们是同一结构在不同坐标系下的表现，这是自然选择和生物进化的结果. 数学在其中体现了自然界万事万物所具有的和谐性.

4.2.4 奇异美

奇异性是数学美的重要特征，这里的奇异指稀罕、出乎意料但引人入胜.

数学的发展史表明，凡在数学上使人感到奇异的结果都是历史发展的必然，它是在已有的数学知识基础上产生出来的一种暂时还不被人们所完全理解的数学新论断，而这种新论断与已形成的传统的数学观念大相径庭. 数学中的奇异性，与文学中那种奇峰突起的“神来之笔”相似，想法奇巧、怪异，却令人体会到一种奇异的美感，激发人们的探究欲望.

奇异美是数学发现、数学创新中的重要动力. 数学中充满着奇异的概念、公式、图形和方法等，高度的奇异更是令人赏心悦目.

例 15(数学结论和证明)

奇异性常常和数学中的反例紧密相连，反例则往往能让人们的认识得以深化、数学理论得到重大发展.

(1) 第一次数学危机中，无理数的发现打破了毕达哥拉斯学派“万物皆数”的观念，无疑是当时一个奇异的结果.

(2) 17 世纪，人们以为一切函数都是连续的，连续性不被人所关注. 当有间断点的函数出现，甚至著名的狄利克雷(P. G. Dirichlet，德，1805—1859)函数：

$$D(x)=\begin{cases}1, & x\text{ 为有理数}, \\ 0, & x\text{ 为无理数}\end{cases}$$

出现时，由于它在实数轴上处处有定义，却处处间断，这种奇异性的发现让人们对连续性的美妙之处看得更清楚了.

(3) 18 世纪后期的多数数学家认为，一元连续函数至少在某些点处可导(可微). 然而德国数学家魏尔斯特拉斯在 1872 年找到了一个处处连续而又处处不可导的一元函数，颠覆传统，这就给人以奇异感. 人们认识到几何直观的不可靠性，从而对可微的概念有了更深刻的认识.

例 16(数学理论)

19 世纪的代数领域、几何领域的新发现和进展同样带给人们以奇异之感，代数学中的四元数理论、几何学中非欧几何的出现等无不显示出数学的奇异美. 诞生于 20 世纪的分形与混沌理论一样挑战了传统的观点，带给人以奇妙同时引人深思的数学之奇异美.

某些数学对象的本质在没有充分暴露之前，带有某种奇异色彩，往往会产生神秘或不可思议感. 例如，在历史上，虚数曾一度被看作是“幻想中的数”“介于存在和不存在之间的两栖物”；无穷小量曾长期被蒙上神秘的面纱，被英国大主教贝克莱称为“消失了量的鬼魂”；庞加莱把集合论比喻为“病态数学”；外尔则称康托尔关于基数的等级是“雾上之雾”；非欧几何在长达半个世纪的时间内被人称为“想象的几何”“虚拟的几何”，等等. 而当人们认识到这些数学对象的本质后，其神秘性也就自然消失了.

例 17(数学方法)

蒲丰投针试验是数学方法奇异性的一个典型例子. 蒲丰事先在白纸上画好了一条条等距离的平行线，将纸铺在桌上，取一些质量匀称、长度为平行线间距离之半的小针，请人把针一根根随便扔到纸上，结果共投针 2212 次，其中与任意平行线相交的有 704 次. 蒲丰做了一简单的除法 2212/704，然后宣布这就是圆周率 π 的近似值，并声明投针的次数越多这个近似值越精确. 这个试验使人震惊，把圆周率 π 和一个表面看来毫不相干的投针试验联系在一起. 然而，这确实是有理论根据的(见第 2 章). 计算圆周率 π 的这一方法新颖、奇妙而令人叫绝，充分显示了数学方法的奇异美.

例 18(数学图形)

体积有限而表面积无穷大的加百利喇叭(见第 9 章)、体积有限而周长无限的柯克雪花、能覆盖整个平面的皮亚诺曲线(见第 6 章)等图形都非常奇异.

例 19(数学猜想)

勾股定理 $x^2+y^2=z^2$ 有非零的正整数解(例如，勾股数：3,4,5；5,12,13 等)，其一般解为：$x=a^2-b^2$，$y=2ab$，$z=a^2+b^2$，其中 $a>b$ 为一奇一偶的正整数. 那么三次不定方程 $x^3+y^3=z^3$ 有没有非零的正整数解？

著名的费马大定理的内容是：$x^n+y^n=z^n$，当 $n>2$ 时没有正整数解！法国数学家费马在读古希腊丢番图的著作《算术》时将之写在书的边上，在此后的 300 年它一直是一个悬念. 18 世纪最伟大的数学家欧拉证明了 $n=3,4$ 时定理成立. 后来，有人证明 $n<105$ 时定理成立. 20 世纪 80 年代以来，费马大定理取得了突破性的进展. 1995 年，英国数学家维尔斯(A. Wiles，1953—)证明了费马大定理.

在解决费马大定理的过程中，大量的数学方法、数学理论被挖掘，全新的数学思想被提出，因此，希尔伯特评价费马大定理是一只“会下金蛋的鸡”. 对于数学奇异美的追求驱使数学家继续猜测当 $n\geqslant 4$ 时，不定方程 $x_1^n+x_2^n+\cdots+x_{n-1}^n=x_n^n$ 是否有非平凡整数解.

例 20(数学概念)

(1) 无限数量的比较

在初等数学中，常用数数的方法来区分有限和无限，用反证法来把握无限. 在高等数学中，采用映射理论，通过建立两个集合之间的映射，提供了研究无限的方法.

自然数集合 $\{1,2,3,\cdots,n,\cdots\}$ 中元素的个数是无限的，偶数集合 $\{2,4,6,\cdots,2n,\cdots\}$ 中

元素的个数也是无限的，而偶数集合是自然数集合的子集．数学上通过一一映射 $f(n)=2n$，神奇地发现自然数的个数与偶数的个数相等．同理，对自然数集合与奇数集合，也可以通过一一映射 $f(n)=2n-1$，得出两个集合的元素一样多的事实．这与有限的世界中整体大于部分的概念迥然不同．

通过建立一一映射，还可以得到两条长度不同的线段上的点一样多（图 4-1），两个半径不同的同心圆上的点一样多（图 4-2）．

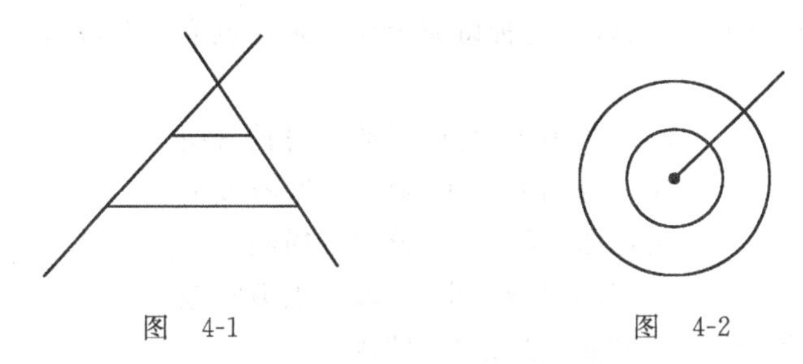

图　4-1　　　　图　4-2

进一步，还可以证明有理数的个数与自然数的个数一样多；(0,1)上点的个数比自然数的个数多；自然数集的所有子集的个数与(0,1)上点的个数一样多．

数学上定义集合 A 与 B 基数相等是指 A，B 之间存在 1-1 对应关系（1-1 映射），记为 $\overline{\overline{A}}=\overline{\overline{B}}$．显然，基数概念是对个数概念的推广．人们已经证明了自然数集合是基数最小的无穷集合．

（2）正整数的奇异性质

下面来了解一下正整数中的完美数、梅森数、回文素数、孪生素数的奇异与美妙，再由素数分布的若干特点体会人类对审美的追求，感受正整数中的美学价值．

① 完美数

如果一个正整数的各因数（不计它自己）之和恰为它本身，则称其为完美数．6，28，496，8128 是人们在 2000 年前知道的四个依次从小到大排列的完美数．前 8000 多个正整数中只有四个完美数，很稀罕、很奇异．15 世纪人们才发现第五个完美数 33550336，又过了 100 多年，才发现第六个完美数 8589869056．到今天也只找到 40 多个完美数．尽管目前在现实生活中还没有发现完美数有什么特别的用途，但是它的奇异特性吸引了许多人．

② 梅森数

在探寻完美数时，欧几里得发现它可能是形如 $2^{n-1}(2^n-1)$ 的数．

对于 $C_n=2^{n-1}(2^n-1)$，易验证 $C_2=6$，$C_3=28$，$C_5=496$，$C_7=8128$，而 C_2，C_3，C_5，C_7 恰好是最小的四个完美数．而 C_8，C_9，C_{10}，C_{11} 都不是完美数，$C_{13}=2^{12}(2^{13}-1)=33550336$，$C_{17}=2^{16}(2^{17}-1)=8589869056$ 才分别是第五、第六个完美数．

通过对这六个完美数的观察我们可以发现，$n=2,3,5,7,13,17$ 都是素数．此外，还可发现此时 2^n-1 都是素数．欧几里得曾猜测：若 n 和 2^n-1 同是素数时，$C_n=2^{n-1}(2^n-1)$ 是完美数．这样，形如 2^n-1 的素数就与完美数有十分密切的关系了．形如 2^n-1 的数被称为梅森数，并记为 $M_n=2^n-1$（如果梅森数为素数，则称为梅森素数）.

美国的一个研究小组于 2016 年初发现了第 49 个梅森素数——$2^{74207281}-1$，该素数也是目前已知的最大素数，有 22338618 位之多. 2300 多年来，人类仅发现 49 个梅森素数. 由于这种素数珍奇而迷人，因此被誉为“数海明珠”. 梅森素数可以应用于代数编码等学科中，但是，长久以来，对这种素数的研究并非由应用而推动，而常常出自人们对奇异美的欣赏与追求.

③ 回文素数

中国古诗作中有一种“回文诗”，这种诗完全反过来念也成一首诗. 例如，宋朝苏轼的《题金山寺回文体》：

潮随暗浪雪山倾，远浦渔舟钓月明.
桥对寺门松径小，槛当泉眼石波清.
迢迢绿树江天晚，霭霭红霞晓日晴.
遥望四边云接水，雪峰千点数鸥轻.

把这首诗从最后一个字“轻”起反过来念，即成

轻鸥数点千峰雪，水接云边四望遥.
晴日晓霞红霭霭，晚天江树绿迢迢.
清波石眼泉当槛，小径松门寺对桥.
明月钓舟渔浦远，倾山雪浪暗随潮.

数学中的“回文素数”指既是素数又是回文数（一个数逆序以后还是其本身）的整数. 例如，11，101，131，151，181，191，313，353，373，383，727，757，787，797，919，929 都是回文素数. 人们以像做回文诗那样的兴趣去研究回文素数. 两位数的回文素数有 1 个，三位数的回文素数有 15 个，五位数的回文素数有 93 个，七位数的回文素数有 668 个，九位数的回文素数有 5172 个，……究竟有多少回文素数，是否有无穷多个，至今还不清楚.

④ 孪生素数

连续的两个奇数都是素数的情形引起人们极大的兴趣. 例如，3 与 5，5 与 7，11 与 13 都是连着成对出现的素数，人们称这种连续出现的一对素数为孪生素数. 数学化的说法便是：当 p 与 $p+2$ 同为素数时，称 p 与 $p+2$ 为一对孪生素数. 如：29 与 31，71 与 73 是两位数的孪生素数；101 与 103，137 与 139 是三位数的孪生素数；3389 与 3391，4967 与 4969 是四位数的孪生素数. 但要找出十位数以上的孪生素数就十分不容易了，如 9999999959，9999999961；1000000009649，1000000009651. 20 世纪 70 年代末发现了更大的孪生素数：$297\times2^{546}-1$，$297\times2^{546}+1$，随之又发现 $1159142985\times2^{2304}-1$，$1159142985\times2^{2304}+1$.

目前已知的是，十万以内的孪生素数有一千多对，一亿以内的孪生素数有十万对以上. 希尔伯特在 1900 年国际数学家大会上提出的 23 个问题中的第 8 个问题就包括了“孪生素数猜想”——存在无穷对孪生素数. 很多人认为孪生素数猜想和哥德巴赫猜想是紧密相关的，其证明难度也相仿. 2013 年 4 月，美籍华裔数学家张益唐（1955—　）成功证明了存在无穷多个差值小于 7 千万的素数对（很快，数学家们将此差值缩小到 246），在数世纪无数世界

顶尖数学家为之奋斗而未有本质进展的问题上迈出了一大步，首次证明了弱版本的孪生素数猜想，取得惊人突破.

⑤ 素数分布的若干特点

古希腊的欧几里得已经用反证法证明了素数有无穷多个. 19 世纪，人们证明了对任何自然数 n，在 n 与 $2n$ 之间至少有一个素数. 然而，人们还发现素数虽有无穷多个，分布却比较稀疏，素数的分布状况成为了数学要研究的重要问题之一. 显然，孪生素数的状况在一定程度上反映了素数分布的某种特点.

已知，当 $n=10$ 时，不超过 10 的素数有 4 个. 把不超过 n 的素数个数记为 $\pi(n)$，那么，$\pi(10)=4$，$\pi(100)=25$，$\pi(1000)=168$，而且，马上可得出：

$$\frac{\pi(10)}{10}=\frac{4}{10}\leqslant\frac{1}{2},$$

$$\frac{\pi(100)}{100}=\frac{25}{100}\leqslant\frac{1}{4},$$

$$\frac{\pi(1000)}{1000}=\frac{168}{1000}\leqslant\frac{1}{5},$$

以及

$$\frac{\pi(10000)}{10000}\leqslant\frac{1}{8},$$

$$\frac{\pi(100000)}{100000}\leqslant\frac{1}{10},$$

……

于是，比值 $\frac{\pi(n)}{n}$ 引人注目. 这个比值既从一个重要的侧面反映了素数分布，又将进一步回答"素数有多少个"的问题. 通过试验，人们发现 $\frac{\pi(n)}{n}$ 与 $\frac{1}{\ln n}$ 这两个数似乎越来越靠近. 高斯猜想：$\frac{\pi(n)}{n}\sim\frac{1}{\ln n}(n\to\infty)$，这是一个十分卓著的发现，人们惊异于两个看起来毫无关联的概念，竟然如此密切地沟通起来. 数学家们花了近百年的时间，证明了这一神奇的猜想是正确的，即当 n 充分大时，前 n 个正整数中的素数约有 $\frac{n}{\ln n}$ 个，或约占 $\frac{1}{\ln n}$.

将素数的个数问题与一个对数值联系起来是猎奇，也是审美. 在似乎是杂乱无章的素数分布上，人们看到了许多奇特的规律，数学奇异美的追求在其中绽放光芒.

4.3 数学美的地位和作用

数学美对数学本身及其他科学均起到重要的方法论的作用. 数学美学理想是数学研究最有力、最高尚的动机. 具有这种理想的人，对数学能够表现出极大的热忱和献身精神. 在这种理想的指引下，数学家把自己的一生陶醉于数学理论的探求之中.数学家的审美理想、审美能力，在数学研究中起着重要的作用.

1. 启迪自然科学的重要因素

数学家的创造发明从数学美中得到契机，其他自然科学的发现也需要数学美的启迪.例如，英国著名物理学家狄拉克(P. A. M. Dirac，1902—1984)认为他的科学发现都得力于对数学美的追求.1931年，狄拉克出于对数学上的对称美的考虑，大胆地提出了反物质的假说，认为真空中的反电子就是正电子.1932年，美国物理学家安德逊(C. D. Anderson，1905—1991)在宇宙线中发现了正电子，从而证实了狄拉克的这一科学假说.从数学美的完美程度还可以判断自然科学理论的真理性程度.狄拉克认为，相对论的数学特征是非欧几何，而量子力学的数学特征是非交换代数，这样根据数学上的完美程度，就可大致估计理论物理发展所达到的水平.

2. 评价数学理论的重要标志

在反映客观世界量的规律时，人们可以用不同的方法，建立起不同的数学理论体系.在这众多的理论体系之中，经过历史的进程，有的被淘汰，有的被流传下来，有的得到进一步的发展.如果某一数学理论符合数学美的一系列美学标准，那么这个理论就有更强大的生命力，就能得以流传和发展，否则将被遗弃和淘汰.例如，简洁性与和谐性是评价数学理论的两个重要美学标准，如果能从某个学科领域找到最少的原始概念和原始命题，由此出发，可以用逻辑演绎的方法导出这一学科领域的一切概念和一切命题，那么这些原始概念和命题就是数学家寻求这门学科统一的基础，也是数学家所追求的美的境界.以概率论为例，由于人们对概率概念的不同理解，因此所建立起的理论体系也不完全一样.在这些理论体系中，最使人认同的是柯尔莫哥洛夫建立在公理集合论上的概率论体系.这个体系显示出了数学的简洁与和谐，把概率论建立在一个严格的逻辑基础上，给人以美的享受.

3. 驱动数学发展的内在动力

数学美赋予了数学探索者内驱动力.非欧几何的创立就是一个有力的证明.两千年来，数学家为欧氏几何第五公设进行了艰苦的研究，最终导致非欧几何产生.其根本原因在于第五公设不符合简洁性这一美学特征.对于集合论，目前存在两种公理系统：形式化公理系统和朴素的公理化集合论.关于数学公理化方法的研究，布尔巴基学派按照结构主义的观点来重新整理各个数学分支，希望建立一个囊括各数学分支的整体系统.这些高度抽象的理论体系，均需要受到几乎一切审美因素的支配.英国数学分析学派的领袖哈代就说："数学家的模式，就像画家与诗人的一样，必须是美的，数学概念同油彩或语言文字一样，必须非常协调.美是第一性的，丑陋的数学在世界上没有永久容身之地."法国数学家阿达玛(J. Hadamard，1865—1963)也曾说："数学家的美感犹如一个筛子，没有它的人，永远成不了发明家.”

数学美既然有这么重要的作用,我们就应该注意数学审美能力的培养,它一方面通过数学的学习、研究的实践形成,另一方面要自觉地通过数学的审美实践和审美教育来培养.譬如学习美学的基本知识,懂得一定的艺术规律.马克思说过:“你想得到艺术的享受,你本身必须是一个有艺术修养的人.”了解基本的数学美学知识,掌握数学美的特点,你才能感受和欣赏数学美,从而进一步理解数学美的真正含义.

如果说数学的真表征着数学的科学价值,数学的善表征着数学的社会价值,那么数学的美则表征着数学的艺术价值.培养数学的审美能力最重要的途径就是投身于数学的创造实践之中.研究数学是一种艰苦的创造性的劳动,创造是智慧的花朵,它需要勇气和毅力,它需要强烈的对美的追求和浓厚的数学审美意识.在与数学接触的过程中,如果具有广泛的审美活动,就会使我们更加热爱数学;如果这种活动不断深入,甚至会使我们产生充满活力的数学理想,进而有所成就.

思考题 4

1. 数学美的主要类型有哪些?从你所学的初等数学中举例说明各种数学美.
2. 查找回文诗、回文词和回文对的实例,体会其中的奇异美.
3. 费马大定理的内容是什么?最终结果如何?
4. (0,1)与(0,+∞)哪个包含更多的点?
5. 文科大学生应该如何培养数学的审美能力?

拓展阅读 4

1. 上帝的宠儿——牛顿(I. Newton,1642—1727),英国数学家,物理学家

1642年12月25日,牛顿出生于英格兰林肯郡伍尔索普村的一个农民家庭,是个遗腹子.17岁读中学时,牛顿曾被母亲从学校召回田庄务农,后校长亲自出面劝说“在繁杂的农务中埋没这样一个天才,对世界来说将是一个巨大的损失”,牛顿才得以重回学校.1661年,牛顿考入剑桥大学三一学院,受教于巴罗(I. Barrow,英,1630—1677),同时钻研伽利略、开普勒、笛卡儿、沃利斯(J. Wallis,英,1616—1703)等人的著作.1665年夏至1667年春,剑桥大学因为瘟疫流行而关闭,牛顿离校返乡幽居了18个月.这段时间,成为牛顿科学生涯中的黄金岁月,他奠定了微积分的基础,发现了万有引力定律,提出了光学颜色理论.1667年,牛顿

当选为三一学院院委，1669 年，由他的老师巴罗推荐，牛顿接替他担任卢卡斯教授职位. 1672 年，牛顿当选为英国皇家学会会员.

1687 年，牛顿划时代的伟大著作《自然哲学之数学原理》出版，在整个欧洲产生了巨大影响. 书中运用微积分的工具，严格证明了包括开普勒行星运动三大定律、万有引力定律在内的一系列结果，将其应用于流体运动、声、光、潮汐、彗星乃至整个宇宙系统，把经典力学确立为完整而严密的体系，把天体力学和地面物理力学统一起来，实现了物理史上的第一次大的综合.

1689 年，牛顿被选为国会议员，同年任伦敦造币局局长，1703 年任英国皇家学会会长，1705 年封爵. 牛顿终生未娶，将一生的全部精力献给了科学研究工作，1727 年 3 月 20 日，牛顿在伦敦病逝.

作为 17 世纪科学革命的领军人物，牛顿说过一句广为人知的自谦的话："如果说我比别人看得远些，那是因为我站在巨人们的肩上."牛顿晚年评价自己时说："我不知道世人如何看我，可我自己认为，我好像只是一个在海边玩耍的孩子，不时为捡到比通常更光滑或更美丽的贝壳而高兴，而展现在我面前的是完全未被探明的真理之海."

英国诗人波普(A. Pope，1688—1744)有诗赞美牛顿："Nature and nature's laws lay hid in night; God said, let Newton be! And all was light."英国著名博物学家赫胥黎(T. H. Huxley，1825—1895)则评价牛顿："作为凡人无甚可取，作为巨人无与伦比."

2. 寻求创造发明的普遍方法的大师——莱布尼茨(G. W. Leibniz，1646—1716)，德国数学家，哲学家

1646 年 7 月 1 日，莱布尼茨出生于德国莱比锡. 1661 年入莱比锡大学学习法律，期间曾到耶拿大学学习几何. 1665 年，莱布尼茨向莱比锡大学提交了博士论文，次年学校审查委员会因其太年轻而拒绝授予其博士学位. 1667 年，他在纽伦堡阿尔特多夫大学取得法学博士学位. 随后，莱布尼茨投身外交界，在此期间，他到欧洲各国游历，接触了许多数学界的名流，并同他们保持着密切的联系. 特别是，1672—1676 年留居巴黎期间，莱布尼茨受到惠更斯(C. Huygens，荷，1629—1695)的启发，决心钻研数学，他研究了笛卡儿、费马、帕斯卡等的著作，开始了创造性的工作，他的许多重大成就，包括微积分的创立，都是在这一时期完成或奠定了基础的. 1677 年，莱布尼茨来到汉诺威，任布伦瑞克公爵府法律顾问兼图书馆馆长，从此在汉诺威定居，直到 1716 年 11 月 4 日在孤寂中病逝. 莱布尼茨和牛顿一样，终身未娶.

莱布尼茨终生奋斗的主要目标是寻求一种可以获得知识和创造发明的普遍方法，这种努力导致了许多数学发现，最突出的就是微积分学. 他所创设的微积分的符号 $\int$，dx 对微积分的发展影响深远. 他第一次系统阐述了二进制计数法，制作了能进行四则运算的计算机；

他在哲学上提出了数理逻辑的许多概念和命题.莱布尼茨博学多才,他的研究领域及其成果遍及数学、物理学、力学、逻辑学、生物学、化学、地理学、解剖学、动物学、植物学、气体学、航海学、地质学、语言学、法学、神学、哲学、历史、外交等.

他热心从事科学院的筹划、建设.1700 年,建立了柏林科学院.当时全世界的四大科学院——英国皇家学会、法国科学院、罗马科学院、柏林科学院都以莱布尼茨为核心成员.他也是第一位全面认识东方文化尤其是中国文化的西方学者,曾与康熙大帝来往密切.

1679 年,莱布尼茨在著作《中国新事萃编》中写道:“我们从前谁也不信世界上有比我们的伦理更美满、立身处世之道更进步的民族存在.现在从东方的中国,给我们以大觉醒!东西双方比较起来,我觉得在工艺技术上,彼此难分高低;关于思想理论方面,我们虽优于东方一筹,而在实践哲学方面,实在不能不承认我们相形见绌.”

第5章 数学国际

一个国家只有数学蓬勃发展，才能昭示它国力的强大.数学的发展和完善与国家的繁荣昌盛密切相关.

——拿破仑(B. Napoléon，1769—1821，法国军事家、政治家)

近代科学史表明，世界科学活动的中心曾相继停留在几个不同的国家.就数学而言，一个国家或民族一旦成为世界科学活动的中心，这个国家或地区就会数学人才辈出，数学发展走在前沿.同时，数学作为一门科学，没有国界，其发展需要国际交流与合作，所以国际数学组织、国际数学家大会、国际数学奖、国际数学竞赛应运而生.

5.1 世界数学中心及其变迁

正如美国近代数学教育家克莱因所说："数学一直是文明和文化的重要组成部分，一个时代的总的特征在很大程度上与这个时代的数学活动密切相关."纵观数学史，在生产发展、社会变革、思想解放等诸多因素的影响和作用下，常常有这样的情形：一段时期，在某一个地域，集中了大批优秀的数学人才，数学在那里得到长足的发展，水平居世界领先.各地的数学工作者，向往和来到这一地域学习或工作.人们称这一地域为这一时期的"世界数学中心".

历史上的世界数学中心，基本上与世界上政治、经济繁荣的地域是相吻合的.随着社会政治、经济中心的迁移，世界数学中心也往往会随之迁移.大致迁移的主线是：从公元前5世纪至公元3世纪的古希腊地区，到公元3世纪至公元15世纪的东方(中国、印度、阿拉伯地区)，再到公元15世纪至公元21世纪的西方(意大利、英国、法国、德国、美国).

以下是世界数学中心所在的地域、时期以及代表人物的大致情况.

1. 古希腊地区(公元前5世纪至公元3世纪)

公元前5世纪至公元3世纪，古希腊成为当时古代奴隶制社会鼎盛的中心.

代表人物：泰勒斯(Thales of Miletus,约前625—前547)、毕达哥拉斯、欧多克索斯、欧几里得、阿基米德、阿波罗尼奥斯、丢番图.

公元3世纪以后，连年的战乱加之基督教在罗马被奉为国教后，希腊学术被视为异端邪说，异教者被大加迫害，学校遭到封闭、图书馆被付之一炬，古希腊数学辉煌不再，自此走向衰落.

2. 中国、印度、阿拉伯地区(公元3世纪至公元15世纪)

公元3世纪至公元15世纪，中国、印度、阿拉伯地区等国家和地区是当时封建经济的繁荣地.

代表人物：

中国：刘徽、祖冲之、秦九韶、杨辉、沈括(1031—1095)、李冶、朱世杰.

印度：阿耶波多第一、婆罗摩笈多、马哈维拉(Mahāvīra,9世纪)、婆什迦罗第二.

阿拉伯地区：花拉子米、奥马·海亚姆.

3. 意大利(公元15世纪至公元17世纪)

14世纪至16世纪在欧洲兴起的文艺复兴运动带来了意大利科学的春天，意大利成为近代科学活动的第一个中心.

代表人物：达·芬奇、塔塔里亚(N. Tartaglia,1499—1557)、卡丹(G. Cardan,1501—1576),费拉里(L. Ferrari,1522—1565)、卡瓦列利(B. Cavalieri,1598—1647).

这一时期，法国也出现了一些世界著名的数学家，例如，韦达(F. Viète,1540—1603)、笛卡儿和费马.

4. 英国(公元17世纪至公元18世纪)

17世纪英国的资产阶级革命带来的海上霸权，使得英国成为了近代科学活动的第二个中心.在这个中心区，英国造就了以近代科学奠基人牛顿为代表的一大批杰出的数学家，就微积分这一数学领域而言，在这个时期做出重大贡献的除了牛顿，还有沃利斯(J. Wallis,1616—1703)、巴罗(I. Barrow,1630—1677)、泰勒(B. Taylor,1685—1731)、麦克劳林(C. Maclaurin,1698—1746),以及早期发明对数的苏格兰数学家纳皮尔.

这一时期出现的数学家的杰出代表还有德国的莱布尼茨，瑞士的雅各布·伯努利(J. Bernoulli,1654—1705)和约翰·伯努利(J. Bernoulli,1667—1748)兄弟.

因为狭隘地固守自己的传统，18世纪后期英国的世界数学中心的地位逐渐丧失.

5. 法国(公元18世纪至公元19世纪前半叶)

18世纪法国的启蒙运动及资产阶级大革命带来了法国科学的繁荣，巴黎成为当时世界学术交流的中心.良好的学术环境，使得法国的数学人才大量涌现.

代表人物：达朗贝尔(J. L. R. d' Alembert,1717—1783)、拉格朗日(J. L. Lagrange,

1736—1813)、拉普拉斯(Pierre-Simon Laplace,1749—1827)、蒙日(G. Monge,1746—1818)、勒让德(A. M. Legendre,1752—1833)、柯西、傅里叶、伽罗瓦等,他们取得的成果占当时世界重大数学成果总数的一半以上.

这一时期出现的数学家的杰出代表还有瑞士数学家欧拉、丹尼尔·伯努利(D. Bernoulli,1700—1782)以及有着“数学王子”之称的德国数学家高斯.

6. 德国(公元19世纪后半叶至公元20世纪30年代)

德国科学技术的起步比英国和法国都要晚,但在法国自1830年七月革命以后科学技术开始走向相对低潮的时候,德国的经济和社会变革却使它的革命技术迅速崛起. 19世纪60年代,德国的经济实力超过了英国和法国. 1871年统一战争的胜利,标志着近代德国已经跻身于资本主义强国之列.

代表人物：狄利克雷(P. G. Dirichet,1805—1859)、黎曼、魏尔斯特拉斯、康托尔、克莱因(F. Klein,1849—1925)、希尔伯特,以及克莱因和希尔伯特共同创立的著名数学学派——哥廷根学派.

此外,这个时期的法国数学仍很兴盛,代表人物包括勒贝格(H. Lebesgue,1875—1941)、庞加莱、嘉当(E. Cartan,1869—1951)等.

据统计,在这个数学中心,仅德国数学家做出的重大成果就占当时世界重大数学成果总数的42%以上,杰出的数学家多如繁星.

7. 美国(20世纪40年代至今)

20世纪初,美国向世界开放,广揽人才. 高度发达的资本主义社会、优越的移民政策使得美国成为第二次世界大战后的世界数学中心.

杰出的代表人物和他们的研究领域如下：

冯·诺依曼：数学、物理、计算机；

诺特(女,A. E. Noether,德,1882—1935)：代数；

波利亚：数学教育；

外尔(H. Weyl,德,1885—1955)：数学、数学物理；

库朗(R. Courant,德-美,1888—1972)：数理方程、应用数学；

哥德尔：数学、逻辑学、数学哲学；

韦伊(A. Weil,法,1906—1998)：数学、数学史；

陈省身：微分几何；

……

在美国学习和工作的数学家中有多人获得菲尔兹奖.

20世纪50—60年代,法国的布尔巴基学派盛极一时.

从世界数学中心的大致迁移情况,我们不难看出：数学的发展离不开社会经济的发展,离不开稳定的社会环境，也离不开国家开明的政策和良好的用人机制，更离不开数学家们的刻苦钻研、开拓创新和无私奉献的精神.

5.2 国际数学组织与活动

5.2.1 国际数学联盟

1893年，为纪念意大利航海家哥伦布(C. Colombo，1451—1506)发现美洲大陆400周年，美国芝加哥举办了“世界哥伦布博览会”，安排了一系列的科学与哲学会议，共有45名数学家到会. 德国哥廷根大学的著名数学家克莱因给大会带来了许多欧洲数学家的论文，并作了题为《数学的现状》的演讲，呼吁建立国际数学联盟，他说：“具有极高才智的人物在过去开始的事业，我们今天必须通过团结一致的努力和合作以求其实现……，数学家们必须继续前进，他们必须建立数学联盟，而我相信当前芝加哥的这次国际会议将是在这一方向迈出的第一步.”

克莱因的报告产生了深远的影响，四年后第一届国际数学家大会召开，但克莱因所倡导的国际数学联盟的建立却历经曲折. 1920年，在法国斯特拉斯堡举行的第六届国际数学家大会上，法、英等11个国家的代表发起成立了最早的国际数学联盟，但由于排斥了德国等第一次世界大战战败国的数学家，这个联盟并不具备真正的国际性，工作开展也不顺利，1932年即宣告解体. 第二次世界大战结束以后，1950年，22个国家的数学团体在美国纽约重新发起成立国际数学联盟(International Mathematical Union，IMU). 1952年，IMU在意大利罗马正式举行了成立大会.

IMU的宗旨是鼓励和支持有助于数学科学发展的国际数学研究与数学教育活动，促进国际的数学研究合作，支持和资助四年一度的国际数学家大会和有关的学术会议. 1962年以后还负责组织召开国际数学家大会以及评选菲尔兹奖等. IMU的执委会由选举产生，设主席1人，副主席2人，秘书长1人，执委3～5人，任期4年.

IMU及其下属的委员会除了主办每四年一次的国际数学家大会外，每年还资助召开专业性或地区性学术会议. 它的主要出版物有《国际数学联盟通报》《世界数学家人名录》等. 到1995年，已有59个国家和地区成为该联盟的成员. 目前，IMU有65个成员国. 今天的IMU在促进国际数学交流与合作方面发挥着核心作用.

中国于1986年恢复了在IMU的合法地位，共有5票投票权(中国数学会占3票，中国台北数学会占2票)，属于最高等级——第V等. 第V等的国家还有美、俄、英、法、德、日六国，是数学研究和数学活动开展水平最高的国家. IMU的第14次成员国代表大会于2002年8月17—18日在中国上海举行，46个国家和地区的110名代表和观察员到会. 中国方面参加会议的有中国数学会的代表马志明(1948—)、张恭庆(1936—)和李大潜(1937—)三位院士，以及中国台北数学会的两位代表和香港地区的一位代表. 此次会议，身为两院院士(中国科学院与第三世界科学院)的马志明教授当选为2003—2006年度的IMU执委会委员,这是我国代表第一次进入该执委会.北京大学的张继平教授(1958—)当选为执委会下属的发展与交流委员会委员,中国科学院的李文林(1942—)教授当选为国际数学史委员会委员.

5.2.2 国际数学家大会

19世纪末,数学取得了巨大的进展.数学研究领域不断深化,学科分支不断增加,数学杂志已有900种之多,新思想、新概念、新方法、新结果层出不穷.面对琳琅满目的文献,连第一流的数学家也深刻感受到加强国际交流与合作的重要性,他们迫切希望直接沟通,以便尽快把握发展态势.在众多数学家的努力和呼吁下,国际数学家大会应运而生.

1897年元旦,瑞士苏黎世联邦工业大学教授闵科夫斯基(H. Minkowski,德,1864—1909)等21位数学家发起召开国际数学家大会(International Congress of Mathematicians, ICM).1897年8月8日,首届ICM在瑞士的苏黎世召开,来自16个国家的208位代表与会,庞加莱和克莱因等作了报告.在3天的会期中,代表们讨论确定了许多重大的问题,特别是确定了组织国际会议的主要目的:促进不同国家的数学家的个人关系;探讨数学各个分支的现状及其应用,提供一种研究特别重要问题的机会;提议下届会议的组织机构;审理如文献资料、学术术语等需要国际合作的各种问题.

20世纪伊始,人们都把目光投向未来.数学的发展将是一个什么样的图景呢?1900年8月6日,第2届ICM在法国巴黎举行.8月8日,年仅38岁的德国数学家希尔伯特走向讲台,他的第一句话就紧紧地抓住了所有的与会者:“我们当中有谁不想揭开未来的帷幕,看一看在今后的世纪里我们这门科学发展的前景和奥秘呢?……一个伟大时代的结束,不仅促使我们追溯过去,而且把我们的思想引向那未知的将来.”接着,他向到会者,也是向国际数学界提出了23个数学问题,这就是著名的希尔伯特演讲《数学问题》.这一演讲,已成为世界数学史的重要里程碑,为国际数学家大会的历史谱写了辉煌的一页!100多年来,人们把解决希尔伯特的问题,哪怕是其中的一部分,都看作是至高无上的荣誉.现在,这23个问题约有一半已获得了解决,有一些已经取得了很大进展,有些则收效甚微,但仍然吸引数学家们去寻找它的答案.例如,哥德巴赫猜想、孪生素数猜想就是问题之一.

1900年的ICM成为名副其实的迎接新世纪的会议,具有重大的意义.此后,ICM除两次世界大战期间外(1916年和1940—1950年间中断举行),一般每四年举行一次.

1950年,第二次世界大战后的首次(第11届)ICM在美国坎布里奇举行,共有2000多名代表参会,是1897年首届大会与会人数的10倍,这标志着ICM已真正成为世界性的会议.在这次会议前夕,国际数学联盟(IMU)成立,自此,ICM走向正轨.

现在,ICM已是规模最大、水平最高的全世界数学家最重要的学术交流盛会,素有“国际数学奥运会”之称.每次大会的与会者平均达3000人左右.每次大会,一般会邀请一批杰出数学家分别在大会上作1小时的学术报告和在学科组的分组会上作45分钟的学术报告.凡是出席大会的数学家都可以申请在分组会上作10分钟的学术报告,或将自己的论文在会上散发.会议邀请的1小时大会综述报告和专业组的45分钟学术报告,一般被认为代表了近期数学科学中最重大的成果与进展而受到高度重视.被指定作1小时的综述报告是一种殊荣,报告者是当今最活跃的一些数学家,其中有不少是过去或未来的菲尔兹奖获得者.另外,每次大会开幕式上同时举行颇具声誉的菲尔兹奖的颁奖仪式,由东道国的重要人士(当地市长、所在国科学院院长,甚至国王、总统),或评委会主席颁奖,由权威的数学家来介绍得奖人的杰出工作,更使历届ICM成为数学界乃至舆论界瞩目的盛事.

熊庆来曾出席1932年苏黎世的第9届ICM,这是中国数学家第一次参加ICM.1986年以前,华罗庚、陈景润、冯康(1920—1993)曾被邀请参加ICM,均因中国代表权问题而未能成行.1986年以后历届ICM,都有中国学者与会及作45分钟报告.

第24届ICM(简称ICM 2002)于2002年8月20—28日首次在中国北京举行,来自104个国家和地区的4157位数学家(其中,中国内地数学家有1965位)到会,是历届ICM最多的(图5-1,图5-2).时任中国国家领导人江泽民、温家宝、李岚清等出席了开幕式,江泽民主席应邀为本届菲尔兹奖获得者颁奖.陈省身任大会名誉主席,吴文俊任主席.大会期间,约1300名数学家作了学术报告,此外还安排了46个卫星会议.为了使公众更好地了解数学,加强数学与社会的联系,大会期间共组织了四场公众报告——我国首届国家最高科技奖获得者吴文俊(1919—2017)院士,诺贝尔奖获得者、美国普林斯顿大学的约翰·纳什(J. Nash,1928—2015)教授,美国纽约大学的玛丽·普维(M. Poovey)教授,世界著名科学家、英国剑桥大学的史蒂芬·霍金(S. Hawking,1942—2018)教授分别作了公众报告,这些报告产生了广泛而热烈的反响.中国作为东道主,中国籍数学家田刚(1958—)院士和旅美华裔学者肖荫堂(1943—)、张圣蓉(1948—)在全体大会上作1小时报告,有11位中国内地数学家、8位中国内地赴海外数学家、2位旅居海外的华裔数学家在大会上作45分钟报告,数量是历届ICM中最多的,这表明了中国数学地位的上升.ICM 2002取得了巨大的成功,得到了国际数学界的高度评价,它将以21世纪数学界的首次最高盛会和历史上第一次在发展中国家举办的数学家大会而载入史册.

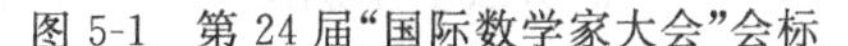
图5-1 第24届"国际数学家大会"会标

图5-2 ICM 2002纪念邮资明信片JP108

2010年8月19—27日,第26届ICM在印度海德拉巴举行.中国科学院院士、山东大学的彭实戈(1947—)教授应邀在大会上作1小时报告,他因在"倒向随机微分方程理论及在金融数学中的应用"方面的贡献获此殊荣.在ICM历史上,彭实戈院士是第一位被邀请作1

小时报告的中国内地全职任教的数学家，这是中国数学家的荣誉，也说明中国在数学领域的研究已得到国际数学界的认同，是中国数学崛起过程中的一大步.

5.3 国际数学大奖

今天，国际上的数学奖共有数十种，其中影响最大、最受人关注、被认为是数学最高奖的是菲尔兹奖、沃尔夫奖.还有一些国际数学奖，因其不同的特点同样得到了公认，为数学科学的发展和进步做出了贡献.

5.3.1 菲尔兹奖——青年数学精英奖

按照诺贝尔(A. B. Nobel，瑞典，1833—1896)的遗嘱，一年一度都要颁发举世瞩目的诺贝尔奖，其中设有物理学、化学、生理学或医学、文学、和平五个类别的奖项(1969 年增设了经济学奖，1991 年增设地球奖).诺贝尔奖为什么没有设数学奖？人们对此一直有着各种猜测与议论.事实上，数学领域中也有一个国际大奖，其所带来的荣誉可与诺贝尔奖相媲美，这就是菲尔兹奖.菲尔兹奖是以已故的加拿大数学家约翰·查尔斯·菲尔兹命名的.

菲尔兹(J. C. Fields，1863—1932，见图 5-3)1863 年 5 月 14 日生于加拿大的渥太华，他在加拿大的多伦多大学获数学学士学位，24 岁在美国约翰·霍普金斯大学获博士学位，研究方向是常微分方程.两年后，菲尔兹在美国阿勒格尼大学任教授.1892—1902 年间，菲尔兹游学欧洲.1902 年之后，菲尔兹回到多伦多大学执教.作为一位数学家，他在代数函数方面有一定建树，成就不算突出.但作为一位数学事业的组织、管理者，菲尔兹却功绩卓著.

19 世纪中叶至 20 世纪初，世界数学中心在欧洲，北美的数学家差不多都要到欧洲学习或工作一段时间.1892—1902 年整整十年间，菲尔兹远渡重洋，到巴黎、柏林学习和工作，与一些著名数学家有密切的交往，这一段经历，大大地开阔了他的眼界.菲尔兹对于数学的国际交流的重要性，对于促进北美数学的发展，都有一些卓越的见解.为了使北美的数学迅速赶上欧洲，菲尔兹几乎单枪匹马、竭尽全力地主持筹备了 1924 年在加拿大多伦多举办的第 7 届 ICM(这是在欧洲之外召开的第一次大会).这次大会非常成功，对于北美的数学水平的提升产生了深远的影响.但菲尔兹在筹办会议时精疲力竭，健康状况再也没有好转.

1924 年在多伦多举办 ICM 后，大会的经费有结余，菲尔兹提出设立一个数学奖，为此他积极奔走于欧美各国寻求广泛的支持，并打算在 1932 年于瑞士苏黎世召开的第 9 届 ICM 上亲自提出建议.但未等到大会开幕，1932 年 8 月 9 日菲尔兹不幸病逝.去世前，他立下设立数学奖的遗嘱，并将一笔个人的捐款加入上述的剩余经费中，由多伦多大学将之转交给第 9 届 ICM 组委会.大会决定接受这笔奖金.菲尔兹曾要求，奖金不要以任何个人、国家或机构来命名，而用“国际奖金”的名义.但是，大家仍然一致决定叫“菲尔兹奖”，希望用这一方式来表达对菲尔兹的纪念.

1936 年，在挪威奥斯陆的第 10 届 ICM 上第一次颁发菲尔兹奖. 此后，由于第二次世界大战爆发而中断，直到 1950 年才重新恢复颁奖. 第一次颁发菲尔兹奖及此后几次颁奖，并没有引起世人的特别关注，科学杂志一般也不报道. 但在开始设奖的二三十年之后，菲尔兹奖就逐渐被人们认为是"数学界的诺贝尔奖". 70 年后，每届 ICM 的召开，从数学杂志到一般的科学杂志，以至报纸都争相报道获得菲尔兹奖的人物. 菲尔兹奖的声誉在不断提高.

菲尔兹奖的地位能与诺贝尔奖相提并论，是因为：①它是由数学界的国际权威学术团体 IMU 主持，从全世界一流的青年数学家中遴选出来的，保证了评奖的准确、公正；②它在每四年召开一次的 ICM 上隆重颁发，每次至多 4 名获奖者(1966 年以前，每届获奖者为 2 人；1966 年以后，每届可增至 4 人)，获奖机会比诺贝尔奖还少；③获奖的人才干出色，赢得了国际社会的声誉，他们都是数学界的青年精英，不仅在当时做出重大成果，而且日后将继续取得成果.

菲尔兹曾倡议，获奖者不但已获得重大成果，同时还要有进一步获得成就的希望. 因此，菲尔兹奖获得者一般是中青年，获奖时都不超过 40 岁，开始是不成文的规定，1974 年在温哥华召开的第 17 届 ICM 上则正式对此做了明文规定.

迄今，已有两位华人数学家获此殊荣. 美籍华裔数学家丘成桐(1949—　)因 1976 年解决了微分几何领域里著名的"卡拉比猜想"，以及解决了一系列与非线性偏微分方程有关的其他几何问题，并证明了广义相对论中的正质量猜想等杰出成就，于 1982 年获得菲尔兹奖. 澳籍华裔数学家陶哲轩(1975—　)因对偏微分方程、组合数学、混合分析和堆垒素数论的杰出贡献，于 2006 年获得菲尔兹奖.

证明费马大定理的英国数学家维尔斯在 1994 年刚过 40 岁，这使他错过了获菲尔兹奖的机会. 在 1998 年的第 23 届 ICM 上，他被授予了"菲尔兹特别贡献奖". 2014 年，第 27 届 ICM 上，时年 36 岁的伊朗裔女数学家、斯坦福大学教授玛里亚姆・米尔扎哈尼(Maryam Mirzakhani，1977—2017)成为史上第一位获得菲尔兹奖的女性. 从 1936 年开始至 2014 年，菲尔兹奖的获得者已超过 50 人，他们都是朝气蓬勃的数学才俊，是数学天空中熠熠闪光的明星.

菲尔兹奖是一枚金质奖章和 1500 美元的奖金. 奖章正面是古希腊数学家阿基米德的侧面头像，以及用拉丁文镌刻的"超越人类极限，做宇宙主人"的格言(见图 5-4)，这句格言来自罗马诗人玛尼利乌斯(M. Manilius)写于公元 1 世纪的《天文学》中的一句话. 奖章背面也用拉丁文镌刻了"全世界的数学家们：为知识做出新的贡献而自豪"这句话，背景为月桂树枝映衬下的阿基米德球体嵌进圆柱体内的图形(见图 5-5).

图 5-3　菲尔兹

图 5-4　菲尔兹奖章的正面

图 5-5　菲尔兹奖章的背面

5.3.2 沃尔夫奖——数学终身成就奖

20世纪70年代初，菲尔兹奖明文规定只奖给40岁以下的青年数学家，作为对其已有工作的认可，旨在鼓励获奖者继续努力，进一步取得成就．因此，菲尔兹奖有局限性，它不能对一位数学家一生的成就给予评价，致使年龄大的数学家没有获奖机会．另外一个数学大奖——沃尔夫奖则弥补了这一遗憾，它主要奖给那些在数学上终身成就突出的数学家．

沃尔夫(1887—1981，见图5-6)是一位传奇式的人物，他生于德国的一个犹太家庭，青年时代曾在德国研究化学，并获得化学博士学位．第一次世界大战前，沃尔夫移居古巴，他用了将近20年的时间，经过大量试验，历尽艰辛，成功地发明了一种从炼钢废物中提取金属的工艺，获得成功并致富．1961—1973年，他曾任古巴驻以色列大使，以后定居以色列并在那里度过余生．

图5-6 沃尔夫

1976年，沃尔夫以"为了人类的利益，促进科学和艺术的发展"为宗旨，用家族成员捐赠的基金共1000万美元，在以色列发起成立了沃尔夫基金会，设数学、物理学、化学、医学和农业五个类别的奖项，1978年首次颁奖，一年一度，可以空缺．1981年起，沃尔夫奖增设了艺术奖(包括建筑、音乐、绘画、雕塑四大项目)．所有奖项中以沃尔夫数学奖的影响最大．沃尔夫奖的每个领域的奖金均为10万美元，由获奖者均分．评奖章程规定获奖人的遴选应"不分国家、种族、肤色、性别和政治观点"，每年聘请世界著名专家组成评奖委员会，颁奖仪式在耶路撒冷举行，由以色列总统亲自颁奖．

据统计，沃尔夫物理学奖、化学奖和医学奖的获得者中，有近1/3的人接着获得了相关领域的诺贝尔奖，因此沃尔夫奖的声誉越来越高，其影响力仅次于诺贝尔奖．1978年，美籍华裔物理学家吴健雄(女，1912—1997)获首届沃尔夫物理学奖；"杂交水稻之父"袁隆平院士(1930—2021)、美籍台湾学者杨祥发(1932—2007)分别于1991年、2004年获沃尔夫农业奖；美籍华裔科学家钱永健(1952—)于2004年、2008年先后获沃尔夫医学奖和诺贝尔化学奖；美籍香港学者邓青云(1947—)、台湾学者翁启惠(1948—)分别于2011年、2014年获沃尔夫化学奖．

沃尔夫数学奖具有奖励终身成就的性质，所以获奖的数学家年龄一般都在60岁以上，都是蜚声数坛、闻名遐迩的当代数学大师，他们的成就在相当程度上代表了当代数学的水平和进展．例如，公理化概率论的创始人、莫斯科大学的柯尔莫哥洛夫于1980年获奖；提出伊藤定理、对随机分析做出奠基性贡献的日本京都大学的伊藤清(Itǒ Kiyoshi，1915—2008)于1987年获奖；提出了混沌概念的先声——斯梅尔马蹄，极具原创思想与非凡成就的伯克利加州大学的斯梅尔(S. Smale，美，1930—)于2007年获奖(早在1966年，斯梅尔就获得了菲尔兹奖)．

华裔数学家中，美籍华裔数学家陈省身因在微分几何领域的贡献于1984年获沃尔夫数学奖．美籍华裔数学家丘成桐因在几何分析方面的贡献和对几何和物理的许多领域产生深远且引人瞩目的影响，于 2010 年获沃尔夫数学奖，这是丘成桐继菲尔兹奖后再次获得的国际顶尖的数学大奖. 菲尔兹奖和沃尔夫奖双奖得主，迄今只有 13 位.

证明费马大定理的普林斯顿大学的英国数学家维尔斯于 1996 年(时年 43 岁)获奖，成为最年轻的沃尔夫数学奖得主.

5.3.3 其他数学奖

1. 奈望林纳奖

奈望林纳奖于 1981 年由国际数学家大会执行委员会设立. 1982 年 4 月，执委会接受了芬兰赫尔辛基大学的馈赠，为纪念在前一年过世的曾任 IMU 主席的芬兰著名数学家奈望林纳(R. Nevanlinna，1895—1980)而命名. 奈望林纳早年就读于芬兰的赫尔辛基大学，1919 年获得博士学位，曾任赫尔辛基大学的校长、国际数学联盟主席. 奈望林纳奖的设立是为表彰他对世界数学以及芬兰的计算机科学所做的贡献. 因此，奈望林纳奖颁发给在计算机科学的数学方面(信息科学领域)做出卓越贡献的数学家. 奖项为一面金牌和现金奖，与菲尔兹奖一样，每四年一次在 ICM 上颁发，也要求获奖者必须在获奖当年不超过 40 岁.

1983 年在波兰华沙举行的第 19 届 ICM 上首次颁发了奈望林纳奖，美国数学家塔简(R. Tarjan)因在信息科学的数学方面的杰出成就，特别是在算法设计和算法分析方面有重要建树，成为该奖的第一位得主.

2. 高斯奖

为纪念有“数学王子”美誉的德国数学家高斯，IMU 在 2002 年决定设立“高斯奖”，奖金来自 1998 年在德国柏林举行的第 23 届 ICM 的盈余，主要用于奖励在应用数学方面取得成果者. 高斯奖得主可获得一枚奖章和一笔奖金. 与某些数学大奖不同，高斯奖不设年龄限制. 高斯奖奖章的正面为高斯的肖像，背面为一条曲线穿过圆形和正方形的图案，代表高斯以最小二乘法算出谷神星的轨道.

2006 年在西班牙马德里举行的第 25 届 ICM 上首次颁发了高斯奖，日本著名的数学家伊藤清获此殊荣. 1952 年任日本京都大学教授期间，伊藤清为解释花粉的布朗运动等伴随偶然性的自然现象，提出了著名的“伊藤公式”，成为随机分析这个数学新分支的基础定理. 伊藤清的成果于 20 世纪 80 年代以后在金融领域得到广泛应用，他因此被称为“华尔街最有名的日本人”.

3. 阿贝尔奖

1900 年，瑞典政府批准设置诺贝尔基金会. 从 1901 年开始，除因战事中断外，每年12 月 10 日(诺贝尔逝世纪念日)都要颁发诺贝尔奖，并分别在瑞典首都斯德哥尔摩和挪威首都奥斯陆举行颁奖仪式(1814—1905 年，挪威划归瑞典，组成挪威-瑞典联盟). 诺贝尔奖没有作为各种科学基础被誉为“科学的王冠”的数学奖，一直是个遗憾.

2001 年 9 月，诺贝尔的祖国挪威政府宣布设立数学阿贝尔奖，以纪念挪威天才数学家阿贝尔(N. H. Abel，1802—1829)200 周年诞辰. 阿贝尔是公认的 19 世纪数学界最伟大的巨星之一，在 5 次代数方程根式解的不存在性和椭圆函数研究方面贡献突出，但他的人生短暂且贫病交加，不到 27 岁就因肺结核而不幸去世.

阿贝尔奖旨在表彰数学领域的杰出工作者，获奖者没有年龄的限制，设奖的宗旨在于提高数学在社会中的地位，同时激励青少年学习数学的兴趣. 颁奖典礼于每年 6 月在奥斯陆举行，形式仿效诺贝尔奖，奖金为 600 万挪威克朗(约合 70 多万美元). 从奖金上看，有人认为这个奖相当于“诺贝尔数学奖”. 2003 年首届阿贝尔奖颁给了巴黎法兰西学院的赛尔(J. P. Serre)，他在赋予数学许多分支以现代的形式中起到了关键的作用，并为维尔斯证明费马大定理奠定了一定的基础工作. 赛尔早在 1954 年就获得菲尔兹奖，在 2000 年获得沃尔夫奖.

4. 邵逸夫奖

邵逸夫奖是中国香港著名实业家邵逸夫(1907—2014)先生于 2002 年 11 月创立的，由邵逸夫奖基金会管理，设有天文学奖、生命科学与医学奖、数学科学奖三个奖项，每年颁发一次，每项奖金为 100 万美元.

诺贝尔奖没有数学奖与天文学奖，而数学和天文学都是基础学科，21 世纪数学的地位越来越重要，21 世纪也是探索宇宙的黄金时代，为古老的天文学带来勃勃生机. 邵逸夫奖中的生命科学与医学奖主要奖励为人类带来更好的健康和更高生活质量的成果. 邵逸夫奖被称为“21 世纪东方的诺贝尔奖”，它弥补了诺贝尔奖的不足，两者相得益彰.

首届邵逸夫奖于 2004 年 9 月 7 日在中国香港颁奖. 陈省身因整体微分几何的贡献获邵逸夫数学奖. 2005 年，维尔斯因证明费马大定理获奖. 2006 年，吴文俊因数学机械化的贡献获奖.

5. 苏步青奖

2003 年 7 月，国际工业与应用数学联合会(ICIAM)在悉尼召开第五届国际工业与应用数学大会，决定设立以我国已故著名数学家苏步青(1902—2003)先生命名的 ICIAM 苏步青奖. 这是 ICIAM 继设立拉格朗日(Lagrange)奖、柯拉兹(Collatz)奖、先驱(Pioneer)奖及麦克斯韦(Maxwell)奖之后设立的第五个奖项，旨在奖励在数学领域对经济腾飞和人类发展的应用方面做出杰出贡献的个人. ICIAM 苏步青奖是以我国数学家命名的第一个国际数学大奖.

国际工业与应用数学大会开始于 1987 年，每四年举行一届，是最高水平的工业与应用数学家大会. ICIAM 苏步青奖由特设的国际评奖委员会负责评选，每四年颁发一次，每次一人. 首届 ICIAM 苏步青奖于 2007 年在瑞士苏黎世举行的第 6 届国际工业与应用数学大会上颁发，美国麻省理工学院的斯特劳(G. Strang)博士获奖.

5.4　国际数学竞赛

5.4.1　国际数学奥林匹克竞赛

国际数学奥林匹克竞赛是国际中学生数学大赛，在世界上影响非常之大.通过举办世界性的竞赛，在青少年中发现和选拔人才，为各国进行科学教育交流创造条件，进而推动学科的发展.数学竞赛是最早的.

1959 年，国际数学奥林匹克(International Mathematics Olympic，IMO)由东欧国家发起，得到联合国教科文组织的资助.最初只有东欧几个国家参与.第 1 届 IMO 由罗马尼亚主办，1959 年 7 月 22—30 日在布加勒斯特举行，罗马尼亚、保加利亚、前捷克斯洛伐克、匈牙利、波兰、前德意志民主共和国和苏联共 7 个国家参加竞赛.此后 IMO 都在每年 7 月举行(只在 1980 年中断过一次)，参赛国从 1967 年开始逐渐从东欧扩大到西欧、亚洲、美洲，乃至全世界范围，截至 2014 年第 55 届 IMO，已先后有 101 个国家和地区参与此项赛事.

IMO 由参赛国轮流主办，每年由参赛国各推举一人，组成竞赛委员会，东道国代表任主席.参赛选手必须是不超过 20 岁的中学生，每支代表队 6 人.试题在各参赛国(东道国除外)提供的题目中挑选，每次 6 道试题.竞赛分两个上午进行，每次 4 小时，满分为 42 分.IMO 设一等奖(金牌)、二等奖(银牌)、三等奖(铜牌)，比例大致为 1∶2∶3，获奖者总数不能超过参赛学生的半数.各届获奖的标准与当届考试的成绩有关.经过 50 多年的发展，IMO 的运转逐步制度化、规范化.

IMO 试题主要为数论、组合数学、数列、不等式、函数方程和几何等，但不局限于中学数学的内容，也包含部分微积分学的内容.随着时间的推移，试题难度也越来越大.试题的难度不在于需要多高深的知识，而在于对数学本质的洞察力、创造力和反应能力.在不少试题中，常出现某些数学的趣味问题.IMO 题目风格迥异，思维方式新颖，只有运用某一技巧才能解决.对这样的题目，通常的思维方式也就不可能引导出正确的解题思路.有些题目的解法对我们的启示，决不限于是一种针对具体问题的具体技巧，而是一种精深的数学思想.

1986 年，我国第一次正式派出 6 人代表队参加 IMO.1989 年首次获得团体总分第一名，此后更是多次取得优异成绩.多年来，中国、美国、俄罗斯三国在 IMO 中一直成绩领先，表现突出.这也从侧面反映了一个国家青少年的聪明才智和数学教育的实力.

下面是一道我国提供并入选的 IMO 试题：给定空间中的九个点，其中任何四点都不共面，在每一对点之间都连有一条线段，这条线段可染为红色或蓝色，也可不染色.试求出最小的 n 值，使得将其中任意 n 条线段中的每一条任意地染为红蓝两色之一时，在这 n 条线段的集合中都必然包含有一个各边同色的三角形.

5.4.2 国际大学生数学建模竞赛

20 世纪 70 年代末和 80 年代初，英国剑桥大学专门为研究生开设了数学建模课程，并创设了牛津大学与工业界研究合作活动. 几乎同时，在欧美等工业发达的国家开始把数学建模的内容正式列入研究生、本科生以至中学生的教学计划中，1983 年开始举行两年一度的“数学建模及应用数学教学国际会议”以进行定期交流. 此后，数学建模的教学活动发展迅速.

1985 年，在美国出现了被称为 MCM 的一年一度大学生数学建模竞赛(Mathematical Contest in Modeling)，由美国国家科学基金会、美国数学会、美国运筹与管理学会及其应用联合会联合举办，其宗旨是鼓励大学师生对各种实际问题予以阐明、分析并提出解决方法，实现完整的模型构造过程. 每支参赛队由 3 人组成，有一位指导教师. 比赛时间约 3 天，每次两个考题，竞赛的题目都来自于生产和科研中的实际问题，对竞赛题目的圆满解决不仅需要综合运用数学知识、计算机技术以及其他相关知识，还需要队员之间密切合作. MCM 不采用计分制，评阅者感兴趣的是论文所采用的方法的创新性、论文论述的清晰性方面，优秀论文将获得一定的奖励.

美国 70 所大学的 90 支参赛队参加了 1985 年的第 1 届 MCM. 此后，因为 MCM 能从一个侧面体现大学生的创新能力、实践能力和综合素质，愈来愈吸引了世界各地大学生纷纷参与其中. 中国大学生是从 1989 年开始参加 MCM 的. 美国的 MCM 逐渐演变为国际大学生数学建模竞赛，并成为在世界上影响范围最大的高水平大学生学术赛事之一. 2014 年共有来自哈佛大学、普林斯顿大学、麻省理工学院、清华大学、北京大学等全球著名学府的近 8000 支代表队参赛，是赛事举办以来参加人数最多的一年. 中国在历年来的 MCM 中均取得了较好的成绩.

MCM 的试题大多来源于生产实际，都比较贴近生活，例如，战略物资存储问题，加速餐厅剩菜的堆肥问题，航空公司超员订票问题，抗击艾滋病的资源分配问题，高速公路收费亭的设置问题，特殊的建筑费用问题，等等.

思考题 5

1. 从世界数学中心的迁移规律中，你能得到怎样的启迪？

2. 成立国际数学联盟，召开国际数学家大会的目的是什么？

3. 哪一届国际数学家大会首次在中国北京举行？有何意义？

4. 古希腊数学家阿基米德对自己所做的工作中评价最高的是球体和圆柱体关系的发现：当一个圆柱体恰好围住一个球，两者高度相同且表面相切时，球体的表面积和体积都是圆柱体的 2/3，这个结论的简洁和奇异令阿基米德感到震惊. 试证明这个结论.（注：菲尔兹

奖奖章背面的背景为阿基米德的球体嵌进圆柱体内)

5. 国际数学大奖有哪些?各有什么特点?

拓展阅读5

著名的数学学派

1. 德国哥廷根学派

哥廷根是德国中部的小城,哥廷根大学创立于1743年.1795年,18岁的高斯进入哥廷根大学深造,并于1807年被邀请回到母校任天文学、数学教授,直到1855年去世.他终其一生在母校生活和工作,以卓越的成就改变了德国数学在18世纪初莱布尼茨逝世后的冷清局面,同时开创了哥廷根的数学传统.高斯的学生、大数学家狄利克雷于1855—1859年、黎曼于1846—1866年在哥廷根大学工作,扩大了哥廷根大学的影响.

1872年,克莱因因发表几何学中的"爱尔兰根纲领"而声名鹊起.1886年,克莱因受命来到哥廷根大学任数学教授,他巨大的科学威望吸引了世界各国的优秀学生,他以非凡的组织才能招揽了希尔伯特、闵科夫斯基、龙格(C. D. T. Runge,德,1856—1927)等大数学家前来工作,对哥廷根数学的繁荣意义重大,开创了哥廷根学派40年的伟大基业,使哥廷根成为20世纪初的世界数学中心."打起你的背包,到哥廷根去!"成为20世纪初世界上学习数学、热爱数学的学生们听到的最鼓舞人心的劝告.

哥廷根学派坚持数学的统一性,对世界数学的发展产生过极其深远的影响.哥廷根之所以能成为20世纪初的数学圣地,著名数学家的摇篮,有它深刻的社会原因:罕见的全才为学术带头人,汇集富有开拓精神的学术骨干,创造自由、平等、协作的学术空气等.闵科夫斯基就曾说过:"一个人哪怕只是在哥廷根作短暂的停留,呼吸一下那里的空气,都会产生强烈的工作欲望."

20世纪享有盛名的诺特、阿廷(E. Artin,奥地利,1898—1962)、哈代、范德瓦尔登(B. L. van der Waerden,荷兰,1903—1996)的代数群体出自哥廷根;数学基础的主要代表策梅洛出自哥廷根;兰道(E. G. H. Landau,德,1877—1938)的工作使哥廷根成为数论的研究中心;特别是,冯·诺依曼当过希尔伯特的助教,库朗是克莱因的继承人,而他们都是世纪性的代表人物.在哥廷根大学学习过的学生,著名的如波利亚、高木贞治(Takagi Teiji,日,1875—1960)、麦克莱恩(S. Maclane,美,1909—2005)等,与哥廷根大学有关的数学成就更是数不胜数.

1933年希特勒上台后,掀起了疯狂的种族主义和迫害犹太人的风潮,使德国科学界陷于混乱,包括不同国籍、不同种族的哥廷根学派遭受的打击尤为惨重,大批科学家被迫移居国外,外尔、阿廷、库朗、诺特、冯·诺依曼、波利亚、…….希尔伯特的学生有的还惨遭盖世太保的杀害，曾经盛极一时的哥廷根学派衰落了.1943年，希尔伯特于极度悲愤和孤独中在哥廷根与世长辞.但是希尔伯特在演讲中曾说过的话“我们必须知道，我们必将知道!”作为强大的精神力量，将一直在历史深处发出永远的回响!

2. 法国布尔巴基学派

20世纪20年代，一些百里挑一的数学天才进入巴黎高等师范学校，但他们遇到的都是些著名的老迈学者，这些学者对20世纪数学的整体发展缺乏清晰的认识.而且，这个时期的法国人还故步自封，对突飞猛进的哥廷根学派的进展不甚了解，对其他的学派更是一无所知，只知道栖居在自己的函数论天地中.虽然函数论是重要的，但毕竟只是数学的一部分.

进入高师的年轻人，深刻认识到法国数学同世界先进水平之间的差距，不满法国数学的现状，不想看到法国200多年的优秀数学传统中断.这些有远见卓识的年轻人组成了布尔巴基学派，20世纪30年代后期，开始以尼古拉·布尔巴基为笔名发表论文和著作，1939年，出版了现代数学的综合性丛书《数学原本》的第一卷.恰恰是这些年轻人，使法国数学在“二战”后又能保持先进水平，而且影响着20世纪中叶以后现代数学的发展.

布尔巴基学派的成员力图把整个数学建立在集合论的基础上.1935年底，布尔巴基学派提出了他们的重大发明——“数学结构”的观念.这一思想的来源是公理化方法，他们认为全部的数学基于三种母结构：代数结构、序结构、拓扑结构.数学的分类不再划分为代数、数论、几何、分析等分支，而是依据结构的相同与否来分类.

在20世纪50—60年代，结构主义观点盛极一时.60年代中期，布尔巴基学派的声望达到了顶峰.他们在20世纪的数学发展过程中，承前启后，把长期积累的数学知识按照数学结构整理为一套井井有条、博大精深的体系，对数学的发展有着不可磨灭的贡献.但是客观世界千变万化，与古典数学的具体对象有关的学科及分支很难利用结构观念一一加以分析，更不用说公理化了.在20世纪70年代获得重大发展的分析数学、应用数学、计算数学等分支，促使数学的发展，抛弃了布尔巴基学派的抽象的、结构主义道路，而转向了具体的、构造主义的、结合实际的、结合计算机的道路.布尔巴基学派的黄金时代落幕了.

3. 苏联数学学派

俄国资本主义的发展，与西欧各国相比发展较晚，科学技术的发展也相应地较为缓慢.但是，俄国的数学却有深厚的基础.1724年，圣彼得堡科学院成立.随着俄国资本主义的发展，19世纪下半叶，出现了以切比雪夫(P. L. Chebyshev，1821—1894)为首的圣彼得堡学派.进入20世纪以后，叶戈洛夫(D. F. Egorov，1869—1931)和卢津(N. N. Luzin，1883—1950)创建了莫斯科学派，使得苏联(1917—1991)数学进入空前繁荣时期.

圣彼得堡学派也称切比雪夫学派，研究领域涉及数论、函数论、微分方程、概率论等多个方面.其代表人物包括罗巴切夫斯基，杰出的女数学家柯瓦列夫斯卡娅(S. V. Kovalevskya，1850—1891)，切比雪夫优秀的学生李亚普诺夫(A. M. Lyapunov，1857—1918)和马尔科夫

(A. A. Markov,1856—1922). 19 世纪下半叶和 20 世纪前叶的许多著名数学家,如科尔金(M. G. Krein,1907—1989)、斯捷克洛夫(V. A. Steklov,1864—1926)都属于这个学派. 维诺格拉陀夫(I. M. Vinogradov,1891—1983)、伯恩斯坦(S. N. Bernstein,1880—1968)都是该学派的直接继承者.

进入 20 世纪以后,以叶戈洛夫和卢津为首的莫斯科学派发展迅速,为世界数学的发展做出了巨大贡献,在世界上影响深远. 这一阶段的代表人物有,拓扑学方面:庞特里亚金(L. S. Pontryagin,1908—1988);泛函分析方面:盖尔范德(I. M. Gelfand,1913—2009);概率与随机过程方面:柯尔莫哥洛夫,辛钦(A. Y. Khinchin,1894—1959);微分方程方面:索伯列夫(S. L. Sobolev,1908—1989);线性规划方面:康托洛维奇(L. V. Kantorovich,1912—1986)等.

20 世纪 20 年代以来,莫斯科学派取代法国数学学派跃居世界数学的首位. 近年来,在解决世界难题方面,苏联或俄罗斯数学家人才辈出,而且都是年轻人. 1970 年和 1978 年两届国际数学家大会上都有苏联数学家获菲尔兹奖. 2003 年对 21 世纪数学难题之一的庞加莱猜想做出重大突破的佩雷尔曼(G. Perelman,1966—)是俄罗斯优秀的数学家. 俄罗斯数学研究的后备力量很强,在世界数学研究领域还将继续称雄.

第6章 数学的新进展之一——分形与混沌

在过去，一个人如果不懂得“熵”，就不能说是在科学上有教养；在将来，一个人如果不熟悉分形，他就不能被认为是科学上的文化人.

——约翰·惠勒(J. A. Wheeler，1911—2008，美国物理学家)

“二战”后，数学的面貌呈现四大变化：

(1) 计算机技术的介入改变了数学研究的方法，扩展了数学研究的领域，加强了数学与社会的联系. 例如，四色问题的解决、数学实验的诞生、生物进化的模拟、股票市场的模拟等都与计算机技术密不可分.

(2) 数学直接应用于社会，数学模型的作用越来越大.

(3) 离散数学获得重大发展. 人们可以在不懂微积分的情况下，对数学做出重大贡献.

(4) 分形几何与混沌学的诞生是数学史上的重大事件.

许多学者认为，20世纪有四项发明、发现足以影响后世，那就是相对论、量子论以及分形与混沌. 其中，前两项属于物理学领域，后两项属于数学领域.

6.1 分形几何学

6.1.1 海岸线的长度

20世纪初，英国学者理查逊(L. F. Richardson，1881—1953)为了研究海岸线的长度，查阅了西班牙、葡萄牙、比利时、荷兰等国出版的百科全书. 他发现，很多相邻的国家对公共的过境河岸长度测定不同，而相差最多可达20%. 于是，他向全世界提出了海岸线长度的问题.

1967年，美籍法国数学家曼德博(B. Mandelbrot，1924—2010)在《科学》杂志上发表了具有划时代意义的论文《英国的海岸线有多长？统计自相似性与分数维数》，从数学的角度对海岸线问题做出了分析与回答：事实上，任何海岸线在某种意义下都是无限长的，答案源于海岸线形状的不规则及测量用尺的不同长度. 通俗的解释为：海岸线由于海水常年的冲刷和陆地自身的运动，形成了许多大大小小的海湾和海岬，弯弯曲曲极不规则．若用1千米长的直尺去测量海岸线，由于直尺是直的，则中间几米至几百米的弯曲就会被忽略掉；若用1米长的直尺去测量，上面忽略掉的弯曲可计入部分，但仍有几厘米、几十厘米的弯曲会被忽略；若用1厘米长的直尺去测量，则计入的部分会更多，……．采用的单位越小，得到的海岸线长度就越长，因而海岸线长度是不确定的．曼德博的研究结论是：当测量直尺无限变小时，海岸线长度会无限增大；当直尺的长度趋于零时，海岸线的长度就会趋于无穷大．

测量海岸线的长度与测量规则图形周长的情况很不一样．中国魏晋时期的数学家刘徽、南朝的祖冲之（图6-1）用"割圆术"（图6-2）求圆周率时，也想用尽量小的尺去测量圆周长．其想法是当尺的长度趋于零时，测量出的长度趋于圆的周长．

图　6-1

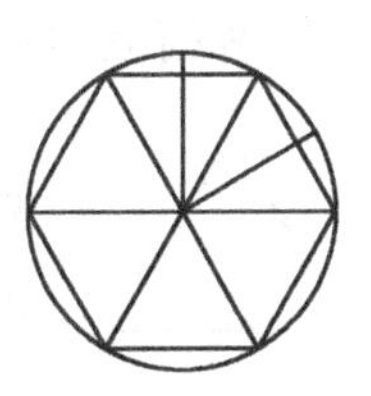

图　6-2

曼德博突破了欧氏几何的束缚，意识到长度并不能完全概括海岸线这类不规则图形的特征．海岸线还有一个非常重要的特征——自相似性：从不同比例尺的地图上，可以看出海岸线的形状大体相同，其曲折复杂程度是相似的，或者说，海岸线的任何一小部分都包含有与整体大致相似的细节，这就是所谓的分形．曼德博于1975年，由描述碎石的拉丁文fractus及英文fractional，创造出分形fractal一词，用以区分与欧氏几何中外形相仿的那些没有规则的几何图形．对于海岸线的形状，曼德博说："整体中的小块，从远处看是不成形的小点，近处看则发现它变得轮廓分明，其外形大致和以前观察的整体形状相似．"他还举例说："自然界提供了许多分形实例．例如，羊齿植物、花椰菜和西兰花，以及许多其他植物，它们的每一分支都与其整体非常相似，其生成规则保证了小尺度上的特征成长后就变成为大尺度上的特征．"图6-3所示为羊齿植物的叶子，而图6-4所示为利用分形技术合成的风景图片．

图　6-3

图　6-4

6.1.2 柯克曲线及其他几何分形

1. 柯克曲线(柯克雪花)

早在曼德博发表文章前,1904 年,瑞典数学家柯克(H. von Koch,1870—1924)构造了现在被称为"柯克曲线"的几何对象.

其做法是:先给定一个边长为 1 的正三角形,然后在每条边中间的 1/3 处向外凸出作一个正三角形,原三角形变为 12 边形;再在 12 边形每条边的中间的 1/3 处向外作一个正三角形,得到 48 边形;在 48 边形上重复前面产生正三角形的过程,依次类推,在每条边上都进行类似的操作,以至于无穷. 这样构造的图形,其外形的结构越来越精细,好像一片理想的雪花,被称为**柯克曲线**,也称柯克雪花或雪花分形,其形成过程如图 6-5 所示.

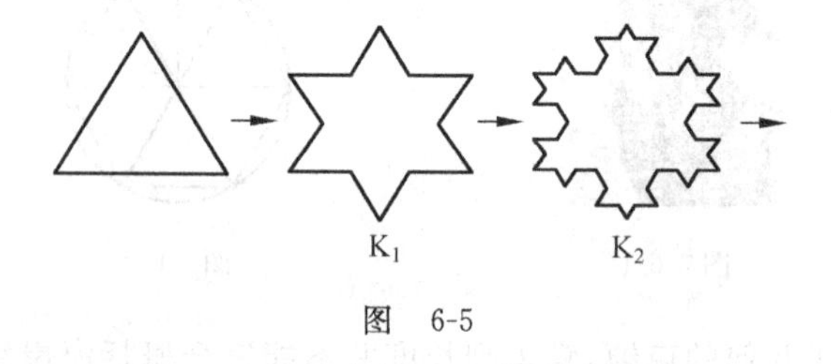

图 6-5

关于这个图形的周长和面积可以计算如下:

已知三角形周长为 $P_1=3$,面积为 $A_1=\frac{\sqrt{3}}{4}$.

第一次分形的周长为 $P_2=\frac{4}{3}P_1$,第一次分形的面积为 $A_2=A_1+3\cdot\frac{1}{9}\cdot A_1$. 依次类推,第 n 次分形的周长为 $P_n=\left(\frac{4}{3}\right)^{n-1}P_1$,$n=1,2,\cdots$,第 n 次分形的面积为

$$
\begin{aligned}
A_n &= A_{n-1}+3\cdot 4^{n-2}\cdot\left(\frac{1}{9}\right)^{n-1}\cdot A_1 \\
&= A_1+3\cdot\frac{1}{9}\cdot A_1+3\cdot 4\cdot\left(\frac{1}{9}\right)^2\cdot A_1+\cdots+3\cdot 4^{n-2}\cdot\left(\frac{1}{9}\right)^{n-1}\cdot A_1 \\
&= A_1\left[1+\frac{1}{3}+\frac{1}{3}\left(\frac{4}{9}\right)+\cdots+\frac{1}{3}\left(\frac{4}{9}\right)^{n-2}\right],n=2,3,\cdots.
\end{aligned}
$$

于是,$\lim\limits_{n\to\infty}P_n=\infty$,$\lim\limits_{n\to\infty}A_n=A_1\left(1+\frac{1}{3}\cdot\frac{1}{1-\frac{4}{9}}\right)=\frac{2\sqrt{3}}{5}$.

所以,我们得到结论:柯克曲线是面积有限而周长无限的图形. 柯克曲线处处不光滑,且具有自相似结构,这显然与我们在欧氏几何中见过的任何平面图形都不一样.

由于柯克曲线的作图步骤是无限的,因此当测量用尺的长度趋于零时,测量得到的柯克

曲线的长度便趋于无穷大.这与曼德博从海岸线问题出发研究得到的结论(当测量用尺长度趋于零时,海岸线的长度趋于无穷大)本质上是相同的.曼德博独具慧眼,发现了传统数学的"病态"图形——柯克曲线可以作为海岸线的数学模型.

2. 康托尔三分集(康托尔尘埃)

1883年,德国数学家康托尔构造了一个奇异的集合,即康托尔三分集:把线段$[0,1]$分成三等份,把中间的$\frac{1}{3}$区间$\left(\frac{1}{3},\frac{2}{3}\right)$去掉;接着,把剩余的线段$\left[0,\frac{1}{3}\right]$,$\left[\frac{2}{3},1\right]$再分别分成三等份,去掉中间的部分$\left(\frac{1}{9},\frac{2}{9}\right)$,$\left(\frac{7}{9},\frac{8}{9}\right)$;依次类推,每次将余下的线段去掉其中间的$\frac{1}{3}$,将这一做法重复进行下去以至于无穷时,所剩余的点的集合称为**康托尔三分集**,其构造过程如图6-6所示.

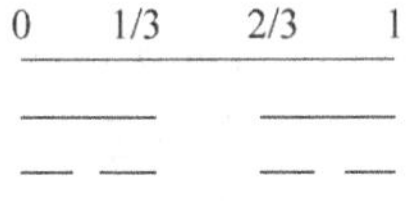

0　1/3　2/3　1

图　6-6

康托尔三分集也是一种自相似结构,它是由无穷多个离散的"点"组成的,但每个"点"经过放大后仍具有与整个集相同的结构.并且,在上述过程中,原线段长度为1,第一步后剩下的长度为$\frac{2}{3}$,第二步后剩下$\left(\frac{2}{3}\right)^2$,……,每一步去掉所余线段的$\frac{1}{3}$,因此截去的长度之和为

$$\frac{1}{3}\left[1+\frac{2}{3}+\left(\frac{2}{3}\right)^2+\cdots\right]=\frac{1}{3}\cdot\frac{1}{1-\frac{2}{3}}=1.$$

换句话说,康托尔三分集是一个处处离散的"总长度"为0的集合,好像是尘埃一样,因此,它又被称为康托尔尘埃.

3. 谢尔品斯基垫片(或谢尔品斯基地毯)

1915年,波兰数学家谢尔品斯基(W. F. Sierpinski,1882—1969)将康托尔三分集的构造思想推广到二维平面,构造了一种分形,后被称为谢尔品斯基垫片.

其构造方法如下:先将一个等边三角形各边中点的连线构成的中间的一个小等边三角形去掉,再将剩下的三个等边三角形按同样的方法去掉各自中间的一个小等边三角形,如此下去,无限重复这种做法,最终得到的极限图形就是**谢尔品斯基垫片**(图6-7).

如果从一个正方形开始,将其分为9等份,去掉中间那部分,不断重复这种做法,最终得到的则是**谢尔品斯基地毯**(图6-8).

4. 皮亚诺曲线

1890年,意大利数学家皮亚诺(G. Peano,1858—1932)构造了一条奇怪的曲线,它能填满整个平面区域,这就是著名的皮亚诺曲线,如图6-9所示.

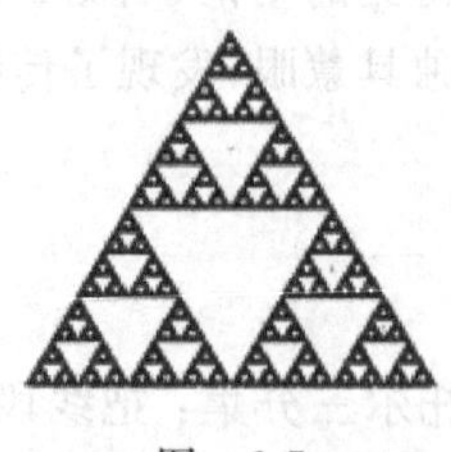

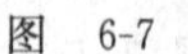

图 6-7

图 6-8

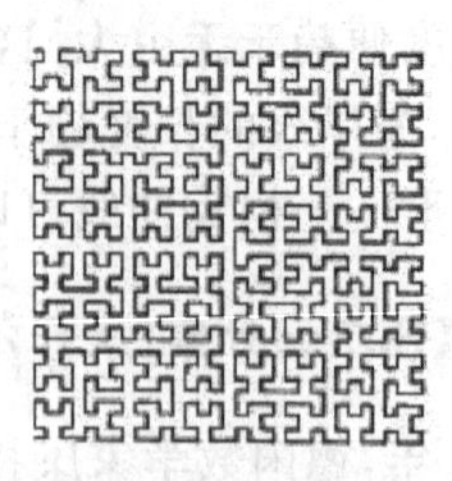

图 6-9

皮亚诺对区间[0,1]上的点和正方形上的点的对应作了详细的数学描述. 实际上，对于 $t\in[0,1]$，可规定两个连续函数 $x=f(t)$ 和 $y=g(t)$，使得 (x,y) 取遍单位正方形中的每一个点. 后来，数学家希尔伯特作出了这条曲线. 在传统概念中，平面曲线的维数是 1，正方形的维数是 2，这样一条一维的曲线竟然可以完全覆盖一个二维区域，或者说，二维区域的点可以用一个实数表示. 皮亚诺曲线对传统维数的概念提出了挑战.

这说明我们对维数的认识是有缺陷的，有必要重新考察维数的定义，这就是分形几何考虑的问题. 在分形几何中，维数可以是分数，叫作分维. 此外，皮亚诺曲线是处处连续的但处处不可导的曲线.

5. 朱利亚集（*J* 集）和曼德博集（*M* 集）

1920 年，法国数学家朱利亚（G. Julia，1893—1978）和法都（P. J. L. Fatou，1878—1929）研究了复平面上的二次映射

$$P_c(z)=z^2+c$$

的迭代行为. 式中的 z 和 c 均为复数，令 $c=a+b\mathrm{i}$，$z=x+y\mathrm{i}$，a,b,x,y 为实数，则有

$$P_c(x+y\mathrm{i})=(x+y\mathrm{i})^2+(a+b\mathrm{i})=x^2-y^2+a+(2xy+b)\mathrm{i},$$

从而得到两个实变量的迭代方程

$$\begin{cases}x_{n+1}=x_n^2-y_n^2+a,\\ y_{n+1}=2x_ny_n+b.\end{cases}$$

取定一个复参数 $c=a+b\mathrm{i}$，再在平面上任取一点 (x_0,y_0) 作为初始点代入迭代方程. 可以发现，从某些初始点出发的轨迹会趋向于无穷远处，这样的初始点的集合称为逃逸集；而从另一些初始点出发的轨迹则徘徊在有限的区域内，这样的初始点的集合称为填充集. 逃逸集与填充集的分界线就是著名的**朱利亚集**（以下简称 J 集，见图 6-10）.

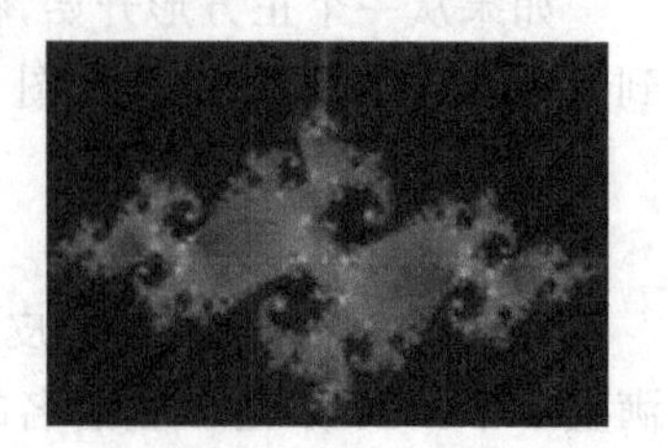

图 6-10

通过参数 c 的不同选择，J 集展示了丰富多彩的结构，它们的外形花样繁多，兔子、海马、风车……，层出不穷. 通常以 $J(a,b)$ 表示与参数 $c=a+b\mathrm{i}$ 相对应的 J 集. 例如，取 $c=0$，则 $P_0(z)=z^2$；取定 z_0，则 $z_1=z_0^2$，$z_2=z_0^4$，…，$z_n=z_0^{2n}$. 易知，当

$|z_0|<1$ 时，$z_n \to 0$；当 $|z_0|>1$ 时，$z_n \to \infty$；而当 $|z_0|=1$ 时，$|z_n|=|z_0|^{2n}=1$. 因此，单位圆周外面是逃逸集，单位圆周内部是填充集，而单位圆周就是 J 集 $J(0,0)$.

填充集本身随着参数 c 取值的不同而具有不同的形态. 对于某些 c 值，填充集是连通的（一个集称为连通的是指其中任意两点之间总可以用一条完全属于该集的曲线相连），而对另一些 c 值则是不连通的. 使得填充集为连通的参数 c 的集合称为**曼德博集**（以下简称 M 集）. 研究发现，M 集只由这样的参数 c 组成：固定初始点 $z_0=0$，在 $P_c(z)=z^2+c$ 的迭代下，点的轨迹是有界的，即

$$M=\{c\in \mathbf{C} \mid c, c^2+c, (c^2+c)^2+c, \cdots \text{有界}\},$$

式中的 $\mathbf{C}$ 表示复数集.

1980 年，曼德博在计算机上绘出了 M 集. 它由一个主要的心形图与一系列圆盘形的"芽苞"突起相连而构成，每一个芽苞又被更细小的芽苞所环绕，如图 6-11 所示. 由其局部的放大图可以看出，有的地方像日冕，有的地方像燃烧的火焰，有的地方像漩涡、繁星、闪电……无论将它的局部放大多少倍，都能展示出更加复杂与更加令人赏心悦目的新的局部. 这些既与整体表现不同，又有某些相似的地方，使人感到像是进入了一座具有无穷层次结构的雄伟建筑，它的每一个角落都存在无限嵌套的迷宫和回廊. 如此复杂的现象竟然出现在一个十分简单的迭代之中，令人难以想象、叹为观止. 特别地，如果在 M 集的某个"芽苞"上取一点（它对应着一个 c 值），然后将它放大，人们会发现所得到的分形图形竟与该点处相应参数值 c 得到的 J 集极其相似. 如今，M 集已成为最具代表性的分形，被认为是人类有史以来最复杂、最奇异、最瑰丽的几何图形（图 6-11）.

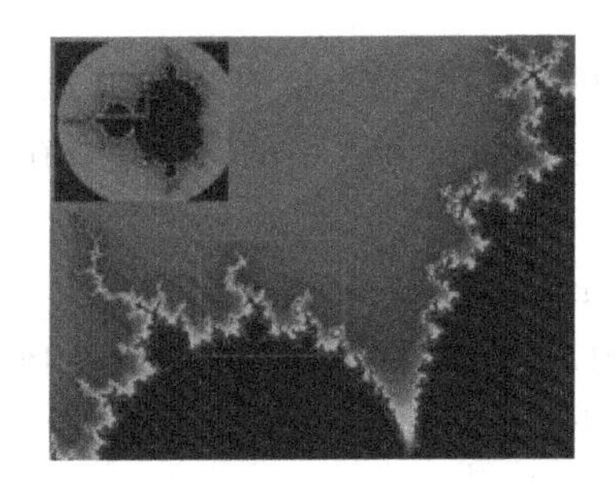

图　6-11

6.1.3　分数维与分形几何

1. 分数维

维数和测量有着密切的关系. 当我们画一条线段，如果用 0 维的点来量它，其结果为无穷大，因为线段中包含无穷多个点；如果用 2 维平面来量它，其结果是 0，因为线段中不包含平面. 那么，用怎样的尺度来量它，才会得到非零的有限值呢？不难想到，只有用与其同维数

的小线段来量它才会得到非零的有限值，而这里线段的维数为1(大于0、小于2).对于前面提到的柯克曲线，其整体是由一条无限长的线折叠而成.显然，用小直线段量，其结果是无穷大，而用平面量，其结果是0(此曲线中不包含平面).那么，只有找一个与柯克曲线维数相同的尺子进行测量，才会得到非零的有限值.这个维数显然大于1、小于2，所以只能是小数了，这便是分数维(简称分维).

在几何学研究中，空间维数是刻画几何对象规模大小的量，或者说是刻画空间中每个点所需要用的独立参数的个数.欧氏空间中的维数都是整数，例如，点是0维的，直线是1维的，平面是2维的，空间有3维的，也有n(n是正整数)维的.那么，如何描述分形图形的维数呢？曼德博发明了"分数维"的概念，用以度量图形的不规则性和破碎程度，即在不同的比例尺下图形的自相似性.现在有许多定义分形维数的方式，如自相似维数、容量维数、信息维数、盒子维数、豪斯道夫维数等，其中最容易理解的是自相似维数.

举例说明，如果将一条长为1的线段分成长度为1/3的小线段，那么重新组成这条线段需要3小段.组成面积为1的正方形需要9(即3^2)块边长为1/3的正方形.组成体积为1的立方体需要27(即3^3)块边长为1/3的立方体(图6-12).

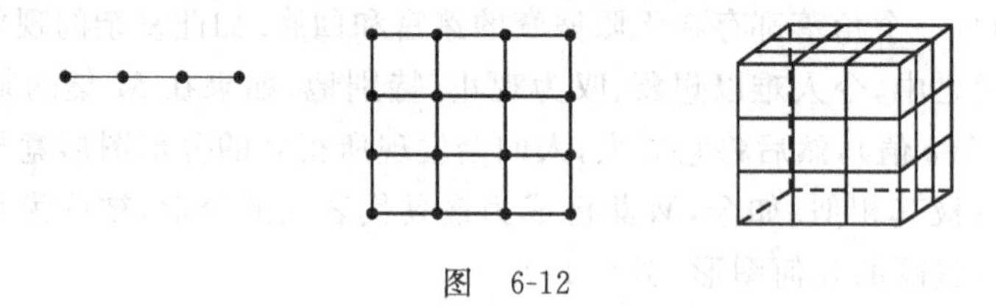

图 6-12

这里出现的3的幂次与涉及的形状的维数相同：直线是1维的，正方形是2维的，立方体是3维的.一般而言，如果维数是D，而且我们必须将$1/n$大小的k段结合在一起重新组成原来的形状，那么有$k=n^D$，两边求对数，得到

$$D=\ln k/\ln n.$$

定义6.1 如果某图形是由缩小为其$1/n$的k个相似图形构成的，则自相似维数为

$$D=\ln k/\ln n.$$

根据自相似维数的定义，可以算出：

柯克曲线的维数$D=\ln 4/\ln 3\approx 1.26$.

康托尔尘埃的维数$D=\ln 2/\ln 3\approx 0.63$.

谢尔品斯基垫片的维数$D=\ln 3/\ln 2\approx 1.58$.

特别地，皮亚诺曲线的维数$D=\ln 4/\ln 2=2$，这与正方形的维数一致，从而解决了前面指出的所谓矛盾.

其他目前已经估算出的分形维数有：

海岸线的维数$1<D<1.3$，

山地表面的维数$2.1<D<2.9$，

河流水系的维数 $1.1<D<1.85$，

云的维数 $D=1.35$，

金属断裂的维数 $D=1.27\pm0.02$，

人脑表面的维数 $2.73<D<2.79$，

人肺的维数 $D\approx2.17$.

维数理论告诉我们：对任何一个有确定维数的几何对象，只能用与它有相同维数的量尺去测量它.量尺的维数更小，则结果为无穷大；量尺的维数更大，则结果为零.因而用1维的欧氏测度去测量海岸线长度时，其结果必然为无穷大了.被传统数学家摒弃的"数学怪物"——柯克曲线、康托尔三分集、谢尔品斯基垫片等变成了构建充满新概念、新思想的分形几何学的基本材料.这些被搁置了近一个世纪之久的"病态"图形被重新审视，更值得称道的是，曼德博还敏锐地指出：对于任何一种不规则的分形，都存在这样一个一般是分数的不变量，它就是可用于描绘分形不规则程度的分数维，这是几何学史上的又一件大事.

2. 分形几何的概念

欧氏几何的传统形状都是人类从大自然抽象出的理想化产物，如三角形、矩形、圆、圆柱体、球体等.这些图形的形状比较简单，没有精细的结构，例如，将圆放大，那么它的任何一部分看上去都越来越像一条直线.地球的外形接近球形，对很多研究而言，这种细节已经足够了.但是很多自然的形状要复杂得多，例如，起伏波动的海岸线、雪花的外形、参差不齐的山脉轮廓、变幻莫测的浮云、枝繁叶茂的大树……所有这些很难用欧氏几何来描述，它们都是分形几何学的研究对象，为此人们需要新的数学知识.

分形是指具有多重自相似的对象，它可以是自然存在的，也可以是人为创造的.1982年曼德博所著的《大自然的分形几何学》一书是这一学科的经典之作.

然而，分形的概念至今还没有确切的科学定义.1990年，英国数学家福尔克纳(Falconer)出版了《分形几何的数学基础及应用》一书，对分形给出了如下的定义.

集合 F 是分形，如果它具有如下的一些特征：

(1) F 具有精细的结构.即在任意小的尺度下，它总具有复杂的细节.

(2) F 是如此的不规则，以至于它的整体与局部都不能用传统的几何语言来描述.

(3) F 通常有某种自相似性，可能是近似的或是统计的.

(4) 一般地说，F 的"分形维数"(以某种方式定义)大于它的拓扑维数.

这里，对拓扑维稍作解释.对于抽象或复杂的对象，只要是它的每个局部可以和欧氏空间相对应，也可以确定出它的维数，并且在连续形变下保持维数不变，则称这样的维数为拓扑维.例如，抛物线经过连续形变可以变为直线，所以它的拓扑维是1；椭圆经过连续形变可以变成正方形，所以它的拓扑维是2.拓扑维，与经典几何和物理中用到的维数一样是整数.

(5) 在大多数令人感兴趣的情形下，F 以非常简单的方法定义，可能由迭代产生.

事实上，在自然界中没有真正的分形，就像没有真正的圆和直线.通常我们将云彩的边界、地球表面的形状、海岸线等视为分形.但是,如果用充分小的比例去观察它们,会发现它们的分形特征消失了.因而仅在一定的比例范围内,它们才表现出类似分形的特点.也只有在这种比例下,才可以被看成是分形集合.因此,自然界中的分形与数学中的"分形集"是有区别的.

6.2 混沌动力学

6.2.1 洛伦兹的天气预报与混沌的概念

美国气象学家洛伦兹(E. N. Lorenz,1917—2008)在天气预报中的发现是混沌认识过程中的一个里程碑.1963年,他在麻省理工学院操作着一台当时比较先进的工具——计算机进行天气模拟,试图进行长期天气预报.结果发现了一个奇怪的现象:初值的小小差别,经过逐步的放大,却会引起后面很大的不同.1972年,他提出了"蝴蝶效应",来比喻长时间大范围的天气预报往往因为一点点微小的因素而造成难以预测的严重后果.

"混沌"一词原指宇宙形成以前模糊不清的状态,意为混乱、无序.1975年,在美国马里兰大学攻读数学博士学位的台湾数学家李天岩(1945—)和他的导师约克(J. Yorke,1941—)在《美国数学月刊》上发表了一篇影响深远的论文《周期3蕴含混沌》(Period three implies chaos).该文在混沌发展的历史上起了极为重要的作用,这是"混沌"(chaos)一词第一次在数学文献中出现.自此,混沌不再是一个普通的名词,而是有确切数学内容的一个新的科学术语.

目前,混沌在数学上有各种不同的定义,容易理解的定性描述定义如下:

混沌是一种貌似无规则但实质上有某种规律的运动,是确定性系统中出现的随机现象.它的一个显著特点是具有对初始条件敏感的依赖性,即运动状态会随着初始条件的微小变化而十分显著地改变.

20世纪60年代初,洛伦兹在研究流体运动过程中,曾考查过含有3个变量的著名的洛伦兹方程组

$$\begin{cases}\dfrac{\mathrm{d}x}{\mathrm{d}t}=\sigma(y-x),\\[2ex]\dfrac{\mathrm{d}y}{\mathrm{d}t}=(r-z)x-y,\\[2ex]\dfrac{\mathrm{d}z}{\mathrm{d}t}=xy-bz.\end{cases}$$

其中t是时间,x正比于对流运动的强度,y正比于水平方向的运动变化,z正比于竖直方向的温度变化,$\sigma=10$,$b=8/3$,参数$r>0$且可以改变.洛伦兹在计算机上运行发现了其解的非周期现象,并且对于不同的r值,解的形态有很大的差别.特别地,当$r>24.06$时,一些轨道

最终将围绕左右两个空穴不规则地交替运行，从而形成所谓的洛伦兹混沌吸引子，其形状如蝴蝶（图 6-13）．洛伦兹方程组是一个确定性的系统，但出现了不确定的解．洛伦兹于 1963 年将这一重要发现以题目《确定性的非周期流》发表在气象期刊上，故很少有数学家们看到这一开创性的成果．1975 年，Li-Yorke 定义问世不久，由气象学家费勒（A. Feller）将洛伦兹早年的论文介绍给数学家约克，约克又将此文介绍给著名数学家斯梅尔．对于简单的确定性系统会导致长期行为对初值的敏感依赖性这一问题，斯梅尔将其关键归结为理解混沌的几何特性，即由系统内在的非线性相互作用在系统演化过程中所造成的“伸缩”与“折叠”变换．斯梅尔在所谓“马蹄”问题的研究中，发现大多数的迭代序列是非周期的，即存在混沌现象．后来，斯梅尔又将洛伦兹的工作向更多的学者作了介绍．1977 年，第一次国际混沌会议在意大利召开，兴起了全球对混沌理论的研究热潮．

图 6-13

*6.2.2 产生混沌的简单模型——移位映射

一个简单的迭代方程：

$$x_{n+1}=\begin{cases}2x_n, & 0\leqslant x_n<\dfrac{1}{2},\\ 2x_n-1, & \dfrac{1}{2}\leqslant x_n\leqslant 1,\end{cases}\quad n=0,1,2,\cdots. \tag{$*$}$$

取定[0,1]中的一个数值 x_0 作为初始值，代入该方程，可以得到 x_1，将 x_1 代入方程，又可以得到 x_2，如此下去，可以得到[0,1]中的一串点列．

取 $x_0=0$，代入式（$*$），迭代得到点列：$0,0,\cdots,0,\cdots$．

取 $x_0=\dfrac{5}{2^4}$，则可依次得到点列：$\dfrac{5}{2^4},\dfrac{5}{2^3},\dfrac{1}{2^2},\dfrac{1}{2},0,0,\cdots,0,\cdots$，即经过 4 次迭代后，数列从第 5 项开始将全为 0．一般地，取 $x_0=\dfrac{p}{2^m}$（$p<2^m$ 且为奇数），经过 m 次迭代后，数列从第 $m+1$ 项开始将全为 0，称这类情形最终出现周期为 1 的解．

取 $x_0=\dfrac{13}{28}$，则可依次得到点列：$\dfrac{13}{28},\dfrac{13}{14},\dfrac{6}{7},\dfrac{5}{7},\dfrac{3}{7},\dfrac{6}{7},\dfrac{5}{7},\dfrac{3}{7},\cdots$，即最后是 $\dfrac{6}{7},\dfrac{5}{7},\dfrac{3}{7}$ 三数重复出现的点列，称这类情形最终出现周期为 3 的解．

若将初始值 $x_0=\dfrac{13}{28}$ 作一微小的改变，取为 $\bar{x}_0=\dfrac{13}{28}\left(1-\dfrac{1}{8^{1000}}\right)=\dfrac{13(8^{1000}-1)}{7\times 2^{3002}}$，将 $\bar{x}_0$ 代入式（$*$），经过 3002 次迭代后数列各项全为 0，即出现了周期为 1 的解．

可见，虽然只对初始值作了十分微小的改变，但在充分长的时间之后，系统的状态竟发生了很大的变化．而且，若初始值 $x_0=\dfrac{13}{28}$ 被微小改变为一个无理数 $\tilde{x}_0=\dfrac{13}{28}\left(1-\dfrac{1}{\sqrt{2}\cdot 8^{1000}}\right)$，则通过式(*)迭代所得到的数列将不会出现周期解，而是无规则的运动.

若将[0,1]中的数 x_0 用二进制表示，可以写成

$$0.a_1a_2\cdots a_n\cdots,$$

其中 $a_i(i=1,2,\cdots)$ 取 0 或 1. 不难证明，将 x_0 代入式(*)后，得到 $x_1=0.a_2a_3\cdots a_n\cdots$，迭代 n 次后，得到 $x_n=0.a_{n+1}a_{n+2}\cdots$，即迭代方程(*)将[0,1]中的二进制小数的小数点向右移了一位，并把小数点前的数字变为零，因此称方程(*)确定的变换为移位映射.

*6.2.3 倍周期分支通向混沌——逻辑斯蒂映射

来源于生物种群数量的数学模型——逻辑斯蒂(logistic)方程

$$x_{n+1}=\lambda x_n(1-x_n),$$

改写为连续变量，就是

$$f(x)=\lambda x(1-x). \qquad (**)$$

当 $x\in[0,1]$，$0<\lambda\leqslant 4$ 时，f 是从[0,1]到[0,1]的映射(称为逻辑斯蒂映射)，它的图像是抛物线，称为单峰映射. 通常称满足 $f(x)=x$ 的点 x 为映射 f 的不动点. 方程 $\lambda x(1-x)=x$ 恒有解 $x=0$，当 $\lambda>1$ 时还有解 $x=1-\dfrac{1}{\lambda}$，它们都是映射(**)的不动点，即直线 $y=x$ 与抛物线 $y=\lambda x(1-x)$ 交点的横坐标.

重复进行映射(**)，则有

$$f^2(x)=f[f(x)]=\lambda^2x(1-x)[1-\lambda x(1-x)], \quad \cdots,$$

$$f^n(x)=f[f^{n-1}(x)], \quad n=2,3,\cdots.$$

若对某个值 x_0，有 $f^n(x_0)=x_0$，而当自然数 $k<n$ 时，均有 $f^k(x_0)\neq x_0$，则称 x_0 是 f 的一个 n-周期点，相应的点集 $\{x_0,f(x_0),\cdots,f^{n-1}(x_0)\}$ 称为 f 的一个 n-周期轨. 显然 $x=0$ 与 $x=1-\dfrac{1}{\lambda}$ 是映射(**)的 1-周期点.

容易证明，任取初始点 $x_0\in(0,1)$，在映射(**)下，令 $n\to\infty$，则当 $0<\lambda\leqslant 1$ 时，$x_n\to 0$；当 $1<\lambda<3$ 时，$x_n\to 1-\dfrac{1}{\lambda}$，即当 $0<\lambda<3$ 时最终都趋向于 1-周期点；但当 $\lambda\geqslant 3$ 时会出现 2-周期点、4-周期点等. 例如，$\lambda=3.2$ 时，取 $x_0=0.5$，反复迭代可以发现，当 $n\geqslant 5$ 之后，x_n 交替地取 0.7995 和 0.5130(保留到 4 位小数)，即出现了 2-周期点.

可以借助计算机做数值计算，来看清 λ 变化时，像点 x_n 的分布状况. 先取定一个小于 3 的 λ 的值，再任取一个初始值 $x_0\in(0,1)$，在映射(**)下，用计算机做 100 次左右的迭代，舍弃中间的运算数据，将最后所得的数值汇成一点. 对于同一个 λ 值，绘 200～300 个点，再逐渐增加 λ 值，便得到变化的轨迹. 如图 6-14 所示，当 $\lambda<3$ 时是一条单线，即 1-周期轨；在 $\lambda=3$ 处单线开始一分为二，出现了 2-周期点，得 2-周期轨，即出现倍周期分支；当 $\lambda=1+$

$\sqrt{6}=3.4496\cdots$时，发生第二次倍周期分支，出现4-周期点，得到稳定的4-周期轨；到$\lambda=3.54409\cdots$时，又产生第三次倍周期分支，出现8-周期轨；随着λ的继续增大，倍周期分支出现在越来越窄的间隔里，经过n次倍周期分支，得到2^n-周期轨. 虽然这种过程可以无限继续下去，但参量λ却有个极限值$\lambda_\infty\approx3.569945672\cdots$，这时由于周期无限长，从物理上看已经非周期解了，迭代点列的分布呈现出混沌的特征. 当λ越过λ_∞进入$[\lambda_\infty,4]$的范围，便进入了混沌区.

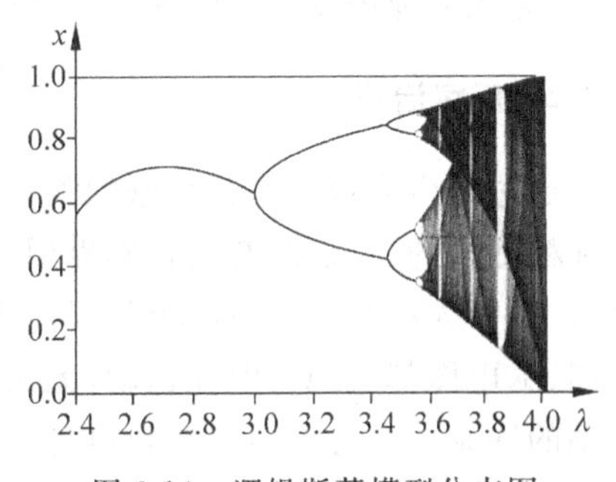

图6-14　逻辑斯蒂模型分支图

总结发现：逻辑斯蒂映射对于取值不太大的λ，不管初始值如何，多次迭代最后结果总是稳定的，而且稳定状态不依赖于初始值. 但当λ超过3时，情况发生了变化，稳定状态变为两个数值. λ继续增大到3.4496…时，周期2的稳定状态也不再出现，变为周期4循环. 当增大到3.54409…，周期又加倍到8；到3.567，周期达到16，此后便是更快速的32,64,128,…，得到一个周期倍增数列. 这种倍周期分岔，速度如此之快，以至到3.5699…就结束了. 倍周期分支现象突然中断：周期性让位于混沌.

上述的倍周期分支通向混沌的过程具有很大的普遍性，很多动力系统的混沌都是由倍周期分支产生的.

6.3　分形与混沌的应用及哲学思考

6.3.1　应用举例

1. 地震预报

地震预报是个古老而尚未解决的难题. 地震的难以预测性以及对初始条件的高度敏感性正是混沌动力学的特征. 地震震级是根据仪器记录的地震波来测定的，地震波又与释放出的能量的传播与分布有关，这就启发人们引入地震能量分形的概念来预报地震. 根据震级越大发生次数越少而得到地震次数随震波能量增大而减少的结论，地震学家得出能量分数维是$\frac{2}{3}b$，并根据对实际地震的观测，确定b的取值范围是$0.7\leqslant b\leqslant1.3$. 在大地震发生前，中、小地震的$b$值往往有明显的变化. 若$b$值下降，往往意味着中、小地震所释放的能量减少，也就是在积蓄能量，孕育大地震.

类似地，地震学家们又把目光投向地震的时间与空间分布，发现大震前中、小地震的时间分维和空间分维也都存在异常低值的情况，从而也可把时间分维和空间分维作为地震预报的重要参数.如今,如何更好、更准确地运用混沌和分形理论定量描述地震活动的时空复杂性,寻找大地震发生的临界行为,已经成为人们探索地震预测的一个主要方向.

2. 疾病治疗

通过对生命现象进行精密的测量和研究发现,各种各样的生物节律既非完全周期,又不是纯粹随机的,它们既有与自然界周期(季节,昼夜等)协调的一面,又有着内在的复杂性质.例如,正常人的心率在时间上是混沌的,人脑也是复杂的多层次混沌动力系统,健康人的心电图、脑电图都表现为混沌运动,无周期而有序.近几年,人们发现了心律不齐等病症与混沌运动的联系——心率出现有规律的周期振荡或变化程度降低,则可能有心脏猝死或心跳骤停的危险.20 世纪 20 年代后期,人们用非线性电路模拟心脏搏动时发现,患癫痫病、帕金森病等神经系统疾病的患者,发病时的脑电波呈现明显的周期性,而正常人的脑电波接近于混沌运动.如何理解健康人体的功能会显示混沌的特性尚有待进一步研究.也许,正是由于混沌系统可以在十分广泛的条件下工作,具有高度的适应性和灵活性,从而才能应付多变环境中出现的种种突变.相反地,周期运动系统无法应付多变环境,从而导致系统损伤和功能失调.虽然距离最终认清它们可能还很遥远,但现在已有人利用混沌过程预测和控制心律不齐、癫痫病等病症.

3. 经济管理上的应用

目前将混沌理论应用到经济上的研究相当活跃.有些人认为,投资、生产、销售、股市、盈利、吞并、破产等活动,有很大数量的人参与其中,有多种复杂的操作在进行,有各种形式的经济行为在发生,从而应该是一个混沌的过程、混沌的系统.所以,用传统理论去研究经济过程,可能不如用混沌理论研究它更加能够揭示本质.

宏观经济增长除了有一个大致随时间按指数方式增加的趋势外,还在其上叠加了一个类似于周期性的波动.1985 年,人们发现了经济中的混沌现象.由于经济系统的非线性性,宏观经济运动本身具有内在的不稳定性,不规则的经济周期是不可避免的.但对混沌经济模型的研究表明,只要调控得当,经济变量仍会在一个较佳的范围内变动.

4. 其他

物理学中,受恢复力作用的单摆表现为周期振荡运动,但若加上强迫振荡而变成受迫振动摆,其运动状态就可能成为混沌.

化学反应中,某些成分的浓度可能会出现不规则的随时间变化的行为,即所谓的化学混沌,产生化学振荡系统.通过逐级分形,振荡频率越来越快,系统变得越来越复杂,最后呈现混沌状态.

天文学中,地球上流星的成因,现在已经知道是由于太阳系的混沌运动.火星与木星之间存在着一个小行星带,只有偏心率达到 57%的小行星的轨道才能与地球轨道相交.而理论和具体计算证明，混沌运动确实可以使偏心率超过 57%，从而使小行星进入地球大气层而成为流星.

艺术创作中，萨克斯管的标准音调不是混沌的，但在吹奏出的两种不同音高产生的复合音调中又呈现出混沌. 当今有些作曲家已运用多种方法把简单方程解的涨落化为音调的序列来进行音乐创作. 类似的方法也已经运用到美术、影视技术中. 1980 年，曼德博用计算机绘制出一张五彩缤纷、绚丽无比的分形图像. 此后，一些学者在研究分形的边界时，也作出了精美绝伦的图像，使分形图像成为精致的艺术品.

通信技术和交通管理中，基于混沌理论的保密通信、信息加密和信息隐藏技术的研究已成为国际前沿课题之一；错综复杂的交通运动也是一种混沌运动，可以用混沌的理论去研究.

6.3.2　哲学思考

分形讨论的是图形的复杂性，而混沌讨论的是过程的复杂性. 虽然起源不同，发展过程也不同，但它们的本质与内涵决定了二者必然有着密不可分的联系.

混沌动力学与分形几何学都是学科交叉的结晶，它们的产生与发展，很大程度上得益于计算机科学的进步. 这两个新兴学科不仅对纯粹数学和物理学的传统观念提出了挑战，而且大大加深了人们对自然界的认识，并触动了人们的传统世界观.

1. 关于分形的哲学思考

分形是对自然界复杂现象的一种几何描述. 应当指出，前面讨论的分形有简单和确定的构造规则，应称为确定性分形. 但自然界中常见的分形是随机分形，它们不具有可重复性. 典型的例子是布朗运动，这是英国植物学家布朗(R. Brown，1773—1858)在 1826 年发现的，当固体的小颗粒悬浮在液体中时，在显微镜下可以看到不规则的复杂运动，运动的轨迹是一种处处连续而又处处不可导的曲线. 随机分形在自然界中大量存在，这些过去无法刻画和研究的问题，利用分形、分维及计算机模拟，已经开始形成定量描述的理论. 曼德博创立的这门从研究对象、特征长度到表达方式、描述方法都与欧氏几何不同的新几何学——分形几何学，以全新的概念、思想和方法颠覆了人们传统的认识，震撼了国际学术界，丰富了数学文化的内涵.

分形关于局部与整体、简单与复杂关系的新认识丰富了人们的哲学观. 正如恩格斯所指出的：“随着自然科学领域中每一个划时代的发现，唯物主义必然要改变自己的形式.”传统欧氏几何中的哲学观是：整体等于部分之和，部分以与自身等同(整体被分成的若干部分之间互相相等)的方式存在于整体之中. 在分形理论中，分形是一种具有无限嵌套层次的结构，自相似是它最主要的特征. 把分形分成大大小小不同的层次，各层次之间互相相似，并且都和整体相似. 分形所包含的哲学观与欧氏几何的“整形”不同，整体分成的部分之间不再是等同，而是相似，并且各个层次的部分都以不同的相似比存在于整体之中. 分形的标志物——曼德博集的生成同样给人以哲学的启迪，这个十分复杂而美丽的图案却由简单的复数二次多项式迭代生成，这让人们再一次体会到简单中孕育着复杂这一哲理.

2. 关于混沌的哲学思考

混沌是决定论系统的内在随机性，这种随机性与人们过去所了解的随机性现象有很大的区别.其特点是：首先，对初值的敏感依赖性.在线性系统中，小扰动只产生结果的小偏差，但对混沌系统，则是“失之毫厘，谬以千里”.其次，混沌是无序中的有序，但又不是简单的无序，更不是通常意义下的有序.

混沌的发现与数学史上的数学危机是不同的.数学危机是人们对于数学基础的质疑，而混沌则是人们在看似简单的问题中发现了复杂的现象.混沌绝不单单是有趣的数学现象，混沌是比有序更为普遍的现象，它使人们对物质世界有了更深一层的认识，为人们研究自然的复杂性开辟了一条道路，同时也引出了关于物质世界认识论上的一些哲学思考.例如，在气象学研究方面，混沌动力学的发展似乎排除了长期预报的可能性.但另一方面，人们现在对于天气预报问题有了更符合实际的态度：对短期预报和长期预报的要求不同.对于短期预报，人们才更关心变化的细节，例如，明日某地区的气温和降雨情况等.对于长期预报，人们更注意各种平均量的发展趋势，例如，今后 20 年内华北夏季的年均温度和降水量的多少等.混沌动力学的进步，恰恰在这方面提高了人类的预报本领.

欧氏几何从公元前 3 世纪诞生，直到 18 世纪末，在几何学领域一统天下.但它研究的只是用直尺和圆规画出的规则的“整形”，这样的图形是“简单的、平滑的”.牛顿、莱布尼茨以后，由于微积分和几何的结合，使较为复杂的形状得以表现，但这些形状仍是具有特征长度的、光滑的.而自然界和社会系统中存在着大量的极不规则、极不光滑的形状.如何刻画与研究这类几何对象，分形几何提供了相应的思想和方法，这是数学史上一次重大的进步.

另一方面，社会的进步和科技的发展不断地向人类提出新的课题.洛伦兹发现混沌现象后，各领域的科学家陆续发现了这种现象的普遍性：物理学中的湍流，经济学中股票市场和商品价格的波动，生态学中物种种群的涨落，天体力学中太阳系小行星带柯克伍德间隙的形成等.而这类混沌现象的几何形态恰好能用分形来表征，这就又使得分形几何成为现代科学各领域中强有力的数学工具.混沌理论与分形几何影响与推动了各学科的发展，在现代科学文化中起着不可小觑的重要作用.

德国数学史家汉克尔(H. Hankel，1839—1873)就曾评价道：“在大多数学科里，一代人的建筑为下一代人所摧毁，一个人的创造被另一个人所破坏.唯独数学，每一代人都在古老的大厦上添砖加瓦.”纵观分形几何学与混沌动力学的产生与发展，诚如斯言.

思考题 6

1. “二战”后，数学的面貌呈现了哪些变化？
2. 关于海岸线的长度，有怎样惊人的结论？

3. 柯克曲线是如何形成的？其面积和周长有怎样的结论？
4. 如何理解空间维数(包括整数维和分维)？
5. 洛伦兹从天气预报中发现的混沌运动的两个重要特点是什么？
6. 举例说明分形和混沌理论在现代生产生活领域中的应用.

拓展阅读 6

蝴蝶效应

美国气象学家洛伦兹发现“混沌理论”的过程颇具戏剧性. 那是1963年冬季的某一天，他如往常一般在办公室操作电脑，进行关于天气预报的计算. 平时，他只需要将温度、湿度、压力等有关的气象数据输入，电脑就会依据内建的微分方程式，计算出下一刻可能的气象数据，由此模拟出气象变化图. 这一天，洛伦兹为了考查一个很长的序列，走了一条捷径. 他没有令电脑从头运行，而是从中途开始，把上次的输出直接打入作为计算的初值，让电脑计算出更多的后续结果. 当时，电脑处理数据资料的速度不快，在结果出来之前，足够他下楼去喝杯咖啡并和友人闲聊一阵. 一小时后，结果出来了，不过令他目瞪口呆. 结果和原预报结果相比较，初期数据还差不多，越到后期，数据差异就越大了，预报的结果完全不同. 问题并不出在电脑上，而是他输入的数据差了0.000127，而这微小的差异却造成了天壤之别. 所以长期准确预测天气是不可能的. 洛伦兹因此发现混沌运动的两个重要特点：①对初值极端敏感；②解并不是完全随机的. 1972年12月29日，在华盛顿召开的美国科学发展协会第139次会议上，洛伦兹作了题为《可预报性：一只蝴蝶在巴西轻拍翅膀能够在美国德克萨斯州产生一场龙卷风吗?》的著名演讲，论述某系统如果初期条件差一点点，结果会很不稳定. 后来，有人把这一演讲提出的问题称为“蝴蝶效应”. 自此，混沌动力学的研究开始蓬勃发展.

下篇

数学的应用

历史悠久、源远流长的数学科学如同浩瀚的大海，至今已发展成拥有众多个学科分支的庞大体系．初等数学中，我们学习过一些算术、立体几何、初等代数、平面几何及概率统计的初步知识．本篇数学应用专题包含的代数学、几何学、分析学是数学的三大核心领域，概率论和数理统计、运筹学则分属于随机数学及最优化理论和方法的领域．因此，在本篇中，我们可以大致领略高等数学的应用范畴、数学解决实际问题的着眼点，以及所采用的思想方法的创新与突破，并从中体会高等数学与初等数学相比较，在层次上愈发高深、应用上愈发广泛的特点，进而欣赏数学化繁为简、化难为易的神奇，感受科学与理性共存的魅力．

第7章 代数学应用专题

7.1 百鸡问题及其他——初等数论之应用

7.1.1 百鸡问题

中国古代的数学著作《张邱建算经》一书,出现在约公元5—6世纪的南北朝时期,其中记载了一个著名的**百鸡问题**：今有鸡翁一,值钱五；鸡母一,值钱三；鸡雏三,值钱一.凡百钱,买鸡百只,问鸡翁、母、雏各几何?

该问题导致了包含三个未知数的不定方程组的出现.原书给出了三组正确答案：(4,18,78),(8,11,81),(12,4,84),开创了中国数学一问多答之先河.但原书中没有具体解法,只说“术曰：鸡翁每增四,鸡母每减七,鸡雏每益三,即得”,即若少买七只母鸡,就可以多买四只公鸡和三只小鸡(简称“**百鸡术**”).因此,只要求出一组答案,就可以推出其余两组答案.

百鸡问题还有多种表述形式,如百僧吃百馒头、百钱买百禽等.关于百鸡问题的解答将在本节的最后给出.

7.1.2 同余的概念

同余的概念来自于人们的生活实践.例如,2016年的元旦是星期五,问2017年的元旦是星期几?因为2016年是闰年,有366天,$366=7\times52+2$,余数为2,从而可知2017年元旦是星期日.由于同是星期几或同是某个时间在实际生活中的意义以及类似的问题,在数学上就产生了同余的概念.

定义7.1 设a,b是两个整数,m为正整数.若m能整除$(a-b)$,则称a,b**对模**m**同余**,记作

$$a\equiv b(\mathrm{mod}\ m)\quad(\text{读作“}a\text{ 与 }b\text{ 关于模 }m\text{ 同余”}).$$

否则,称a,b**对模**m**不同余**,记作

$$a \not\equiv b(\bmod m) \quad (\text{读作“}a\text{ 与 }b\text{ 关于模 }m\text{ 不同余”}).$$

注 若 $a \equiv b(\bmod m)$，即 m 能整除 $(a-b)$，可记作 $m|(a-b)$，从而，有

$$a-b=km \quad (k\text{ 为整数}).$$

例 1 (1) 因为 $36-6=30=6\times5$，所以 $36\equiv6(\bmod 5)$；

(2) 因为 $-17-11=-28=-7\times4$，所以 $-17\equiv11(\bmod 4)$.

“2016 年 3 月 1 日是星期二，则 2017 年 3 月 29 日也是星期二”，“按照中国采用的干支纪年，2016 年为丙申猴年，则 2076 年也为丙申猴年”，这两句话中就都包含了同余的概念，其中前者所用的模为 7，后者所用的模为 60.

定义 7.2 设 a,b 是两个整数，m 为正整数. 当 $a\not\equiv0(\bmod m)$ 时，将

$$ax+b\equiv0(\bmod m)$$

称为**模** m **的一次同余式**. 若 c 是使 $ax+b\equiv0(\bmod m)$ 成立的一个整数，则 $x\equiv c(\bmod m)$ 称为一次同余式 $ax+b\equiv0(\bmod m)$ 的**解**.

注 由 $x\equiv c(\bmod m)$，得 $m|(x-c)$，即 $x-c=mq$（q 为整数），将 $x=c+mq$ 代入一次同余式 $ax+b\equiv0(\bmod m)$，得

$$a(c+mq)+b\equiv ac+b\equiv0(\bmod m),$$

可见，所谓一次同余式 $ax+b\equiv0(\bmod m)$ 的解，就是满足这个同余式的一切整数.

由同余的定义，容易推出以下几条同余的性质.

性质

(1) 反身性 $a\equiv a(\bmod m)$；

(2) 对称性 若 $a\equiv b(\bmod m)$，则 $b\equiv a(\bmod m)$；

(3) 传递性 若 $a\equiv b(\bmod m)$，$b\equiv c(\bmod m)$，则 $a\equiv c(\bmod m)$；

(4) 可加性 若 $a\equiv b(\bmod m)$，$c\equiv d(\bmod m)$，则 $a+c\equiv b+d(\bmod m)$.

7.1.3 物不知数

约公元前 4,5 世纪成书的中国古代数学名著《孙子算经》中记载了一个世界上公认的最古老而且重要的问题——**“物不知数”**问题：今有物不知其数，三三数之剩二，五五数之剩三，七七数之剩二，问物几何？

上述问题用今天的数学语言表示，即求正整数 x，使得如下的一次同余式方程组成立：

$$\begin{cases} x\equiv2(\bmod 3), \\ x\equiv3(\bmod 5), \\ x\equiv2(\bmod 7). \end{cases} \tag{7-1}$$

《孙子算经》中给出了该题的答案和具体解法如下，“答曰：二十三. 术曰：三三数之余二，置一百四十；五五数之余三，置六十三；七七数之余二，置三十. 并之，得二百三十三，以二百一十减之. 凡三三数之剩一，则置七十；五五数之剩一，则置二十一；七七数之剩一，则置十五. 一百零六以上，以一百零五减之，即得.”

上述解法就是

$$x = 70 \times 2 + 21 \times 3 + 15 \times 2 - 105 \times 2 = 23.$$

原题及解法中的数 3,5,7 后被称为“定母”,70,21,15 被称为“乘数”.如何得到这些关键的乘数,《孙子算经》中未给出说明.我国南宋时期的数学家秦九韶,在他的名著《数书九章》(成书于 1247 年)中给出了具体的求法.

分析一下乘数 70,21,15,不难发现,70 是 5 与 7 的最小公倍数 35 的 2 倍,21 和 15 则分别是 3 与 7、3 与 5 的最小公倍数的 1 倍.秦九韶称这些倍数 2,1,1 为“乘率”,求出乘率,就可以得到乘数.秦九韶在《数书九章》中创造了“大衍求一术”,圆满地解决了求乘率的问题.而“物不知数”问题的这种解法的原理就是名冠中外的“**中国剩余定理**”,或称“**孙子定理**”.

孙子定理中的算法有很多名称,宋代称之为“鬼谷算”“隔墙算”“秦王暗点兵”“翦管术”.明代数学家程大位(1533—1606)称之为“物不知总”“韩信点兵”,并将孙子定理编成歌诀(1592 年):

三人同行七十稀,五树梅花廿一枝,七子团圆整半月,除百零五便得知.

这些通俗化的工作使孙子定理的算法得以普及至妇孺皆知.

为什么“物不知数”问题中的关键数为 70,21,15 呢?在《孙子算经》中的“术曰”已经指出了三个数的特征是它们分别除以 3,5,7 三个模数的剩余数都是 1,而且,容易看出,模数 3,5,7 对应的三个关键数 70,21,15 同时又分别能整除其余两个模数,用今天的数学语言表述就是:

$$70 \equiv 1 \pmod 3, 5 \mid 70, 7 \mid 70; 21 \equiv 1 \pmod 5, 3 \mid 21, 7 \mid 21; 15 \equiv 1 \pmod 7, 3 \mid 15, 5 \mid 15.$$

7.1.4 “物不知数”问题的解法

1. 笛卡儿的方法

(1) 分解为简单问题——求数 A,B,C,满足如下三组条件:

第一组:$A \equiv 1 \pmod 3, 5 \mid A, 7 \mid A$;

第二组:$B \equiv 1 \pmod 5, 3 \mid B, 7 \mid B$;

第三组:$C \equiv 1 \pmod 7, 3 \mid C, 5 \mid C$.

由第一组的条件求 A,因为 $A=5\times 7\times k$(k 为正整数,这里用到了“算术基本定理”,见第 2 章),令 $k=2$,则 $A=70\equiv 1 \pmod 3$,故可取 $A=70$.同理,可取 $B=21$,$C=15$.

(2) 根据题意,问题的解为

$$x = 2A + 3B + 2C.$$

利用(1)给出的 A,B,C,得到 $x=2\times 70+3\times 21+2\times 15=233$.

(3) 因为 $3\times 5\times 7=105$,所以该问题的任何一个解加上 105 或减去 105 得到的数仍是解.并且,问题的最小解为

$$233 - 105 \times 2 = 23.$$

一般解为

$$x = 23 + 105n \quad (n \text{为非负整数}).$$

2.《孙子算经》中的解法及其推广

《孙子算经》中的解法相当于，若设三组余数分别为 r_1, r_2, r_3，则因为 $5 \mid 70r_1, 7 \mid 70r_1$ 且 $70r_1 \equiv r_1 \pmod 3$；$3 \mid 21r_2, 7 \mid 21r_2$ 且 $21r_2 \equiv r_2 \pmod 5$；$3 \mid 15r_3, 5 \mid 15r_3$ 且 $15r_3 \equiv r_3 \pmod 7$，所以，有

$$70r_1 + 21r_2 + 15r_3 \equiv r_1 \pmod 3;$$

$$70r_1 + 21r_2 + 15r_3 \equiv r_2 \pmod 5;$$

$$70r_1 + 21r_2 + 15r_3 \equiv r_3 \pmod 7.$$

故，当 $r_1 = 2, r_2 = 3, r_3 = 2$ 时，得 $x = 233$，且最小的 x 为 $x = 233 - 3 \times 5 \times 7 - 3 \times 5 \times 7 = 23$.

推而广之，则有如下的定理.

定理 7.1（孙子定理） 设 $a_1, a_2, \cdots, a_n$ 是 n 个两两互素的正整数(即 a_i, a_j 的最大公约数为 1，其中 $i \neq j, i, j = 1, 2, \cdots, n,$)，$r_1, r_2, \cdots, r_n$ 是 n 个给定的整数，则一次同余方程组

$$\begin{cases} x \equiv r_1 \pmod{a_1}, \\ x \equiv r_2 \pmod{a_2}, \\ \quad \vdots \\ x \equiv r_n \pmod{a_n}. \end{cases}$$

有解

$$x \equiv r_1 k_1 \frac{M}{a_1} + r_2 k_2 \frac{M}{a_2} + \cdots + r_n k_n \frac{M}{a_n} \pmod M.$$

特别地，

$$x = r_1 k_1 \frac{M}{a_1} + r_2 k_2 \frac{M}{a_2} + \cdots + r_n k_n \frac{M}{a_n} - pM$$

为一个特解. 其中 $M = a_1 a_2 \cdot \cdots \cdot a_n$，乘率 $k_1, k_2, \cdots, k_n$ 是满足如下同余式的一组数：

$$k_1 \frac{M}{a_1} \equiv 1 \pmod{a_1};\ k_2 \frac{M}{a_2} \equiv 1 \pmod{a_2};\ \cdots;\ k_n \frac{M}{a_n} \equiv 1 \pmod{a_n}.$$

式中，p 为一适当的整数.

注 (1) 此定理给出的就是秦九韶的解法. 事实上，由乘率 $k_1, k_2, \cdots, k_n$ 满足的同余式，可知

$$\begin{cases} r_1 k_1 \dfrac{M}{a_1} \equiv r_1 \pmod{a_1}, \\ r_2 k_2 \dfrac{M}{a_2} \equiv r_2 \pmod{a_2}, \\ \quad \vdots \\ r_n k_n \dfrac{M}{a_n} \equiv r_n \pmod{a_n}, \end{cases}$$

从而，有

$$\begin{cases} r_1k_1\dfrac{M}{a_1}+r_2k_2\dfrac{M}{a_2}+\cdots+r_nk_n\dfrac{M}{a_n}\equiv r_1(\text{mod } a_1), \\ r_1k_1\dfrac{M}{a_1}+r_2k_2\dfrac{M}{a_2}+\cdots+r_nk_n\dfrac{M}{a_n}\equiv r_2(\text{mod } a_2), \\ \vdots \\ r_1k_1\dfrac{M}{a_1}+r_2k_2\dfrac{M}{a_2}+\cdots+r_nk_n\dfrac{M}{a_n}\equiv r_n(\text{mod } a_n). \end{cases}$$

亦即，有

$$x\equiv r_1k_1\frac{M}{a_1}+r_2k_2\frac{M}{a_2}+\cdots+r_nk_n\frac{M}{a_n}(\text{mod } M),$$

且 $x=r_1k_1\dfrac{M}{a_1}+r_2k_2\dfrac{M}{a_2}+\cdots+r_nk_n\dfrac{M}{a_n}-pM$ 为一个特解.

(2) 秦九韶在《数书九章》中只给出了“大衍求一术”的方法，而没有证明，也未言及他是如何得到该算法的. 然而他写下了发现该算法的艰巨性：“数理精微，不易窥识，穷年致志，感于梦寐，幸而得知，谨不敢隐.”“大衍”一词取自《周易》，意为“用大数进行演卦”，秦九韶只是牵强附会借用该词，将一众$\dfrac{M}{a_i}$称为衍数. 例如，“物不知数”问题中的衍数分别为 35，21，15，而“求一”的意思是取自求诸乘率 k_i，使用辗转相除法时，最后的余数必为 1 的过程.“大衍求一术”的算法非常适于今天的计算机编程实现，可以说是中国古代数学史上的一大奇迹.

(3) 在西方，直到 18—19 世纪，才由瑞士数学家欧拉(1743 年)和德国数学家高斯(1801 年)重新发现孙子定理给出的方法.

简便起见，将“大衍求一术”的解法列于表 7-1 中.

表 7-1

除数	余数	最小公倍数	衍数	乘率	各总	答数
a_1	r_1	$M=a_1\cdot a_2\cdot\cdots\cdot a_n$	$\dfrac{M}{a_1}$	k_1	$r_1k_1\dfrac{M}{a_1}$	$x\equiv\sum\limits_{i=1}^{n}r_ik_i\dfrac{M}{a_i}(\text{mod } M)$
a_2	r_2		$\dfrac{M}{a_2}$	k_2	$r_2k_2\dfrac{M}{a_2}$	
$\vdots$	$\vdots$		$\vdots$	$\vdots$	$\vdots$	
a_n	r_n		$\dfrac{M}{a_n}$	k_n	$r_nk_n\dfrac{M}{a_n}$	

7.1.5 “百鸡问题”的解法

1. 二元一次不定方程的整数解求法

定义 7.3 未知数多于一个且系数都是整数的方程称为不定方程. 含有两个未知数，且未知数的最高次数为一次的不定方程称为二元一次不定方程.

定理 7.2 设不定方程 $ax+by=c$(a,b,c 均为整数且 a,b 的最大公约数为 1)的一组整数解为(x_0,y_0),则它的全部整数解可以表示为

$$\begin{cases} x = x_0 + bt, \\ y = y_0 - at. \end{cases} \quad (t\text{ 为整数})$$

证 因为(x_0,y_0)为不定方程 $ax+by=c$ 的一组解,易知 $x=x_0+bt, y=y_0-at$ 也满足 $ax+by=c$,所以(x_0+bt, y_0-at)也是不定方程 $ax+by=c$ 的一组解.

设(α_0,β_0)是方程 $ax+by=c$ 的任意一组整数解,则有 $a\alpha_0+b\beta_0=c$,将之与 $ax_0+by_0=c$ 相减,得

$$a(\alpha_0 - x_0) + b(\beta_0 - y_0) = 0,$$

即 $a(\alpha_0-x_0)=-b(\beta_0-y_0)$,又因为 a,b 的最大公约数为 1,所以 $b\mid(\alpha_0-x_0)$.

设 $\alpha_0-x_0=bt$(t 为整数),得 $\alpha_0=x_0+bt$,将 $\alpha_0=x_0+bt$ 代入 $a(\alpha_0-x_0)=-b(\beta_0-y_0)$ 中,得 $\beta_0=y_0-at$. 所以,方程 $ax+by=c$ 的任意一组整数解(α_0,β_0)都具有(x_0+bt, y_0-at)的形式.

注 (1) 在不定方程 $ax+by=c$ 中,因为 a,b 的最大公约数为 1,故可以证明此不定方程必然存在整数解(证明从略).

(2) 一般地,称(x_0,y_0)为不定方程 $ax+by=c$ 的一组**特解**;称(x_0+bt, y_0-at)(t 为整数)为不定方程 $ax+by=c$ 的通解.

2. 二色差分法

设鸡翁、鸡母、鸡雏的数量分别为 x,y,z,则根据题意,有

$$\begin{cases} x + y + z = 100, \\ 5x + 3y + \dfrac{1}{3}z = 100. \end{cases} \tag{7-2}$$

(1) 若令 $x=0$,则有 $y=25, z=75$. 即(0,25,75)为方程组(7-2)的一组特解.

(2) 为求方程组(7-2)的通解,由"鸡翁一,值钱五;鸡母一,值钱三;鸡雏三,值钱一",易知,一母鸡换成一公鸡,钱多花 2,故四母鸡换成四公鸡,钱多花 8;三母鸡换成三鸡雏,钱少花 8. 从而,七母鸡换成四公鸡与三鸡雏,钱数就相当了. 这正是"百鸡术"中给出的增减率. 故,可设

$$x = 4t, y = 25 - 7t, z = 75 + 3t \quad (t\text{ 为非负整数}),$$

根据题意,当 $t=1,2,3$ 时,得到的三组解是合理的,即(4,18,78),(8,11,81),(12,4,84).

3. 大衍求一术

清代数学家骆腾凤(1770—1842)用大衍求一术求解"百鸡问题"的过程如下.

(1) 对不定方程组$\begin{cases}x+y+z=100,\\5x+3y+\frac{1}{3}z=100\end{cases}$进行加减消元，化简得到二元一次不定方程$7x+4y=100$. 它等价于下述的一次同余方程组：

$$\begin{cases}4y\equiv 2(\bmod 7),\\4y\equiv 0(\bmod 4).\end{cases}\tag{7-3}$$

(2) 利用大衍求一术，可求方程组(7-3)的特解 $y_0=4$，进而得到 $x_0=12$，$z_0=84$.

(3) 用"百鸡术"中给出的增减率，求出全部的整数解：

$$\begin{cases}x=x_0+4t,\\y=y_0-7t,\quad (t\text{ 为整数})\\z=z_0+3t.\end{cases}$$

根据问题的实际意义，得到百鸡问题中合理的三组解(4,18,78)，(8,11,81)及(12,4,84).

7.2　暗算之保密通信——数论及线性代数之应用

7.2.1　加密通信简介

对于一串看似毫无意义的字母 DWWDFNWKHHQHPB，一般人恐怕难以明白其中的含义. 若将这里的每个字母按照英文字母表的顺序逐个替换为它前面的第三个字母，则得到 ATTACK THE ENEMY(向敌人发起进攻). 公元前1世纪，古罗马将军恺撒在高卢战争中就使用了这种保密通信方式. 尽管当时使用的加密方法看似简单，但其中的创意流传千古.

20世纪60年代以来，数字通信技术迅猛发展. 大容量、高密度、高保真的多媒体数字信号传输，提高了人们的生产效率和生活质量，但同时也带来了信息泄露和被篡改的麻烦. 因此，通信技术中的信息安全问题自然受到极大的重视.

加密通信的最简单流程是：发送方(甲方)通过公共通信渠道，向接收方(乙方)传输信息. 为防止信息泄露或被篡改，甲方将待发送的信息加密. 加密前的信息称为**明文**，加密后的信息称为**密文**，加密的方法称为**密钥**，把明文变成密文的过程就是加密的过程. 乙方收到甲方发来的密文后，需要将密文解密译成明文，解密的方法称为**解密密钥**，把密文还原回明文的过程就是解密的过程. 这个简单流程可以表示如下：

$$\text{明文}\xrightarrow{\text{甲方加密}}\text{密文}\xrightarrow{\text{传输}}\text{密文}\xrightarrow[\text{解密}]{\text{乙方接收}}\text{明文}$$

显然，为保守通信秘密，关键在于密钥. 大量的事例证明，密码之所以被破译，常常是因为人们在加密和解密时使用的密钥单一. 因此，针对密钥的研究一直是通信安全领域关注的焦点.

代数学中的初等数论及线性代数中都有加密技术的应用,例如,数论中的整除性、同余性,线性代数中的逆矩阵等都可以用于加密和解密.

7.2.2 公开密钥体制

在加密通信中,传送信息的设密方与非指定接收信息的解密方常处于博弈中,设密人希望自己设计的密钥非指定接收者无法破译,而解密人则希望找到最快、最好的方法解密.

在商业活动及其他的社会交往中,常常有这样的情形,就是人们希望很多素不相识的人与他联系,然而又不希望他们之间的通信内容泄露给别人.这样,公开密钥体制就被提了出来.公开密钥仅仅是指通过公开渠道可以查到加密方式,而除了接收者外,解密的方法仍对外秘而不宣.发送者以公开的密钥将发送的信息加密,接收者用解密的密钥解密信息.

自公开密钥体制被提出以来,出现了各种各样的密钥方案,但很快被人一一破解.20 世纪 70 年代,密码研究者发现:用一些正向容易、逆向困难的数学方法来设密,效果显著.1977 年,美国麻省理工学院的三位年轻计算机专家、数学家罗纳德·李维斯特(Ron Rivest,1947—)、阿迪·萨莫尔(Adi Shamir,1952—)和伦纳德·阿德曼(Leonard Adleman,1945—),提出了下述方案(称为 RSA 公钥方案):加密用的公钥(可以公开让任何人知道的密钥)是由计算机选出的且不在公开出版的素数表中的两个位数在 100 位左右的素数的乘积;解密用的私钥(合法的解密者才知道的密钥),则是分解出的这两大素数.

两个大的素数的乘积在计算机上几秒钟就可以算出来,反之,从一个相当大的乘积中分解出两个素数因子,因为至今没有有效的算法,所以是相当困难的,用若干年也未必成功.也就是说,实际上几乎不可能根据公钥找到私钥.因此,RSA 公钥方案被认为是保密性很强的公钥方案,得到了广泛认同.

7.2.3 RSA 公钥方案的实施与实例

进行保密通信时,RSA 方案的实施步骤如下.

1. 设密者

(1) 选出素数 p,q,计算 $N=pq$,取 $\varphi(N)=(p-1)(q-1)$,或 $p-1$ 与 $q-1$ 的最小公倍数.

(2) 选出 r(不唯一),使 $(r,\varphi(N))=1$;找到 s,使其满足 $rs\equiv 1(\bmod\ \varphi(N))$.

(3) 公布 N 和公钥 r,保密私钥 s.

2. 发送信息的甲方

(1) 将要发送的信息转变为数字串;

(2) 将信息数字串划分为若干适量大小的数字段 M_i；

(3) 加密数字段 M_i，并发送 $R_i \equiv M_i^r \pmod{N}$.

3. 接收信息的乙方

(1) 对收到的每个信息，计算 $R_i^s \pmod{N}$；

(2) 解密后，得到 M_i 组成的信息数字串.

注 (1) RSA 方案用到了数论中的两个重要结论——费马小定理与中国剩余定理(具体证明此处从略).

(2) RSA 方案的实施过程中，尽管 p,q 是保密的，但在加密和解密的过程中并未用到 p,q. 在实际应用中，p,q 将取得非常大.

下面举例说明 RSA 公钥方案，因仅是为了阐述加密和解密的算法原理，故其中用到的 p,q 很小，缺乏保密性. 不过，方案的实施过程与非常大的 p,q 是一样的.

例 1 (1) 发送方——甲方选择两个素数 $p=11,q=7$，则 $N=11\times7=77$，$\varphi(N)=(11-1)\times(7-1)=60$. 取 $r=7$，其满足 $(r,\varphi(N))=1$；取私钥 $s=43$，其满足 $7s\equiv 1 \pmod{60}$. 公开 $N=77$，公钥 $r=7$，保密私钥 $s=43$(接收方乙方掌握).

(2) 将英文 26 个字母 a,b,c,…,x,y,z 分别用数字 01,02,03,…,24,25,26 代替，可将明文信息“game”变为明文数字串 $M=07011305$.

将 M 分解为同样大小的数字段 07,01,13,05，对其加密，加密后的密文结果分别为

$$7^7 \equiv 28 \pmod{77},$$

$$1^7 \equiv 1 \pmod{77},$$

$$13^7 \equiv 62 \pmod{77},$$

$$5^7 \equiv 47 \pmod{77},$$

全部的密文是 $R=28016247$，将之发送给接收方——乙方.

(3) 乙方用解密的密钥 $s=43$ 将密文译成明文，解密后的明文结果分别为

$$28^{43} \equiv 7 \pmod{77},$$

$$1^{43} \equiv 1 \pmod{77},$$

$$62^{43} \equiv 13 \pmod{77},$$

$$47^{43} \equiv 5 \pmod{77},$$

从而得到明文数字串 $M=07011305$，恢复英文明文“game”.

7.2.4 矩阵和行列式的概念

1. 行列式

行列式的概念是伴随着方程组的求解而发展起来的. 对于含有两个未知数 x_1,x_2 的二

元一次方程组

$$\begin{cases} a_{11}x_1 + a_{12}x_2 = b_1, \\ a_{21}x_1 + a_{22}x_2 = b_2, \end{cases} \tag{7-4}$$

为求其解,可采用加减消元法,得到

$$\begin{cases} (a_{11}a_{22} - a_{12}a_{21})x_1 = b_1a_{22} - b_2a_{12}, \\ (a_{11}a_{22} - a_{12}a_{21})x_2 = b_2a_{11} - b_1a_{21}. \end{cases} \tag{7-5}$$

当 $a_{11}a_{22} - a_{12}a_{21} \neq 0$ 时,方程组有唯一解

$$x_1 = \frac{b_1a_{22} - b_2a_{12}}{a_{11}a_{22} - a_{12}a_{21}}, \quad x_2 = \frac{b_2a_{11} - b_1a_{21}}{a_{11}a_{22} - a_{12}a_{21}}.$$

定义 7.4 对于四个数 a,b,c,d,引入如下符号:

$$\begin{vmatrix} a & b \\ c & d \end{vmatrix} = ad - bc,$$

称为二阶行列式.若记 $D = \begin{vmatrix} a_{11} & a_{12} \\ a_{21} & a_{22} \end{vmatrix} \neq 0, D_1 = \begin{vmatrix} b_1 & a_{12} \\ b_2 & a_{22} \end{vmatrix}, D_2 = \begin{vmatrix} a_{11} & b_1 \\ a_{21} & b_2 \end{vmatrix}$,

则方程组(7-4)的解可以表示为 $x_1 = \frac{D_1}{D}, x_2 = \frac{D_2}{D}$.

定义 7.5 由 9 个数 $a_{ij}(i,j=1,2,3)$ 排成三行三列的式子(横为行,竖为列)

$$\begin{vmatrix} a_{11} & a_{12} & a_{13} \\ a_{21} & a_{22} & a_{23} \\ a_{31} & a_{32} & a_{33} \end{vmatrix} = a_{11}a_{22}a_{33} + a_{12}a_{23}a_{31} + a_{13}a_{21}a_{32} - a_{13}a_{22}a_{31} - a_{12}a_{21}a_{33} - a_{11}a_{23}a_{32}$$

称为三阶行列式.

定义 7.6 设有三阶行列式 $\begin{vmatrix} a_{11} & a_{12} & a_{13} \\ a_{21} & a_{22} & a_{23} \\ a_{31} & a_{32} & a_{33} \end{vmatrix}$,对任何一个元素 a_{ij},划去它所在的第 i 行、第 j 列,剩下的元素按照原来的次序组成一个二阶行列式,称为元素 a_{ij} 的**余子式**,记为 M_{ij}.例如,$M_{12} = \begin{vmatrix} a_{21} & a_{23} \\ a_{31} & a_{33} \end{vmatrix}$.并称 $A_{ij} = (-1)^{i+j}M_{ij}$ 为元素 a_{ij} 的**代数余子式**.

2. 矩阵

矩阵是线性代数的又一个基本概念.它是表述和处理生产生活以及科研中与大量数据相关问题的有力工具.学校的课程表、学生的成绩单、工厂的生产进度表、股市中的证券价目表及很多科研中的数据分析表等均可以用矩阵表示.

定义 7.7 由 $m \times n$ 个数 $a_{ij}(i=1,2,\cdots,m;\ j=1,2,\cdots,n)$ 排成 m 行 n 列的数表

$$\begin{bmatrix} a_{11} & a_{12} & \cdots & a_{1n} \\ a_{21} & a_{22} & \cdots & a_{2n} \\ \vdots & \vdots & & \vdots \\ a_{m1} & a_{m2} & \cdots & a_{mn} \end{bmatrix},$$

称为 $m\times n$ 矩阵,通常用大写英文字母记为 $\boldsymbol{A}$ 或 $\boldsymbol{A}_{m\times n}$,$\boldsymbol{A}=(a_{ij})_{m\times n}$. 其中,$a_{ij}$ 称为矩阵 $\boldsymbol{A}$ 的第 i 行第 j 列元素,i 称为行标,j 称为列标.

特别地,当 $m=n$ 时,称矩阵 $\boldsymbol{A}$ 为 n 阶矩阵(或 n 阶方阵),记为 $\boldsymbol{A}_n$.

注 矩阵和行列式是两个完全不同的概念,矩阵是一张数表,而行列式的结果为一个数.

例 2 某厂向三个商店发送四种产品的数量可列成矩阵

$$\boldsymbol{A}=\begin{bmatrix} a_{11} & a_{12} & a_{13} & a_{14} \\ a_{21} & a_{22} & a_{23} & a_{24} \\ a_{31} & a_{32} & a_{33} & a_{34} \end{bmatrix},$$

其中 a_{ij} 为该厂向第 $i(i=1,2,3)$ 个商店发送的第 $j(j=1,2,3,4)$ 种产品的数量. 这四种产品的单价及单位重量也可以分别表示为如下两个矩阵:

$$\boldsymbol{B}=\begin{bmatrix} b_{11} \\ b_{21} \\ b_{31} \\ b_{41} \end{bmatrix}, \quad \boldsymbol{C}=\begin{bmatrix} c_{11} \\ c_{21} \\ c_{31} \\ c_{41} \end{bmatrix},$$

其中 b_{i1} 为第 i 种产品的单价,c_{i1} 为第 i 种产品的单位重量($i=1,2,3,4$).

下面介绍几个特殊的矩阵及矩阵的某些运算.

定义 7.8 形如 $\begin{bmatrix} a_{11} & 0 & \cdots & 0 \\ 0 & a_{22} & \cdots & 0 \\ \vdots & \vdots & & \vdots \\ 0 & 0 & \cdots & a_{nn} \end{bmatrix}$ 的矩阵称为 n 阶对角矩阵. 特别地,n 阶矩阵 $\begin{bmatrix} 1 & 0 & \cdots & 0 \\ 0 & 1 & \cdots & 0 \\ \vdots & \vdots & & \vdots \\ 0 & 0 & \cdots & 1 \end{bmatrix}$ 称为 n 阶**单位矩阵**,记为 $\boldsymbol{E}_n$(或简记为 $\boldsymbol{E}$).

定义 7.9 设矩阵 $\boldsymbol{A}=(a_{ij})_{m\times s}$,$\boldsymbol{B}=(b_{ij})_{s\times n}$,则定义矩阵 $\boldsymbol{A}$ 与矩阵 $\boldsymbol{B}$ 的乘积是一个 $m\times n$ 矩阵 $\boldsymbol{C}=(c_{ij})_{m\times n}$,记作 $\boldsymbol{AB}=\boldsymbol{C}=(c_{ij})_{m\times n}$,其中 $c_{ij}=a_{i1}b_{1j}+a_{i2}b_{2j}+\cdots+a_{is}b_{sj}$ ($i=1,2,\cdots,m,j=1,2,\cdots,n$).

注 不是任意两个矩阵都可以相乘,只有当左矩阵的列数等于右矩阵的行数时,两个矩阵的乘积才有意义.

例 3 设$\boldsymbol{A}=\begin{bmatrix}6 & 2\\3 & 1\end{bmatrix}$,$\boldsymbol{B}=\begin{bmatrix}1 & -2\\-2 & 4\end{bmatrix}$,求$\boldsymbol{AB}$,$\boldsymbol{BA}$.

解 $\boldsymbol{AB}=\begin{bmatrix}6 & 2\\3 & 1\end{bmatrix}\begin{bmatrix}1 & -2\\-2 & 4\end{bmatrix}=\begin{bmatrix}2 & -4\\1 & -2\end{bmatrix}$,$\boldsymbol{BA}=\begin{bmatrix}1 & -2\\-2 & 4\end{bmatrix}\begin{bmatrix}6 & 2\\3 & 1\end{bmatrix}=\begin{bmatrix}0 & 0\\0 & 0\end{bmatrix}$.

例 4 甲、乙两个超市销售四种品牌的饮料,它们某日的销售量(单位:瓶)如表 7-2 所示.

表 7-2

超市	饮料 1	饮料 2	饮料 3	饮料 4
甲	291	178	143	65
乙	306	195	148	72

四种品牌的饮料的单价(单位:元)与销售每瓶的利润(单位:元)如表 7-3 所示.

表 7-3

类别	单价	利润
饮料 1	2.5	0.5
饮料 2	3	0.6
饮料 3	3.5	0.7
饮料 4	5	1.0

求甲、乙两个超市销售四种品牌饮料的总收入与总利润.

解 日销售表格、单价与利润表格分别表示为如下矩阵:

$$\boldsymbol{A}=\begin{bmatrix}291 & 178 & 143 & 65\\306 & 195 & 148 & 72\end{bmatrix},\quad \boldsymbol{B}=\begin{bmatrix}2.5 & 0.5\\3 & 0.6\\3.5 & 0.7\\5 & 1.0\end{bmatrix}.$$

其乘积为

$$\boldsymbol{C}=\boldsymbol{AB}=\begin{bmatrix}291 & 178 & 143 & 65\\306 & 195 & 148 & 72\end{bmatrix}\begin{bmatrix}2.5 & 0.5\\3 & 0.6\\3.5 & 0.7\\5 & 1.0\end{bmatrix}=\begin{bmatrix}2087 & 417.4\\2228 & 445.6\end{bmatrix}.$$

因此,甲超市的总收入和总利润分别为 2087 元和 417.4 元,乙超市的总收入与总利润分别为 2228 元和 445.6 元.

定义 7.10 对于方阵$\boldsymbol{A}$,若存在一个n阶方阵$\boldsymbol{B}$,使得

$$\boldsymbol{AB}=\boldsymbol{BA}=\boldsymbol{E},$$

则称方阵$\boldsymbol{A}$为**可逆矩阵**,且称方阵$\boldsymbol{B}$是方阵$\boldsymbol{A}$的**逆矩阵**,记为$\boldsymbol{B}=\boldsymbol{A}^{-1}$.

定义 7.11　设矩阵 $\boldsymbol{A}=(a_{ij})_{n\times n}$，由 $\boldsymbol{A}$ 的元素所构成的行列式(各元素的位置不变)称为矩阵 $\boldsymbol{A}$ 的行列式，记为 $|\boldsymbol{A}|$.

例如，设 $\boldsymbol{A}=\begin{bmatrix}1&2&3\\0&5&1\\1&4&2\end{bmatrix}$，则 $|\boldsymbol{A}|=\begin{vmatrix}1&2&3\\0&5&1\\1&4&2\end{vmatrix}=-7.$

定义 7.12　设矩阵 $\boldsymbol{A}=(a_{ij})_{n\times n}$，其行列式 $|\boldsymbol{A}|$ 的各元素的代数余子式构成的矩阵

$$\begin{bmatrix}A_{11}&A_{21}&\cdots&A_{n1}\\A_{12}&A_{22}&\cdots&A_{n2}\\\vdots&\vdots&&\vdots\\A_{1n}&A_{2n}&\cdots&A_{nn}\end{bmatrix}$$

称为矩阵 $\boldsymbol{A}$ 的**伴随矩阵**，记为 $\boldsymbol{A}^*$，即 $\boldsymbol{A}^*=\begin{bmatrix}A_{11}&A_{21}&\cdots&A_{n1}\\A_{12}&A_{22}&\cdots&A_{n2}\\\vdots&\vdots&&\vdots\\A_{1n}&A_{2n}&\cdots&A_{nn}\end{bmatrix}$.

下面不加证明地给出如下结论.

定理 7.3　方阵 $\boldsymbol{A}$ 可逆的充要条件是 $|\boldsymbol{A}|\neq0$. 在 $|\boldsymbol{A}|\neq0$ 时，有 $\boldsymbol{A}^{-1}=\dfrac{\boldsymbol{A}^*}{|\boldsymbol{A}|}$.

例 5　求矩阵 $\boldsymbol{A}=\begin{bmatrix}1&2&3\\0&5&1\\1&4&2\end{bmatrix}$ 的逆矩阵.

解　因为 $|\boldsymbol{A}|=-7\neq0$，所以 $\boldsymbol{A}$ 可逆，又

$$A_{11}=(-1)^{1+1}\begin{vmatrix}5&1\\4&2\end{vmatrix}=6,\quad A_{12}=(-1)^{1+2}\begin{vmatrix}0&1\\1&2\end{vmatrix}=1,$$

$$A_{13}=(-1)^{1+3}\begin{vmatrix}0&5\\1&4\end{vmatrix}=-5,\quad A_{21}=(-1)^{2+1}\begin{vmatrix}2&3\\4&2\end{vmatrix}=8,$$

$$A_{22}=(-1)^{2+2}\begin{vmatrix}1&3\\1&2\end{vmatrix}=-1,\quad A_{23}=(-1)^{2+3}\begin{vmatrix}1&2\\1&4\end{vmatrix}=-2,$$

$$A_{31}=(-1)^{3+1}\begin{vmatrix}2&3\\5&1\end{vmatrix}=-13,\quad A_{32}=(-1)^{3+2}\begin{vmatrix}1&3\\0&1\end{vmatrix}=-1,$$

$$A_{33}=(-1)^{3+3}\begin{vmatrix}1&2\\0&5\end{vmatrix}=5,$$

所以 $\boldsymbol{A}^*=\begin{bmatrix}6&8&-13\\1&-1&-1\\-5&-2&5\end{bmatrix}$，根据定理 7.3，得 $\boldsymbol{A}^{-1}=-\dfrac{1}{7}\begin{bmatrix}6&8&-13\\1&-1&-1\\-5&-2&5\end{bmatrix}$.

注　这里涉及常数 k 与矩阵 $\boldsymbol{A}=(a_{ij})_{m\times n}$ 的乘法，规定为 $k(a_{ij})_{m\times n}=(ka_{ij})_{m\times n}$.

7.2.5 加密信息的矩阵传递

在英文信息的传递中，有一种对信息保密的方法，其原理就是将信息中的不同英文字母分别用不同的整数代替，然后传递这个数字串，接收方依据约定的密钥将该整数组还原为英文字母，获得信息.

但是这种方法容易被破译，因为在一个容量较大的信息中，根据数字出现的频率，可大致估计出它所代表的字母.例如，人们根据统计经验，归纳出英文文章中出现最多的字母是e，出现频率高达12.7%，出现频率次之的是t占9.06%，a占8.17%，o占7.51%，i占6.97%，n占6.75%，等等.

人们还统计了双字母(两个相邻字母)和三字母(三个相邻字母)出现的频率，例如，出现频率由高到低的10个双字母是：

th， he， in， er， an， re， ed， on， es， st.

出现频率由高到低的10个三字母是：

the， ing， and， her， ere， ent， tha， nth， was， eth.

26个英文字母的全排列为$A_{26}^{26}=26!$，其中任何一种排列都可用来作为加密的密钥.这就是说：人们可以任意颠倒26个字母的顺序而编制加密密钥，再规定第1个字母用数字01代替，第26个字母用数字26代替，从而得到一种加密方案，这种加密方案称为单表密码.这样的加密方案共有$26!\approx 4\times 10^{26}$种，非常之多，破译似乎极难.但事实上，因为前面提到的人们关于字母出现频率的统计知识，使得只要是单表密码，不论将明文替换成什么数字串，替换前的字母出现的频率都等于替换后的整数出现的频率，由此就为判断明文字母和密文数字之间的对应关系提供了线索.

为避免单表密码被轻易破译，在实际应用中，人们往往用行列式等于± 1的整数矩阵乘以传输的数字串，实现对这一消息的进一步加密.

例6 将英文字母d编号为21，e编号为08，m编号为07，n编号为10，o编号为02，s编号为05，y编号为03，则将信息“send money”编码为：050810210702100803，其中08和10各出现两次，易于破译.为此，进行矩阵加密.

令$\boldsymbol{A}=\begin{bmatrix}1&2&1\\2&5&3\\2&3&2\end{bmatrix}$，易得$|\boldsymbol{A}|=1\neq 0$，故$\boldsymbol{A}$可逆，设为加密矩阵.将信息编码的数字组成矩阵

$$\boldsymbol{B}=\begin{bmatrix}5&21&10\\8&7&8\\10&2&3\end{bmatrix}，此为明文矩阵.$$

$\boldsymbol{B}$左乘$\boldsymbol{A}$，得到密文矩阵

$$\boldsymbol{AB}=\begin{bmatrix}1&2&1\\2&5&3\\2&3&2\end{bmatrix}\begin{bmatrix}5&21&10\\8&7&8\\10&2&3\end{bmatrix}=\begin{bmatrix}31&37&29\\80&83&69\\54&67&50\end{bmatrix}.$$

这样,发出的密文数字串为 318054378367296950. 原来各出现两次的数字 8 和 10 在变换后变成了不同的数字,增加了破译的难度. 而接收方只要将接收到的密文矩阵左乘 $\boldsymbol{A}^{-1}$,就可以恢复明文的数字信息,继而得到明文的英文原文"send money"了.

*7.3 几何作图三大难题的解决——近世代数之应用

7.3.1 几何作图的三大难题

两千多年前,古希腊人在几何学方面提出了数学史上著名的几何作图三大难题(也称尺规作图三大难题). 它们分别是:

(1) 三等分角问题: 只用直尺和圆规,三等分任意角.

(2) 倍立方问题: 只用直尺和圆规,求作一立方体,使其体积等于一已知立方体体积的 2 倍.

(3) 化圆为方问题: 只用直尺和圆规,求作一正方形,使其面积等于一已知圆的面积.

注 这里的作图是有一定限制的,要求直尺没有刻度,并要求在有限步骤内完成作图.

三个问题中倍立方问题起源于建筑的需要. 三等分角问题来源于正多边形作图——用直尺和圆规容易二等分一个角,并由此作出正四边形、正八边形以及正 $2^n(n\geqslant 2)$ 边形,自然地,人们提出了三等分角问题. 圆和正方形都是最基本的几何图形,如何用直尺和圆规作一个正方形和一个已知的圆具有相同的面积? 这个纯粹的几何问题早在公元前 5 世纪就有很多人研究,而且在历史上恐怕没有一个几何问题像化圆为方问题那样引起人们强烈的兴趣.

在古希腊,欧几里得几何学出现以后,人们将之奉为严密数学的代表. 在欧氏几何中,几何的作图工具只允许使用直尺和圆规,且直尺没有刻度. 直尺的用途是: ①已知两点作一直线; ②无限延长一已知直线. 圆规的用途是: 已知点 O,A,以 O 为圆心,以 OA 为半径作圆.

古希腊人强调几何作图只能使用没有刻度的直尺和圆规的理由如下:

(1) 希腊几何的基本精神是,从极少数的基本假定(定义、公理、公设)出发,推导出尽可能多的命题,相应地,对作图工具也限制到不能再少的程度.

(2) 受哲学家柏拉图思想的深刻影响. 柏拉图特别重视数学在智力训练方面的作用,他主张通过几何学习达到训练逻辑思维的目的,因此对使用的工具必须进行限制.

(3) 毕达哥拉斯学派认为圆是最完美的平面图形,圆和直线是几何学最基本的研究对象,因此规定只允许使用画出直线和圆的工具——直尺和圆规.

只用欧氏几何中限定的直尺和圆规可以完成如下 5 种基本作图:

(1) 用一条直线连接两点;

(2) 求两条直线的交点;

(3) 以一点为圆心,定长为半径作一圆;

(4) 求一个圆与一条直线的交点或切点;

(5) 求两个圆的交点或切点.

根据上述讨论,有如下结论:一个几何问题可否尺规作图(只用限制下的直尺圆规作图),取决于是否能使用有限次上述5种基本作图过程来完成作图.这是能否尺规作图的基本依据.

更具体地,可以尺规作图的几何图形如下:

(1) 二等分已知线段;

(2) 二等分已知角;

(3) 已知直线L和L外一点P,过点P作直线垂直于L;

(4) 任意给定自然数n,作已知线段的n倍;n等分已知线段;

(5) 已知线段a,b,可作$a+b,a-b,ab,a/b$(推广为可作ra,其中r是正有理数).

综上可知,已知线段的有限次加、减、乘、除能尺规作图.另外,在代数学中,易知从0,1出发利用四则运算可以构造出全部的有理数(事实上,从1出发,不断作加法,可以得到全体正整数.两个相等的正整数相减得到0.0减去任何自然数都得到负整数,因此,借助减法可以得到全体负整数.最后,从整数出发,借助除法,可以得到全体有理数).至此,我们可以得到结论:只要给定单位1,可以用尺规作出数轴上的全部有理点,这里几何与代数达到了统一.

7.3.2 可构造数域与尺规作图

尺规作图三大难题经历了长达两千多年的时间,最后的答案是否定的:尺规作图不可解.其中用到的工具,本质上并非几何的而是代数的.在研究这些问题的过程中,引出了大量的数学发现,例如,二次曲线、三次曲线、一些超越曲线,有理数域,代数数与超越数等,并促进了微积分中的"穷竭法"、群论等数学理论的发展.

1. 群、环、域

近世代数研究运算的性质,它把普通实数满足的运算法则推广到更大的范围上,因而也显得越发抽象.下述的群、环、域是近世代数中的基本概念.

定义 7.13 设G是一个带有运算"$\cdot$"的非空集合,若它满足以下条件:

(1) 封闭律:对任意的$a,b\in G$,有$a\cdot b\in G$;

(2) 结合律:对任意的$a,b,c\in G$,有$(a\cdot b)\cdot c=a\cdot(b\cdot c)$;

(3) 幺元律:存在元素e,对任意的$a\in G$,有$e\cdot a=a\cdot e=a$,e称为单位元;

(4) 逆元律:对任意$a\in G$,存在$a^{-1}\in G$,使得$a\cdot a^{-1}=a^{-1}\cdot a=e$,$a^{-1}$称为$a$的逆元,简称$a$的逆.

则称集合G对于运算"$\cdot$"组成一个群(group),记为$\{G;\cdot\}$,简称G是一个群.例如,若以I表示由整数所组成的集合,则I在加法运算"$+$"下构成一个群.

对于 G 中的任意两个元素 a,b，若还有 $a\cdot b=b\cdot a$，则称 G 对运算“$\cdot$”构成一个**交换群**. 例如，I 在加法运算“$+$”下构成一个交换群.

除了加法外，I 上还有另一个运算，即乘法运算“$\times$”，且满足：

(5) I 对乘法运算是封闭的，即对任意的 $a,b\in I$，有 $a\times b\in I$；

(6) 乘法结合律成立，即对任意的 $a,b,c\in I$，有 $a\times(b\times c)=(a\times b)\times c$；

(7) 加法与乘法的分配律成立，即对任意的 $a,b,c\in I$，有

$$a\times(b+c)=a\times b+a\times c,$$
$$(b+c)\times a=b\times a+c\times a.$$

I 既对加法构成一个交换群，又对乘法运算封闭且满足乘法结合律及分配律(即满足性质(5)，(6)，(7))，称 I 构成一个环(ring). 一般地，若 G 是一个非空集合，在 G 上有两种代数运算：一种叫作加法运算，G 对加法运算构成一个交换群；另一种叫作乘法运算，它满足性质(5)，(6)，(7)，则称 G 为一个**环**.

若 G 是一个环，并且对任意的 $a,b\in G$，有 $a\times b=b\times a$，则称 G 为**交换环**. 一个交换环 G 称为一个**域**(field)，若 G 还满足：

(8) G 中至少包含一个非零元；

(9) 对乘法运算，G 中有一个单位元，即存在 $e\in G$，使对任意 $a\in G$，有

$$e\times a=a\times e=a;$$

(10) G 中每个非零元对乘法运算有一个逆元，即对任意的 $a\in G$，若 $a\neq 0$，则存在 $a^{-1}\in G$，使得

$$a\times a^{-1}=a^{-1}\times a=e.$$

按照上面的定义，由整数所组成的集合 I 满足性质(8)与(9)，其中对乘法运算的单位元就是普通的数“1”. 但若 $a\in I,a\neq 0$，其逆 $\frac{1}{a}\notin I$(注意：全体整数的集合 I，对加法运算来说，它的单位元是“0”，a 的逆元是 $-a$)，即 a 在 I 内不存在对乘法运算的逆，故条件(10)不成立，所以 I 不是域. 显然，全体有理数的集合 $\mathbf{Q}$、全体实数的集合 $\mathbf{R}$ 和全体复数的集合 $\mathbf{C}$ 均构成一个域，分别称为**有理数域**、**实数域**和**复数域**.

2. 可构造域

假设给定一个长为 1 单位的元素，由 1 出发，我们可以用直尺和圆规通过有理运算(加、减、乘、除)作出所有的有理数 $\frac{q}{p}$(p,q 是整数，$p\neq 0$)，即作出整个有理数域 $\mathbf{Q}$. 进而，可以作出平面上的所有有理点，即横坐标和纵坐标均为有理数的点. 事实上，我们还可以作出无理数 $\sqrt{2}$.

例 1　已知线段长度为 2，用欧几里得几何学限制下的尺规作图法作出长度为 $\sqrt{2}$ 的线段.

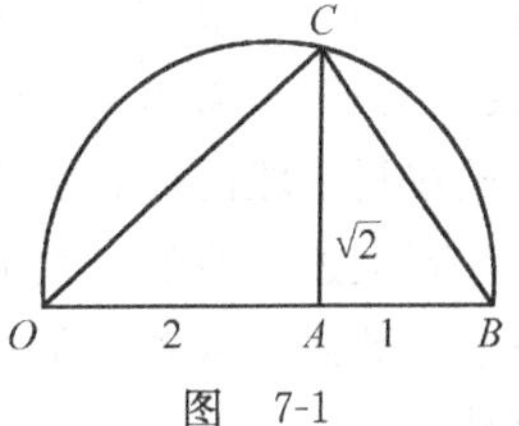

图　7-1

解　在直线上标出 $OA=2$ 和 $AB=1$(图 7-1)，以线段 OB 为

直径画一圆，且过 A 点作 OB 的垂线交这个圆于 C，利用初等几何定理——半圆的圆周角是直角，知三角形 OBC 在 C 点是一直角．因此 $\angle OCA=\angle ABC$，直角三角形 OCA 和 ABC 相似，则有 $\frac{2}{AC}=\frac{AC}{1}$，得到 $AC=\sqrt{2}$．

从 $\sqrt{2}$ 出发，通过有限次有理运算（加、减、乘、除），可以作出所有形如

$$a+b\sqrt{2}\quad (a,b\text{ 是有理数})$$

的数．接着，可以作出所有形如

$$(a+b\sqrt{2})(c+d\sqrt{2}),\quad \frac{a+b\sqrt{2}}{c+d\sqrt{2}}$$

的数（a,b,c,d 是有理数），但经过简单的计算，不难得到这些数总可以写成 $p+q\sqrt{2}$（p,q 是有理数）的形式．因此，从 $\sqrt{2}$ 的图出发，可以产生全部形如 $a+b\sqrt{2}$（a,b 是任意有理数）的数集．从而，得到下述结论．

定理 7.4 形如 $a+b\sqrt{2}$（a,b 是有理数）的数形成一个域．

令 $Q_1=\{a+b\sqrt{2}\mid a,b\text{ 是有理数}\}$，显然有 $Q\subset Q_1\subset \mathbf{R}$，故称 Q_1 为有理数域 $\mathbf{Q}$ 的**扩域**．Q_1 中的数都可尺规作图．若继续扩充可以尺规作图的数（简称可作图数）的范围，如对 $w=1+\sqrt{2}$，其平方根 $\sqrt{w}=\sqrt{1+\sqrt{2}}$ 也是可作图数，从而所有形如 $p+q\sqrt{w}$（这里 p,q 是 Q_1 中的任意数）的数，也形成一个域，称之为 Q_1 的扩域，记为 Q_2．从 Q_2 出发，还可以仿照上述方法继续扩充作图的范围，如此一直进行下去，得到的数均是可作图数．

从有理数域 $\mathbf{Q}$ 出发，关于尺规作图有如下的重要结论（证明从略）：

(1) 若初始给定有理数域 $\mathbf{Q}$ 中的一些量，则从这些量出发，只用直尺经过有限次有理运算可以生成 $\mathbf{Q}$ 中的任何量，但不能超出 $\mathbf{Q}$．

(2) 用圆规和直尺能把可作图数扩充到 $\mathbf{Q}$ 的扩域 Q_1 上，且这种构造扩域的过程可以不断进行，而得出扩域 $Q_2,Q_3,\cdots,Q_n,\cdots$．

综上，可以得到结论：可作图数当且仅当是有理数域 $\mathbf{Q}$ 的一系列扩域中的数．

3．代数数与可作图数

在中学代数中我们已经熟悉了一次方程和二次方程，它们分别有一个根和两个根．对于一般的一元 n 次方程

$$a_0x^n+a_1x^{n-1}+a_2x^{n-2}+\cdots+a_{n-1}x+a_n=0\quad (a_0,a_1,a_2,\cdots,a_{n-1},a_n\text{ 是实数或复数且 }a_0\neq 0),$$

“数学王子”高斯于18世纪末在其博士论文中证明了**代数学基本定理**：复系数 $n(n>0)$ 次多项式在复数域内恰有 n 个根（k 重根按 k 个计）．

若上述一般的 n 次方程中，系数 $a_0,a_1,a_2,\cdots,a_{n-1},a_n$ 均为整数，则称之为**整系数方程**．一个实数或复数若是某一个整系数方程的根，则称之为**代数数**．任何不是代数数的实数称为**超越数**．

例 2　(1) 方程 $x-n=0$(n 是整数)的根是 $x=n$,因此,所有整数是代数数.

(2) 方程 $px+q=0$(p,q 是整数,$p\neq 0$)的根是 $x=-\dfrac{q}{p}$,因此,所有的有理数是代数数.

(3) 方程 $x^2-n=0$(n 是自然数)的根是 $x=\pm\sqrt{n}$,因此,所有自然数的平方根是代数数.

(4) 方程 $x^2+1=0$ 的根是 $x=\pm\mathrm{i}$,因此,虚数 i 和 $-\mathrm{i}$ 是代数数.

仿照上例,可以构造出许多代数数,并可以看到,有理数集合是代数数集合的子集.

若考虑最初的起始数域是有理数域 $\mathbf{Q}$,因为可作图数当且仅当是有理数域 $\mathbf{Q}$ 的一系列扩域中的数,所以**所有可尺规作图的数就都是代数数**. 扩域 Q_1 中的数是以有理数为系数的 2 次方程的根,扩域 Q_2 中的数是以有理数为系数的 4 次方程的根,…. 一般地,扩域 Q_k 中的数是以有理数为系数的 2^k 次方程的根.

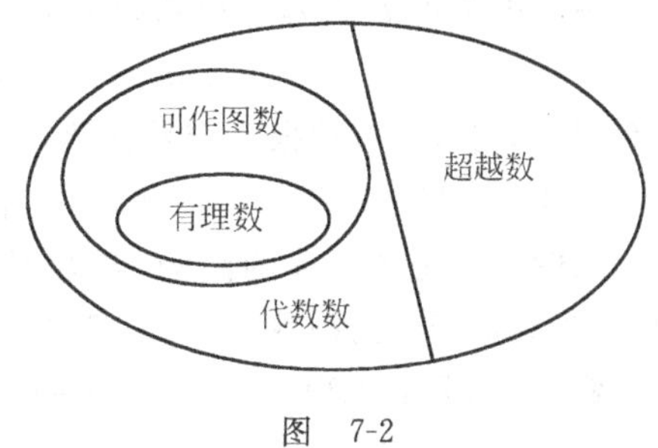

图　7-2

现在可以得到结论,实数分为代数数与超越数; 可作图数是代数数的一部分; 有理数又是可作图数的一部分(图 7-2).

例 3　证明: $x=\sqrt{3}+\sqrt{2+\sqrt{3}}$ 是 4 次方程的根.

证明　因为

$$(x-\sqrt{3})^2=2+\sqrt{3},$$

展开,得到

$$x^2-2\sqrt{3}x+3=2+\sqrt{3},\quad \text{或}\quad x^2+1=\sqrt{3}(1+2x),$$

两端平方,则有

$$(x^2+1)^2=3(1+2x)^2.$$

这是一个整系数的 4 次方程.

4. 有理系数方程与尺规数

对于中学代数中一元 2 次方程根与系数关系的韦达定理,我们已经很熟悉了. 更一般地,有如下定理.

定理 7.5　若整系数的一元 n 次方程

$$a_0x^n+a_1x^{n-1}+a_2x^{n-2}+\cdots+a_{n-1}x+a_n=0$$

有有理根 $\dfrac{q}{p}$ $\left(\text{已化成最简形式,即 } p,\ q \text{ 互素,此时也称} \dfrac{q}{p} \text{为既约分数}\right)$,则 q 是 a_n 的因数,p 是 a_0 的因数.

证明　将有理根 $\dfrac{q}{p}$ 代入整系数一元 n 次方程 $a_0x^n+a_1x^{n-1}+a_2x^{n-2}+\cdots+a_{n-1}x+a_n=$

0,得

$$a_0\frac{q^n}{p^n}+a_1\frac{q^{n-1}}{p^{n-1}}+\cdots+a_{n-1}\frac{q}{p}+a_n=0,$$

方程两边同乘以 p^n,得

$$a_0q^n+a_1q^{n-1}p+\cdots+a_{n-1}qp^{n-1}+a_np^n=0,$$

将上式变形为

$$q(a_0q^{n-1}+a_1q^{n-2}p+\cdots+a_{n-1}p^{n-1})=-a_np^n,$$

因为 p,q 互素,所以 q 是 a_n 的因数. 同理可证 p 是 a_0 的因数.

注 由定理 7.5,容易得到如下结论:若整系数的一元 n 次方程

$$x^n+a_1x^{n-1}+a_2x^{n-2}+\cdots+a_{n-1}x+a_n=0$$

有有理根,则这个有理根一定是整数,且是常数项 a_n 的因数.

例 4 证明:方程 $x^3-2=0$ 没有有理根.

证明 由定理 7.5 的注知,若方程 $x^3-2=0$ 有有理根,则此根必为整数,且是 2 的因数. 直接验证知 2 的因数 $\pm1,\pm2$ 都不是方程的根. 因此,$x^3-2=0$ 没有有理根.

例 5 证明:方程 $8x^3-6x-1=0$ 没有有理根.

证明 由定理 7.5 知,若方程 $8x^3-6x-1=0$ 有有理根 $\frac{q}{p}$,则 q 是 1 的因数,p 是 8 的因数. 从而,$\frac{q}{p}$ 只可能是 $\pm1,\pm\frac{1}{2},\pm\frac{1}{4},\pm\frac{1}{8}$,直接验证知它们都不是方程的根. 因此,$8x^3-6x-1=0$ 没有有理根.

下面,不加证明地给出一个重要定理.

定理 7.6 若一个有理系数的 3 次方程没有有理根,则它没有一个根是由有理数域 **Q** 出发的可作图数.

由定理 7.6,可以得到例 4、例 5 中的方程都没有可作图数作为它们的根.

7.3.3 几何作图三大难题的解答

1. 三等分任意角

现在要证明:只用直尺和圆规三等分任意角,一般来说是不可能的. 当然,特殊的角,如 90°,180°是可以三等分的. 我们要说明的是,对任意一个角的三等分都有效的方法是不存在的. 为此,只需证明存在一个角不能三等分即可.

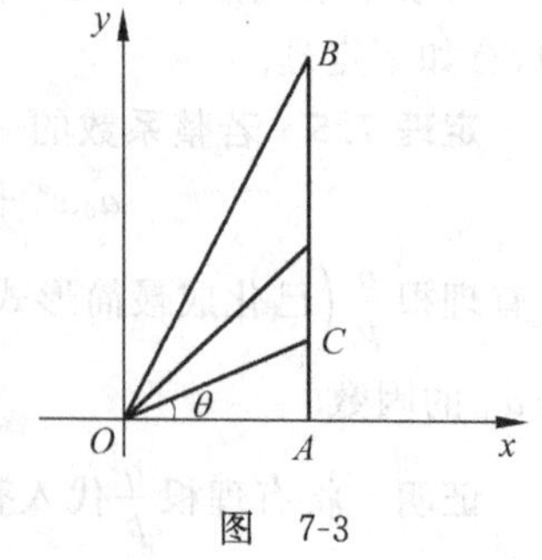

图 7-3

如图 7-3 所示,考虑 60°. 设 $\angle BOA=60°$,并设线段 $OA=1$. 假设可以三等分任意角,如图设 $\angle COA=\theta=20°$,那么,点 C 的纵坐标一定是有理数或可作图数,从而 $\cos\theta=\frac{1}{OC}$是有理数

或可作图数.

利用三角函数公式 $\cos 3\theta = 4\cos^3\theta - 3\cos\theta$，现在有 $\cos 3\theta = \cos 60° = \frac{1}{2}$，从而

$$4\cos^3\theta - 3\cos\theta = \frac{1}{2}.$$

令 $x=\cos\theta$，并代入上式，得到 x 满足如下方程：

$$8x^3 - 6x - 1 = 0.$$

但由 7.3.2 节的结论知这个方程没有有理根，也就没有可作图数作为根. 这说明假设错误，从而证明了三等分任意角是不可能的.

人们已经知道 60°角可以尺规作出，因此正六边形可以尺规作图. 若 60°角可以三等分，则正十八边形可尺规作图，从而正九边形也可尺规作图. 但现在已经证明 60°角不可以三等分，因此，正十八边形、正九边形不可以尺规作图.

2. 倍立方问题

为简便，不妨设给定的立方体的边长是 1，若体积是这个立方体体积的两倍的立方体的边长是 x，则有

$$x^3 = 2.$$

所以倍立方问题就是求满足如下方程的 x：

$$x^3 - 2 = 0.$$

若倍立方问题可解，则我们一定可以用直尺和圆规构造出长度为 $\sqrt[3]{2}$ 的线段，但由 7.3.2 节的结论知这是不可能的. 从而，倍立方问题不可解.

3. 化圆为方问题

考虑半径为 1 的圆，它的面积为 π. 若有一个边长为 x 的正方形，它的面积也为 π，于是有 $x^2=\pi$，即 $x=\sqrt{\pi}$. 但 $\sqrt{\pi}$ 是一个超越数，由 7.3.2 节的结论知这是一个不可作图的数，因此“化圆为方”的问题是不可解的.

自然数的底 e 与圆周率 π 都是超越数，证明这个问题是十分困难的，无数的数学家为此付出了艰苦的智力劳动. 1873 年，法国数学家埃尔米特(C. Hermite，1822—1901)证明了 e 是超越数；1882 年，德国数学家林德曼(C. L. F. von Lindemann，1852—1939)用与埃尔米特本质上相同的方法证明了 π 也是超越数.

习题 7

自主探索

1. 2015 年的“六一”儿童节是星期一，问 2016 年的“六一”儿童节是星期几？又 2016 年

的“十一”国庆节是星期六，问 2017 年的“十一”国庆节是星期几？

2. (1) 证明同余的可乘性：若 $a \equiv b \pmod{m}$，$c \equiv d \pmod{m}$，则 $ac \equiv bd \pmod{m}$（其中 a,b,c,d 为整数，m 为正整数）；

(2) 证明：若 $a \equiv b \pmod{m}$，则 $a^k \equiv b^k \pmod{m}$（其中 a,b 为整数，m,k 为正整数）.

3. 求 3^{12} 被 19 除所得的余数.

4. (韩信点兵)有兵士一队，若排成三列纵队，则剩余二人；排成四列纵队，剩余三人；排成五列纵队，剩余四人；排成七列纵队，剩余一人. 求士兵总数.

5. (物不知数)有一物，五五数之余三，六六数之余四，七七数之余一，求该物的最少总数.

6. (百鱼问题)100 条鱼共 100 斤，大鱼每条 10 斤，中鱼每条 1 斤，小鱼每条 $\frac{1}{16}$ 斤，求大、中、小鱼各多少条.

7. 现有一串字母组成的密码 QEXLIQEXMGW，其加密方法为：按照英文字母表的排列顺序，将字母表中的每个字母用它后面的第四个字母代替，按照这个密钥，将这串密码译成明文.

8. 若选 $p=5$，$q=17$，设计 RSA 公钥加密方案，发送英文明文“types”.

9. (1) 将如下的线性方程组用矩阵表示出来，并验证(1,2,3,4)是否为此方程组的解.

$$\begin{cases} x_1 + x_2 + x_3 + x_4 = 10, \\ x_1 + 2x_2 - 3x_3 + 4x_4 = 12, \\ 2x_1 - 3x_2 + 5x_3 - x_4 = 7, \\ 3x_1 - 15x_2 + 2x_3 + 6x_4 = 3. \end{cases}$$

(2) 将如下矩阵的表示形式写成线性方程组，并利用加减消元法求其解.

$$\begin{bmatrix} 2 & 1 & 2 \\ 4 & 2 & 5 \\ 2 & -1 & 3 \end{bmatrix} \begin{bmatrix} x \\ y \\ z \end{bmatrix} = \begin{bmatrix} 5 \\ 4 \\ 1 \end{bmatrix}.$$

10. 证明 $x=\sqrt{2}+\sqrt{3}$ 是某个有理系数方程的根.

合作研究

1. 有一个木工、一个电工、一个油漆工，三人相互同意彼此装修他们自己家的房子，且在装修前约定：

(1) 每人总共工作 10 天(包括给自己家装修在内)；

(2) 每人的日工资根据一般的市场价在 180～220 元之内；

(3) 每人的日工资应使每人的总收入与总支出相抵消.

表 7-4 所示为他们工作天数的分配方案，根据分配方案，利用矩阵表示求出他们每人的日工资(日工资均取正整数).

表 7-4

天数\工种	木工	电工	油漆工
在木工家工作天数	2	1	6
在电工家工作天数	4	5	1
在油漆工家工作天数	4	4	3

2. 将英文26个字母a,b,c,…,x,y,z分别用数字01,02,03,…,24,25,26编号，将"are"对应的矩阵$\boldsymbol{B}=[1\quad 18\quad 5]$进行传输，为保密，约定加密矩阵$\boldsymbol{A}=\begin{bmatrix}-1&0&1\\0&1&1\\1&1&1\end{bmatrix}$，传输矩阵$\boldsymbol{C}=\boldsymbol{A}\boldsymbol{B}^{\mathrm{T}}=\begin{bmatrix}-1&0&1\\0&1&1\\1&1&1\end{bmatrix}\begin{bmatrix}1\\18\\5\end{bmatrix}=\begin{bmatrix}4\\23\\24\end{bmatrix}$(其中的$\boldsymbol{B}^{\mathrm{T}}$称为$\boldsymbol{B}$的转置)，收到信息后，接收者将信息还原为明文矩阵$\boldsymbol{B}^{\mathrm{T}}=\boldsymbol{A}^{-1}\boldsymbol{C}=\begin{bmatrix}-1&0&1\\0&1&1\\1&1&1\end{bmatrix}^{-1}\begin{bmatrix}4\\23\\24\end{bmatrix}=\begin{bmatrix}1\\18\\5\end{bmatrix}$，从而得到明文信息. 现在假定接收者收到的密文矩阵为$\boldsymbol{C}^{\mathrm{T}}=[15\quad 19\quad 22]$，问原明文矩阵和明文英文信息是什么？

第8章 几何学应用专题

几何学是研究“形”的科学，它以视觉思维为主导，培养人的观察力、空间想象力和洞察力，理所当然成为了整个自然科学的启蒙者和奠基者，因而被赞誉为第一科学. 几何学应用广泛，无处不在. 从现代文明的成果看，无论是火箭、卫星的研制发射，还是人类生存空间的保护和改善，无一不用到几何学的知识；从推动科学的发展看，几何学的空间直观引起的直觉思维，构造几何模型产生的结构观念，追求严密逻辑走出的公理化道路，无一不渗透到数学乃至科学的各个领域.

本章主要介绍初等几何、解析几何、拓扑学、微分几何这些几何学主要分支的简单而现实的应用.

8.1 图形的美与实用——初等几何之应用

8.1.1 黄金分割的来源及应用实例

一个矩形，从中截去以其宽度为边长的一个正方形后，若余下的矩形与原来的矩形相似，则称之为**黄金矩形**(图 8-1). 这个名字的由来是因为这样的矩形看起来具备最和谐的美感.

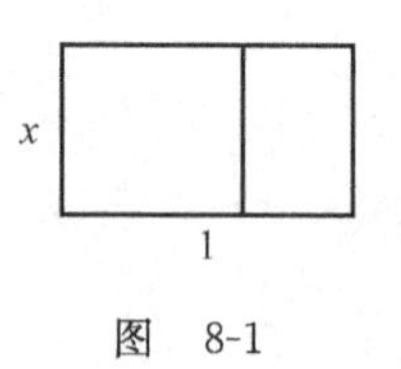

图 8-1

假设黄金矩形的长度为 1，宽度为 x，截去一个以 x 为边长的正方形后，余下的矩形长度为 x，宽度为 $1-x$，因为二矩形相似，故有

$$\frac{x}{1}=\frac{1-x}{x},$$

容易得到

$$x=\frac{\sqrt{5}-1}{2}\approx 0.618.$$

由于余下的小矩形与原矩形相似，因此小矩形再截去一个以其宽为边长的小正方形后，

余下更小的矩形仍与原矩形相似，这一过程可以无限地进行下去.

人们把黄金矩形的宽与长之比 $\bar{\omega}=\frac{\sqrt{5}-1}{2}\approx 0.618$ 称为**黄金分割数**或**黄金分割**. 古希腊的毕达哥拉斯学派曾赞美黄金分割是最美、最巧妙的分割. 黄金分割与勾股定理一起被誉为几何学的两大宝藏.

作为人类发现的优美和谐的几何产物，黄金分割在现实生活中有许多自觉或不自觉的应用实例.

例 1 国旗上的五角星

许多国家的国旗使用五角星的图案，因为五角星给人美感. 事实上，五角星各部位的比值中多次出现黄金分割数(图 8-2).(留作习题)

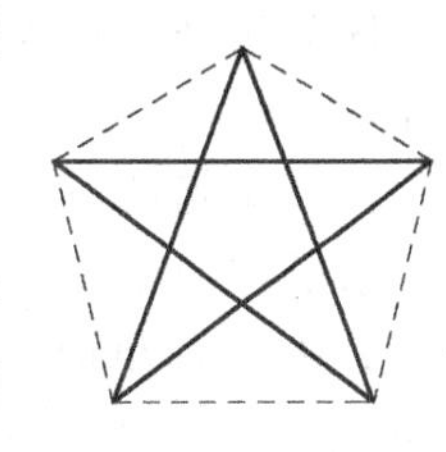

图 8-2

例 2 向日葵等植物的外形

植物学家发现，向日葵的外形中包含着黄金分割的原理. 向日葵的花盘上有一左一右的螺旋线，每一套螺旋线都符合黄金分割数. 例如，如有 21 条左旋，则有 13 条右旋，13 与 21 的比值约为黄金分割数；此外，向日葵的花盘边缘有两种不同形状的小花——管状花和舌状花，它们的数目分别是 55 和 89，其比值也约为黄金分割数. 向日葵等许多植物的叶片，其上下两层叶子原基之间的夹角是 137.5°，因为圆周角为 360°，360°－137.5°＝222.5°，故 137.5∶222.5≈222.5∶360≈0.618. 研究表明，在这种分布下，向日葵等植物能使得每一片叶子、枝条和花瓣互不重叠，从而最大限度地吸收阳光和营养，进行光合作用.

例 3 生物体的外形及感觉

动物学家发现，蝴蝶身长与双翅展开后的长度之比、虎的前肢将躯体分成两部分的水平长度之比、人的肚脐将人体分成两部分的长度之比等都接近黄金分割数. 医学专家观察到，人在精神愉快时的脑电波频率下限是 8Hz，而上限是 12.9Hz，下限、上限的比值接近黄金分割数；人的正常血压的舒张压与收缩压的比值 70∶110 也接近黄金分割数；人在 37℃(人的正常体温)×0.618(黄金分割数)≈23℃的温度环境下感觉最为舒适，且实验表明，处在这种温度下，机体内的新陈代谢和各种生理功能(例如，酶的代谢、消化功能、免疫功能等)处于最佳状态，这些都说明黄金分割在人的身体健美、健康、精神愉悦方面扮演重要的角色.

例 4 地球环境

人类居住的地球环境中，地表的纬度范围为 0°～90°. 若对其进行黄金分割，则 34.38°～55.62°是地球的黄金地带. 在这一黄金地带，全年的平均气温、日照时间、降水量、相对湿度等都是适合人类生活和植物生长的地区，这一地区分布着很多世界发达国家.

例 5 艺术设计

建筑学家们发现，黄金比能强化建筑形体的统一与和谐. 许多世界著名建筑，例如，古希腊的帕特农神庙、印度的泰姬陵、法国的埃菲尔铁塔都有不少与黄金分割数有关的数据. 在音乐设计中，音乐作品的高潮出现位置大多与黄金分割点接近；将手指放在琴弦的黄金分割点处，乐声就越发洪亮，音色就更加和谐；美术家发现，按照黄金分割比去设计绘画作品，则作品更具感染力. 意大利画家达·芬奇在创作中大量运用黄金矩形构图，《蒙娜丽莎的微笑》为其代表作. 节目主持人报幕，也常选择站在舞台左侧接近黄金分割点的位置；摄影师拍照时，常把主要景物置于黄金分割点处，以达到画面协调的效果.

例 6 优选法

在工程技术、科学实验等方面，经常会遇到反复试验的问题，人们总是希望用最简单的方式、最少的时间和最低的成本，来获取最好的效果.

优选法是研究对某类(单因素)问题如何用最少的试验次数找到"最佳试验点"的方法. 例如，炼钢时要加入某种化学元素增加钢的强度，那么这种化学元素的加入量为多少时最合适呢？简便起见，不妨设已知每吨钢应加入的该化学元素的数量在 1000～2000 克之间，现在要求最佳的加入量，使误差不超过 1 克，可以考虑采用如下几种方法.

方法 1. 简单但烦琐的方法是依次加入 1001 克、1002 克，直到 2000 克，做 1000 次试验，对照试验结果，找到最佳方案.

方法 2. "二分法"，即取 1000～2000 克的中点 1500 克，再分别取 1000～1500 克和 1500～2000 克的中点 1250 克和 1750 克，做两次试验. 若 1250 克效果较 1750 克效果差，就删去 1000～1250 克这段，在剩下的一段中再次取中点进行类似的操作，如此下去，就会逐渐接近最好的效果点.

相比方法 1，方法 2 需要的试验次数大大减少，更好一些. 但是，数学家华罗庚证明了"二分法"仍不是最好的方法. 最好的方法是每次取试验区间的 0.618 处，这样的方法称为"0.618 法"或"**黄金分割法**"，它可以用较少的试验次数较快逼近最佳方案.

下面首先说明黄金分割点具有所谓的再生性.

黄金分割点的再生性是指：若 C 是 AB 的黄金分割点，C_1 是 BA 的黄金分割点，则必定 C_1 又恰好是 AC 的黄金分割点；同样，若 C_2 是 CA 的黄金分割点，则必定 C_2 又恰好是 AC_1 的黄金分割点，等等，可以一直延续下去.

此处，"再生"的含义为：C_1 是 BA 的黄金分割点，若找 AC 的黄金分割点，不需要重新作图，C_1 就是 AC 的黄金分割点，即 AC 的黄金分割点可以自己"再生"出来.

根据黄金分割点的再生性，华罗庚设计了黄金分割法的一种直观易懂的表达方式——折纸法. 以前面的"炼钢时加入某种化学元素"问题为例.

用一个有刻度的纸条表达 1000～2000 克，在这纸条的 0.618 处画一条线，在这条线所指的刻度上做一次试验，即按照 1618 克做第一次试验. 然后把纸条对折，前一条线落在下一层纸的地方，对准前一条线再画一条线(此即再生的黄金分割点)，这条线在 1382 克处，再按照 1382 克做第二次试验. 把两次试验的结果比较，若 1618 克效果较差，就把 1618 克以外的较短的一段纸条剪去. 再把剩下的纸条对折，纸条上剩下的那条线落在下一层纸的地方，再画一条线(它又是再生的黄金分割点)，这条线在 1236 克处. 按照 1236 克做第三次试验，再和 1382 克的试验效果比较，若 1236 克的效果较差，就把 1236 克以外的较短的一段纸条剪去，再对折剩下的纸条，找到第四次试验点 1472 克. 比较 1472 克与 1382 克的试验效果，再剪去效果较差点以外的较短的一段纸条，再对折寻找下一次试验点. 一次比一次接近要找的点，直到达到满意的精确度. 注意，每次剪掉的都是效果较差以外的短纸条，保留下的是效果较好的部分，而每次留下纸条的长度是上次长度的 0.618 倍. 因此，纸条的长度按照 0.618 的 k 次方倍逐次减小，以指数函数的速度迅速趋于 0. 所以“0.618 法”可以较快地找到令人满意的点. 由于“黄金分割点的再生性”，我们本来需要做试验进行比较的那一点，恰是上次已经做过试验的点，这就减少了试验的次数. 如此下去，若进行十次试验，则可以将试验数据范围缩小到一千分之一以内，极大节省了时间和成本.

事实上，当纸条长度已经很小时，纸条上的任一点都可以作为“令人满意”的点了，因为最优点就在纸条上，你取得的点与最优点的误差一定小于纸条的长度. 20 世纪 50—60 年代，华罗庚将这种“优选法”在我国工农业生产中广泛推广和实施，获得了非常好的经济效益.

8.1.2　方圆合一的自然法则

正方形内切圆面积与正方形除去其内切圆后剩余的部分面积(图 8-3)之比为

$$\pi:(4-\pi)\approx 78:22.$$

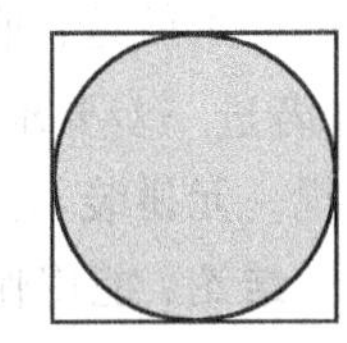
图　8-3

这一比值被称为“宇宙大法则”，因为自然界存在许多这样的近似构成比例. 例如，空气中的氮氧之比，人体中的水分与其他物质之比，地球表面的水陆面积之比等.

19 世纪末 20 世纪初，意大利经济学家帕累托(V. Pareto，1848—1923)曾据此提出一个近似原理：事物中琐碎的多数与重要的少数之比适合 80 ∶ 20，或事物 80%的价值集中于 20%的组成部分，人们将之称为**二八法则**. 现实生活中，二八法则的例子比比皆是. 例如，世界上 80%的财富集中在 20%的人手中；人的 10 个手指头中的 2 个负担了全部手指 80%的劳动；字典里 20%的词汇可以应付 80%的使用；80%所穿的衣服来自衣柜中 20%的衣物；80%看电视的时间花在 20%的频道；80%的电话通话时间沟通的是 20%的联系人；80%的外出吃饭都前往 20%的餐馆；等等.

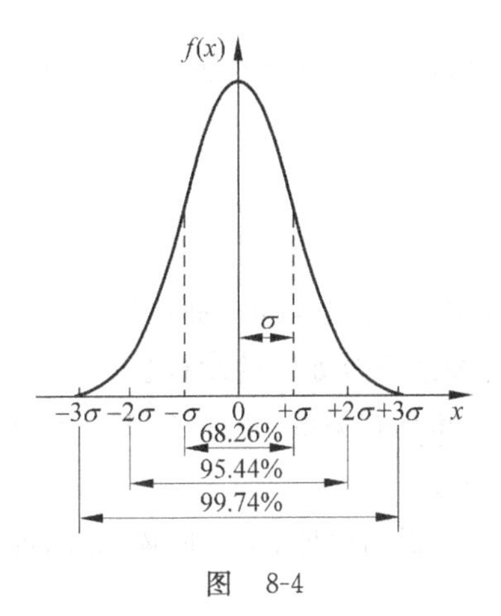

图　8-4

统计学中最重要的正态曲线(图 8-4)，其标准正态曲线的函数表达式 $y=\frac{1}{\sqrt{2\pi}}e^{-\left(\frac{x}{\sqrt{2}}\right)^2}$ 中包含了$\sqrt{2}$，π，e 这三个常数，其中$\sqrt{2}$是边长为 1 个单位的正方形的对角线长度，π 是单位圆的面积，e 是反映自然与社会法则普遍规律的重要常数，这一曲线从另一方面揭示了方圆合一的自然规律.

正态曲线具有普适性(见第10章),它反映了自然与社会中极普遍的一种情况,可以粗略地描述为:天下形形色色的事物中,“两头小,中间大”的居多,如人的身高,太高太矮的都不多,而居于中间者占多数.再如,动植物的高度、重量、体积,学生的学习能力、动手能力、考试成绩,工厂生产产品的各种质量指标等都近似符合“两头小,中间大”的法则.

8.1.3 多边形内角和与拼装技术

众所周知,在欧氏几何中,有结论:n边形的内角和为$(n-2)\pi$,且任何凸多边形(指所围图形中任何两点的连线仍在图形中)的外角和都等于2π(图8-5).这个看似普通的结论具有一定的应用价值.

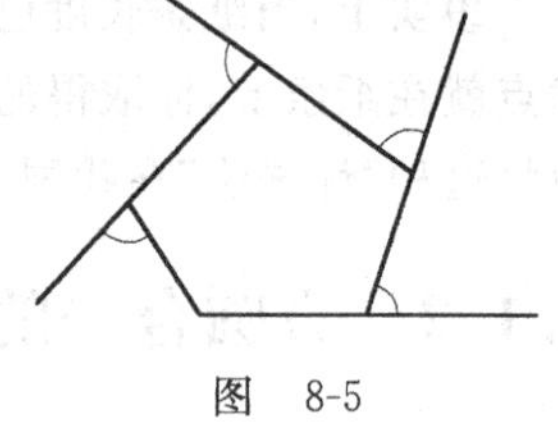

图 8-5

人们在装修时选择适当的地砖以实现图案的美丽,对拼装最基本的要求就是:地砖之间应该严丝合缝,既无空白也不重叠,这种铺拼图案的方法称为**拼装技术**.拼装技术蕴含着独特的数学原理.若对拼装要求实用、和谐、美观,制造与拼装方便等,那么附加的要求就是:地砖应该采用同一种样式,这种方法称为**一元拼装**.若进一步要求每一块地砖都采用同一种正多边形,则这种方法称为**正规一元拼装**.对于正规一元拼装,有如下结论.

结论:能用作正规一元拼装的正多边形只有三种:正三角形、正方形和正六边形.

上述结论的证明如下:对于一个正规拼装的公共顶点处,假设该顶点处围聚了m个正n边形,因为正n边形的一个内角度数为$\frac{n-2}{n}\pi$,该顶点处各内角之和应该是一个圆周角2π,即满足$m\frac{n-2}{n}\pi=2\pi$,可知$(m-2)(n-2)=4$,从而必有$n=3,4,6$.

进一步地,还有下述结论:能够正规一元拼装的三种正多边形(正三角形、正方形和正六边形)中,若给定面积,则正六边形周长为最小.

蜜蜂将蜂巢建造成正六棱柱形状,可以使得用料最少,付出劳动最小而获得相同的空间,体现了数学中的拼装最优化原理,令人类叹为观止.

8.1.4 正多面体的种类及应用

平面多边形的边数与顶点数一样多,作为平面多边形的推广,尽管空间多面体的个数没人说得清,但是空间多面体的边(棱)数、顶点数、面数之间的关系符合如下的欧拉公式.

欧拉公式:任何凸多面体的面数F、边数E、顶点数V之间具有关系:$F-E+V=2$.例如,正方体的面数是6,边数是12,顶点数是8,有$6-12+8=2$.

利用欧拉公式可以证明如下结论:正多面体只有5种——正四面体、正六面体、正八面体、正十二面体和正二十面体.

这一结果与平面多边形的情形大相径庭，却起到了化繁为简的作用. 事实上，利用 n 边形的内角和公式，可以证明这个结论.

证明：仅考虑一个顶点处，设正多面体中的一个顶点处围聚了 m 个正 n 边形. 因为正 n 边形的一个内角度数为 $\frac{n-2}{n}\pi$，而该顶点处(凸起)的周角为 $m\frac{n-2}{n}\pi<2\pi$，故有 $(m-2)(n-2)<4$，从而 m、n 的取值以及正多面体的情况只能有以下 5 种：

(1) $m=n=3$，对应正四面体；

(2) $m=3$，$n=4$，对应正六面体；

(3) $m=4$，$n=3$，对应正八面体；

(4) $m=3$，$n=5$，对应正十二面体；

(5) $m=5$，$n=3$，对应正二十面体(图 8-6).

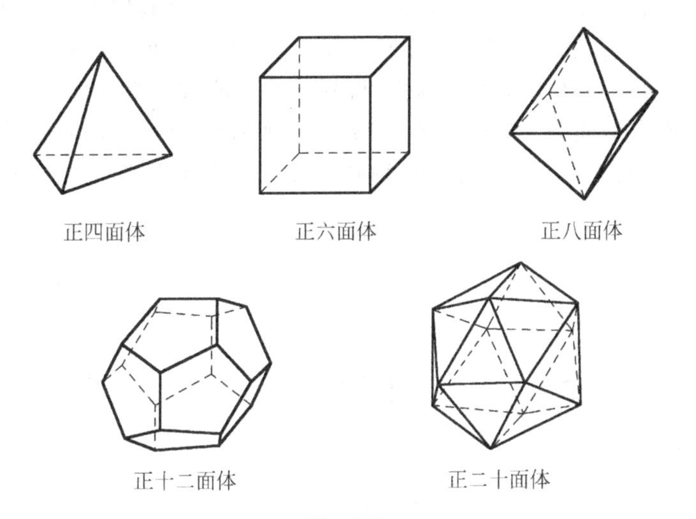

图 8-6

其中正四面体、正八面体、正二十面体的各面是正三角形；正六面体的各面是正方形；正十二面体的各面是正五边形. 正多面体在应用上具有优越性，例如，因为正多面体形状的骰子会比较公平，所以正多面体骰子经常出现在机会游戏中. 正四面体、正六面体、正八面体常出现在结晶体结构中；正多面体经过削角操作可以得到其他对称性的类似结构，例如，著名的富勒烯——球状分子碳 60(图 8-7)空间结构就是正十二面体经过削角操作得到的；正多面体和由正多面体衍生的削角正多面体大多有很好的空间堆积性质，即它们可以在空间中紧密堆积. 因此，人们常常选择正多面体或者削角正多面体的盒子作分子模拟的量化分析.

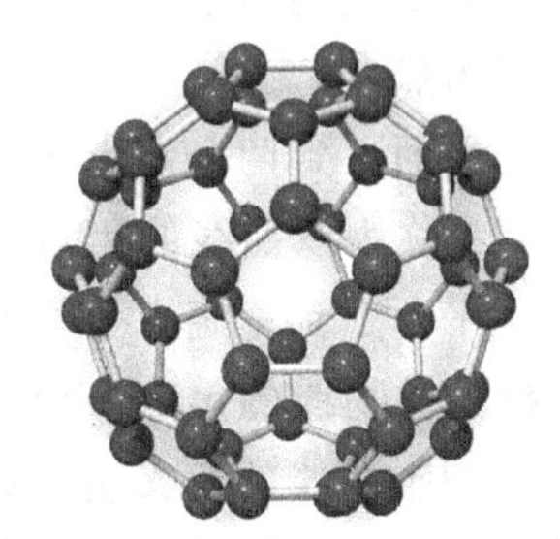

图 8-7

8.2 远光灯、机械曲线——解析几何之应用

8.2.1 解析几何之圆锥曲线简介

1. 几何描述

2000 多年前，古希腊数学家阿波罗尼奥斯采用平面截割圆锥曲面的方法得到了圆锥曲线，并将前人的研究成果及个人的创建总结在《圆锥曲线论》一书中，圆锥曲线的理论及应用后经历代数学家的增补改进而不断完善.

直线 L 绕另一条与之相交的直线 L' 旋转一周所得到的旋转曲面称为**圆锥面**. 两直线的交点称为圆锥面的顶点. 直线 L' 称为圆锥面的轴，直线 L 的任何位置称为圆锥面的母线.

用垂直于圆锥面的轴的平面去截圆锥，得到的截口曲线是圆；但把平面渐渐倾斜，则得到的截口曲线依次是椭圆、抛物线、双曲线，这三种曲线合称圆锥曲线(图 8-8). 即在几何观点下，用一个平面去截一个圆锥面，得到的交线就是圆锥曲线(严格地讲，还包括一些退化情形).

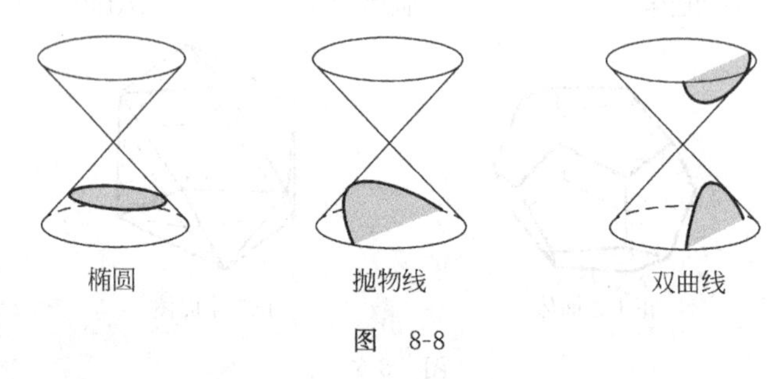

图 8-8

圆锥曲线的几何定义如下：

平面上到两个定点 F_1,F_2 的距离之和为定长的动点的轨迹称为**椭圆**，定点 F_1,F_2 称为椭圆的焦点.

平面上到两个定点 F_1,F_2 的距离之差的绝对值为定长的动点的轨迹称为**双曲线**，定点 F_1,F_2 称为双曲线的焦点.

平面上到一定点 F 的距离与到一定直线 l 的距离相等的动点的轨迹称为**抛物线**，定点 F 称为抛物线的焦点，定直线 l 称为抛物线的准线.

圆锥曲线的定义也可以作如下的统一叙述：平面上到一定点 F 的距离与到一不过点 F 的定直线 l 的距离之比为常数 e 的动点的轨迹称为**圆锥曲线**. $0<e<1$ 时称为椭圆，$e>1$ 时称为双曲线，$e=1$ 时称为抛物线.

2. 代数观点

解析几何出现之后，在平面上取定坐标系，将点与有序实数对（坐标）对应，曲线与代数方程对应，开创了以代数方法研究几何问题的途径. 这样，在代数观点下，在二维平面上，二元二次方程

$$ax^2+bxy+cy^2+dx+ey+f=0 \quad (a,b,c,d,e,f\text{ 均为常数})$$

的图像根据常数取值的不同，代表了圆锥曲线（椭圆、双曲线、抛物线）以及各种退化情形，所以圆锥曲线也称为**二次曲线**.

对于圆锥曲线，比较简单常用的情形是直角坐标系下的标准方程.

椭圆的标准方程为$\frac{x^2}{a^2}+\frac{y^2}{b^2}=1$，其中 a,b 是大于零的常数且 $a>b$. a 称为椭圆的长半轴，b 称为椭圆的短半轴；记 $c=\sqrt{a^2-b^2}$，则 $e=\frac{c}{a}(0<e<1)$称为椭圆的离心率（图 8-9(a)).

双曲线的标准方程为$\frac{x^2}{a^2}-\frac{y^2}{b^2}=1$，其中 a,b 是大于零的常数. a 称为双曲线的实半轴，b 称为双曲线的虚半轴；记 $c=\sqrt{a^2+b^2}$，则 $e=\frac{c}{a}(e>1)$称为双曲线的离心率（图 8-9(b)).

抛物线的标准方程为 $y^2=2px$，其中 $p(p>0)$是焦点到准线的距离. 这里，抛物线上的动点至焦点$\left(\frac{p}{2},0\right)$的距离与到准线 $x=-\frac{p}{2}$的距离之比 $e=1$，称为抛物线的离心率（图 8-9(c)).

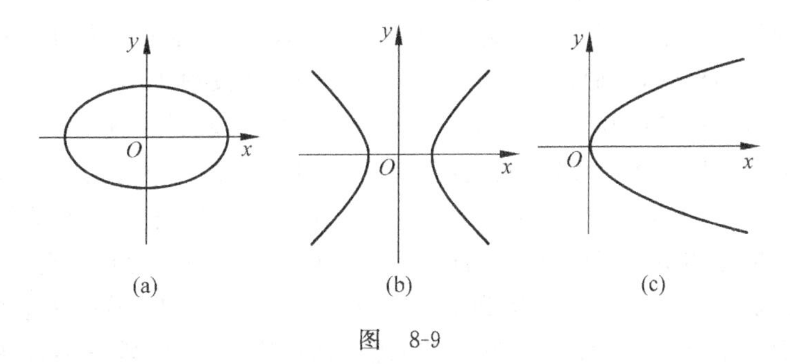

图 8-9

3. 现实原型

圆锥曲线一直是几何学研究的重要内容之一，同时，圆锥曲线在人类的实际生活中也存在着许许多多的现实原型.

在地面上，我们斜抛出去的物体的运动轨道是抛物线，炮弹发射出去的轨迹也是抛物线. 在宇宙中，我们生活的地球每时每刻都在环绕太阳沿着椭圆轨道运行，太阳系中其他行星也如此，太阳位于椭圆轨道的一个焦点上. 若这些行星的运行速度增大到某种程度，它们就会沿抛物线或双曲线运行，人类发射人造地球卫星或人造行星即遵循这个原理. 相对于一

个物体，按照万有引力定律，受它吸引的另一物体的运动，不可能有任何其他的轨道了.

进一步地，由圆锥曲线可以导出许多重要的曲面，例如，旋转抛物面、椭球面、单叶双曲面、双叶双曲面、椭圆抛物面和双曲抛物面等，这些特殊的曲面在现实生活中因为各自不同的特点和特殊性质都有一定的应用.

综上，人们发现圆锥曲线不仅是平面截割圆锥面得到的平面静态曲线，而且是整个宇宙和我们生活的自然界中最基本、最普遍的物体运动轨迹和几何形态.

8.2.2 圆锥曲线的应用

1. 天文学上的应用

16 世纪，德国天文学家开普勒揭示出太阳系行星运行的规律，使圆锥曲线成为人们认识自然的重要工具. 开普勒研究了丹麦天文学家第谷(B. Tycho，1546—1601)积累的行星运动的大量观测数据，于 1609—1619 年提出了行星运动的三大定律(开普勒定律).

第一定律：每颗行星都沿各自的椭圆轨道环绕太阳，而太阳则处在椭圆的一个焦点上.

第二定律：在相等时间内，太阳和运行中的行星的连线所扫过的面积都相等.

第三定律：绕以太阳为焦点的椭圆轨道运行的所有行星，其椭圆轨道长半轴的立方与周期的平方之比是一个常量.

开普勒三大定律不仅适用于行星绕太阳的运动，也适用于任何的“二体系统”的运动，例如，地球与月亮，地球和人造地球卫星等.

人们用牛顿第二定律和万有引力定律，不仅能从理论上推导出开普勒三大定律，还能给出“三个宇宙速度”的概念，全面地描述天体运动的轨道. 在发射火箭时，火箭成为人造地球卫星(对地球而言，轨道是椭圆)还是人造行星(对地球而言，轨道是抛物线或双曲线)，就根据燃料用完时火箭速度的大小而定. 我们把火箭燃料用完时的速度称为“发射速度”. 在地球上发射一个物体，如果发射速度 V_0 太小，由于地球引力的作用，这个物体就会被吸回地面. 要想使物体摆脱地球的引力，就需要给物体足够大的动能，这就体现在给它一个足够大的发射速度. 研究发现，只有当发射速度达到或超过 $V_1=7.91\text{km/s}$ 时，物体才会保持在空中运行而不回到地面上来. $V_1=7.91\text{km/s}$ 称为“环绕地球速度”，也称“**第一宇宙速度**”. 当 $V_0=V_1$ 时，发射体的轨道是以地心为圆心的圆. 当 $V_0>V_1$ 时，发射体的轨道(对地球而言)是以地心为焦点的圆锥曲线，该圆锥曲线的离心率 e 随发射速度 V_0 的增大而增大，从而发射体的轨道可能是椭圆、抛物线或双曲线.

可以准确地描述发射速度与轨道形状之间的关系如下. 若记 $V_2=11.2\text{km/s}$，$V_3=16.7\text{km/s}$，当 $V_1<V_0<V_2$ 时，则 $0<e<1$，发射体的轨道是一个椭圆；随着发射速度 V_0 的增大，离心率 e 也增大，长轴越来越长，轨道越来越扁平，但发射体还是环绕地球沿椭圆轨道运行，成为人造卫星. $V_0=V_2$ 时，则 $e=1$，发射体的轨道是抛物线(的一半). 当 $V_0>V_2$ 时，则 $e>1$，发射体的轨道是双曲线(一支的一半). 当 $V_0\geqslant V_2$ 时，发射体将远离地球，脱离地球的引力范围，不再回到地球附近，所以 $V_2=11.2$km/s 称为"逃逸地球速度"，也称"**第二宇宙速度**". 当 $V_0 \geqslant V_2$ 时，发射体远离地球后，太阳引力的作用成为决定因素，发射体的轨道成为以太阳为焦点的圆锥曲线. 当 $V_2 \leqslant V_0 < V_3$ 时，发射体的轨道是以太阳为焦点的椭圆，发射体成为一颗人造行星. 当 $V_0 \geqslant V_3$ 时，发射体将挣脱太阳的引力，飞到太阳系以外去，所以 $V_3=16.7$km/s 称为"逃逸太阳系速度"，也称"**第三宇宙速度**".

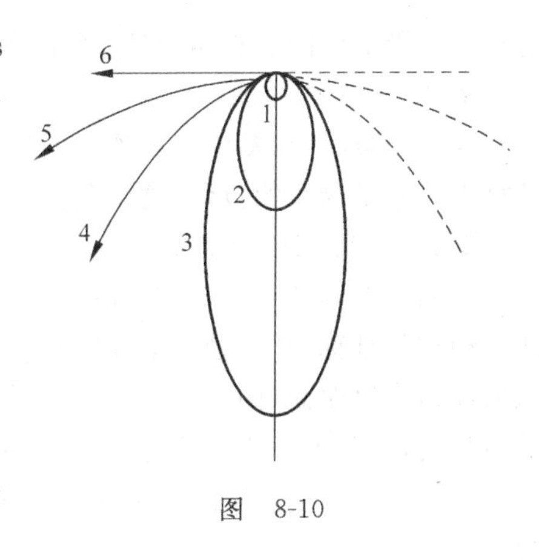

图 8-10

图 8-10 中，1 表示 $V_0=7.91$km/s 时的圆周轨道；2 表示 $V_0=10.0$km/s 时的椭圆轨道；3 表示 $V_0=11.0$km/s 时的椭圆轨道；4 表示 $V_0=11.2$km/s 时的抛物线轨道；5 表示 $V_0=12.0$km/s 时的双曲线轨道；6 表示 $V_0 \to \infty$ 时的直线轨道.

2. 物理光学上的应用

汽车前灯、太阳灶和探照灯等的反射镜面的形状都是由抛物线绕其对称轴旋转而成的旋转抛物面，这样可以得到亮度很强、照得很远的平行光束. 原因是抛物线具有如下的光学性质：将光源置于抛物线的焦点上，则发射出来的光线经过抛物线反射以后都向平行于对称轴的方向发射出去.

椭圆、双曲线也有类似的光学性质：从椭圆的一个焦点发出的光线，经过椭圆反射后就集中到另一个焦点上；从双曲线的一个焦点发出的光线经过双曲线反射后就像从另一个焦点发出一样. 反过来，根据光传播路径的可逆性，平行于抛物线对称轴的光线，经过抛物线的反射后都向它的焦点集中；而从远侧向双曲线的一个焦点集中的光线，经过双曲线反射后就向另一个焦点集中.

因为热、声、电磁波的传播路径与光一样，所以圆锥曲线的光学性质在科学技术上有着广泛应用. 例如，我们可以把太阳光当作平行光线，经过抛物镜面的反射而集中于焦点，在焦点处产生高温(这也是"焦点"一词的由来)，制成太阳灶或太阳能热水器. 再如，我们可以将雷达定向天线装置的反射器、射电天文望远镜的反射器和电视微波中继器的反射器等做成旋转抛物面或抛物柱面的形状，以保证电磁波的发射和接收有良好的方向性. 美国阿雷西博天文台 366m 直径的射电望远镜是世界上现存最大的抛物面天线射电望远镜.

3. 其他应用

例 1 拱形设计

桥梁一般采用拱形，并常常采用抛物线拱形，是考虑到建筑物的平衡条件，也考虑到桥梁所受的连续均匀分布的竖直向下的荷载. 隧道或涵洞的拱形则常常是椭圆拱形，这是因为它除了承受上面的竖直压力外，还承受两侧泥石的水平压力.

例 2 安全抛物线

矿山爆破时，在爆破点处炸开的矿石轨迹是不同的抛物线. 根据地质、炸药的因素可以计算出这些抛物线的范围. 这个范围的边界又是一条抛物线，称为“安全抛物线”.

例 3 单叶双曲面造型

双曲线有两条对称轴，与双曲线相交的对称轴称为“实轴”，与双曲线不相交的轴称为“虚轴”. 双曲线绕虚轴旋转形成“单叶双曲面”. 单叶双曲面是直纹曲面(图 8-11)，它上面有两个直母线族，各族内的母线彼此不相交，而与另一族母线总相交. 利用这种性质可用来建造坚固的水塔. 用钢筋混凝土建造水塔时，若将钢筋作为两个直母线族，使它们构成一张单叶双曲面，就会得到一个非常轻巧又坚固的建筑物. 许多化工厂、热电厂、炼钢厂的双曲面形冷却塔就是用这个原理建造的.

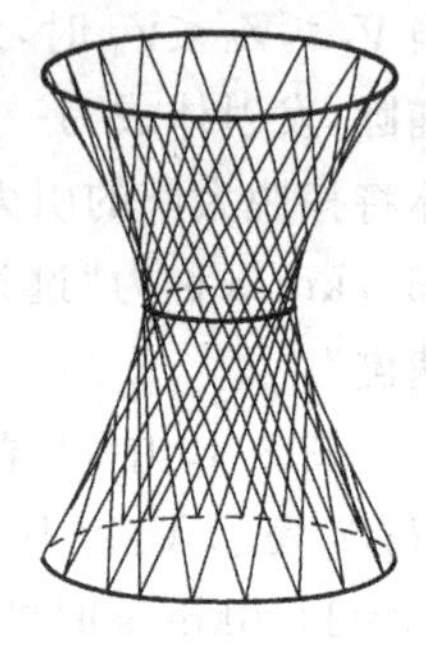

图 8-11

8.2.3 远光灯的原理解析

抛物线绕其轴旋转一周，得到旋转抛物面. 抛物线的轴也是旋转抛物面的轴，在这个轴上有一个具有奇妙性质的焦点：任何一条过焦点的直线由抛物面反射出来以后，都成为平行于轴的直线.

远光灯常常采用旋转抛物面造型，利用的就是这种曲面反射镜获得平行光的原理. 从几何上，具体而言：设抛物线的方程是 $y^2=4px$，若把光源放在焦点$(p,0)$，那么从焦点发出的光线经过抛物线反射后的反射光线是与轴线(x 轴)平行的光线(图 8-12)；反过来，如果入射光是与 x 轴平行的光线，那么经抛物线反射后，光线都应该聚焦于焦点$(p,0)$. 下面应用导数的几何意义(见第 9 章)来说明这一性质.

光线的反射服从一定的规律. 图 8-13 中的光线从点 A 出发，射到曲线 $y=f(x)$上的点 B 后反射到点 C. 设曲线在点 B 有一条切线，过点 B 作曲线在点 B 的法线(与切线垂直的直线). 光线的反射定律是入射角 α(入射光线与法线的夹角)等于反射角 β(反射光线与法线的夹角)，即 $\alpha=\beta$.

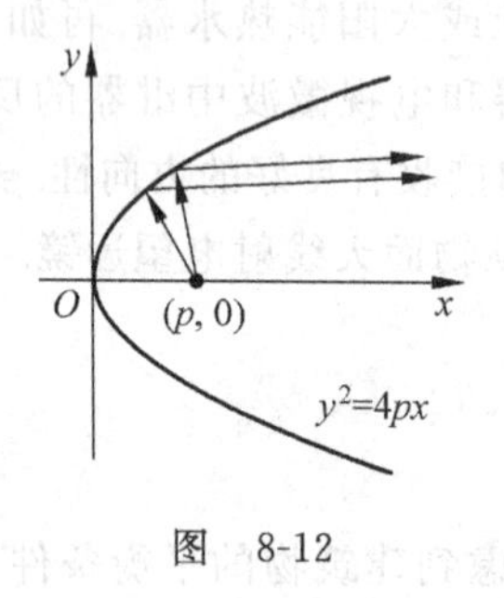

图 8-12

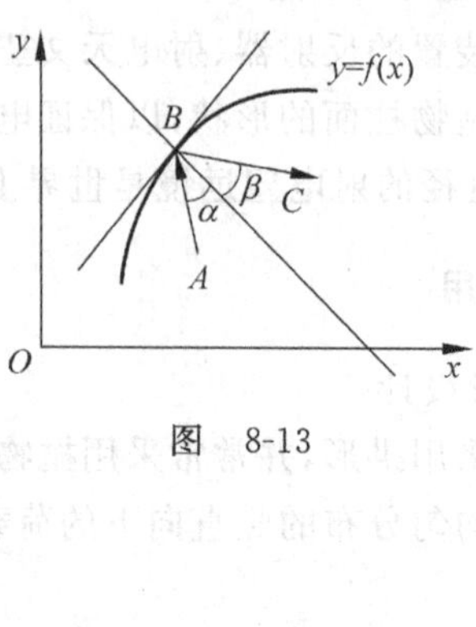

图 8-13

再来讨论抛物线的性质.若切线与 x 轴的夹角为 θ,那么平行于 x 轴的入射光线与法线的夹角是 $\frac{\pi}{2}-\theta$.由光的反射定律,反射光线与法线的夹角也是 $\frac{\pi}{2}-\theta$.从而,由平行线同旁内角的性质知,反射光线与 x 轴的夹角是 2θ(图 8-14).

由导数的几何意义得

$$\tan\theta=\frac{\mathrm{d}y}{\mathrm{d}x}=\frac{\sqrt{4p}}{2\sqrt{x}}=\frac{y}{2x},$$

从而

$$\tan 2\theta=\frac{2\tan\theta}{1-\tan^2\theta}=\frac{y}{x-p}.$$

由图 8-15 可以看出,焦点 $A(p,0)$ 和点 $B(x,y)$ 的连线 AB 的斜率正好是 $\frac{y}{x-p}$,这说明反射光线是通过焦点 $A(p,0)$ 的.因为点 $B(x,y)$ 是抛物线上的任意一点,所以只要入射光线与 x 轴平行,通过抛物线上的任意一点反射后,反射光线总通过抛物线的焦点.

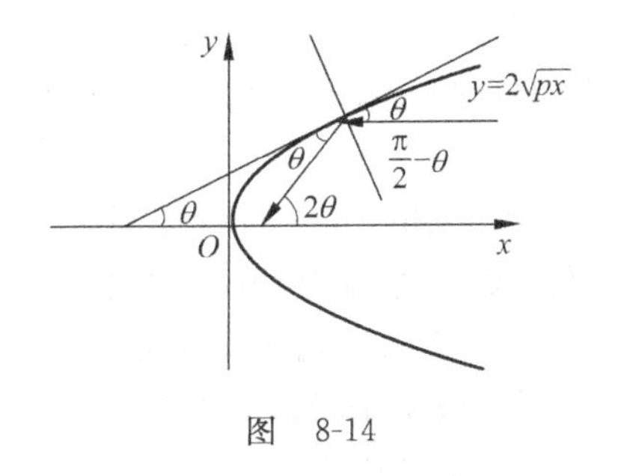

图 8-14

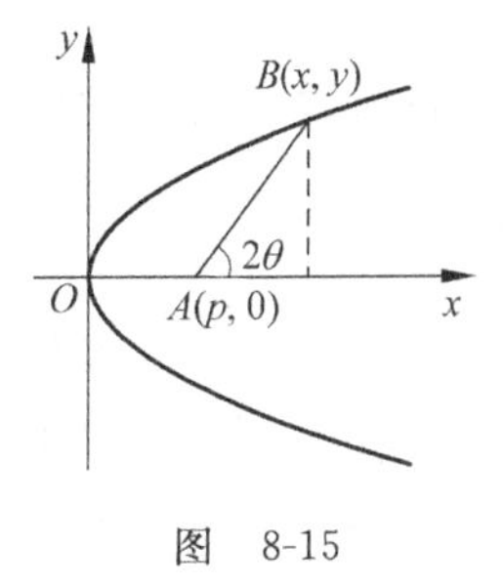

图 8-15

8.2.4 旋轮线(最速降线)的产生及应用

1. 最速降线问题

设想有一根直的金属线把图 8-16 中的 A 点与较低处的 B 点相连,并有一个串珠可以不受阻力沿着线从 A 滑到 B,也可设想从 A 到 B 的线是弯曲圆弧的情形,问串珠沿直线下落快还是沿圆弧下落快?

伽利略相信沿圆弧下落较快,也许大多数人都会同意他的看法.1696 年,约翰·伯努利提出了更一般的问题:一个质点沿着连接 A 点与较低处的 B 点的一条曲线无摩擦力地下滑,若质点只在重力的影响下,并设想线能变成任意曲线的形状,问在无穷多种可能的曲线中,沿哪一条曲线下落所需时间最少?这样的曲线被称为**最速降线**(也称**捷线**).讨论最速降线的形状或表达式,需要先阐述一个光学问题——费马最小时间原理.

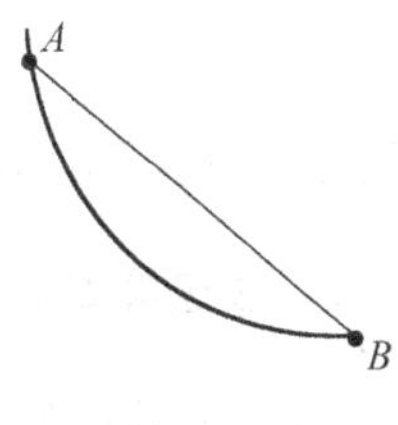

图 8-16

2. 费马最小时间原理

考虑一个光学问题. 如图 8-17 所示,一道光线以速度 v_1 从 A 到达 P,进入较密媒质后以较低速度 v_2 从 P 到达 B,按照图中的记号,经过整个路程所需要的时间是

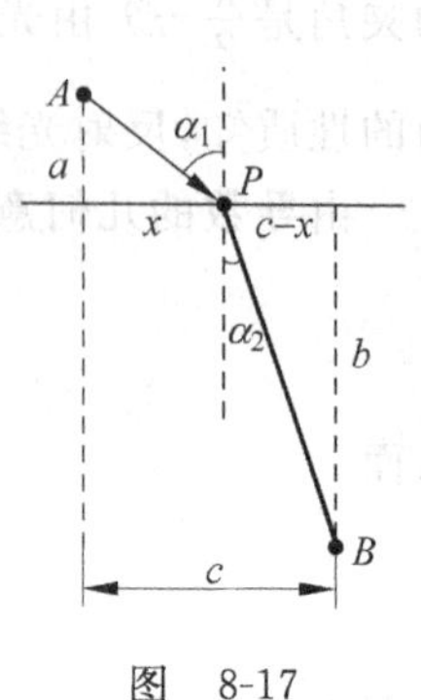

图 8-17

$$T=\frac{\sqrt{a^2+x^2}}{v_1}+\frac{\sqrt{b^2+(c-x)^2}}{v_2}.$$

设此光线能选取从 A 到 B 的路线使得 T 最小,则 $\frac{\mathrm{d}T}{\mathrm{d}x}=0$(见第 9 章). 用初等微积分方法,得到

$$\frac{x}{v_1\sqrt{a^2+x^2}}=\frac{c-x}{v_2\sqrt{b^2+(c-x)^2}}$$

或

$$\frac{\sin\alpha_1}{v_1}=\frac{\sin\alpha_2}{v_2}.$$

这就是史奈尔折射定律,最初是由荷兰天文学家、数学家史奈尔(W. Snell,1591—1626)通过实验发现的.

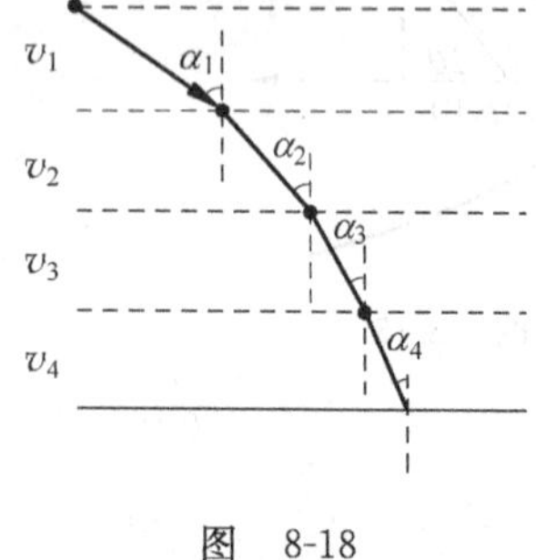

图 8-18

光沿着所需时间最少的路径从一点行进到另一点,这一假设称为**费马最小时间原理**. 这个原理不仅给史奈尔折射定律提供了合理的依据,还可以用来求出光在可变密度媒质中运行的路径. 在那种媒质里,光一般不是沿着直线而是沿着曲线行进的. 图 8-18 所示是在多层的透光媒质情形中,在每一层里光速不变,但从该层到其下一层,因媒质密度增加,光速降低. 当光一层层往下行进时,它就越来越折向垂线,于是若在两层交界处应用史奈尔定律,便得

$$\frac{\sin\alpha_1}{v_1}=\frac{\sin\alpha_2}{v_2}=\frac{\sin\alpha_3}{v_3}=\frac{\sin\alpha_4}{v_4}.$$

其次,若让各层变得越来越薄而层数越来越多,于是在极限情形下,光线往下进行,其速度就连续下降,可得结论

$$\frac{\sin\alpha}{v}=\text{常数}.$$

这可近似看作是太阳光通过密度连续增加的大气层速度逐渐变慢而照到地面的情形(图 8-19).

3. 最速降线即摆线

引入如图 8-20 所示的坐标系,并假设串珠也像光线那样能选择从 A 滑到 B 的路径,即使所需时间尽可能短. 从上述论点,得

$$\frac{\sin\alpha}{v} = \text{常数}. \tag{8-1}$$

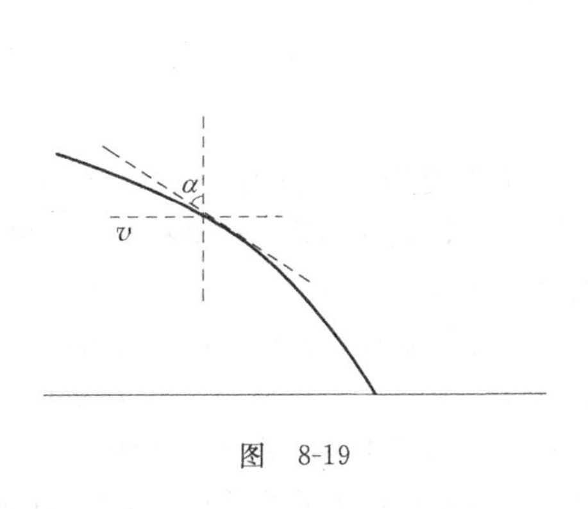

图　8-19

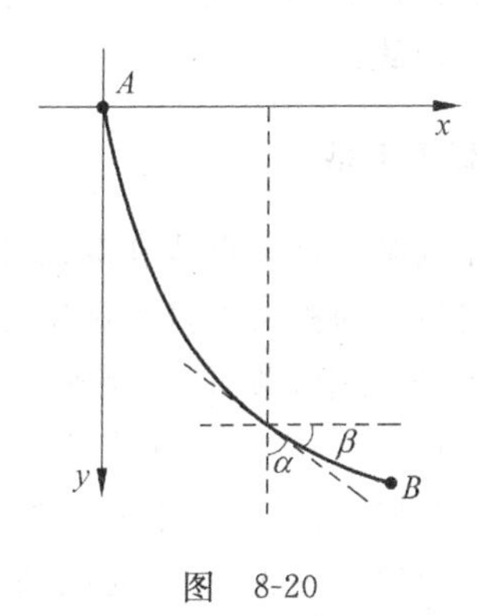

图　8-20

根据能量守恒定律，串珠在一定高度处的速度 v，完全由其到达该高度所损失的势能确定，而与所经过的路径无关. 对于从初始位置 $y_0=0$ 处从静止下落的物体，由能量守恒定律知，它所获得的动能等于所损失的势能，因此有

$$\frac{1}{2}mv^2 = mgy,$$

从而，用物体的下落距离 y 表示下落速度的公式为

$$v = \sqrt{2gy}. \tag{8-2}$$

由图 8-20 的几何关系，我们还有

$$\sin\alpha = \cos\beta = \frac{1}{\sqrt{1+\tan^2\beta}} = \frac{1}{\sqrt{1+(y')^2}}, \tag{8-3}$$

把式(8-1)～式(8-3)这些分别来自光学、物理力学和微积分的式子结合起来，得

$$y[1+(y')^2] = c.$$

这就是关于最速降线的微分方程(微分方程的概念见第 9 章).

利用微分方程中的分离变量的方法以及变量代换(从略)，可得到最速降线的参数方程：

$$x = a(\theta - \sin\theta), \quad y = a(1-\cos\theta),$$

这是如图 8-21 所示的**旋轮线**(也称摆线)的标准参数方程，这种曲线是由半径为 a 的圆的圆周上一点在圆沿着 x 轴滚动时产生的轨迹.

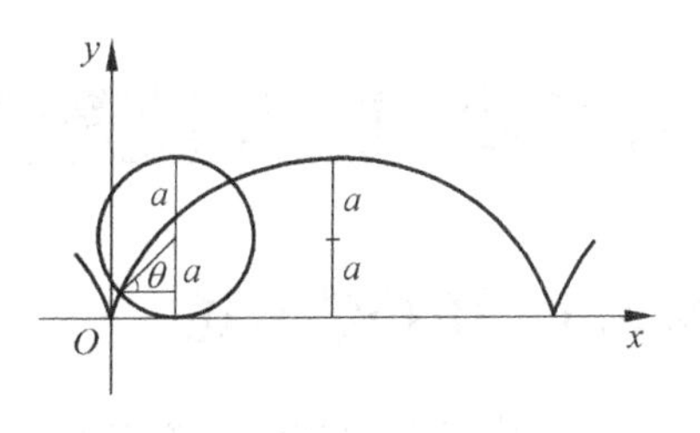

图　8-21

旋轮线和有趣的力学问题也有联系，特别和理想的钟摆的制作有联系. 荷兰数学家惠更斯(C. Huygens，1629—1695)曾发现：一个理想的质点，在没有摩擦力的情况下，受重力影响在铅直的旋轮线上振

动时，其振动周期和运动的振幅无关. 与此相对地，一个普通摆所走的一条圆弧路径，和振幅的无关性则只是近似正确，这被认为是用摆制造精确钟表的缺陷. 因此，旋轮线被誉为**等时性曲线**.

4. 机械曲线

设计机械工具画直线和圆以外的曲线，可以大大扩充作图的范围. 自古以来，数学家就知道能用简单的机械工具来确定和画出许多有趣的曲线，这些曲线一般被称为**机械曲线**. 在这些机械曲线中，旋轮线无疑是最引人注目的，古埃及的天文学家托勒密(Claudius Ptolemaeus，100—170)，就曾以十分巧妙的方式用旋轮线来描述太空中行星的运动.

如前所述，若一个圆沿着一条直线无滑动地滚动，则圆周上某一固定点 P 所描出的曲线就是最简单的旋轮线. 旋轮线的一般形状是支撑在这直线上的一系列拱形线.

若把点 P 选在圆的内部(如在一个轮子的辐条上)或在圆半径的延长线上(如在火车轮的凸缘轮上)，就可以得到这种曲线的不同变形.

旋轮线可以进一步变形，让一个圆不是在直线而是在另一个圆上滚动. 若滚动着的半径较小的圆内切于半径较大的圆，则小圆的圆周上一固定点的轨迹为**圆内旋轮线**(或称内摆线)；滚动一个圆使它外切于一个固定的圆，还能产生另一种旋轮线，称为**圆外旋轮线**(或外摆线)(图 8-22).

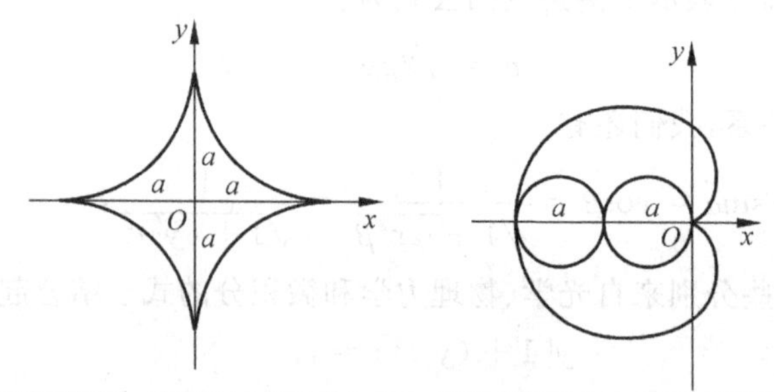

图 8-22

*8.3 莫比乌斯带、迷宫及其他——拓扑学之应用

8.3.1 拓扑学概述

拓扑学是几何学的一个重要分支. 1736 年，瑞士数学家欧拉发表论文《与位置几何有关的一个问题的解》，讨论哥尼斯堡七桥问题(见第 2 章). 同时，他提出球面三角形剖分图形的

面数 F、边(棱)数 E、顶点数 V 之间具有关系：$F-E+V=2$，这些被认为是拓扑学的开端.如今，拓扑学是几何学中一个非常活跃的学科.

在拓扑学中，没有大小和远近的概念，只要能通过弯曲、扭转、拉伸等方法把一个形状连续(连续指不能撕裂或黏合)地变成另一个形状，就认为这两个形状是等价的.

在传统的几何学中，每个物体都是刚性的、不可形变的，但在拓扑学中，物体可以具有无限的弹性.可以想象这样的物体是由一种理想化的橡胶或橡皮泥制成的，所以，拓扑学又称**橡皮几何学**.

拓扑学揭示了形状具有的深层次的本质性质，即不会因为任何连续的形变而改变的性质.例如，在二维情形下，一个正方形和一个圆形在拓扑学上是等价的，虽然正方形有四个直角、四条直线边，圆只有一条封闭的曲线边，但这样的特征在拓扑学上都属于无关信息.只要经过一个连续的形变过程，正方形四条直线边和圆的封闭曲线边就可以互相转化.但是一个正方形与圆环在拓扑学上是不等价的.同理，在三维情形下，球的表面等价于立方体的表面，但不等价于游泳圈的表面，而游泳圈的表面等价于带把咖啡壶的表面.

总之，连续的形变可以将方的形状和圆的形状相互转变，但两个形状的本质结构——"圈状的闭合曲线"无法改变，这是它们共同的拓扑结构.同理，连续的形变可以将球与立方体的形状互相转变，但两个形状的本质结构——"圈状的闭合曲面"无法改变，这是它们共同的拓扑结构.

最初的拓扑学研究的是图形在连续变换下不变的整体性质，用数学语言表述为，一个空间经过同胚映射后的不变性质.现在的拓扑学可粗略定义为对连续性的数学研究，其中心内容是研究拓扑不变量.

任何几何都可能在某种意义上构成拓扑空间，拓扑学的概念和理论已经成为数学的基础理论之一，渗透到各个分支，且成功地应用于电磁学和物理学的研究中.

8.3.2 莫比乌斯带的性质及应用

1858年，德国数学家莫比乌斯(A. F. Mobius，1790—1868)发现了只有一个面的曲面：把一条长纸带扭转180°后，两头再粘接起来做成的纸带圈——称为**莫比乌斯带**(图8-23)，它是最著名的拓扑变换之一.

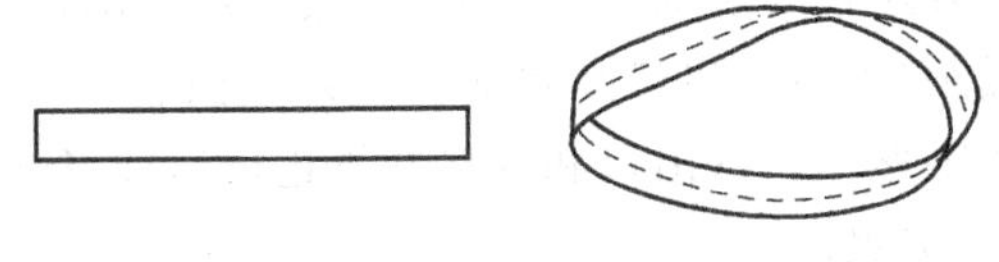

图 8-23

莫比乌斯带包含一个扭转半圈的扭结，不论做怎样的连续形变，这个扭结都存在，这就是莫比乌斯带的拓扑性质.正是因为这个扭结，莫比乌斯带具有一些重要的数学性质，其中最重要的性质就是：它只有一个面，也只有一条边.即，它的正面和反面是同一个面，它的上边缘和下边缘是同一条边.

莫比乌斯带只有一个面和一条边的原因就在于那个扭结：一条正常纸带的上边缘和下边缘这两条边经过扭结连在一起，形成了一条更大、更长的连续曲线；同样，一条正常纸带的正面和反面这两个面经过扭结连在一起，合成了一个曲面.

一些艺术家从莫比乌斯带迷人的性质中获得了灵感.埃舍尔在他的画作中表现过蚂蚁被永远地困在一个无穷的圈上的情形(见第1章)，有雕塑家在作品中也用到过莫比乌斯带的图案.

工程师们也将莫比乌斯带的结构用到了设计中.美国的古德里奇公司发明了一项专利技术——莫比乌斯传送带，整条传送带各处均匀地承受磨损，避免了普通传送带单面受损的情况，使其寿命延长了一倍.利用莫比乌斯带的专利技术还包括电容器、腹部手术拉钩、带自净功能的干洗机过滤部件等.

8.3.3 迷宫的走法

在人们的印象中，走迷宫只是一种供人娱乐消遣的智力游戏题.但早期现实中的迷宫却使人感到神秘困惑，甚至危险，因为人们的确会在迷宫那错综迂回的通道上迷失方向，或者还担心会突然遭遇那隐匿于迷宫内部的巨型怪兽.在古代，人们常常构筑迷宫以保卫要塞，入侵者将不得不在迷宫中行进一段很长的距离，这样便容易暴露.

迷宫出现于世界上各个不同的地区，遍及很多的国家.比较著名的迷宫，例如，爱尔兰石谷中的石雕群，克利特岛上的迈诺斯迷宫，威尔士和英格兰的草地迷宫，欧洲教堂地板上的摩西迷宫，非洲人的织物迷宫等.

对于迷宫，即便知晓其全貌(如一些旅游景点中的迷宫)，置身其中时仍会“旁观者清，当局者迷”，更遑论事先并不知其全貌的迷宫.如果身处一个迷宫，看不到出口和入口，且不可翻越迷宫墙，那么，怎样快速地走出迷宫？迷宫的走法实际上是一个拓扑学问题.

对于最简单的迷宫(只有一个入口，一个出口，且入口和出口在同一条线段上)，最常见的走法就是进入迷宫后选择一个方向，然后贴着墙壁一直走下去.其原理就在于迷宫的拓扑结构：无论围墙是多么的蜿蜒曲折，把它拉直了也就是一条线段而已，迷宫不过是这条线段的连续形变.迷宫的出入口分别对应着这条线段的起点和终点，则从入口进(或者选择该条线段上任意一点开始)，沿着这条线段笔直走下去，当然会走到出口.

上述迷宫走法的前提是“入口和出口必须都在一条线段上”，也就是说这堵墙必须是连通的才行，而如果遇到“回字形”迷宫(出口和入口并不连通)，或者迷宫的入口有两个等复杂的情形，上述迷宫走法就会失灵.

人们利用计算机破解迷宫问题，设计了如下的走迷宫方法：

(1) 对一个简单的迷宫，只要遮掉你所见到的小路和环圈，留下的路将会通到终点，接下来只要选择最直接的通路就可以了.

(2) 永远贴着墙的一边(左或右)走迷宫.这个方法很容易，但并非对所有的迷宫都能这样做. 例外的情形有：该迷宫有两个入口，而且有一条不通过终点的路线连接它们，或者迷宫的路中带有环绕终点的圈.

(3) 对于任意迷宫的一般性走法，程序如下：

① 在你走过的迷宫路的右侧画一条线；

② 当你走到一个新交叉点时，你可以选取任意一条你想走的路；

③ 如果你在新的路上又回到旧的交叉点或死胡同，那你便转回头；

④ 如果你在旧路上走到一个旧的交叉点，那你就取任意一条新路(假如有一条的话)，否则就取一条旧路；

⑤ 决不进入一条两侧都做了记号的路.

以上方法描述起来似乎很简单，但走出复杂的迷宫也要花费不少时间. 但用它已足以应对大多数迷宫了. 对于方向感不太好的人，在野外使用这套方法时，可能还需要一个指南针. 此外，还可以通过标记每个分岔路口或走过的轨迹来判断哪些是旧路、哪些是新路，从而达到尽量避免走重复路径、尽快找到正确路径的目的.

无论是在生活中真的走进了迷宫，还是用手上的铅笔在迷宫图中的试探，都是一种挑战，或提供娱乐，或激发思想. 迷宫如今已经成为心理学领域和计算机领域感兴趣的一个主题，心理学家已经采用迷宫对人类和动物的学习行为进行了数十年的研究，计算机专家在设计机器人时，首先就要解决迷宫问题.

8.3.4 拓扑学的应用举例

例 1 物理学的应用

拓扑学里没有距离的概念. 在物理学中就用拓扑来刻画那些与距离、大小等几何性质无关的物理性质. 例如，原子物理学中有所谓拓扑激发(或称拓扑缺陷)的概念，孤子和涡旋对相位变化的感知都和距离无关，因此是拓扑的. 在凝聚态物理学中，有所谓“拓扑绝缘体”的概念，所谓拓扑绝缘体，就是固体大块是绝缘体，但其边缘或者表面为金属，这个边缘或表面的金属态存在与否，与拓扑学有很大关系.

在固体物理中，组成晶格的离子一旦排错就可能出现缺陷，有的是拓扑性的缺陷，且都能在液晶里找到甚至更容易地观察到.

例 2 生物学上的应用

生物化学在 DNA 的复制翻译中可以用到拓扑学. DNA 在形成螺旋和解螺旋的过程中有所谓的“拓扑异构酶”的概念，这种酶并不是真的去解开螺旋，而是通过切开和重新封口去改变 DNA 的拓扑状态. 这种原理启发生物学家通过更复杂的配对关系，用 DNA 组装出各种有意思的结构.

生物分子中“打结蛋白”的发现是科学家从拓扑学的扭结理论中得到的启发. 他们希望在计算中避免打结的情况，因为一旦出现打结，那么在自然选择中这个蛋白很可能会被淘汰. 然而，科学研究和实验表明，存在很多的打结蛋白. 现在，有关打结蛋白的研究已成为一个热点.

例 3 经济学上的应用

20 世纪五六十年代,经济学家将拓扑学作为工具引入到微观经济学领域里,大大简化了一些重要经济学定理的证明. 拓扑学在一般均衡理论、金融理论和现在前沿的宏观金融研究中得到了应用. 拓扑学也是刻画一个博弈或一个经济系统是否稳健的工具.

例 4 建筑学上的应用

拓扑与建筑结合形成了建筑拓扑学. 建筑学家从简单的圆柱、方体、棱柱等立体向自由的、变形虫式的几何体转变. 采用的观念是: 几何体本质仍然维系原型,变形与原型之间保持"拓扑等值"——虽然建筑变形体产生了新的几何体形式,并在一定程度上通过增加外墙的强度进而增加内外部的联系,影响人们的空间体验,但变形体与原型的内在空间属性是相同的. 例如,著名的荷兰阿尔梅勒城市剧院的建筑设计就充满了拓扑学的元素.

例 5 艺术设计上的应用

一些巨大的雕塑作品屹立于自然景观或者人们所生活的建筑群中,使我们的生活空间变得更富于艺术性. 在一些雕塑中,艺术家们利用拓扑变形手段达到了装饰效果. 英国现代雕塑家亨利·摩尔(H. S. Moore,1898—1986)正是这一领域中的成功先驱,他的圆雕作品,例如,《母与子》《内部和外部的斜倚人物》《国王和王后》几乎都以强调和表现作品形态的拓扑性质而获得成功.

*8.4 网络的最短路径——微分几何之应用

8.4.1 微分几何简介

如果要研究更复杂的图形——这些图形可能对应较复杂的代数方程,甚至不能用代数方程表示——而需要借助微积分这一工具. 于是,微分几何产生了. 微分几何是以分析的方法来研究几何性质的一门数学学科.

17 世纪,微分几何中的平面曲线理论基本完成. 18 世纪,微分几何着眼于研究欧氏空间中曲线和曲面弯曲的情况,例如,子弹的运行轨迹,建筑物的造型,汽车、飞机的外形等.

19 世纪,黎曼将"弯曲"的几何理论推广到 n 维空间,建立了流形的概念. 爱因斯坦将广义相对论中的引力现象解释为黎曼空间的曲率性质.

20 世纪初,微分几何研究的对象和方法都发生了极大变化. 现代微分几何时期,更注意一般和抽象.

8.4.2 不同寻常的最短路径

平面几何起源于 2500 多年前的古印度、古中国、古埃及和古巴比伦. 最终,经古希腊数学家不断完善，欧几里得将平面几何的知识以公理化的形式编撰成《几何原本》. 直到今天，平面几何仍是高中几何教学的主要内容.

人类最初认为自己生活的大地就是一张平面，而今人们知道地球是曲面，那么，我们都应该知道一点球面几何以及球面几何的现代推广——微分几何. 球面几何与微分几何的基本概念直到大概 200 年前才被发明出来. 高斯和他的学生黎曼是微分几何这一领域的先驱. 正是在微分几何的基础上，爱因斯坦的广义相对论才得以建立，使得人类时空观发生巨大转变. 微分几何的技术细节十分高深，但其核心理念是简单易懂的.

众所周知，平面上两点之间的连线中，连接这两点的线段最短. 球面上两点之间的最短路径则是大圆上的一条弧. 例如，在球面上两个国家之间的最短航线是“大圆”的一条弧. 之所以称为“大圆”，是因为这些曲线是我们能在球面上找到的最大的圆. 例如，地球的赤道就是一个大圆，同时穿过北极点和南极点的圆也是一个大圆.

平面上的直线和球面上的大圆还有另外一个共同点：它们都是两点之间最“直”的线. 球面上的线尽管是曲线，但球面上不同曲线的弯曲程度是有所差异的，除了完成一个必要的贴合球面的要求以外，大圆就不再有任何额外的弯曲度了.

直观的解释如下：假设你在地球的表面骑着一辆自行车，试图沿某条既定的路线前进，如果这个既定路线是大圆，那么你就可以时刻保持前轮笔直朝前. 从这个意义上说，大圆就是地球表面最直的线. 如果你在南极或北极附近沿着一条纬度线骑自行车前行，你需要不断地转动自行车的车把手，才能不偏离既定路线.

在各式各样的表面中，平面和球面的性质都是简单明了的. 人体的表面、易拉罐的表面或者一个面包圈的表面——这些不规则的、复杂的表面才是表面的常态. 这些表面不但不对称，还有很多其他的弯曲度，在这样的表面上行走的话一定很容易迷路. 在这些非特殊的表面上，要找到两点之间距离最短的路径可不是一件容易的事，其中的技术细节是非常复杂和琐碎的. 下面用一种直觉化的方法审视这个问题.

想象一种光滑而富有弹性的橡皮绳，这种橡皮绳会在附着在物体表面的前提下，尽最大努力收缩. 有了这种神奇的橡皮绳，我们就可以找出任意表面上任意两点之间的最短路径. 只要把橡皮绳的两端分别系在起点和终点上，橡皮绳就会在附着在物体表面的前提下，尽最大努力收缩. 最后，橡皮绳绷到最紧，橡皮绳所经过的路径就是这两点之间的最短路径.

当用这种方法研究一些比平面和球面稍微复杂一些的表面时，我们就会注意到：两点之间的最短路径并不是唯一的. 例如，在一个易拉罐的外表面上，可以考虑这样的两个点：一个点正好在另一个点的正下方，显然，这样的两点之间的最短路径是一条线段. 如果用橡皮绳来试一试，橡皮绳就会呈现图 8-24(a)中的状态. 但事情远没有那么简单，圆柱形的易拉罐带来了很多变化的可能性. 例如，我们可以要求橡皮绳在连接这两点之前必须包围住这个圆柱体(在染色体中，当 DNA 缠绕住某些蛋白质时，人体就会给 DNA 这样的限制性指令). 在这个新的限制条件下，橡皮绳最后会绷紧成为一个螺旋形的曲线——螺旋线，如图 8-24(b)所示.

图 8-24(b)所示的螺旋线也是这两点之间的局部最短路径，因为在此路径附近的所有路径中，这条曲线是最短的. 如果你稍微拉一下橡皮绳，橡皮绳会变长一点，跑到这条路径附近的另一条路径上去；而你一放手，橡皮绳又会收缩，回到这条路径上. 所以，我们说这条路径是局部最短的路径，在两点间所有包围住这个圆柱体的路径中，图 8-24(b)所示的螺旋线路径无疑是最短的. 正是出于这个原因，这个学科的名字为“微分几何”. 微分几何研究的是各种形状上局部的小变化所产生的效应，例如上面提到的螺旋线路径和周围的其他路径的长短关系.

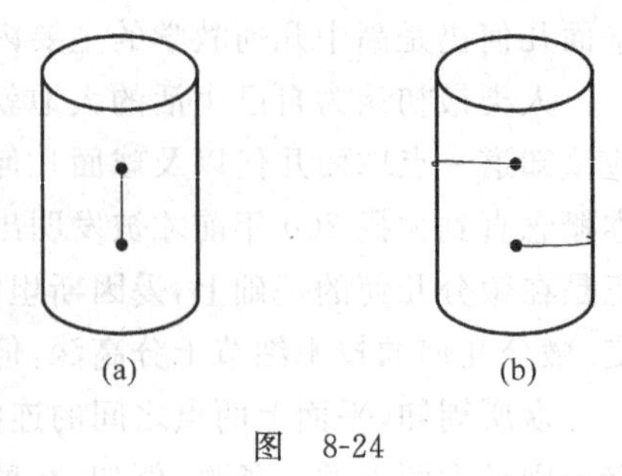

图 8-24

接下来的问题是，既然有围绕圆柱一圈的最短路径，就有围绕圆柱两圈、三圈、四圈……的最短路径. 在一个圆柱体的表面，两点之间有无数条局部最短路径. 当然，这些螺旋线的路径都不是全局的最短路径，因为图 8-24(a)中的线段才是全局的最短路径.

同样，在一个有很多洞和把手的表面上，两点之间也会有很多局部最短路径. 这些路径可能会以各种弯弯曲曲的方式经过这个高低起伏的表面.

这些局部的最短路径的学名是“测地线”. 测地线和球面上的大圆一样，是由平面上的直线自然衍生出来的概念.

以下两例说明了测地线在现实中的作用.

例 1 光在宇宙中的传播路径

爱因斯坦向我们证明了，当光线在宇宙中遨游时，它们总是沿着测地线传播. 1919 年进行日食观测时，人类发现星光经过太阳附近时会发生弯曲. 这一发现证实了爱因斯坦的理论：在弯曲的时空中，光线沿着测地线传播. 而这种时空的弯曲是由于太阳的引力造成的.

例 2 互联网流量的疏导

在互联网的世界里，人们要处理的“面”不是前面提到的那些光滑的表面，而是数不清的网址和链接形成的庞大迷宫. 在互联网流量疏导的问题中，人们要研究的是算法的速度——找出一个网络中最短路径的最快算法是什么？因为通过一个网络的可能路径多到无法想象，所以这个问题是非常难以解决的. 借助寻找最短路径“测地线”的数学原理，数学家和计算机专家成功地解决了这个问题，大大提高了我们上网的速度.

自主探索

1. 指出五角星各部位比值中出现的黄金分割数.

2. 证明：能够正规一元拼装的三种正多边形(正三角形、正方形和正六边形)中，若给定面积，则正六边形的周长最小(提示：需要借助第 9 章求函数最值的方法).

3. 如何验证莫比乌斯带只有一个面、一条边？

4. 沿着莫比乌斯带任意一面的中心线画出一条线，再沿着这条中线将莫比乌斯带剪开，会出现什么情况？

5. 列举在现实生活中见到的圆锥曲线的实例.

6. 查阅资料，以鹦鹉螺的外形为例，阐述斐波那契数列和黄金分割的联系.

7. 在三种优选法中，为何采用黄金分割法？

8. 如何走出图 8-25 所示的迷宫？

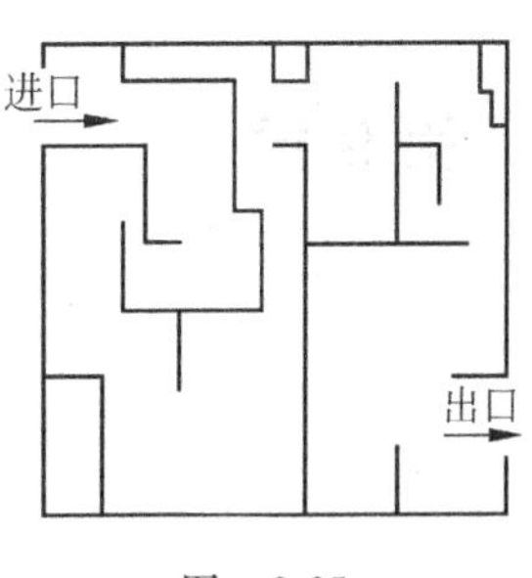

图 8-25

合作研究

1. 为什么在大自然中存在诸多的黄金分割？黄金分割现象能够长期平稳发展，有怎样的深层次原因？

2. 火车轨道在转弯前是平坦的直线，两根铁轨的高度相同. 弯道的主要部分是圆弧状的，那里的外轨必须垫高. 由直线部分到圆弧部分，外轨的弯曲有一个跳跃，因此，在直线和圆弧部分之间必须接入一条缓冲曲线. 查阅资料，阐述外轨垫高的原因及缓冲曲线的形状.

3. 何谓拓扑学？有人说拓扑学打开了一扇通往新世界的大门，拓扑学的发展使得人们的整个数学观发生了翻天覆地的变化. 你是如何认识拓扑学的？

第9章 分析学应用专题

分析学,作为一门纯粹数学学科,其发展并不以在现代科技中的应用为直接目的,但随着时代的发展,分析学中很多抽象的数学概念和理论都在现代科技中找到了实际背景或应用. 自微积分创立以来,分析学历经三百余年的发展,至今已形成一个庞大的分支体系,包括微积分、微分方程、实变函数、复变函数、泛函分析、变分法等诸多分支. 分析学影响和改变了整个数学的面貌,在现代科学技术的推动下,分析学仍在蓬勃发展.

9.1 经济学中的边际效用——导数之应用

9.1.1 边际效用

边际效用(也称边际效益)是指某种物品的消费量每增加一单位所带来的效用的增加量. 用数学语言来说,消费物品带来的总效用(因变量)是消费量(自变量)的函数,边际效用就是自变量的增加所引起的因变量的增加量. 经济学中有个术语,叫作**边际效用递减规律**(也称**边际效应**),是指随着消费总量的增加,边际效用呈现递减趋势,即每增加一单位消费品所带来的效用增加量会越来越少.

现实生活中有很多边际效应的例子. 例如,没有鞋子穿的人在新得到一双鞋子时,不管这双鞋是否合脚、是否时尚,他都会感到莫大的满足. 但若接连得到鞋子,则每双新增鞋子给他带来的满足感会逐渐减少,也许最后他要发愁鞋子的存放问题. 再如,饥饿的人在吃到第一块面包时会感觉非常美味,吃第二块、第三块时觉得还可以,吃第四块时觉得一般,吃第五块时可能感到厌烦,这代表第五块面包的边际效用可能为零或为负值了.

在经济管理中,经常需要考虑投入、产量、成本、价格、利润、收益、需求和供给等问题,产量往往是投入的函数,需求要受到价格影响,而价格又由供给和需求所决定,成本、利润和收益又是产量的函数,最后经常归结到成本最小、利润最大等问题,即所谓的最值问题. 这类问题往往可以通过对边际效用的研究得以解决. 以生产者面临的利润最大化问题为例,边际效应表明,随着产量的增加,边际利润是递减的. 但只要边际利润大于零,总利润就是增加的.

那么利润最大化问题转变为：产量增加至多少时，边际利润恰好变为零？

日常生活中，人们也经常遇到最值问题. 例如，用一张长方形硬纸板，如何做出一个具有最大体积的纸盒？农夫用一段围栏围成一个长方形猪圈，如何设计尺寸能使得这个猪圈的面积最大？两地之间既有水路也有旱路，如何选择路线使得所用时间最短？等等.

本节将用分析学的工具，更确切地说，用微积分来解决有关的最值问题. 微积分的主要研究对象是函数，主要研究工具是极限，其内容分为微分学和积分学两大部分. 为了有效地解决最值问题，需要先学习相关的基础理论知识.

9.1.2　函数

1. 集合

定义 9.1　具有某种特定性质的事物的总体称为**集合**，简称为**集**，通常用大写英文字母 $A,B,C,\cdots$ 来表示. 组成集合的事物称为元素，通常用小写英文字母 $a,b,c,\cdots$ 来表示.

如果 a 是集合 A 的元素，称 a 属于 A，记为 $a\in A$；否则，称 a 不属于 A，记为 $a\notin A$.

一个集合，若只含有限个元素，称为有限集；否则，称为无限集.

集合常用的表示方法有两种. 一种是列举法，就是把集合的全体元素一一列举出来表示. 例如，由元素 $a_1,a_2,\cdots,a_n$ 组成的集合 A，可表示成 $A=\{a_1,a_2,\cdots,a_n\}$. 另外一种是描述法，若集合 A 是由具有某种性质 M 的元素所组成的，则可表示为 $A=\{x|x$ 具有性质$M\}$. 例如，不等式 $x^2-1<0$ 的解集可表示为 $\{x|x^2-1<0\}$.

元素全是数的集合称为**数集**，经常用到的数集有：

(1) 全体自然数构成的集合，记为 $\mathbf{N}$，即 $\mathbf{N}=\{0,1,2,\cdots,n,\cdots\}$；

(2) 全体正整数构成的集合，记为 $\mathbf{N}^+$，即 $\mathbf{N}^+=\{1,2,3,\cdots,n,\cdots\}$；

(3) 全体整数构成的集合，记为 $\mathbf{Z}$，即 $\mathbf{Z}=\{\cdots,-2,-1,0,1,2,\cdots\}$；

(4) 全体有理数构成的集合，记为 $\mathbf{Q}$，即 $\mathbf{Q}=\left\{\frac{p}{q}\,\middle|\,p\in\mathbf{Z},q\in\mathbf{N}^+\text{且 }p\text{ 与 }q\text{ 互质}\right\}$；

(5) 全体实数构成的集合，记为 $\mathbf{R}$.

在本章中，我们主要在实数集范围内展开讨论.

2. 区间

定义 9.2　设 a 和 b 都是实数，且 $a<b$. 数集 $\{x|a<x<b\}$ 称为**开区间**，记为 (a,b)，即

$$(a,b)=\{x\mid a<x<b\},$$

a 和 b 称为开区间 (a,b) 的端点. 这里，$a\notin(a,b)$，$b\notin(a,b)$.

数集 $\{x|a\leqslant x\leqslant b\}$ 称为**闭区间**，记为 $[a,b]$，即

$$[a,b]=\{x\mid a\leqslant x\leqslant b\},$$

a 和 b 也称为闭区间 $[a,b]$ 的端点. 这里，$a\in[a,b]$，$b\in[a,b]$.

类似地,可以定义**半开区间**

$$(a,b]=\{x \mid a<x\leqslant b\},$$
$$[a,b)=\{x \mid a\leqslant x<b\}.$$

以上区间都称为有限区间.数 $b-a$ 称为这些区间的长度.此外,引进记号 $+\infty$(表示正无穷大)和 $-\infty$(表示负无穷大),还可以定义无限区间,如

$$(a,+\infty)=\{x \mid x>a\},$$
$$(-\infty,b]=\{x \mid x\leqslant b\}.$$

以点 x_0 为中心的任何开区间称为 x_0 的**邻域**,记为 $U(x_0)$.严格地说,设 $\delta>0$,则 $(x_0-\delta,x_0+\delta)$ 就是 x_0 的一个邻域,称为 x_0 的 δ **邻域**,记为 $U(x_0,\delta)$.

在 x_0 的 δ 邻域中去掉 x_0,即 $(x_0-\delta,x_0)\cup(x_0,x_0+\delta)$,称为 x_0 的**去心** δ 邻域,记为 $\mathring{U}(x_0,\delta)$.不强调去心邻域的长度时,可记为 $\mathring{U}(x_0)$.

$(x_0-\delta,x_0)$ 为 x_0 的一个**左邻域**,$(x_0,x_0+\delta)$ 为 x_0 的一个**右邻域**.

3. 函数

定义 9.3 如果对集合 X 中的任一元素 x,通过某个对应法则 f,都有唯一的数 y 与之对应,则称 f 为定义在 X 上的函数,称 y 为函数 f 在 x 处的**函数值**,记为 $y=f(x)$.习惯上,不再区分函数 f 和它在 x 处的函数值 $f(x)$,直接称 $y=f(x)$ 为定义在 X 上的**函数**.其中,x 称为自变量,y 称为因变量.X 称为该函数的**定义域**.当 x 取遍 X 中的所有数值时,对应的函数值 $f(x)$ 构成的集合称为该函数的**值域**,记为

$$f(X)=\{y \mid y=f(x),x\in X\}.$$

例 1 函数

$$y=|x|=\begin{cases}x, & x>0,\\ -x, & x\leqslant 0\end{cases}$$

称为绝对值函数.它的定义域为 $(-\infty,+\infty)$,值域为 $[0,+\infty)$,其图像见图 9-1.

例 2 函数

$$y=\operatorname{sgn}x=\begin{cases}-1, & x<0,\\ 0, & x=0,\\ 1, & x>0\end{cases}$$

称为符号函数.它的定义域为 $(-\infty,+\infty)$,值域为 $\{-1,0,1\}$,其图像见图 9-2.

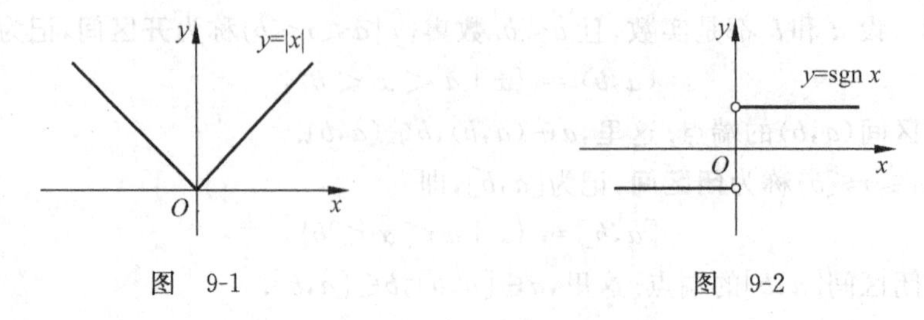

图 9-1　　　　图 9-2

注 (1) 在不特别注明定义域的情况下,默认函数 $y=f(x)$ 的定义域为使得表达式 $f(x)$ 有意义的所有 x 构成的集合.例如,$f(x)=\dfrac{1}{\sqrt{1-x^2}}$ 的定义域为 $(-1,1)$.

(2) 反函数.考虑函数 $y=f(x)$,若对于不同的自变量 x,其函数值 $y=f(x)$ 也不同,则对于值域中的每一个数 y,也必有唯一的数 x(x 满足 $y=f(x)$)与之对应,从而得到了以 y 为自变量、x 为因变量的一个新的函数.这个新的函数称为 $y=f(x)$ 的反函数,记为 $x=f^{-1}(y)$.例如,$y=2x+1$ 的反函数为 $x=\dfrac{y-1}{2}$.

(3) 复合函数.设有函数 $y=f(u)$,$u=g(x)$,则 y 通过中间变量 u 而成为 x 的一个函数,记为 $y=f[g(x)]$,称为由 $y=f(u)$ 和 $u=g(x)$ 构成的复合函数.例如,$y=u^2$ 和 $u=x+1$ 的复合函数为 $y=(x+1)^2$.

(4) 周期函数.对于函数 $y=f(x)$,若存在不为零的常数 T,使得对于定义域中的任一 x,有 $f(x)=f(x+T)$,则称该函数为周期函数,T 称为它的一个周期.通常所说的周期指最小正周期.

4. 基本初等函数及其图像

(1) 常数函数:$y=c$,其中 c 为常数.它的图像是过点 $(0,c)$ 且平行于 x 轴的一条直线,见图 9-3.

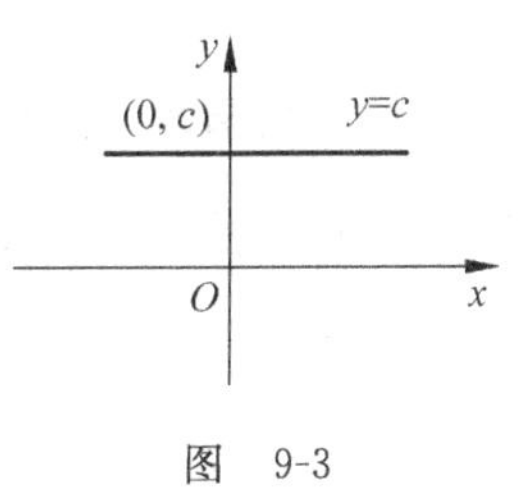

图 9-3

(2) 幂函数:$y=x^\mu$,其中 $\mu\in\mathbf{R}$ 为常数.它的定义域和图像随着 μ 值的不同而变化,但不管 μ 取何值,函数在 $(0,+\infty)$ 上总是有意义的.$\mu=-2,-1,-\dfrac{1}{2},\dfrac{1}{2},1,2$ 时,$y=x^\mu$ 的图像见图 9-4.

(3) 指数函数:$y=a^x$,其中常数 $a>0$,且 $a\neq1$.它的定义域为 $(-\infty,+\infty)$,值域为 $(0,+\infty)$.图 9-5 给出了 $a>1$ 和 $0<a<1$ 时,指数函数的大致图像.

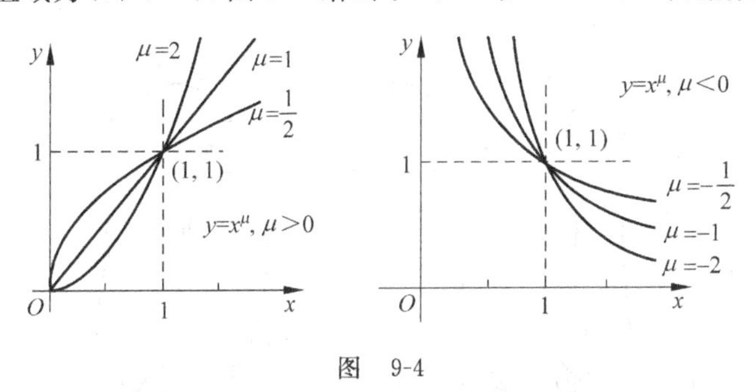

图 9-4

(4) 对数函数:$y=\log_a x$,其中常数 $a>0$,且 $a\neq1$.它的定义域为 $(0,+\infty)$,值域为 $(-\infty,+\infty)$.图 9-6 给出了 $a>1$ 和 $0<a<1$ 时,对数函数的大致图像.

特别地,a 取 e 时,记为 $y=\ln x$.这里的 e 是一个无理数,其值为

$$\mathrm{e}=2.718281828459045\cdots$$

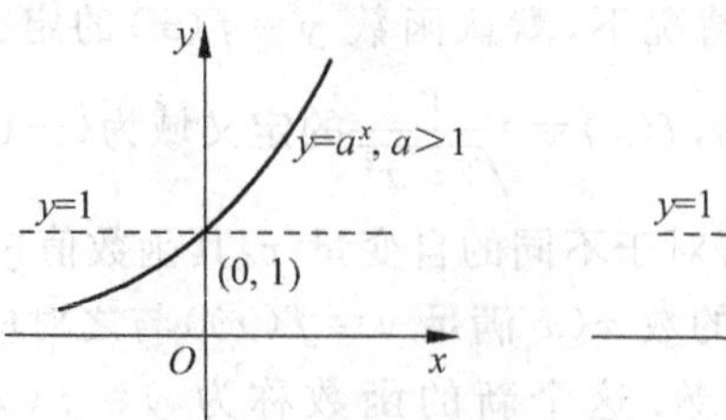

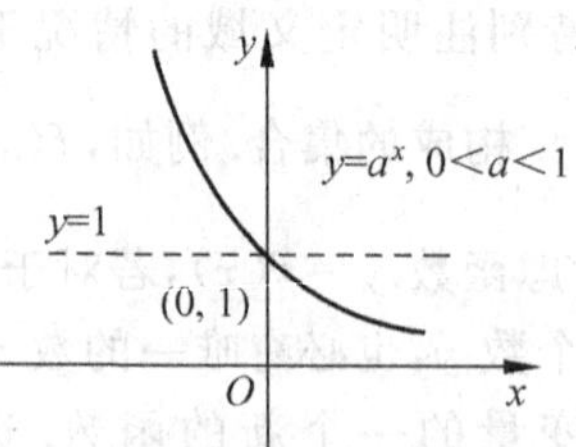

图 9-5

a 取 10 时，记为 $y=\lg x$.

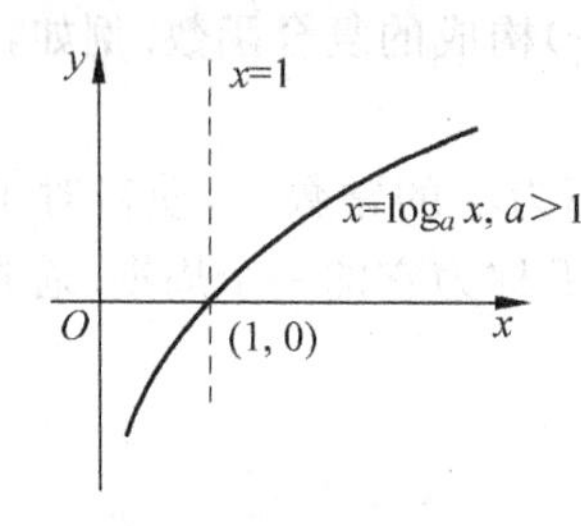

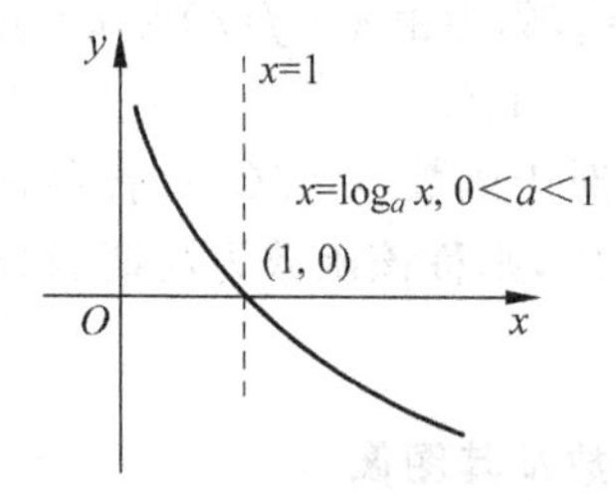

图 9-6

（5）三角函数. 常用的有正弦函数：$y=\sin x$；余弦函数：$y=\cos x$；正切函数：$y=\tan x=\dfrac{\sin x}{\cos x}$；余切函数：$y=\cot x=\dfrac{\cos x}{\sin x}$. 它们的图像见图 9-7.

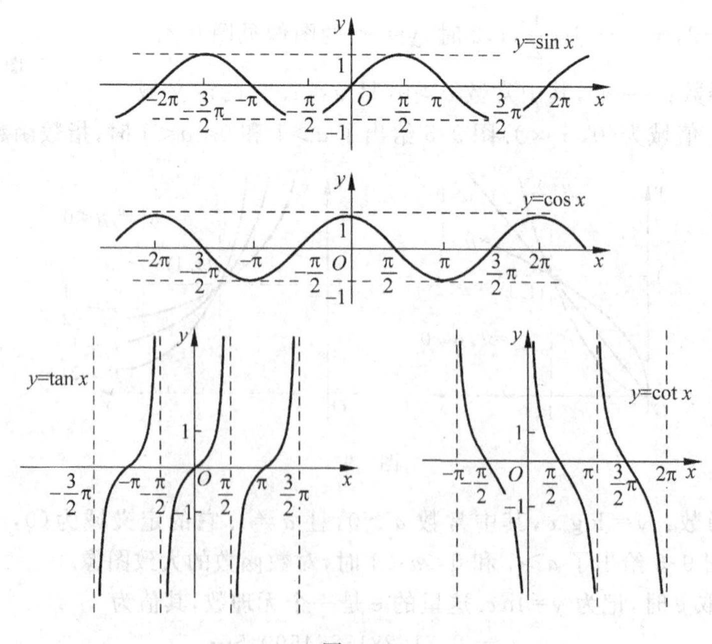

图 9-7

$y=\sin x$ 和 $y=\cos x$ 都是周期为 2π 的周期函数，函数 $y=\sin nx$ 的周期为$\frac{2\pi}{n}$.

上面的基本初等函数经过有限次的加减乘除四则运算和复合运算后得到的函数称为**初等函数**，这也是下文中经常用到的函数.

9.1.3 极限

1. 极限的概念

定义 9.4 设函数 $f(x)$ 在 x_0 的某去心邻域内有定义，如果在自变量 x 趋于 x_0（记作 $x\to x_0$）时，函数值 $f(x)$ 无限接近于某个常数 A，则称 A 为函数 $f(x)$ 当 $x\to x_0$ 时的**极限**，记为

$$\lim_{x\to x_0} f(x)=A \quad 或 \quad f(x)\to A(当\ x\to x_0).$$

若不存在这样的常数 A，则称 $\lim\limits_{x\to x_0} f(x)$ 不存在.

注 (1) 求 $\lim\limits_{x\to x_0} f(x)$ 时，关心的是当 $x\to x_0\,(x\neq x_0)$ 时，函数值 $f(x)$ 的变化趋势，而不是 $f(x)$ 在点 x_0 上的情况. 即，求 $\lim\limits_{x\to x_0} f(x)$ 的关键在于"靠近"x_0 的那些 x 的函数值，而不是 x_0 处的函数值. 正如定义中所述，函数 $f(x)$ 在 x_0 处有没有定义，对 $\lim\limits_{x\to x_0} f(x)$ 没有任何影响.

(2) 只有当自变量 x 以任意方式趋于 x_0 时，函数值 $f(x)$ 都无限接近于常数 A，才说明 $\lim\limits_{x\to x_0} f(x)$ 存在. 这意味着，当自变量 x 以某种方式趋于 x_0 时，函数值 $f(x)$ 不会无限接近于某个常数；或者，当自变量 x 以不同方式趋于 x_0 时，函数值 $f(x)$ 分别趋于不同的常数，都说明 $\lim\limits_{x\to x_0} f(x)$ 是不存在的.

例 3 $\lim\limits_{x\to 1} x=1$.

例 4 设 $f(x)=\begin{cases} x, & x\neq 1, \\ 3, & x=1, \end{cases}$ 求 $\lim\limits_{x\to 1} f(x)$.

解 $\lim\limits_{x\to 1} f(x)=1$. 因为 $x\to 1$ 时，$x\neq 1$，故 $f(x)=x\to 1$.

类似地，可以定义当自变量 x 趋于无穷大、正无穷大、负无穷大（分别记作 $x\to\infty$，$x\to +\infty$，$x\to -\infty$）时，函数 $f(x)$ 的极限.

例 5 $\lim\limits_{x\to\infty} \frac{1}{x}=0$.

例 6 $\lim\limits_{x\to -\infty} e^x=0$，$\lim\limits_{x\to +\infty} 0.75^x=0$.

例 7 $\lim\limits_{x\to\infty} 2^x$ 是否存在？

解 $x\to +\infty$，$x\to -\infty$ 是 $x\to\infty$ 的两种方式. 根据指数函数的图像，当 $x\to +\infty$ 时，$2^x\to +\infty$；当 $x\to -\infty$ 时，$2^x\to 0$. 因此，$\lim\limits_{x\to\infty} 2^x$ 是不存在的.

例 8 设函数

$$f(x)=\begin{cases}x, & x\leqslant 1,\\ -x, & x>1,\end{cases}$$

$\lim\limits_{x\to 1}f(x)$是否存在？

解 当 x 从 1 的左侧趋于 1 时，$f(x)=x\to 1$；当 x 从 1 的右侧趋于 1 时，$f(x)=-x\to -1$. 因此，$\lim\limits_{x\to 1}f(x)$是不存在的.

例 8 中，尽管 $x\to 1$ 时函数 $f(x)$的极限不存在，但只考虑自变量 x 从 1 的左侧（或右侧）趋于 1 时，函数 $f(x)$是无限接近某个常数的，由此引出“单侧极限”的概念.

定义 9.5 设函数 $f(x)$在 x_0 的某个左（右）邻域内有定义，如果在自变量 x 从左（右）侧趋于 x_0 时，函数值 $f(x)$无限接近于某个常数 A，则称 A 为函数 $f(x)$当 $x\to x_0$ 时的**左（右）极限**. 左极限记为 $\lim\limits_{x\to x_0^-}f(x)=A$，或 $f(x_0^-)=A$. 右极限记为 $\lim\limits_{x\to x_0^+}f(x)=A$，或 $f(x_0^+)=A$.

例 8 中，$\lim\limits_{x\to 1^-}f(x)=1$，$\lim\limits_{x\to 1^+}f(x)=-1$.

2. 极限的运算法则

定理 9.1（极限的四则运算法则） 当 $\lim\limits_{x\to x_0}f(x)$和 $\lim\limits_{x\to x_0}g(x)$都存在时，有下列结论成立：

(1) $\lim\limits_{x\to x_0}[f(x)\pm g(x)]=\lim\limits_{x\to x_0}f(x)\pm\lim\limits_{x\to x_0}g(x)$. 特别地，$\lim\limits_{x\to x_0}[f(x)+c]=\lim\limits_{x\to x_0}f(x)+c$，其中 c 为常数.

(2) $\lim\limits_{x\to x_0}[f(x)g(x)]=\lim\limits_{x\to x_0}f(x)\lim\limits_{x\to x_0}g(x)$. 特别地，$\lim\limits_{x\to x_0}[cf(x)]=c\lim\limits_{x\to x_0}f(x)$，其中 c 为常数.

(3) 当 $\lim\limits_{x\to x_0}g(x)\neq 0$ 时，有 $\lim\limits_{x\to x_0}\dfrac{f(x)}{g(x)}=\dfrac{\lim\limits_{x\to x_0}f(x)}{\lim\limits_{x\to x_0}g(x)}$.

定理 9.1 中的(1)、(2)可推广到任意有限个函数的情形.

定理 9.2（复合函数的极限法则） 设函数 $y=f(u)$和 $u=g(x)$满足如下两个条件：

(1) $\lim\limits_{u\to u_0}f(u)=A$，

(2) $\lim\limits_{x\to x_0}g(x)=u_0$，且 $x\neq x_0$ 时，$g(x)\neq u_0$，则

$$\lim_{x\to x_0}f[g(x)]=\lim_{u\to u_0}f(u)=A.$$

上述法则对 $x\to x_0^-$，$x\to x_0^+$，$x\to\infty$，$x\to+\infty$，$x\to-\infty$的情形仍然成立.

例 9 求 $\lim\limits_{x\to 2}(x^3-2x^2+1)$.

解 $\lim\limits_{x\to 2}x=2$. 根据极限的四则运算法则，有

$$\lim_{x\to 2}(x^3-2x^2+1)=(\lim_{x\to 2}x)^3-2(\lim_{x\to 2}x)^2+1=2^3-2\times 2^2+1=1.$$

例 10　求$\lim\limits_{x\to 2}\dfrac{x+1}{x^2-2}$.

解　$\lim\limits_{x\to 2}(x+1)=\lim\limits_{x\to 2}x+1=3$，$\lim\limits_{x\to 2}(x^2-2)=(\lim\limits_{x\to 2}x)^2-2=2^2-2=2\neq 0$. 根据极限的四则运算法则，有

$$\lim_{x\to 2}\frac{x+1}{x^2-2}=\frac{3}{2}.$$

上述例题似乎给人这样的错觉：求$\lim\limits_{x\to x_0}f(x)$，只需要将 x_0 代入到 $f(x)$中即可，这是否与前面提到过的"$\lim\limits_{x\to x_0}f(x)$与 $f(x)$在 x_0 处的情况无关"矛盾呢？其实，造成这种印象不过是因为前面例子中的函数几乎都是初等函数罢了.

定理 9.3　对于初等函数 $f(x)$，只要 x_0 在 $f(x)$的定义区间内，则有$\lim\limits_{x\to x_0}f(x)=f(x_0)$.

注　例 8 中的分段函数虽然不是初等函数，但在分别求单侧极限时相当于对初等函数求极限，所以仍然使用了代入法.

3. 极限的特殊情形

现在讨论当自变量 x 趋于 x_0 时，分母会无限接近于 0 的函数的极限问题. 事实上，对这类函数的极限的研究内容才是极限理论的精髓.

例 11　求$\lim\limits_{x\to 3}\dfrac{x-3}{x^2-9}$.

分析　函数在 $x=3$ 处没有定义，但是$\lim\limits_{x\to x_0}f(x)$只与 $x\to x_0(x\neq x_0)$时 $f(x)$的变化趋势有关，因此，有下面的解法.

解　当 $x\to 3$ 时，$x\neq 3$，从而$\dfrac{x-3}{x^2-9}=\dfrac{1}{x+3}\to\dfrac{1}{6}$. 所以，$\lim\limits_{x\to 3}\dfrac{x-3}{x^2-9}=\dfrac{1}{6}$.

注　(1) 当 $x\to x_0$ 时，$f(x)$是$\dfrac{0}{0}$型(即分子和分母都趋于 0)，不代表分子和分母相同(均为 0)，从而答案为 1；也不代表极限不存在. 这时，应试着化简原来的函数，看是否能得到一个常规的极限问题，即化简后的函数是否为一个初等函数并且在 x_0 处有定义.

(2) $\lim\limits_{x\to 0}\dfrac{\sin x}{x}=1$ 是极限理论中一个非常重要的结论. 当 $x\to 0$ 时，$\dfrac{\sin x}{x}$是$\dfrac{0}{0}$型. $\lim\limits_{x\to 0}\dfrac{\sin x}{x}=1$ 的直观解释是，当 $x\to 0$ 时，$\sin x$ 和 x 趋于 0 的快慢程度是一样的.

例 12　求$\lim\limits_{x\to 4}\dfrac{1}{(x-4)^2}$.

解　当 $x\to 4(x\neq 4)$时，$(x-4)^2\to 0$ 且$(x-4)^2>0$，从而$\dfrac{1}{(x-4)^2}\to+\infty$.

$+\infty$不是一个常数，只代表正无穷大(要多大有多大). 因此，$\lim\limits_{x\to 4}\dfrac{1}{(x-4)^2}$不存在.

注　当 $x\to x_0$ 时，若 $f(x)$是$\dfrac{a}{0}$型(即分子趋于某个非零的常数 a，分母趋于 0)，则 $f(x)\to$

∞. ∞不是一个常数，只代表与原点的距离要多大有多大，所以极限不存在.

4. 连续函数

定义 9.6 若函数 $f(x)$满足下面三个条件：

(1) $f(x)$在 x_0 的某邻域内有定义，特别地，$f(x)$在 x_0 处有定义，

(2) $\lim\limits_{x\to x_0} f(x)$存在，

(3) $\lim\limits_{x\to x_0} f(x)=f(x_0)$，

则称 $f(x)$在 $x=x_0$ 处是**连续**的；否则，称 $f(x)$在 $x=x_0$ 处是**不连续**的，称 x_0 是 $f(x)$的**不连续点**（或**间断点**）. 若函数 $f(x)$在区间 I 的每一个点处都是**连续**的，则称 $f(x)$在区间 I 上是连续的，或称 $f(x)$是区间 I 上的**连续函数**.

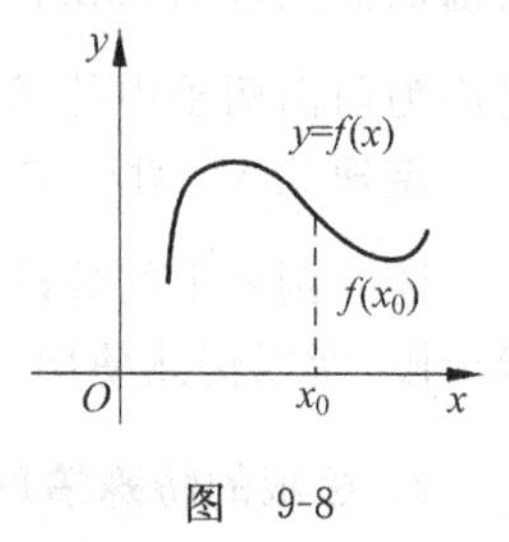

图 9-8

通俗地说，描绘连续函数的图像时，是可以笔尖不离开纸面，一气呵成的(图 9-8).

例 13 找出函数 $f(x)=\dfrac{|x-2|}{x-2}$的不连续点.

解 $f(x)$在 $x=2$ 处没有定义.

当 $x<2$ 时，$f(x)=\dfrac{|x-2|}{x-2}=\dfrac{-(x-2)}{x-2}=-1$；

当 $x>2$ 时，$f(x)=\dfrac{|x-2|}{x-2}=\dfrac{x-2}{x-2}=1$.

从而，$f(x)=\begin{cases}-1, & x<2,\\ 1, & x>2,\end{cases}$ 只有 $x=2$ 是 $f(x)$的不连续点.

9.1.4 导数

1. 导数的概念

导数是微分学中的重要概念，它反映了函数值相对于自变量的变化率. 下面通过两个具体问题来说明导数的含义.

例 14(运动中的速度问题) 设一个物体在作运动，我们想了解该物体的运动速度. 做法如下：取定一个时刻作为测量时间的零点，将零点时物体所处的位置记为起始位置 O，设物体在时刻 t 与 O 的距离为 $s(t)$，则物体的运动情况完全由位置函数 $s(t)$所确定. 物体在任一时刻 t_0 的瞬时速度 $v(t_0)$可以通过 $s(t)$求出.

理由是，若物体作匀速运动，则由公式$\dfrac{s(t)-s(t_0)}{t-t_0}$即可得到 $v(t_0)$. 若物体作变速运动，则上式表示的是物体在时间段$[t_0,t]$上的平均速度. 当这个时间段很短时，可以用平均速度

来近似 $v(t_0)$. 并且, t 越靠近 t_0, 近似程度越高. 那么, 当 $t\to t_0$ 时, 若上式的极限存在, 则称该极限为物体在时刻 t_0 的**瞬时速度**, 即

$$v(t_0)=\lim_{t\to t_0}\frac{s(t)-s(t_0)}{t-t_0}.$$

例 15(切线问题)

圆的切线可以定义为"与圆只有一个交点的直线", 这依赖于圆的特殊几何性质. 但对于一般的曲线, 这样的定义未必合适. 例如, 抛物线 $y=x^2$, 它与 y 轴只有一个交点, 即坐标原点, 但 y 轴显然不是其切线. 而利用极限思想, 可以给出切线的一般定义.

设曲线 C 是函数 $y=f(x)$ 的图像(图 9-9), $P_0(x_0, y_0)$ 为 C 上一点, 再在 C 上另取一点 $P(x,y)$, 作割线 P_0P. 当点 P 沿曲线 C 趋于点 P_0 时, 如果割线 P_0P 绕点 P_0 旋转且趋于极限位置 P_0T, 则称直线 P_0T 为曲线 C 在点 P_0 处的切线.

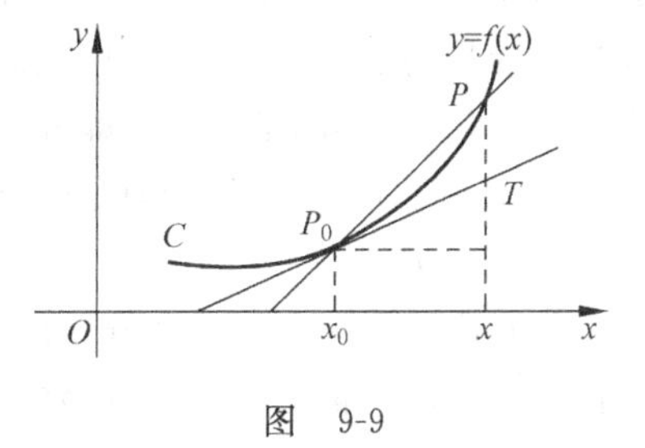

图　9-9

割线 P_0P 的斜率为 $\frac{y-y_0}{x-x_0}=\frac{f(x)-f(x_0)}{x-x_0}$, 当 P 沿曲线 C 趋于点 P_0 时, 有 $x\to x_0$. 若极限

$$k=\lim_{x\to x_0}\frac{f(x)-f(x_0)}{x-x_0}$$

存在, 则 k 为割线 P_0P 斜率的极限, 即为切线 P_0T 的斜率. 所以, 曲线 C 上的点 $P_0(x_0, y_0)$ 处的切线方程为 $y=y_0+k(x-x_0)$.

可见, 不论是求切线的斜率, 还是运动的速度, 都归结为求如下形式的极限:

$$\lim_{x\to x_0}\frac{f(x)-f(x_0)}{x-x_0}.$$

定义 9.7　设函数 $y=f(x)$ 在 x_0 的某个邻域内有定义, 若上述极限存在, 则称函数 $y=f(x)$ 在点 x_0 **处可导**, 并称该极限为函数 $f(x)$ 在点 x_0 **处的导数**, 记为 $f'(x_0)$, $y'|_{x=x_0}$, $\left.\frac{\mathrm{d}y}{\mathrm{d}x}\right|_{x=x_0}$, 或 $\left.\frac{\mathrm{d}f(x)}{\mathrm{d}x}\right|_{x=x_0}$.

注　(1) 当自变量从 x_0 变为 x 时, 函数值相应地从 $f(x_0)$ 变为 $f(x)$, $\frac{f(x)-f(x_0)}{x-x_0}$ 表示函数值 $f(x)$ 关于自变量 x 的变化率. 而导数值 $f'(x_0)$ 是函数值关于自变量在 $x=x_0$ 处的**瞬时变化率**, 反映了函数值随自变量的变化而变化的快慢程度.

(2) 边际效用代表总效用关于消费量的变化率, 即为总效用函数的导数.

(3) "函数 $y=f(x)$ 在 x_0 处可导"等价于"它的图像在 $(x_0, f(x_0))$ 处有不垂直于 x 轴的切线(因垂直于 x 轴的直线斜率为 ∞)", $f'(x_0)$ 即为曲线 $y=f(x)$ 在该点处**切线的斜率**. 位置函数 $s(t)$ 关于时间 t 的瞬时变化率为**瞬时速度**, 即 $s'(t)=v(t)$.

(4) 函数 $y=f(x)$ 在 x_0 处的导数有下面的等价形式:

$$f'(x_0)=\lim_{\Delta x\to 0}\frac{f(x_0+\Delta x)-f(x_0)}{\Delta x},$$

其中，Δx 表示自变量 x 的改变量，也可以用其他符号代替.

(5) 按照极限的定义，当 $\Delta x\to 0$ 时，$\dfrac{f(x_0+\Delta x)-f(x_0)}{\Delta x}\to f'(x_0)$. 因此，当自变量的改变量 $|\Delta x|$ 比较小时，有 $\dfrac{f(x_0+\Delta x)-f(x_0)}{\Delta x}\approx f'(x_0)$，即相应的函数值的改变量为

$$\Delta f(x)=f(x_0+\Delta x)-f(x_0)\approx f'(x_0)\Delta x,$$

这里的 $f'(x_0)\Delta x$ 称为函数 $y=f(x)$ 在点 x_0 处相应于自变量的改变量 Δx 的**微分**. 可见，微分是自变量的取值有小的变化时函数值的改变量的一种近似. 通常将自变量 x 的改变量 Δx 称为自变量的微分，记为 $\mathrm{d}x$，即 $\mathrm{d}x=\Delta x$. 相应地，$y=f(x)$ 在 x_0 处的微分是 $f'(x_0)\mathrm{d}x$，记为 $\mathrm{d}y|_{x=x_0}$. 一般地，$y=f(x)$ 在任意可导点 x 处的微分为 $f'(x)\mathrm{d}x$，记为 $\mathrm{d}y$ 或 $\mathrm{d}f(x)$，即 $\mathrm{d}f(x)=f'(x)\mathrm{d}x$.

(6) 若函数 $y=f(x)$ 在开区间 I 内的任一点 x 处可导，则称函数在 I 内可导. 这时，对于任一点 $x\in I$，都有唯一的导数值 $f'(x)$ 与之对应，从而得到 I 上的一个新函数，称之为 $y=f(x)$ 的**导(函)数**，记为 $f'(x)$，y'，$\dfrac{\mathrm{d}y}{\mathrm{d}x}$，或 $\dfrac{\mathrm{d}f(x)}{\mathrm{d}x}$.

(7) 若函数 $y=f(x)$ 在点 x_0 处可导，则必然在点 x_0 处连续.

(8) 若函数 $y=f(x)$ 的导(函)数 $f'(x)$ 仍可导，则称 $f'(x)$ 的导数为 $f(x)$ 的**二阶导数**，记为 $f''(x)$ 或 y''. 若 $f''(x)$ 仍可导，则称它的导数为 $f(x)$ 的**三阶导数**，记为 $f^{(3)}(x)$ 或 $y^{(3)}$. 依次类推，$f(x)$ 的 $n-1$ 阶导数的导数称为 $f(x)$ 的 **n 阶导数**，记为 $f^{(n)}(x)$ 或 $y^{(n)}$.

例 16 设 $f(x)=c$，c 为常数，求 $f'(x)$.

解 $f'(x)=\lim\limits_{\Delta x\to 0}\dfrac{f(x+\Delta x)-f(x)}{\Delta x}=\lim\limits_{\Delta x\to 0}\dfrac{c-c}{\Delta x}=0$，即 $(c)'=0$.

例 17 求 $f(x)=x^2$ 的导数.

解
$$\begin{aligned}f'(x)&=\lim_{\Delta x\to 0}\frac{f(x+\Delta x)-f(x)}{\Delta x}=\lim_{\Delta x\to 0}\frac{(x+\Delta x)^2-x^2}{\Delta x}\\&=\lim_{\Delta x\to 0}\frac{2x\Delta x+(\Delta x)^2}{\Delta x}=\lim_{\Delta x\to 0}(2x+\Delta x)=2x.\end{aligned}$$

2. 常用的基本初等函数的导数

(1) 常数函数：$(c)'=0$.

(2) 幂函数：$(x^\mu)'=\mu x^{\mu-1}$，μ 为常数.

(3) 指数函数：$(a^x)'=a^x\ln a$，$a>0$ 且 $a\neq 1$；特别地，$(\mathrm{e}^x)'=\mathrm{e}^x$.

(4) 对数函数：$(\log_a x)'=\dfrac{1}{x\ln a}$，$a>0$ 且 $a\neq 1$；特别地，$(\ln x)'=\dfrac{1}{x}$.

(5) 三角函数：$(\sin x)'=\cos x$，$(\cos x)'=-\sin x$.

3. 导数的四则运算法则和链式法则

定理 9.4　若 $u=u(x)$ 和 $v=v(x)$ 可导，则有如下结论：

(1) $u\pm v$ 可导，且 $(u\pm v)'=u'\pm v'$. 特别地，$(u+c)'=u'$，其中 c 为常数.

(2) uv 可导，且 $(uv)'=u'v+uv'$. 特别地，$(cu)'=cu'$，其中 c 为常数.

(3) 若 $v\neq 0$，则 $\dfrac{u}{v}$ 可导，且 $\left(\dfrac{u}{v}\right)'=\dfrac{u'v-uv'}{v^2}$.

定理 9.4 中的(1)、(2)可推广到任意有限个可导函数的情形.

定理 9.5　若函数 $y=f(u)$ 可导，函数 $u=\varphi(x)$ 可导，则复合函数 $y=f[\varphi(x)]$ 可导，且

$$\frac{\mathrm{d}y}{\mathrm{d}x}=f'(u)\varphi'(x)\big|_{u=\varphi(x)}.$$

例 18　求 $y=x^3+2x^2+1$ 的二阶导数.

解　$y'=3x^2+4x, y''=6x+4$.

例 19　求 $y=\mathrm{e}^{x^3}$ 的导数和微分.

解　$y'=\mathrm{e}^{x^3}(x^3)'=3x^2\mathrm{e}^{x^3}, \mathrm{d}y=\mathrm{d}(\mathrm{e}^{x^3})=(\mathrm{e}^{x^3})'\mathrm{d}x=3x^2\mathrm{e}^{x^3}\mathrm{d}x$.

例 20　求 $y=\ln|x|(x\neq 0)$ 的导数.

解　当 $x>0$ 时，$y=\ln x$，从而 $y'=\dfrac{1}{x}$；

当 $x<0$ 时，$y=\ln(-x)$，从而 $y'=\dfrac{1}{-x}(-x)'=\dfrac{1}{x}$.

因此，只要 $x\neq 0$，$(\ln|x|)'=\dfrac{1}{x}$.

例 21(汽车的位置和速度)　有一人开车从青岛出发，其位置(离开青岛的里程，单位为 km，时间的单位为 h)函数如下：

$$f(t)=\frac{5}{3}t^3-25t^2+120t,$$

问：(1) $t=0.5$ 时的车速是多少？(2)在旅行中，此人有没有走回头路？

解　(1) $f'(t)=5t^2-50t+120$，从而 $t=0.5$ 时的车速为

$$f'(0.5)=5\times 0.5^2-50\times 0.5+120=96.25(\mathrm{km/h}).$$

(2) 若走回头路，则有 $f'(t)=5t^2-50t+120<0$. 解之，得 $4<t<6$. 故此人从青岛出发 4 小时后，开始往回行驶，持续了 2 小时后，再次驶离青岛.

9.1.5　导数的应用

定义 9.8　设函数 $f(x)$ 在 x_0 的某个邻域内有定义，若对于该邻域内除 x_0 外的一切 x，有

$$f(x)<f(x_0)\quad (\text{或 } f(x)>f(x_0))$$

成立，则称 $f(x_0)$ 是函数 $f(x)$ 的一个**极大值**（或**极小值**）. 如图 9-10（或图 9-11）所示，它像是山脉剖面图中的一座山峰（或山谷），故又称极大值（或极小值）为峰值（或谷值）.

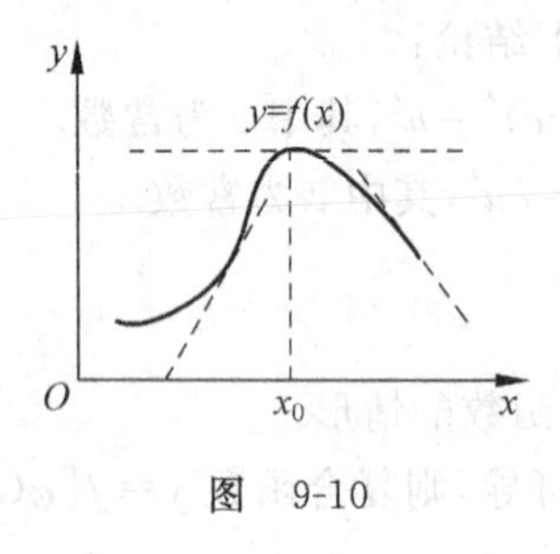

图 9-10

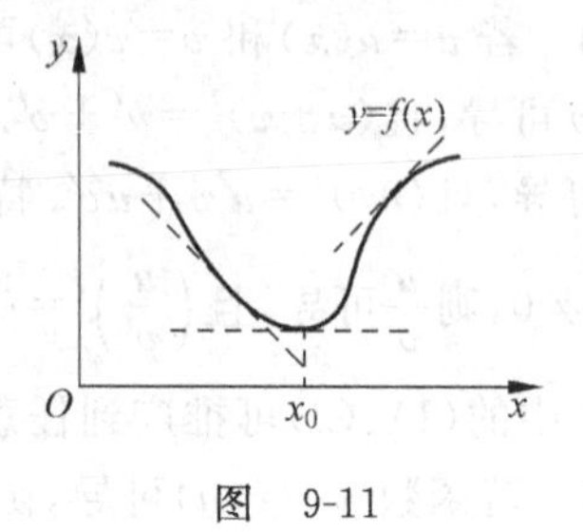

图 9-11

函数的极大值和极小值统称为函数的**极值**，使函数取得极值的点称为**极值点**. 这类点有着非常广泛的应用，而导数在求这类点上发挥着重要的作用.

函数的极值的概念是局部性的，同一个函数的极大值不一定比极小值大. 如图 9-12 所示.

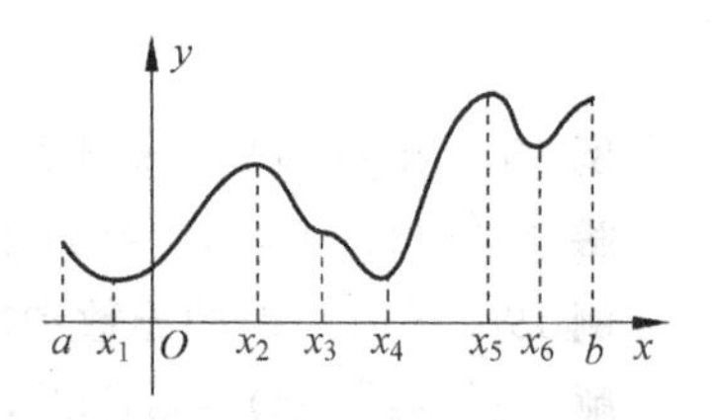

图 9-12

1. 导数与函数的单调性

在图 9-10 中，当 $x<x_0$ 时，函数 $y=f(x)$ 单调增加，它的图像是一条沿 x 轴正向上升的曲线，这时曲线上各点处切线的斜率是正的，即 $f'(x)>0$. 当 $x>x_0$ 时，函数单调减少，图像沿 x 轴正向下降，曲线上各点处切线的斜率是负的，即 $f'(x)<0$. 易知，函数 $y=f(x)$ 在 x_0 处取得一个极大值，x_0 为极大值点. 图 9-11 的情况正好相反：函数 $y=f(x)$ 在 x_0 处取得一个极小值，x_0 为极小值点.

定理 9.6 设函数 $y=f(x)$ 在 x_0 的某去心邻域内可导，则：

(1) 若 $x<x_0$ 时，$f'(x)>0$，且 $x>x_0$ 时，$f'(x)<0$，则 $y=f(x)$ 在 x_0 处取得极大值；

(2) 若 $x<x_0$ 时，$f'(x)<0$，且 $x>x_0$ 时，$f'(x)>0$，则 $y=f(x)$ 在 x_0 处取得极小值.

注 (1) 若函数 $y=f(x)$ 在 x_0 处可导且 $f'(x_0)=0$，则称 x_0 为 $y=f(x)$ 的一个**驻点**. 显然，函数在驻点处的变化率为 0.

(2) 若函数 $f(x)$ 在 x_0 处取得极值且在 x_0 处可导，则 $f'(x_0)=0$，即函数 $y=f(x)$ 的图像在 $(x_0, f(x_0))$ 处有一条水平切线.

2. 函数的最大值和最小值

设函数 $f(x)$ 在 $[a,b]$ 上有定义，在 (a,b) 内可导，考虑它的最大值和最小值问题：若函数在 (a,b) 内取得最大值（或最小值），则必然是在极值点处取得，且该极值点为驻点；否则，函数在端点 a 或 b 处取得最大值（最小值）.

由此，函数 $f(x)$ 在区间 $[a,b]$ 上最值的求法可总结为：对 $f(x)$ 求导，得到 $f(x)$ 在 (a,b)

内的所有驻点 $x_1, x_2, \cdots, x_m$，则：

(1) $f(x)$在$[a,b]$上的最大值为 $f_{\max}(x)=\max\{f(x_1), f(x_2), \cdots, f(x_m), f(a), f(b)\}$；

(2) $f(x)$在$[a,b]$上的最小值为 $f_{\min}(x)=\min\{f(x_1), f(x_2), \cdots, f(x_m), f(a), f(b)\}$.

注 在实际问题中，常会碰到“函数 $y=f(x)$在某区间内可导且只有一个驻点”的情形，那么，这唯一的驻点就是最值点. 通过分析函数的导数在该点左右两侧的符号，即可判断函数在该点取得最大值还是最小值.

例 22 试找出和为 66，且乘积最大的两个数.

解 设这两个数为 $x, 66-x$，则它们的乘积为 $S(x)=x(66-x)$. 下面求 $S(x)$的最大值.

$S'(x)=66-2x$，$x=33$ 为唯一的驻点. 并且，当 $x<33$ 时，$S'(x)>0$，$S(x)$单调增加；当 $x>33$ 时，$S'(x)<0$，$S(x)$单调减少. 因此，$x=33$ 时，$S(x)$最大. 即两个数均为 33 时，乘积最大.

例 23（路线最优化问题） 某人乘小船位于河中一点 A，AB 垂直于河岸且 $AB=2\text{km}$，C 为河岸上一点，与 B 的距离是 6km. 已知此人划船的速度为 2km/h，在陆地上的跑步速度为 6km/h，问：为了花费最少的时间到达 C 处，此人应该选择在 BC 之间的哪个地方上岸（图 9-13）？

解 设此人在 B、C 之间距离 B x km 处（记为 D）上岸，要缩短时间，他需要先划船从 A 直行到 D，而后从 D 沿直线跑向 C，所需时间为

$$T(x)=\frac{\sqrt{2^2+x^2}}{2}+\frac{6-x}{6}=\frac{1}{2}\sqrt{4+x^2}-\frac{x}{6}+1,$$

$T'(x)=\dfrac{x}{2\sqrt{x^2+4}}-\dfrac{1}{6}$，$x=\dfrac{1}{\sqrt{2}}$为唯一的驻点.

并且，当 $x<\dfrac{1}{\sqrt{2}}$时，$T'(x)<0$，$T(x)$单调减少；当 $x>\dfrac{1}{\sqrt{2}}$时，$T'(x)>0$，$T(x)$单调增加.

因此，$x=\dfrac{1}{\sqrt{2}}$时，即 D 点距 B $\dfrac{1}{\sqrt{2}}$km 时，花费时间最少.

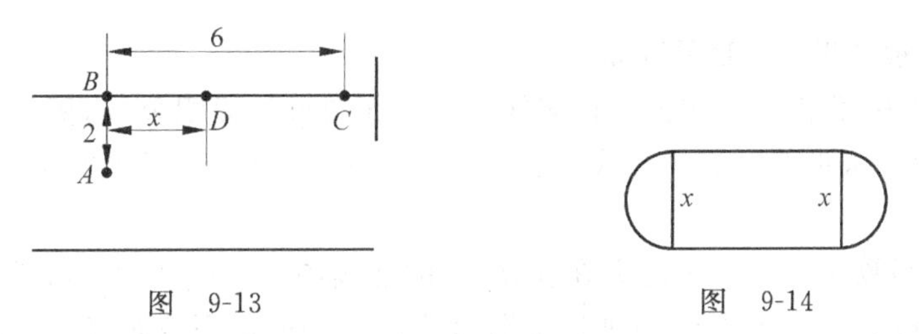

图 9-13　　图 9-14

例 24（跑道设计问题） 学校要建造一条新跑道，跑道沿一个由两个半圆连接在一个长方形的两端构成的区域周边建造（图 9-14）. 由于经费紧缺，学校决定利用跑道所围场地种植茶叶. 若要求跑道全长必须是 400m，试设计跑道尺寸，使得茶的种植面积最大.

解　设半圆的直径为 x m，则跑道所围场地的面积为

$$S(x)=\pi\left(\frac{x}{2}\right)^2+x\frac{400-\pi x}{2}=200x-\frac{\pi}{4}x^2,$$

$S'(x)=200-\frac{\pi}{2}x$，$x=\frac{400}{\pi}$为唯一的驻点.

当 $x<\frac{400}{\pi}$时，$S'(x)>0$，$S(x)$单调增加；当 $x>\frac{400}{\pi}$时，$S'(x)<0$，$S(x)$单调减少. 因此，当 $x=\frac{400}{\pi}$时，$S(x)$取得最大值.

注意到，$x=\frac{400}{\pi}$时，两个半圆周长共 400m，跑道围成一个圆. 可见，在限制跑道长度的情况下，将跑道设计成圆形会使得所围场地的面积最大.

例 25(利润最大化问题)　一个小商贩摆摊卖奶茶，在销售情况渐趋稳定后，他发现以每瓶 6 元的价格，每天可卖掉 100 瓶. 价格每提高 5 角，每天就少卖掉 5 瓶. 另外，他每天有笔固定开销(摊位费)100 元，而奶茶的成本为每瓶 2 元. 试计算，要获得最大利润，应将奶茶价格定为多少？并求出每天的最大利润.

解　设将价格定为每瓶 x 元，每天的利润函数为

$$u(x)=\left(100-\frac{x-6}{0.5}\times 5\right)(x-2)-100=-10x^2+180x-420,$$

$u'(x)=-20x+180$，$x=9$ 为唯一的驻点.

当 $x<9$ 时，$u'(x)>0$，$u(x)$单调增加；当 $x>9$ 时，$u'(x)<0$，$u(x)$单调减少. 因此，当 $x=9$ 时，$u(x)$取得最大值 $u(9)=390$，即商贩获得最大利润 390 元.

9.2　不规则平面图形的面积和旋转体的体积——积分之应用

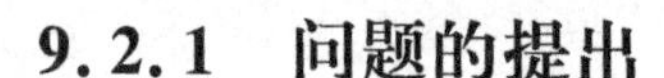

9.2.1　问题的提出

问题 1　不规则平面图形的面积

在初等数学中，我们已经掌握了很多规则的平面图形的面积公式，例如，三角形、矩形、平行四边形、菱形、圆形等的面积公式. 但在实际问题中，人们经常遇到的是由封闭曲线围成的不规则图形.

一般地，设函数 $y=f(x)$为定义在$[a,b]$上的连续函数，且 $f(x)\geqslant 0$. 那么，由曲线 $y=f(x)$与x 轴、直线 $x=a$、直线 $x=b$ 所围成图形(图 9-15)的面积该如何求出呢？

问题 2　旋转体的体积

所谓旋转体，就是由一个平面图形围绕平面内的一条直线旋转一周得到的立体，这条直线称为旋转轴. 例如，圆柱体是矩形绕它的一条边旋转一周得到的，圆锥体是直角三角形绕

它的一条直角边旋转一周得到的，球体是半圆绕它的直径旋转一周得到的.

一般地，设函数 $y=f(x)$ 为定义在 $[a,b]$ 上的连续函数，且 $f(x)\geqslant 0$. 那么，由曲线 $y=f(x)$ 与 x 轴、直线 $x=a$、直线 $x=b$ 所围成的图形绕 x 轴旋转一周得到的旋转体(图 9-16)的体积如何求呢？

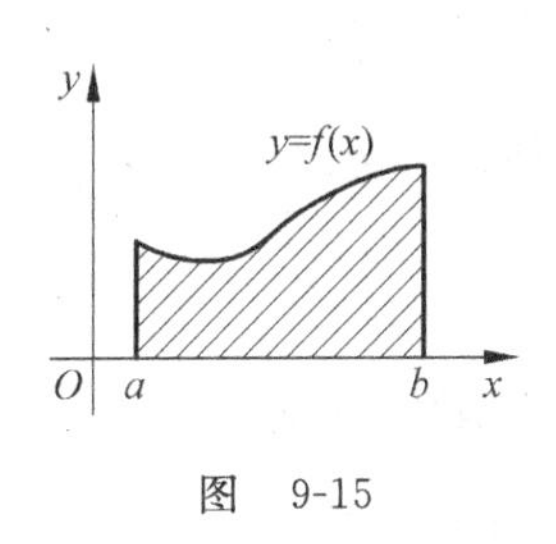

图 9-15

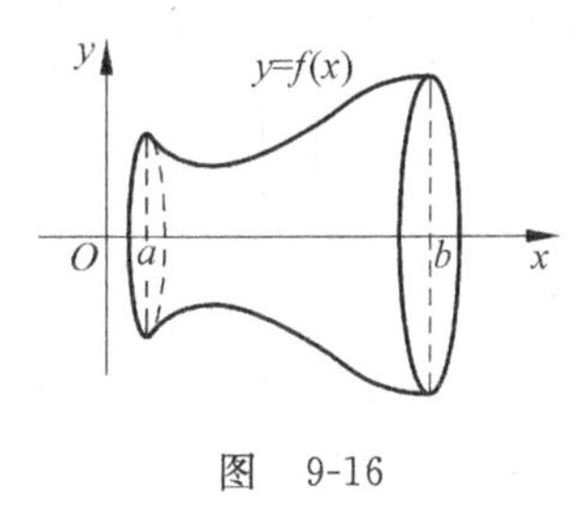

图 9-16

9.2.2 不定积分

1. 不定积分的概念

前文中，已介绍过求导运算. 不定积分，就是求导的逆运算，即由函数的导数求出该函数. 这是个有现实意义的问题. 例如，作变速直线运动的物体，设其路程函数为 $s(t)$，则在时刻 t 的瞬时速度为 $v(t)=s'(t)$. 但在实际问题中，经常遇到相反的问题，即已知速度 $v(t)$，求路程 $s(t)$.

定义 9.9 若在区间 I 上，有 $F'(x)=f(x)$，则称 $F(x)$ 为 $f(x)$ 在区间 I 上的一个**原函数**.

例如，$(\sin x)'=\cos x$，所以 $\sin x$ 是 $\cos x$ 的一个原函数. 又如，$(x^2)'=2x$，所以 x^2 是 $2x$ 的一个原函数. 注意到，对任意的常数 C，$\sin x+C$ 也是 $\cos x$ 的原函数，x^2+C 也是 $2x$ 的原函数.

定义 9.10 若函数 $F(x)$ 为 $f(x)$ 在区间 I 上的一个原函数，则 $F(x)+C$(C 为任意常数)称为 $f(x)$ 在区间 I 上的**不定积分**，记作

$$\int f(x)\mathrm{d}x.$$

其中，记号 $\int$ 称为积分号，$f(x)$ 称为被积函数，$f(x)\mathrm{d}x$ 称为被积表达式，x 称为积分变量.

由上述定义，易知 $\int 0\mathrm{d}x=C$, $\int 2x\mathrm{d}x=x^2+C$, $\int \cos x\mathrm{d}x=\sin x+C$.

例 1 求 $\int 1\mathrm{d}x=\int \mathrm{d}x$.

解 $(x)'=1$，因此 x 是 1 的一个原函数，从而 $\int 1\mathrm{d}x=\int \mathrm{d}x=x+C$, C 为任意常数.

例 2 求 $\int x\mathrm{d}x$.

解 $\left(\frac{x^2}{2}\right)'=x$,因此$\frac{x^2}{2}$是 x 的一个原函数,从而$\int x\mathrm{d}x=\frac{x^2}{2}+C$, C 为任意常数.

例 3 求$\int\frac{1}{x}\mathrm{d}x$.

解 $(\ln|x|)'=\frac{1}{x}$,因此 $\ln|x|$是$\frac{1}{x}$的一个原函数,从而

$$\int\frac{1}{x}\mathrm{d}x=\ln|x|+C,\quad C\text{ 为任意常数}.$$

例 4 求$\int\sin x\mathrm{d}x$.

解 $(-\cos x)'=\sin x$,因此$-\cos x$ 是 $\sin x$ 的一个原函数,从而

$$\int\sin x\mathrm{d}x=-\cos x+C,\quad C\text{ 为任意常数}.$$

例 5 $\int e^x\mathrm{d}x=e^x+C$, C 为任意常数.

例 6 $\int a^x\mathrm{d}x=\frac{a^x}{\ln a}+C$, C 为任意常数.

2. 不定积分的线性性质

(1) $\int kf(x)\mathrm{d}x=k\int f(x)\mathrm{d}x$, k 为常数;

(2) $\int(f(x)\pm g(x))\mathrm{d}x=\int f(x)\mathrm{d}x\pm\int g(x)\mathrm{d}x$.

例 7 求$\int(x^3+3\sqrt{x}+1)\mathrm{d}x$.

解 $\int(x^3+3\sqrt{x}+1)\mathrm{d}x=\int x^3\mathrm{d}x+3\int\sqrt{x}\mathrm{d}x+\int 1\mathrm{d}x=\frac{x^4}{4}+2x^{\frac{3}{2}}+x+C$, C 为任意常数.

3. 不定积分的计算技巧

有时候,求不定积分需要一些技巧.

例 8 求$\int\frac{1}{x-1}\mathrm{d}x$.

解 $\frac{1}{x-1}$是一个复合函数: $\frac{1}{x-1}=\frac{1}{u}$, $u=x-1$,从而 $\mathrm{d}u=\mathrm{d}x$. 作变换 $u=x-1$,则

$$\int\frac{1}{x-1}\mathrm{d}x=\int\frac{1}{x-1}\mathrm{d}(x-1)=\int\frac{1}{u}\mathrm{d}u=\ln|u|+C.$$

再将 $u=x-1$ 代入,即得

$$\int\frac{1}{x-1}\mathrm{d}x=\ln|x-1|+C,\quad C\text{ 为任意常数}.$$

例 9 求 $\int \cos 2x \mathrm{d}x$.

解 $\cos 2x$ 是一个复合函数：$\cos 2x=\cos u, u=2x$，从而 $\mathrm{d}u=2\mathrm{d}x, \mathrm{d}x=\frac{1}{2}\mathrm{d}u$. 作变换 $u=2x$，则

$$\int \cos 2x \mathrm{d}x = \frac{1}{2}\int \cos u \mathrm{d}u = \frac{1}{2}\sin u + C.$$

再将 $u=2x$ 代入，得

$$\int \cos 2x \mathrm{d}x = \frac{1}{2}\sin 2x + C, \quad C \text{ 为任意常数}.$$

这种利用中间变量替换原来的积分变量从而求得积分的方法称为换元积分法.

例 10 求 $\int x^2 \mathrm{e}^{x^3}\mathrm{d}x$.

解 e^{x^3} 是一个复合函数：$\mathrm{e}^{x^3}=\mathrm{e}^u, u=x^3$，从而 $\mathrm{d}u=3x^2\mathrm{d}x, x^2\mathrm{d}x=\frac{1}{3}\mathrm{d}u$.

作变换 $u=x^3$，则

$$\int x^2 \mathrm{e}^{x^3}\mathrm{d}x = \frac{1}{3}\int \mathrm{e}^u \mathrm{d}u = \frac{1}{3}\mathrm{e}^u + C.$$

再将 $u=x^3$ 代入，得

$$\int x^2 \mathrm{e}^{x^3}\mathrm{d}x = \frac{1}{3}\mathrm{e}^{x^3} + C, \quad C \text{ 为任意常数}.$$

对变量替换较熟悉以后，可以不必再写出中间变量，例如

$$\int x^2 \mathrm{e}^{x^3}\mathrm{d}x = \int \frac{1}{3}\mathrm{e}^{x^3}\cdot 3x^2\mathrm{d}x = \frac{1}{3}\int \mathrm{e}^{x^3}\mathrm{d}(x^3) = \frac{1}{3}\mathrm{e}^{x^3} + C, \quad C \text{ 为任意常数}.$$

9.2.3 定积分

1. 定积分的概念

例 11 设 $y=f(x)$ 在 $[a,b]$ 上连续且 $f(x)\geqslant 0$，由曲线 $y=f(x)$、x 轴、直线 $x=a$ 及 $x=b$ 所围成的图形称为**曲边梯形**，求这个曲边梯形的面积 A（图 9-17）.

可以通过以下步骤分析并求得曲边梯形的面积 A.

（1）划分. 用任意一组分点

$$a=x_0<x_1<x_2<\cdots<x_{n-1}<x_n=b$$

将区间 $[a,b]$ 分成长度为 $\Delta x_i=x_i-x_{i-1}(i=1,2,\cdots,n)$ 的 n 个小区间，相应地将曲边梯形分成 n 个窄曲边梯形. 第 i 个窄曲边梯形的面积记为 ΔA_i，则有 $A=\sum\limits_{i=1}^{n}\Delta A_i$.

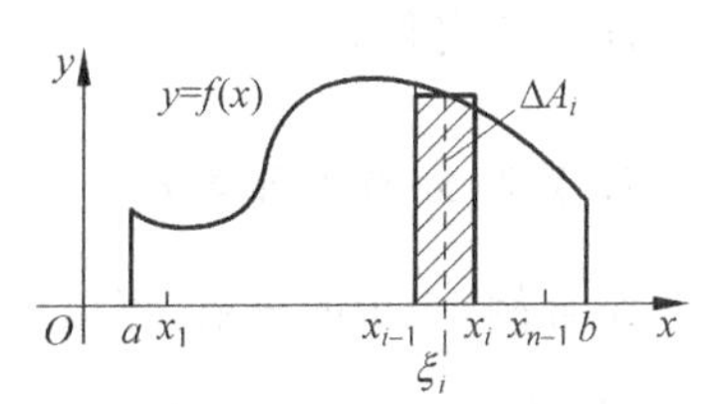

图 9-17

(2) 近似. 当 Δx_i 很小时,窄曲边梯形的面积 ΔA_i 可以用底长为 Δx_i、高为 $f(\xi_i)$(ξ_i 为第 i 个小区间 $[x_{i-1},x_i]$ 上的任意一点)的窄矩形的面积来近似,即 $\Delta A_i \approx f(\xi_i)\Delta x_i, i=1,2,\cdots,n$.

(3) 求和. 曲边梯形的面积 $A \approx \sum_{i=1}^{n} f(\xi_i)\Delta x_i$.

(4) 求极限. 可以看到,当每个 Δx_i 都趋于零,即对区间 $[a,b]$ 的划分越来越细时,近似值 $\sum_{i=1}^{n} f(\xi_i)\Delta x_i$ 也逐渐逼近 A. 取 $\lambda = \max\{\Delta x_1, \Delta x_2, \cdots, \Delta x_n\}$,当 $\lambda \to 0$ 时,$\sum_{i=1}^{n} f(\xi_i)\Delta x_i$ 的极限就是曲边梯形的面积 A,即 $A = \lim_{\lambda \to 0}\sum_{i=1}^{n} f(\xi_i)\Delta x_i$.

现在,求曲边梯形的面积转化成了求一个和式的极限. 这似乎是个可行的求面积方法. 但对于大多数函数 $f(x)$,求解该和式的极限往往复杂到无从下手. 为了解决这个问题,需要引入一个非常重要但表述复杂的概念——定积分.

定义 9.11 设 $f(x)$ 在区间 $[a,b]$ 上有界,在 $[a,b]$ 上任意插入 $n-1$ 个分点:

$$a = x_0 < x_1 < x_2 < \cdots < x_{n-1} < x_n = b,$$

把区间 $[a,b]$ 分成 n 个小区间:

$$[x_0, x_1], [x_1, x_2], \cdots, [x_{n-1}, x_n].$$

各个小区间的长度依次为

$$\Delta x_1 = x_1 - x_0, \Delta x_2 = x_2 - x_1, \cdots, \Delta x_n = x_n - x_{n-1},$$

在每个小区间 $[x_{i-1},x_i]$ 上任取一点 ξ_i,作函数值 $f(\xi_i)$ 与小区间长度 Δx_i 的乘积 $f(\xi_i)\Delta x_i$ $(i=1,2,\cdots,n)$,并作和 $S = \sum_{i=1}^{n} f(\xi_i)\Delta x_i$. 记 $\lambda = \max\{\Delta x_1, \Delta x_2, \cdots, \Delta x_n\}$,若存在常数 I,使得不论对 $[a,b]$ 如何划分,也不论在小区间 $[x_{i-1},x_i]$ 上如何选取 ξ_i,当 $\lambda \to 0$ 时,S 总趋向于 I,则称极限 I 为 $f(x)$ 在区间 $[a,b]$ 上的定积分,记作 $\int_a^b f(x)\mathrm{d}x$,即

$$\int_a^b f(x)\mathrm{d}x = I = \lim_{\lambda \to 0}\sum_{i=1}^{n} f(\xi_i)\Delta x_i.$$

其中,$f(x)$ 称为**被积函数**,$f(x)\mathrm{d}x$ 称为**被积表达式**,x 称为**积分变量**,a 称为**积分下限**,b 称为**积分上限**,$[a,b]$ 称为**积分区间**.

注 不定积分 $\int f(x)\mathrm{d}x$ 是一族函数,而定积分 $\int_a^b f(x)\mathrm{d}x$ 是一个数.

2. 定积分的几何意义

结合例 11 中的分析,可以得到定积分的几何意义如下.

(1) 设在区间 $[a,b]$ 上,$f(x) \geqslant 0$,则定积分 $\int_a^b f(x)\mathrm{d}x$ 表示由曲线 $y=f(x)$,x 轴及两条直线 $x=a, x=b$ 所围成的曲边梯形的面积.

(2) 设在区间$[a,b]$上，$f(x)\leqslant 0$，因曲线 $y=f(x)$与 x 轴及两条直线 $x=a$，$x=b$ 所围成图形的面积，和曲线 $y=-f(x)$与 x 轴及两条直线 $x=a$，$x=b$ 所围成图形的面积是相同的．所以，由曲线 $y=f(x)$，x 轴及两条直线 $x=a$，$x=b$ 所围成的曲边梯形的面积为 $-\int_a^b f(x)\mathrm{d}x$.

(3) 曲线 $y=f(x)$可能有些部分在 x 轴上方，有些部分在 x 轴下方，此时定积分 $\int_a^b f(x)\mathrm{d}x$ 表示曲线 $y=f(x)$与 x 轴及两条直线 $x=a$，$x=b$ 所围成的图形中，x 轴上方图形的面积与 x 轴下方图形面积的差值.

3. 定积分的性质

为方便以后的计算，对定积分作以下两条补充规定：

(1) $a=b$ 时，$\int_a^b f(x)\mathrm{d}x=0$；

(2) $a>b$ 时，$\int_a^b f(x)\mathrm{d}x=-\int_b^a f(x)\mathrm{d}x$.

定积分有下面几条常用的性质：

(1) $\int_a^b kf(x)\mathrm{d}x=k\int_a^b f(x)\mathrm{d}x$($k$ 为常数).

(2) $\int_a^b [f(x)\pm g(x)]\mathrm{d}x=\int_a^b f(x)\mathrm{d}x\pm\int_a^b g(x)\mathrm{d}x$.

上述两条性质统称为定积分的线性性质.

(3) (对于积分区间的可加性) $\int_a^b f(x)\mathrm{d}x=\int_a^c f(x)\mathrm{d}x+\int_c^b f(x)\mathrm{d}x$.

上述三条性质，不论 a,b,c 的大小关系如何，均成立.

4. 定积分的计算

定积分作为一个复杂和式的极限，在大多数情况下，直接计算是几乎不可能的．下面的定理 9.7 给出了通过不定积分 $\int f(x)\mathrm{d}x$ 求定积分$\int_a^b f(x)\mathrm{d}x$ 的简便方法.

定理 9.7　设 $f(x)$在$[a,b]$上连续，$F(x)$是 $f(x)$在$[a,b]$上的一个原函数，则

$$\int_a^b f(x)\mathrm{d}x=F(b)-F(a).$$

于是，求平面图形的面积，先转化为求定积分，又转化为求被积函数的原函数在积分上下限 b,a 两点处的函数值之差．习惯上用 $F(x)|_a^b$ 表示 $F(b)-F(a)$，因此上式可写为

$$\int_a^b f(x)\mathrm{d}x=F(x)|_a^b=F(b)-F(a).$$

此公式被称为**牛顿-莱布尼茨公式**,或者**微积分基本公式**.

例 12 利用定积分的几何意义,分别求出下面三个函数的曲线与 x 轴,直线 $x=0$ 及直线 $x=1$ 所围成图形的面积:(1) $f_1(x)=2$;(2) $f_2(x)=2x$;(3) $f_3(x)=2x^2$.

解 (1) 所围图形面积为 $\int_0^1 2\mathrm{d}x = 2x\Big|_0^1 = 2$;

(2) 所围图形面积为 $\int_0^1 2x\mathrm{d}x = x^2\Big|_0^1 = 1$;

(3) 所围图形面积为 $\int_0^1 2x^2\mathrm{d}x = \frac{2}{3}x^3\Big|_0^1 = \frac{2}{3}$.

例 13 求曲线 $y=x^2-4$ 与 x 轴及直线 $x=3$ 围成的有界图形的面积(图 9-18).

解 所求图形被 x 轴分成两部分,左边部分在 x 轴下方,右边部分在 x 轴上方.由定积分的几何意义可知,所求面积为

$$S=-\int_{-2}^{2}(x^2-4)\mathrm{d}x+\int_{2}^{3}(x^2-4)\mathrm{d}x$$

$$=\left(4x-\frac{1}{3}x^3\right)\Big|_{-2}^{2}+\left(\frac{1}{3}x^3-4x\right)\Big|_{2}^{3}=13.$$

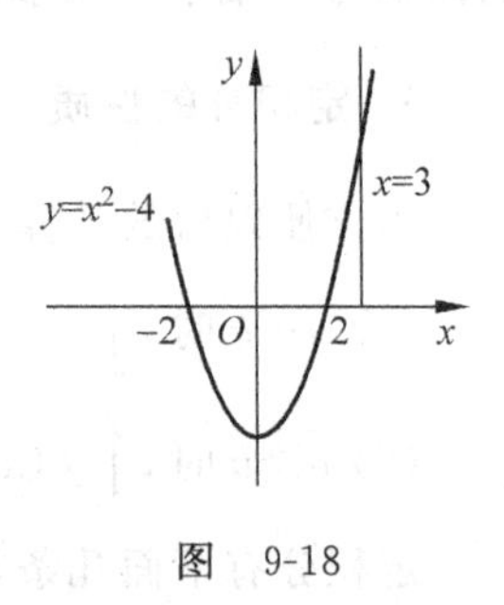

图 9-18

9.2.4 定积分的应用

定积分的应用广泛,常用来计算连续不均匀地分布在闭区间上的某些几何量或物理量等.下面首先介绍将一个量表达成定积分的分析方法——元素法.

1. 元素法

例 11 中,由连续曲线 $y=f(x)(f(x)\geqslant 0)$,x 轴,直线 $x=a$ 与直线 $x=b$ 所围成的曲边梯形的面积 A 有如下特点:

(1) A 完全取决于变量 x 的一个变化区间 $[a,b]$ 及定义在该区间上的函数 $f(x)$.

(2) A 对区间具有可加性.即,将区间划分为若干个小区间后,每个小区间对应的小曲边梯形的面积之和仍为 A.

(3) 任意一个小区间 $[x,x+\Delta x]$ 对应的小曲边梯形的面积近似值可表示为 $f(x)\Delta x$.

经过分析,具有以上三个特点的量 A 可表示为以 $f(x)$ 为被积函数、以 $[a,b]$ 为积分区间的定积分,即 $A=\int_a^b f(x)\mathrm{d}x$.

一般地,假设一个实际问题中所求的量 Q 符合以下三个条件:

(1) Q 的大小取决于某个变量(比如 x)的变化区间 $[a,b]$,及定义在该区间上的某个函数 $f(x)$.

(2) Q 对区间具有可加性.即,将区间划分为若干个小区间后,Q 也被相应地划分为若

干个部分量，这些部分量之和仍为 Q.

(3) 任意一个小区间$[x,x+\Delta x]$所对应的部分量 ΔQ 的近似值可表示为 $f(x)\Delta x$，即 $\Delta Q\approx f(x)\Delta x$.

如果 Q 符合以上条件，那么，量 Q 可以用定积分 $\int_a^b f(x)\mathrm{d}x$ 来表示，即 $Q=\int_a^b f(x)\mathrm{d}x$. 写出这个积分表达式的步骤为：

(1) 根据问题的实际情况，选取一个量(例如 x)作为积分变量，并确定它的变化区间$[a,b]$，即积分表达式中的积分区间.

(2) 设想将区间$[a,b]$划分为若干个小区间，任取其中一个小区间$[x,x+\mathrm{d}x]$，求出相应于这个小区间的部分量 ΔQ 的近似值. 如果这个近似值可表示为某个连续函数 $f(x)$与这个小区间长度 $\mathrm{d}x$ 的乘积，即 $\Delta Q\approx f(x)\mathrm{d}x$，则把 $f(x)\mathrm{d}x$ 称为 Q 的元素，并记为 $\mathrm{d}Q$，即

$$\mathrm{d}Q=f(x)\mathrm{d}x.$$

(3) 以所求量 Q 的元素 $f(x)\mathrm{d}x$ 为被积表达式，在区间$[a,b]$上作定积分，得

$$Q=\int_a^b f(x)\mathrm{d}x$$

此即为所求量 Q 的积分表达式.

这种方法称为**元素法**. 下面，用元素法分析不规则平面图形的面积和旋转体的体积问题.

2. 不规则平面图形的面积

设在区间$[a,b]$上，连续曲线 $y=f(x)$ 位于连续曲线 $y=g(x)$的上方，即 $f(x)\geqslant g(x)$，求这两条曲线与直线 $x=a$，直线 $x=b$ 所围成图形的面积 A(图 9-19).

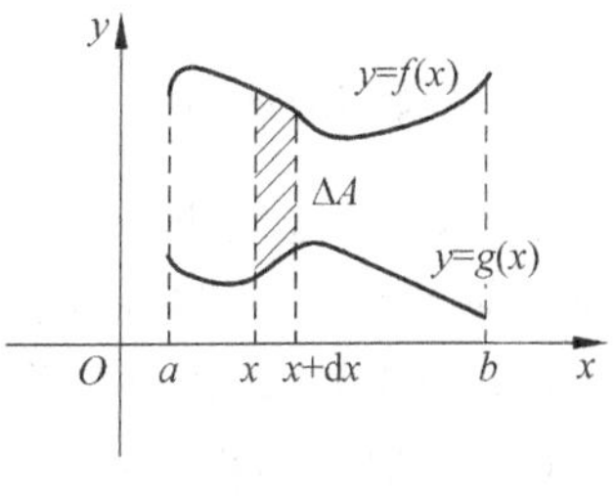

图　9-19

运用元素法，面积 A 的求解步骤如下：

(1) 取 x 为积分变量，它的变化区间为$[a,b]$.

(2) 设想将$[a,b]$划分为若干个小区间，其中任意一个小区间$[x,x+\mathrm{d}x]$对应的窄条的面积 ΔA 可用高为 $f(x)-g(x)$、底为 $\mathrm{d}x$ 的窄矩形的面积来近似，即

$$\Delta A\approx(f(x)-g(x))\mathrm{d}x.$$

从而，可得面积元素

$$\mathrm{d}A=(f(x)-g(x))\mathrm{d}x.$$

(3) 以上述的面积元素为被积表达式，在区间$[a,b]$上作定积分，即得所求面积为

$$A=\int_a^b(f(x)-g(x))\mathrm{d}x.$$

类似地，由连续曲线 $x=f(y)$，$x=g(y)$($f(y)\geqslant g(y)$)和直线 $y=c$，直线 $y=d$ 所围成

图形(图 9-20)的面积为 $A=\int_c^d(f(y)-g(y))\mathrm{d}y$.

例 14 求由两条曲线 $y^2=x, y=x^2$ 所围成图形的面积(图 9-21).

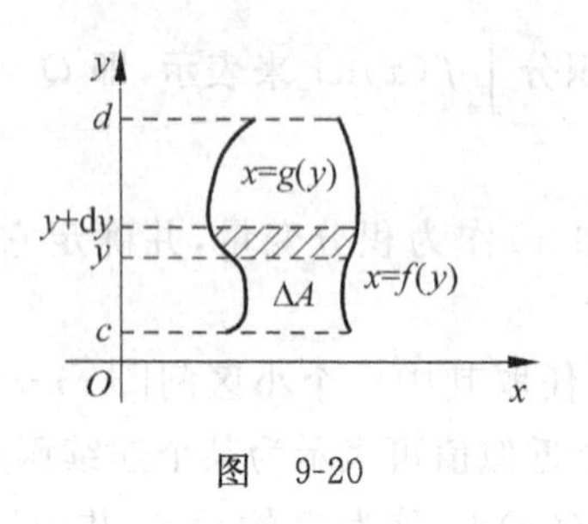

图 9-20

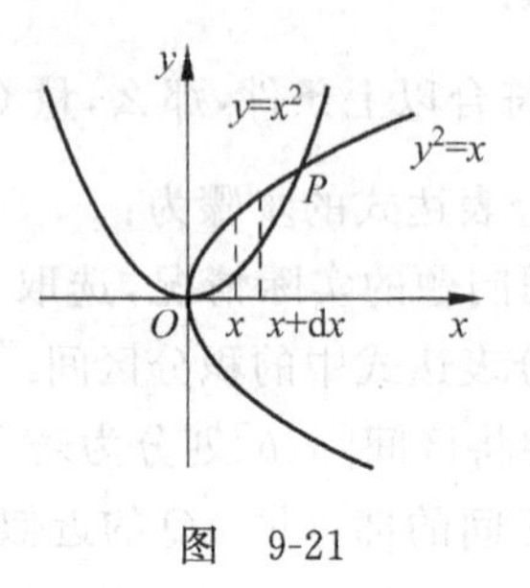

图 9-21

解 列方程组 $\begin{cases}y^2=x,\\ y=x^2,\end{cases}$ 解出两条曲线的交点 O 和 P 的坐标分别为(0,0)和(1,1).

求解过程分为三步:

(1) 选取 x 为积分变量,它的变化区间为[0,1].

(2) 将[0,1]划分为若干个小区间,其中任意一个区间 $[x,x+\mathrm{d}x]$ 所对应的窄条的面积可用高为 $\sqrt{x}-x^2$、底为 $\mathrm{d}x$ 的小矩形的面积来近似,从而得到面积元素 $\mathrm{d}A=(\sqrt{x}-x^2)\mathrm{d}x$.

(3) 以 $(\sqrt{x}-x^2)\mathrm{d}x$ 为被积表达式,在区间[0,1]上作定积分,即得所求图形的面积为

$$A=\int_0^1(\sqrt{x}-x^2)\mathrm{d}x=\left(\frac{2}{3}x^{\frac{3}{2}}-\frac{1}{3}x^3\right)\bigg|_0^1=\frac{1}{3}.$$

3. 旋转体的体积

下面,求由连续曲线 $y=f(x)(f(x)\geqslant 0)$, x 轴,直线 $x=a$,直线 $x=b$ 所围成的曲边梯形绕 x 轴旋转一周得到的旋转体的体积(图 9-22).

利用元素法,求解过程分为如下三步:

(1) 选取 x 为积分变量,它的变化区间为 $[a,b]$.

(2) 设想将 $[a,b]$ 划分成若干个小区间,其中任意一个小区间 $[x,x+\mathrm{d}x]$ 所对应的窄曲边梯形绕 x 轴旋转一周得到的薄片体积可以用底面半径为 $f(x)$、高为 $\mathrm{d}x$ 的扁圆柱体的体积来近似,从而得到体积元素 $\mathrm{d}V=\pi[f(x)]^2\mathrm{d}x$.

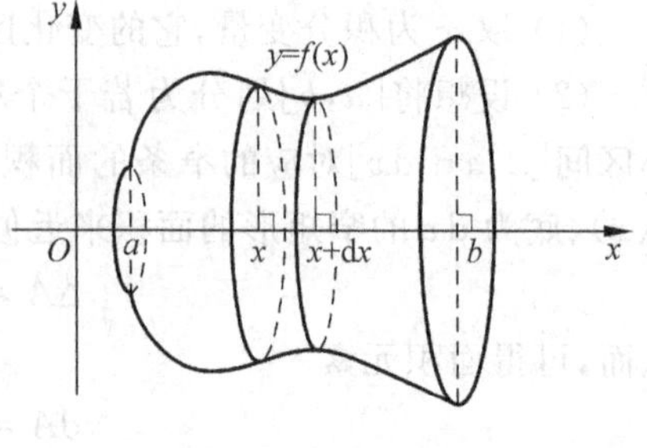

图 9-22

(3) 以体积元素为被积表达式,在 $[a,b]$ 上作定积分,即得所求旋转体的体积为

$$V=\int_a^b\pi[f(x)]^2\mathrm{d}x.$$

例 15 求由曲线 $y^2=x, y=x^2$ 所围成的图形(图 9-21)绕 x 轴旋转一周所得旋转体的体积. 绕 y 轴呢? 绕直线 $y=-1$ 呢?

解 这两条曲线的交点为 $O(0,0), P(1,1)$.

绕 x 轴旋转的情形:

(1) 选取 x 作为积分变量,它的变化区间为$[0,1]$.

(2) 将$[0,1]$划分成若干个小区间,其中任一个小区间$[x,x+\mathrm{d}x]$所对应的窄条绕 x 轴旋转一周得到的空心薄片的体积可以用一个空心扁圆柱体的体积来近似. 这个空心扁圆柱体的内径为 $y_1=x^2$,外径为 $y_2=\sqrt{x}$,高为 $\mathrm{d}x$,从而得到体积元素

$$\mathrm{d}V=\pi(y_2^2-y_1^2)\mathrm{d}x=\pi(x-x^4)\mathrm{d}x.$$

(3) 以体积元素为被积表达式,在$[0,1]$上作定积分,即得所求旋转体的体积为

$$V=\int_0^1\pi(x-x^4)\mathrm{d}x=\pi\left(\frac{1}{2}x^2-\frac{1}{5}x^5\right)\Big|_0^1=\frac{3}{10}\pi.$$

绕 y 轴旋转的情形:

(1) 选取 y 作为积分变量,它的变化区间为$[0,1]$.

(2) 将$[0,1]$划分成若干个小区间,其中任意一个小区间$[y,y+\mathrm{d}y]$所对应的窄条绕 y 轴旋转一周得到的空心薄片的体积可以用一个空心扁圆柱体的体积来近似. 这个空心扁圆柱体的内径为 $x_1=y^2$,外径为 $x_2=\sqrt{y}$,高为 $\mathrm{d}y$,从而得到体积元素

$$\mathrm{d}V=\pi(x_2^2-x_1^2)\mathrm{d}x=\pi(y-y^4)\mathrm{d}y.$$

(3) 以体积元素为被积表达式,在$[0,1]$上作定积分,即得所求旋转体的体积为

$$V=\int_0^1\pi(y-y^4)\mathrm{d}x=\pi\left(\frac{1}{2}y^2-\frac{1}{5}y^5\right)\Big|_0^1=\frac{3}{10}\pi.$$

绕直线 $y=-1$ 旋转的情形:

(1) 选取 x 作为积分变量,它的变化区间为$[0,1]$.

(2) 将$[0,1]$划分成若干个小区间,其中任意一个小区间$[x,x+\mathrm{d}x]$所对应的窄条围绕直线 $y=-1$ 旋转一周得到的空心薄片的体积可以用一个空心扁圆柱体的体积来近似. 这个空心扁圆柱体的内径为 $r_1=x^2-(-1)=x^2+1$,外径为 $r_2=\sqrt{x}-(-1)=\sqrt{x}+1$,高为 $\mathrm{d}x$,从而得到体积元素

$$\mathrm{d}V=\pi(r_2^2-r_1^2)\mathrm{d}x=\pi[(\sqrt{x}+1)^2-(x^2+1)^2]\mathrm{d}x=\pi(x+2\sqrt{x}-x^4-2x^2)\mathrm{d}x.$$

(3) 以体积元素为被积表达式,在$[0,1]$上作定积分,即得所求旋转体的体积为

$$V=\int_0^1\pi(x+2\sqrt{x}-x^4-2x^2)\mathrm{d}x=\pi\left(\frac{1}{2}x^2+\frac{4}{3}x^{\frac{3}{2}}-\frac{1}{5}x^5-\frac{2}{3}x^3\right)\Big|_0^1=\frac{29}{30}\pi.$$

例 16(加百利喇叭的体积) 由双曲线 $y=\frac{1}{x}(x\geqslant1)$绕 x 轴旋转一周得到的旋转曲面被称为**加百利喇叭**(图 9-23). 证明:加百利喇叭所围成的立体图形,即由曲线 $y=\frac{1}{x}(x\geqslant1)$

绕 x 轴旋转一周得到的旋转体的体积是有限的.

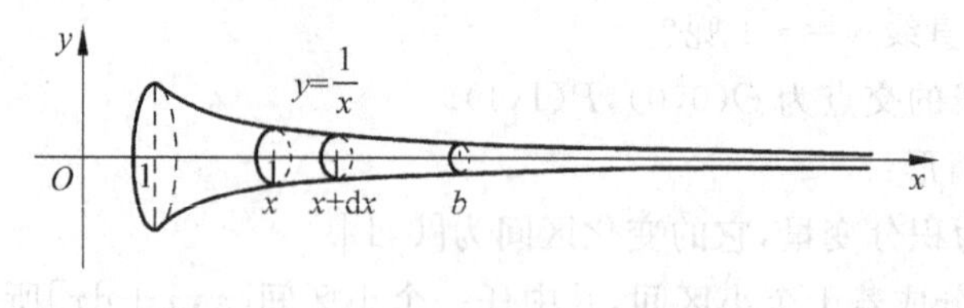

图 9-23

证明 任取 $b>1$,首先用元素法分析曲线 $y=\dfrac{1}{x}$ 与 x 轴,直线 $x=1$,直线 $x=b$ 所围成的图形绕 x 轴旋转一周所得旋转体的体积 $V(b)$. 分析过程分为如下三步:

(1) 选取 x 为积分变量,它的变化区间为$[1,b]$.

(2) 设想将$[1,b]$分成若干个小区间,其中任意一个小区间$[x,x+\mathrm{d}x]$所对应的窄条绕 x 轴旋转一周得到的薄片的体积可以用底面半径为$\dfrac{1}{x}$、高为 $\mathrm{d}x$ 的扁圆柱体的体积来近似,从而得到体积元素

$$\mathrm{d}V=\pi\frac{1}{x^2}\mathrm{d}x.$$

(3) 以体积元素为被积表达式,在$[1,b]$上作定积分得所求体积

$$V(b)=\int_1^b\pi\frac{1}{x^2}\mathrm{d}x=-\frac{\pi}{x}\bigg|_1^b=-\frac{\pi}{b}+\pi.$$

因此,加百利喇叭所围的体积为 $V=\lim\limits_{b\to+\infty}V(b)=\lim\limits_{b\to+\infty}\left(-\dfrac{\pi}{b}+\pi\right)=\pi$.

注 积分区间为无限区间$[a,+\infty)$的定积分称为广义积分. 广义积分(如果存在)的计算仍可以套用微积分基本公式,即,若 $F(x)$是连续函数 $f(x)$在$[a,+\infty)$上的一个原函数,则

$$\int_a^{+\infty}f(x)\mathrm{d}x=F(x)\bigg|_a^{+\infty}=\lim_{x\to+\infty}F(x)-F(a).$$

9.3 音乐中的数学——级数之应用

从毕达哥拉斯时代开始,音乐研究在本质上就被认为是数学性的. 中世纪欧洲学校课程的四大科目——算术、几何、天文学和音乐,分别被认为是纯粹的数学、静止的数学、运动的数学及对数学的应用.

从古希腊时期到 19 世纪,很多数学家和音乐家都试图弄清楚音乐声音的本质,扩大音乐与数学两者之间的联系. 音阶体系、和声学理论和旋律配合法得到了人们广泛的研究,并且建立了较完备的体系. 这一研究的最高成就当属法国数学家傅里叶的工作. 他证明了,所有的

声音，悦耳的声音或者噪声，简单的声音或者复杂的声音，都可以用数学方式进行全面的描述.

9.3.1 简单声音的数学公式

当敲击一个音叉时，音叉的颤动会导致附近空气分子的振动.尽管这些空气分子中的每一个只在自己附近的有限区域内运动，却会进一步引起周围分子的振动.这样，通过空气分子不断传播的振动就构成了声波，传到人耳中，人们就听到了音叉发出的声音.

观察某一个空气分子的运动方式(图 9-24).假设它原来位于 O 点，在振动开始时它先向右移动(当然也可能先向左移动)到达 A 点，然后向左移动通过 O 点到达 B 点，而后向右移动回到 O 点.至此，分子做了一次全振动.因为音叉的连续作用，分子不会在 O 点停住.只要余波尚在，空气分子就会不断地进行这样的全振动.

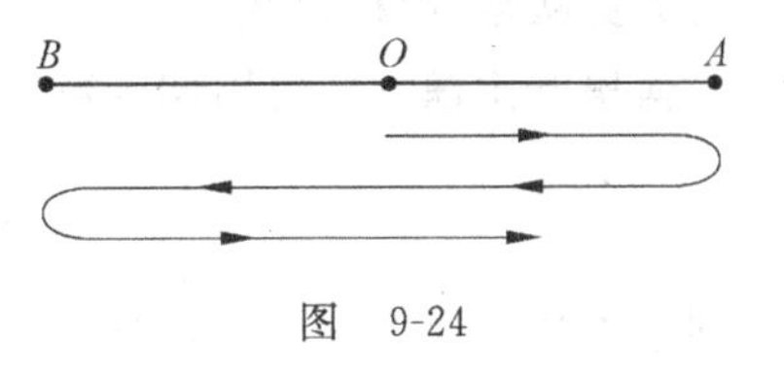

图 9-24

若在平面直角坐标系上表示分子的运动过程，以横轴表示分子从运动开始所经历的时间，纵轴表示分子在相应时刻的位移，则分子的振动图像如图 9-25 所示.

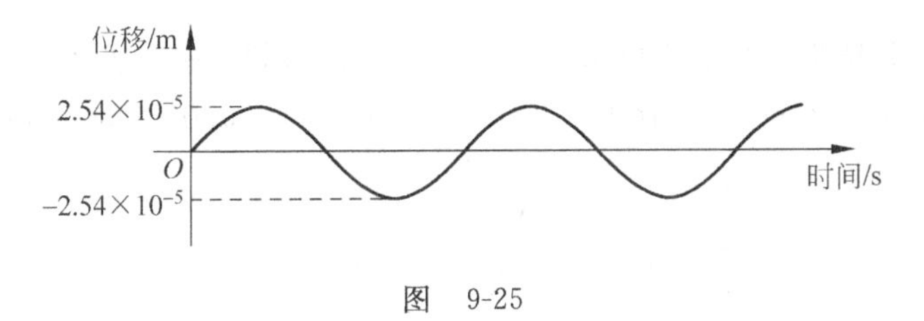

图 9-25

上图中，位移与时间之间的关系可用正弦函数 $y=a\sin bx$ 来表示.其中，振幅为 a，振动周期为 $\frac{2\pi}{b}$，频率为 $\frac{b}{2\pi}$.对于这个分子来说，它在起始位置的一边运动到最大值 2.54×10^{-5} m 处，而后转向另一边运动，因此振幅为 $a=2.54\times10^{-5}$ m.若它在 1s 内作 200 次全振动，即频率为 200 或周期为 $\frac{1}{200}$s，从而得到 $b=400\pi$.所以，受音叉作用的空气分子振动的位移是时间的函数，即描述音叉声音的公式为

$$y=2.54\times10^{-5}\sin400\pi t.$$

此处，将自变量记作 t，是因为习惯上用记号 t 表示时间.

9.3.2 音乐结构的数学本质

有些声音悦耳动听，有些则让人无法忍受，如何解释？同一个音符，为什么小提琴和钢琴发出的声音会有不同效果？对于更复杂的声音，如何从数学上进行说明？

观察各种声音的图像后，人们发现，所有乐音的图像——人的声音也包括在内——表现出某种规则性.图 9-26 给出了音叉、小提琴、单簧管的声音图像和人的发声图像.

如图所示的规则性声音,从整体上来说是悦耳的.人们很容易将其与噪声区别开来,因为噪声具有高度不规则性的图像.从而,通过图像可以区分悦耳的声音和噪声.具有规则性或周期性图像的声音称为音乐声音,且不管这些声音是如何产生的.既然乐音的图像呈现出周期性,那么表示乐音的数学公式必然是某个周期函数.

定义 9.12 由一个无穷数列 $u_1, u_2, \cdots, u_n, \cdots$ 构成的和式 $\sum\limits_{n=1}^{\infty} u_n = u_1 + u_2 + \cdots + u_n + \cdots$ 称为**无穷级数**,简称**级数**.

傅里叶定理 任何周期函数 $f(t)$ 在一定条件下都可以表示为如下的无穷级数:

$$f(t) = \frac{a_0}{2} + \sum_{n=1}^{\infty}(a_n \cos n\omega t + b_n \sin n\omega t),$$

上面的表达式称为傅里叶级数.

根据傅里叶定理,任何周期性声音的数学公式,都是若干个形如 $y = a\sin bx$ 的简单正弦函数的和式.考虑到每个 $y = a\sin bx$ 都代表某个具有适当振幅和频率的音叉发出的简单声音,傅里叶的理论实际上表明,每一种音乐声音,不论多复杂,都是一些简单声音(比如音叉发出的声音)的组合.

图 9-26 中的小提琴演奏出的声乐,其数学公式大致(忽略掉一些不重要的因素)为

$$y = 0.001524\sin 1000\pi t + 0.000508\sin 2000\pi t + 0.000254\sin 3000\pi t.$$

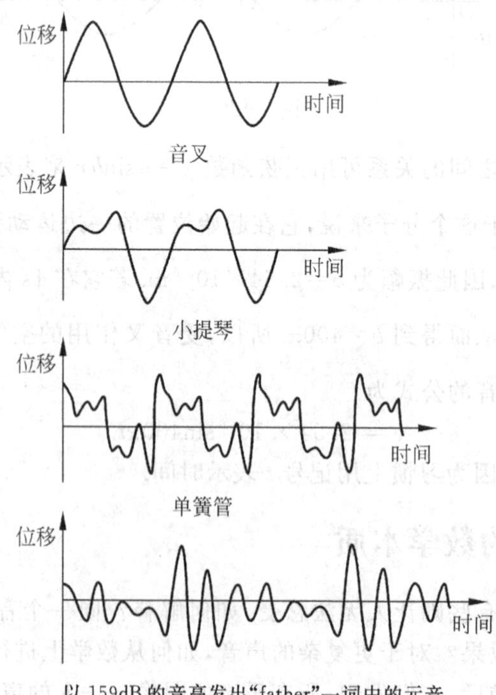

图 9-26

这个公式是三个正弦函数之和，其中第一个正弦函数的频率是 500，第二个正弦函数的频率为 1000，第三个正弦函数的频率为 1500，分别是第一个频率——最低频率的两倍和三倍. 根据上面的结论，这段小提琴奏乐可以由 3 个具有相应振幅和频率的音叉同时发声再现.

因此，从理论上来讲，完全可以由音叉演奏任何乐曲——从简单的七音符到复杂多变的贝多芬的第九交响曲.

9.3.3　音乐性质的数学解释

音乐声音有三个主要特征：音量(或称响度)，音调(或称音高)，音质(或称音色). 通俗地讲，有些声音弱得难以听到，有些则强得震耳欲聋，体现的是音量差异；钢琴的声音，按照键盘从左向右的顺序从低音上升到高音，指的是音调由低到高；对小提琴和笛子演奏出的具有相同音量和音调的声音，因为音质的差异，人们能意识到两者的不同.

音量较大的声音，其图像的振幅也较大. 由于振幅是传送声音的空气分子位移的最大值，因此，声音的音量取决于振动的空气分子的最大位移：位移越大，声音就越响亮. 比如弹吉他时，大力弹奏会使琴弦产生的位移更大，从而发出更大的声音.

音调取决于图像的频率：频率越大，音调越高. 比如在钢琴弹奏中，中音 C 的声音其图像的频率是(每秒)261.6，而一个八度高音的频率是 523.2. 音质体现在音乐图像的形状上. 由音叉、小提琴和单簧管连续演奏出的三种具有相同音量和音调的声音，尽管它们的图像有相同的周期和振幅，但形状却不一样. 而同一乐器不同音符的图像的一般形状却总是相似的(图 9-27). 这意味着，每种乐器都有它自己的特征音质. 用数学语言来说，一种乐声的音质，取决于组成它的数学表达式——形如 $y=a\sin bx$ 的简单声音的组合方式.

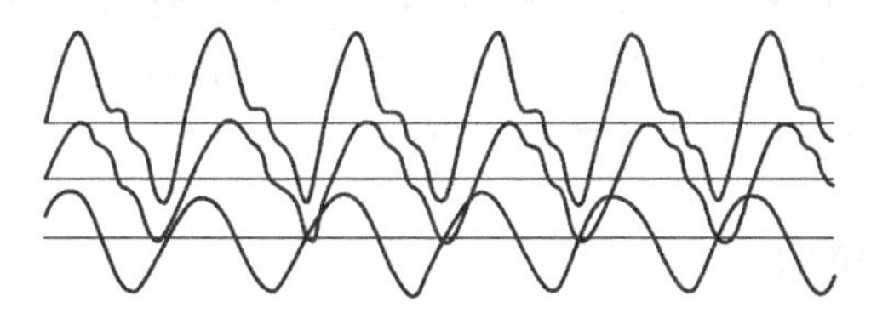

图　9-27

各种声音——人类的声音，乐器的奏鸣，猛兽的吼叫——都可以归于一些简单声音的组合，而这些简单声音在数学上又不过是些三角函数. 无论何时一开口，我们就会发出它们所代表的声音；无论何时侧耳倾听，我们都能听到它们.

9.3.4　数学分析在声音合成领域中的应用

音乐声音的数学分析具有重大的实际意义.

例 1　电话中的声音再现

在电话的发明过程中，真实再现声音是一个难题. 鉴于声音的多变性，人们曾经认为，利用简单的物理装置，这个目标是不可能实现的. 但傅里叶定理说明，任何声音只不过是不同振幅、不同频率的简单声音的组合. 人能够听到的只有频率为 400～3000Hz 的声音，因此电话的设计任务被简化成了重现该频率范围内的简单声音.

例 2 音乐乐器的设计和设计质量的判断

弦振动方面的数学分析研究，产生了在钢琴设计方面有用的知识；振动膜的分析被用于鼓的设计；而空气柱振动之类的数学研究则使得大规模改进风琴设计成为可能. 音乐声音中和谐音的分析，被钢琴制造商们用于确定琴槌，以便调整不理想的和音. 在判断乐器设计的优劣方面，许多制造商通过声波显示仪之类的仪器，把他们所创造的乐器的声音转化为图形，然后根据这些图形与这些乐器声音所对应的理想图形的吻合程度，来判断产品的质量.

另外，在声音再现仪器(如无线电收音机、电报、电影、扬声器系统)的设计方面，起着决定性作用的也是数学. 在所有这些复杂仪器每个部分的设计中，傅里叶的理论分析都发挥了重要的作用.

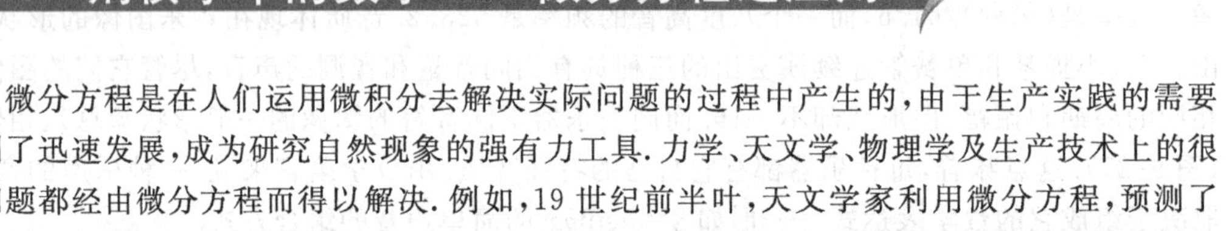

9.4 刑侦学中的数学——微分方程之应用

微分方程是在人们运用微积分去解决实际问题的过程中产生的，由于生产实践的需要得到了迅速发展，成为研究自然现象的强有力工具. 力学、天文学、物理学及生产技术上的很多问题都经由微分方程而得以解决. 例如，19 世纪前半叶，天文学家利用微分方程，预测了海王星的存在并推算出其位置；20 世纪末，科学家通过求解微分方程，推断出阿尔卑斯山上肌肉丰满的冰人的遇难时间……今天，许多社会科学的问题也要借助于微分方程，例如，人口发展模型、交通流模型、传染病传播模型等.

9.4.1 微分方程简介

在某些实际问题中，人们可能不会直接得到所需要的函数关系，但根据问题所提供的条件，却可以列出待求函数与其变化率(即导数)的关系式，这样的关系式就是所谓的**微分方程**. 建立微分方程后，利用它求出未知函数，就是**解微分方程**.

下面通过两个例子来介绍微分方程的基本概念和简单求解方法.

例 1 一条曲线通过原点(0,0)，并且该曲线上任一点处切线的斜率与该点的横坐标相等，求这条曲线的方程.

解 设所求曲线的方程为 $y=f(x)$. 根据导数的几何意义可知，未知函数 $y=f(x)$应满足关系式$\frac{\mathrm{d}y}{\mathrm{d}x}=x$，并且满足条件：$x=0$ 时，$y=0$.

在$\frac{dy}{dx}=x$两端同乘以 dx，得到 $dy=xdx$. 两端积分，得

$$y=\int x\mathrm{d}x=\frac{x^2}{2}+C,$$

其中，C 是待定常数. 将条件"$x=0$ 时，$y=0$"代入上式，得 $C=0$. 从而，所求的曲线方程为 $y=\frac{x^2}{2}$.

例 1 中建立的关系式就是一个微分方程. 这个微分方程中只含有未知函数 $y=f(x)$的一阶导数，称为**一阶微分方程**. 一般地，把微分方程中出现的未知函数的各阶导数中的最高阶数称为**微分方程的阶**. 自由落体运动中，根据高度 h 与时刻 t 之间的关系建立的微分方程

$$\frac{\mathrm{d}^2h}{\mathrm{d}t^2}=-g \quad (g\text{ 为重力加速度})$$

为二阶微分方程.

例 2 求解微分方程$\frac{dy}{dx}=3x^2y$.

解 在方程两端同乘以$\frac{dx}{y}$，使方程变为$\frac{dy}{y}=3x^2dx$.

变量 x 与 y 已分离在等式的两端，在两端积分得 $\ln|y|=x^3+C_1$，从而 $y=\pm e^{C_1}e^{x^3}$. 因 $\pm e^{C_1}$ 是任意的非零常数，又 $y=0$ 也是方程的解，故得微分方程的解为

$$y=Ce^{x^3} \quad (C\text{ 为任意常数}).$$

上述含有未知常数的解，称为微分方程的**通解**. 在实际问题中，求得微分方程的通解后，一般会根据某些附加条件来确定常数，从而得到微分方程的**特解**，这些附加条件称为**初始条件**. 如例 1 中最终求得的便是特解，初始条件为"$x=0$ 时，$y=0$".

9.4.2 死亡时间的确定

例 3 某天上午 8 时警察发现一具尸体，测得尸体温度是 30℃，当时环境温度是 22℃. 一个小时后，尸体温度下降到 28℃. 假如人的正常体温是 37℃，问：死亡是何时发生的？最终尸体的温度将如何？

解 记 $T(t)$为死亡后 t 小时的尸体温度，T_{out} 为环境温度. 根据牛顿冷却定律(热物体的冷却速度与该物体和周围环境的温差成正比)，可以得到尸体温度 T 与时间 t 满足下面的微分方程

$$\frac{\mathrm{d}T}{\mathrm{d}t}=-k(T-T_{out}).$$

其中 $k>0$ 是常数，取负号是因为$\frac{dT}{dt}$为负值. 类似于例 2 的做法，分离变量得

$$\frac{\mathrm{d}T}{T-T_{out}}=-k\mathrm{d}t.$$

两边积分,得

$$\ln|T-T_{\text{out}}|=-kt+C_1,$$

即 $T-T_{\text{out}}=\pm e^{C_1-kt}$. 因此, $T=T_{\text{out}}+Ce^{-kt}$, C 为任意常数.

已知 $T_{\text{out}}=22℃$,设从死者死亡到尸体被警察发现经历的时间为 τ 小时,则有如下初始条件: $t=0$ 时, $T=37$; $t=\tau$ 时, $T=30$; $t=\tau+1$ 时, $T=28$. 将这些初始条件代入 $T=T_{\text{out}}+Ce^{-kt}$ 中,得到 $37=22+C$, $30=22+Ce^{-k\tau}$, $28=22+Ce^{-k(\tau+1)}$,解之得 $C=15$, $e^{-k}=0.75$, $\tau=2.185$.

2.185 小时大约为 2 小时 11 分钟,所以死者的死亡时间约为凌晨 5 时 49 分. 尸体温度 T 与死亡后经历时间 t 之间的关系表达式为 $T(t)=22+15\times0.75^t$.

可以看到,随着时间的推移,尸体温度会越来越接近于环境温度. 取 $t=24$,可计算得 $T=22.015$,已经相当接近于环境温度. 所以,死亡时间一旦过长,利用上面的常规手段将很难给出确切的死亡时间.

9.4.3 血液中酒精浓度的测定

众所周知,酒后驾驶对公共交通安全危害巨大. 按照我国目前的法律规定,醉酒驾驶的界定标准为: 血液中的酒精浓度≥80mg/100ml,即每 100ml 血液中的酒精含量≥80mg.

例 4 某晚 7 时,某市发生一起交通事故. 在事故发生后 2 个小时,警方测得司机血液中的酒精浓度为 60mg/100ml,又过 1 个小时测得酒精浓度降为 40mg/100ml. 试判断: 事故发生时,司机是否违反了醉酒驾驶规定? 根据以上数据,司机在几点钟后驾车比较安全? (假定人体血液中酒精浓度的下降速度与当前酒精浓度是成正比的关系)

解 设 $x(t)$ 为事故发生后 t 小时的血液中酒精浓度,根据假定和题意得

$$\frac{dx(t)}{dt}=-\lambda x(t),$$

其中, $\lambda>0$ 为待定参数,微分方程右边的"—"表示酒精浓度随时间的推移是下降的.

容易求得上面微分方程的解为 $x(t)=Ce^{-\lambda t}$, $x_0=x(0)=C$ 即为事故发生时司机血液中的酒精浓度. 将 $x(2)=60$, $x(3)=40$ 代入可以得到

$$x_0e^{-2\lambda}=60,\quad x_0e^{-3\lambda}=40,$$

解得 $e^{\lambda}=\frac{3}{2}$, $x_0=135>80$.

因此,事故发生时,司机血液中的酒精浓度为 135mg/100ml,远超醉酒驾驶的界定标准.

要使 $x(t)=x_0e^{-\lambda t}=135\times\left(\frac{2}{3}\right)^t<80$,需要 $t>1.2905$. 因此,建议该司机在该晚 8 时 18 分以后再驾车.

自主探索

1. 讨论下列函数在 $x=1$ 处的函数值，及当 $x\to 1$ 时的极限情况.

(1) $f_1(x)=x+1$.

(2) $f_2(x)=\begin{cases} x+1, & x\neq 1, \\ 3, & x=1. \end{cases}$

(3) $f_3(x)=\begin{cases} x+1, & x\leqslant 1, \\ x^2-1, & x>1. \end{cases}$

(4) $f_4(x)=\dfrac{1}{(x-1)^2}$.

(5) $f_5(x)=\dfrac{x^2-1}{x-1}$.

2. 设 $f(x)=\begin{cases} \dfrac{1}{x}, & x<3, \\ x^2+2, & x\geqslant 3, \end{cases}$ 讨论 $f(x)$ 当 $x\to 3$ 时的极限情况.

3. 求下列函数的导数.

(1) $y=\sqrt{x}$；(2) $y=2^{x^2-1}$；(3) $y=\sin 2x$；(4) $y=\sqrt{x^2-1}$.

4. (猪圈问题)某农夫购置了 100m 长的围栏，要围出一个长方形的猪圈. 该猪圈的一边可利用现有的一道长篱笆，为让猪圈面积最大，它的长、宽应各为多少？

5. 求：(1) $\int x^{\frac{2}{5}}\mathrm{d}x$；(2) $\int \sqrt{x+1}\,\mathrm{d}x$.

6. 求由两条曲线 $y^2=x, y=x^2$ 所围成的图形面积(要求用元素法，选取 y 为积分变量).

7. 计算正弦曲线 $y=\sin x, x\in[0,2\pi]$ 与 x 轴围成图形的面积，并求出 $y=\sin x, x\in[0,\pi]$ 与 x 轴所围成的图形绕 x 轴旋转一周所得旋转体的体积. $\left(\text{提示：}\sin^2 x=\dfrac{1-\cos 2x}{2}.\right)$

8. 若某个音叉的声音可用正弦函数 $y=0.002\sin 700\pi t$ 来描述，问该声音的图像每秒钟重复多少次？

合作研究

1. 用边际效应解释**价值悖论**：水对生命是不可缺少的，应该具有很高的价值；钻石对人的生存没什么用处，它的价值应该比水低. 但事实是钻石的价格远远高于水的价格.

2. 汽车测速仪上的数字表示什么？用数学语言如何描述？

3.（**暖水瓶降温问题**）

(1) 设暖水瓶内热水的温度为 T，室内温度为常数 T_0，t 为时间（单位：h）. 根据实验，热水温度的降低率与 $T-T_0$ 成正比，求 T 与 t 的函数关系.

(2) 设室内温度 $T_0=23$℃，当 $t=0$ 时暖水瓶内的水温为 90℃. 已知 6h 后瓶内热水的温度为 60℃，问：几小时后瓶内热水的温度为 40℃？

第10章 概率统计应用专题

人在一生中经常面对不确定性——从出生前性别的不确定，到出生后上学、就业、结婚等结果的不确定. 一名学生高考填报的志愿是A校和C校，但因为种种原因最后进入B校. 一名投资者，本以为投资于某项目会盈利，结果却是亏损. 一名上班族，即使是每天的上班活动，也可能因为某个小意外，比如疾病或交通堵塞而被打乱.

人们还不时忍受大自然和社会的不确定性，比如天灾人祸. 地震、水文、气象等的预报水平，虽然相比过去有了很大提高，但离准确预报仍相距甚远. 天气预报说"明天有雨"，只不过表示明天很可能下雨，但到底下不下雨，只有到了明天才知道.

上面提到的不确定性，大部分可以通过一定的努力来降低其影响. 比如学生加倍用功学习，可以提高进入理想院校的可能性，也就缩小了不确定性的影响. 投资者通过调研或咨询专家等方式可以减少投资的盲目性，科学家通过提高科技水平可以使各种预报更加准确，等等.

还有一类活动的不确定性，是与人们的努力无关的，这就是形形色色的博弈活动. 抛硬币可能出现正面也可能出现反面，掷骰子可能出现的点数有6种，买彩票可能中大奖也可能一无所获. 这类活动的最终结果全凭机遇，带有纯粹的不确定性.

以上提到的不确定性，也称为**随机性**或**偶然性**，指事前没有确切把握，只能事后见分晓的情况. 与此相对的是**必然性**，指事先能确切预知结果. 例如，标准大气压下把水加热到100℃会沸腾；每天早上太阳从东方升起.

尽管由于随机性的作用，世界上的万事万物呈现出一种无序、不可预测甚至纷乱的状态，但在其中仍有一定的规律可循. 这种规律是在大量重复试验或观察中呈现出来的固有规律，称为**统计规律性**. 例如，若一枚硬币是均匀的，多次重复抛掷后会发现，正面出现和反面出现的次数大致上各占一半. 这里，"正面出现"和"反面出现"是抛掷一枚硬币可能出现的结果，称为**随机事件**(简称**事件**).

不同的随机事件，发生的可能性大小也有所不同. 在日常生活中，常用"几乎不可能""有可能""很可能"等词汇来描述这种可能性的大小. 但这些描述过于主观和模糊，数学上对其有更客观、更精确的描述——概率. 表示随机事件发生可能性大小的数就称为随机事件发生的**概率**.

研究随机现象的统计(数量)规律性的学问发展成为数学的两个分支学科——概率论和数理统计,前者是理论基础,后者则是前者的应用.

10.1 直觉的误区——概率之应用

10.1.1 问题的提出

概率最早起源于以骰子为工具的赌博问题.骰子是一个均匀的正六面体,各个面分别标注点数1到6.由于质地均匀、形状规则,骰子在投掷时,或放在封闭容器内充分摇晃后,可以认为出现任一个点(即标着该点的面朝上)的可能性是相等的,这成为赌博公平性的基础.

14世纪,使用骰子做赌具在欧洲已蔚然成风.17—18世纪的一些学者,如惠更斯、雅各布·伯努利等人的概率论著作中,有相当一部分内容都是讨论骰子赌博中的概率计算问题.下面的问题也从一个骰子赌博游戏开始.

问题1 赌博问题

有一种赌博游戏的规则是:玩家投掷两粒骰子,当掷出的两粒骰子点数之和为2,3,4,5,10,11,12这7个数之一时,玩家获胜.显然,两粒骰子的点数之和有2,3,4,5,6,7,8,9,10,11,12共11种情况.问题是,你要不要玩这个游戏?

问题2 公平分配的问题

在棒球比赛中,参赛双方A队和B队是轮流进攻和防守的,那么,如何选择第一局的进攻方和防守方才算公平呢?

即便不懂概率的人也认可如下方式:将一枚均匀的硬币抛掷一次,若正面出现则由A队进攻,否则由B队进攻.人为决定会遭人诟病有失公平,将决定权交给一枚硬币却无人有异议.依据就是只要硬币质地均匀,抛掷一次后正面出现(记为H)和反面出现(记为T)的可能性是相等的,即概率各为$\frac{1}{2}$,这说明给比赛双方的机会是均等的.在足球比赛中,通过抛硬币来决定哪个球队具有挑选场地的权利并开始上半场比赛,也是基于同样的道理.

那么,9个人分3张电影票,如何才公平?

问题3 生日问题

忽略闰年,可以作为生日(生日是指出生的月日,出生年月日称为出生日期)的日子有365天.很明显,若一个房间里有366个人,则至少有两个人同一天生日,即事件“至少有两人同一天生日”的概率为1.如果人数减少为365,这个事件不一定发生.

问:房间里至少有多少人,才能保证至少有两人同一天生日的可能性超过一半?

问题4 换,还是不换——这是个问题

电视综艺节目中,经常有让参赛者选择装有不同奖励盒子的环节.选对了盒子,里面会有一份令人满意的奖品；选错了盒子，里面的东西往往令人失望.

设想一名参赛者面前有三个盒子，不妨称之为 A，B，C. 其中一个盒子里有 1000 元钱，另外两个盒子里各有一个苹果. 参赛者选择了盒子 A，但没有打开它. 节目主持人随之打开了另外两个盒子中的一个，里面是一个苹果. 然后，节目主持人问参赛者，是坚持他原来的选择还是换成另一个没有被打开的盒子.

如果你是参赛者，该怎么做？

问题 5　会面问题

甲乙两人约定在下午 6 时到 7 时之间在某处会面，并约定先到者应等候另一个人 20min，过时即可离去，求两人能会面的概率.

10.1.2　直觉的误区——古典概率

1. 古典概率的定义

定义 10.1　一个随机试验（指事前结果不确定的试验，比如，掷骰子观察出现的点数）有 N 个等可能的基本结果，其中有 M 个结果导致随机事件 A 发生，则事件 A 发生的**概率**定义为

$$P(A)=\frac{M}{N}.$$

定义中的 P 是概率的英文 Probability 的首字母，以后用 $P(A)$ 表示随机事件 A 发生的概率. 这种类型的随机试验是概率论历史上最先开始研究的情形，因此被称为**古典概型**，而相应的概率被称为**古典概率**. 古典概型简单、直观，不需要做大量重复试验，而是在经验事实的基础上，对被考察事件的可能性进行逻辑分析后得出该事件的概率.

例 1　将一枚硬币抛掷三次，求恰有一次出现正面的概率.

解　每次抛掷有两个等可能的结果——正面出现（记为 H）和反面出现（记为 T），则抛掷三次有 $2\times2\times2=8$ 个等可能的结果：

HHH，　THH，　HTH，　HHT，　TTH，　THT，　HTT，　TTT.

其中，导致事件“恰有一次出现正面”的结果有 3 个：TTH，THT，HTT. 因此，所求事件的概率为$\frac{3}{8}$.

例 2　一个口袋中装有 7 个球，其中 4 个白球，3 个黑球. 从袋中抽球两次，每次随机抽一个. 考虑两种抽球方式：①一次抽取一球，观察其颜色后放回盒子中，充分搅匀后再继续抽球，这种抽球方式叫做作**放回抽球**. ②一次抽取一球且不放回盒子中，下一次从剩余的球中再继续随机抽球，这种抽球方式叫做**不放回抽球**. 在放回抽球的情形下，求出：

（1）抽到的两个球都是白球的概率；

（2）抽到的两个球颜色相同的概率.

解 分别用 A,B 表示事件“抽到的两个球全是白球”与“抽到的两个球全是黑球”，则 $A\cup B=$“抽到的两个球颜色相同”.

在袋中依次取两个球，第1次有7个球可供抽取，第2次也有7个，故共有 7×7 种等可能的抽球方式. 要使得事件 A 发生，两次都只能从白球中抽取，故有 4×4 种抽球方式导致 A 发生. 类似地，有 3×3 种抽球方式导致 B 发生. 因此，

$$P(A)=\frac{4\times4}{7\times7}=\frac{16}{49},\quad P(A\cup B)=\frac{4\times4+3\times3}{7\times7}=\frac{25}{49}.$$

注 (1) 如果事件 A 和 B 不会同时发生，称 A 和 B 互斥. 这时，有

$$P(A\cup B)=P(A)+P(B).$$

(2) 如果在一次试验中，要么 A 发生，要么 B 发生，且两者不会同时发生，则称 A 和 B 互为对立事件. 这时，有

$$P(A)=1-P(B).$$

2. 赌博问题

例 3 投掷一粒骰子，出现的点数大于2的概率是多少?

解 考虑掷一粒骰子出现的点数，有6种等可能的结果：1,2,3,4,5,6. 其中，导致事件“点数大于2”发生的结果有4个，因此出现的点数大于2的概率为 $\frac{4}{6}=\frac{2}{3}$.

例 4 投掷两粒骰子，点数之和为5的概率是多少?

解 投掷两粒骰子，共有 6×6 种等可能的结果：(1,1),(1,2),(2,1),(1,3),…,(5,6),(6,5),(6,6). 使得事件“点数之和为5”发生的结果有：(1,4),(2,3),(3,2),(4,1)共4种，从而点数之和为5的概率为 $\frac{4}{36}=\frac{1}{9}$.

类似地，可以求出点数之和为2,3,4,10,11,12的概率分别为

$$\frac{1}{36},\ \frac{2}{36},\ \frac{3}{36},\ \frac{3}{36},\ \frac{2}{36},\ \frac{1}{36}.$$

10.1.1节中，问题1里玩家获胜的概率为

$$\frac{1+2+3+4+3+2+1}{6\times6}=\frac{16}{36}=\frac{4}{9}.$$

或者说，投掷两粒骰子出现的36种等可能结果中，有16种有利于玩家，而有20种有利于庄家，因此游戏规则是对庄家有利的.

轻易上钩的人往往只看到两粒骰子点数之和共有11种情况(其中对玩家有利的情况有7种，对庄家有利的情况有4种)，却忽略了这11种情况并不具有等可能性，从而误认为游戏规则对玩家有利. 类似的骗局曾以不同形式出现过，行骗的对象就是对可能性大小缺乏数量观念，容易被表面现象迷惑的人.

注意，上面的分析只是指出了玩家获胜的概率不如表面上看起来那么高. 至于要不要

玩，是另外一回事. 毕竟在投掷之前，谁也不知道会出现什么点数——玩家获胜的可能性虽然小一些，却也是有可能发生的. 这不代表之前的讨论毫无意义，而是体现了统计规律性的特点——偶然性让玩家投掷的点数充满不确定性，在一次游戏中庄家可能输掉，但随着游戏次数的增加，总的来说庄家是盈大于亏的.

3. 公平分配的问题

例 5 有 9 个人，分 3 张电影票，如何分才公平？

解 考虑如下方法：准备一个盒子，里面放 9 个大小和质地一样的球，其中 3 个白球，6 个黑球，充分搅匀后，让 9 个人依次随机抽出一个球，抽出白球者得票.

这个方法能否得到大家认可，需要解决一个关键问题：每个人得票（抽出白球）的概率都是$\frac{1}{3}$吗？

9 个球的大小、质地都一样，在手感上没有区别，抽球前经过了充分搅匀，这样就保证了没有哪个球能占据什么特殊位置，也就说明了每个球被抽出来的可能性是一样的. 对于第一个抽球的人来说，抽球前有 9 个等可能的结果，有利结果（抽出白球）有 3 个，所以“抽出白球”这个随机事件的概率为$\frac{3}{9}=\frac{1}{3}$，即 P(抽出白球)$=\frac{1}{3}$.

那么，抽到白球的概率是否与抽球次序无关，都是$\frac{1}{3}$呢？我们换一个角度来考虑这个问题，9 个人依次随机抽出一球，效果等同于将 9 个球自 1 到 9 编号后从左到右随机排成一列，然后让这 9 个人站好队，站在第 1 位的人拿从左数第 1 位的球，第 2 位的人拿从左数第 2 位的球，依次类推.

9 个球自左向右随机排列，共有 $9!=9\times8\times7\times\cdots\times2\times1$ 种等可能的排列方式. 为了使事件“排在第 k 个位置的人拿到白球”（记为 A_k，即“从左数第 k 个位置上为白球”）发生，只需要：①从 3 个白球中任选 1 个（有 3 种选择方式）放到第 k 个位置；②将剩余的 8 个球随机排列在剩余的 8 个位置上. 因此，有利于 A_k 发生的排列方式有 $3\times8!$ 种，从而排在第 k 位的人抽到白球的概率为

$$P(A_k)=\frac{3\times8!}{9!}=\frac{1}{3}.$$

综上分析，抽到白球的概率与抽球次序无关，所以用“**盒中抽球**”的方法来分电影票是公平的.

例 5 中的抽球方法可以很容易地推广到更一般的场合.

抽球模型 一个盒子中装有 N 个质地和大小一样的球，其中有 M 个白球，从盒子中随机地抽球. 不管是放回抽球还是不放回抽球，抽到白球的概率均与抽球次序无关，为$\frac{M}{N}$.

抽球模型简单且容易理解，常被用来作为实际问题的模型. 例如，不放回抽球模型常被

用于类似"N个人分M个物品($M<N$)"的场合.再如,天气预报中的"明天下雨的概率是0.3"可能不太好理解,可以将其用一种更形象的方式表述出来:明天下雨的可能性,与在一个盒子中随机抽球抽到白球的可能性一样——这个盒子里共有10个球,其中3个白球.

4. 生日问题

例6 忽略闰年,可以作为生日的日子有365天.一个房间里有$n(n\leqslant 365)$个人,问:这n个人中至少有两个人同一天生日的概率为多少?

解 每个人的生日有365天可选,即有365种等可能的结果.两个人的生日有$365\times 365=365^2$种,类似地,n个人的生日有$\underbrace{365\times 365\times\cdots\times 365}_{n个}=365^n$种等可能的结果.

事件"n个人中至少有两人同一天生日"过于复杂,先考虑它的对立事件"n个人的生日均不相同"(记为A_n).要使得A_n发生,这n个人中第1个人的生日有365天可选,第2个人的生日只能在剩余的$365-1=364$天中选择,第3个人的生日有$365-2=363$天可选,依次类推,第n个人的生日有$365-(n-1)$天可选.因此,导致事件A_n发生的等可能结果有$365\times(365-1)\times(365-2)\times\cdots\times[365-(n-1)]$个,从而

$$P(A_n)=\frac{365\times(365-1)\times(365-2)\times\cdots\times[365-(n-1)]}{365^n}.$$

故n个人中至少两人同一天生日的概率为

$$1-P(A_n)=1-\left(1-\frac{1}{365}\right)\left(1-\frac{2}{365}\right)\cdots\left(1-\frac{n-1}{365}\right).$$

可以看到,随着人数n的增加,"至少有两个人同一天生日"的可能性越来越大.那么,n为多少时,这个可能性超过0.5呢?

表10-1给出了几个n值对应的"n个人中至少有两个人同一天生日"的概率(记为p_n).

表 10-1

n	10	20	21	22	23
p_n	0.1169	0.4114	0.4437	0.4757	0.5073
n	30	40	50	60	100
p_n	0.6963	0.8820	0.9651	0.9922	0.9999997

从表中可以看到,人数增加到23时,至少有两人生日相同的概率就超过了0.5!这个结果与人们的直观印象大相径庭.很多人会认为,一年365天,23个人生日各不相同的可能性是相当大的,但事实上不到0.5;甚至有人会认为,100个人生日各不相同也是比较有可能的,但事实上几乎不可能.

生日问题可认为是下面的盒子模型的一个特例.

盒子模型 将n个球随机放入$N(N\geqslant n)$个盒子中,假定盒子的容量无限制,求每个盒

子中至多有一个球的概率.

例 7(接待站问题) 某接待站在某一周曾接待过 12 次来访,已知所有这 12 次接待都是在周二和周四进行的,问是否可以推断出接待时间是有规定的?

解 假设接待时间是没有规定的,那么来访时间在一周内的每一天都是等可能的. 12 次来访的发生时间共有 7^{12} 种等可能的方式,而要让这 12 次来访都发生在周二和周四,有 2^{12} 种. 从而,在接待时间没有规定的假设下,12 次来访都发生在周二和周四的概率为

$$\frac{2^{12}}{7^{12}}=0.0000003.$$

人们在长期实践中总结得到"概率很小的事件在一次试验中实际上几乎是不发生的"(称之为**实际推断原理**). 现在概率很小的事件在一次试验中竟然发生了,因此有理由怀疑假设的正确性. 由此推断,接待站不是每天都接待来访者,即认为其接待时间是有规定的.

例 8 参赛者面前有三个盒子 A,B,C,其中一个盒子里有 1000 元,另外两个盒子里各有一个苹果. 参赛者已经选择了盒子 A,但没有打开它. 节目主持人随之打开了另外两个盒子中的一个,里面是个苹果. 如果再给参赛者一次选择的机会,他应该坚持原来的选择还是换成另一个没有被打开的盒子?

解 物品的摆放方式有三种等可能的情况,如表 10-2 所示.

表 10-2

概率	物品的摆放情况		
	A	B	C
1/3	1000 元	苹果	苹果
1/3	苹果	1000 元	苹果
1/3	苹果	苹果	1000 元

下面分别讨论"坚持原来选择"和"换另一个未打开的盒子"这两种情形下,参赛者赢得奖金的概率.

(1) 坚持原来选择,即坚持选 A. 不管主持人采取什么行动,只有第一行的摆放方式中 A 盒装着 1000 元钱,因此参赛者获得奖金的概率为 1/3.

(2) 换另一个未打开的盒子. 这时,需要注意主持人的行为并不是随机的. 为了让节目进行下去,主持人打开的一定是一个装苹果的盒子. 若物品摆放情况如上表第一行所示,不论主持人打开的是哪个装苹果的盒子,参赛者总会拿到另一个苹果. 若物品的摆放情况是另外两行,考虑到主持人总是打开装苹果的那个盒子,剩下的盒子中一定装有奖金. 可见,对事件"换盒子会赢得奖金"有利的是第二、三行的物品摆放情况. 因此,换盒子获得奖金的概率是 2/3.

读者可以尝试分析,"参赛者刚开始选择的是 B 盒或 C 盒"对结论——换盒子让参赛者更有可能获胜,是否有影响.

这个问题的关键在于，主持人知道钱在哪个盒子里，并且总会打开装有苹果的盒子. 如果忽视了这一点，参赛者往往会觉得主持人的提议莫名其妙. 他会误认为，既然只有两个盒子未被打开，其中一个装苹果，一个装钱，那么每个盒子装有钱的概率应该各为1/2，换盒子毫无意义.

注意，换盒子赢得奖金的概率是不换盒子的两倍，并不意味着参赛者换盒子才正确，因为他面临的可能是第一种物品摆放方式.

10.1.3 会面问题——几何概率

例 9 甲乙两人约定在下午6时到7时之间在某处会面，并约定先到者应等候另一个人20min，过时即可离去. 求两人能会面的概率.

解 设甲、乙两人到达约会地点的时间分别为6时 $x$min 和6时 $y$min，在平面上建立 xOy 直角坐标系(图10-1).

因为甲、乙两人都是在0到60min内等可能地到达，所以 (x,y) 的所有可能取值是边长为60的正方形，其面积为 $S=60^2$. 事件 A="两人能会面"相当于"$|x-y|\leqslant 20$"，即图10-1中的阴影部分，其面积为 $S_A=60^2-40^2$. 因此，两人能会面的概率为

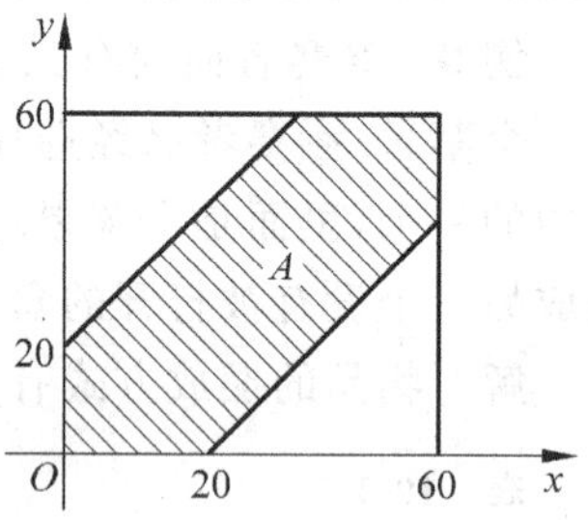

$$P(A)=\frac{S_A}{S}=\frac{60^2-40^2}{60^2}=\frac{5}{9}\approx 0.5556.$$

图 10-1

结果表明，按此规则约会，两人能碰面的概率不超过0.6. 如果把约定时间改为在下午6时到6时30分，其他不变，则两人能会面的概率将提高到0.8889. 这与日常生活中的经验是相符的：约定的时间越精确，约会成功的可能性越大.

例9通过几何方法计算概率，因此这种概率称为**几何概率**. 相比古典概率，几何概率的适用场合中，试验的全部可能结果(即甲、乙两人的到达时间)仍具有等可能性，但不再是有限个，而是无穷多个. 两者的计算公式类似：古典概率为个数之比，几何概率根据问题的不同，可能为长度之比(一维线段)、面积之比(二维平面)和体积之比(三维空间).

注 求几何概率的关键在于，将全部可能结果和所求事件用图形描述清楚(一般为线段、平面或空间图形)，而后计算出相关图形的度量(长度、面积或体积).

10.1.4 无序中的有序——统计概率

抛一枚质地均匀的硬币，尽管每次抛掷时可能正面出现也可能反面出现，但大量抛掷后会发现正反面出现的次数大致各占一半.

一个盒子中装有 n 个质地和大小相同的球，其中 $m(m<n)$ 个白球，从盒子中随机地放回抽球. 尽管每次抽出的球颜色不确定，但重复多次后会发现抽出白球的比例接近白球在盒

子中所占的比例$\frac{m}{n}$.

这两种现象有一个共同的理论依据——大数定律，这是概率论中最重要的定理之一.

大数定律　在相同的条件下重复进行 n 次试验，每次试验中事件 A 发生的概率记为 $P(A)$(既然是相同条件下的试验，每次试验中 A 发生的概率应该相同). 设 n 次试验中 A 出现了 m 次，则$\frac{m}{n}$(称为这 n 次试验中事件 A 发生的**频率**)具有如下性质：当 n 越来越大时，$\frac{m}{n}$会逐渐稳定于某个确定的常数——$P(A)$. 频率的这种性质称为**频率稳定性**.

用频率定义的概率称为**统计概率**——因为它是通过“统计”(即进行观察)得到的概率. 从现实的角度看，这很难实现，因为不可能将试验重复无限次. 但从实用的角度看，概率的统计定义有很大意义——虽然不能像古典概率那样给出精确的概率值，却给出了一个通过实地观察或试验去估计概率的方法. 只要 n 足够大，$\frac{m}{n}$作为未知概率的估计，就有足够好的近似程度.

例如，若一粒骰子质地均匀，则投掷时每个点出现的概率都是$\frac{1}{6}$. 若骰子质地不均匀，比如靠近 6 点的这一面要重一些，投掷的时候 6 点这一面落地的可能性要大一些，而其余各点出现的可能性相应地也受到影响. 但即使了解骰子每一点的密度，也无法用一种大家都认可的方法把各点出现的概率计算出来. 这时候如何定义“出现 6 点”的概率呢？根据大数定律，可采用如下做法：将这粒骰子重复投掷多次(比如 n 次)，其中 6 点出现了 m 次，那么当 n 比较大时，就可以认为$\frac{m}{n}$是“出现 6 点”的概率的一个近似值.

最早对大数定律给予严格数学证明的是瑞士数学家雅各布·伯努利，因此上面的大数定律也称为伯努利大数定律. 在概率论中还有形形色色其他形式的大数定律.

伯努利大数定律的重大意义，在于它揭示了因偶然性的作用而呈现的杂乱无章现象中的一种规律性，揭示了无序中的有序. 举例来说，有一个装满各色球的盒子，若甲每天从盒中抽一个球记下其颜色后再放回去——当抽到白球时记为 1，而抽到其他颜色的球时记以 0——那么甲得到的将是一串杂乱无章的数字，例如 11000010100101011100l100…. 若乙照甲的做法重做一遍，他也将得到一串同样杂乱无章的 0 和 1 组成的数字串，并且与甲那一串并不相同. 伯努利大数定律告诉人们，这表面的杂乱之下存在着一种规律性，即两个数字串中 1 所占的比例会越来越稳定于同一个数值——盒中白球所占的比例. 但这种稳定性必须要数字串的长度足够大才能体现出来，长度不够大时 1 所占的比例可能相差很大，这正是大数定律名字的由来.

历史上，有学者对大数定律进行了实证. 例如，丹麦的概率论学者克里克在“二战”时曾被拘留，在拘留期间他做过几个试验以打发日子. 在一个试验中，他投掷一枚硬币达 1 万次之多，正面出现的频率为 0.507，与 0.5 稍有差距，这可以有两种解释：一是由于偶然性的作用——虽然投掷次数之多使偶然性的作用大为减弱，但仍存在；二是正面出现的概率并非0.5，因为硬币两面有形状不一的花纹，它使得硬币并不完全是质地均匀的.

现实世界中很难甚至不可能达到大数定律要求的“相同条件下重复试验”这种理想化状态，却可以与之非常接近，因此大数定律基本上是适用的.

10.1.5 主观概率

在生活中，人们会遇到一种一次过后再也不会重复发生的事件，称之为“一次性事件”. 例如，企业家在投资一个项目之前，需要考虑该项目赢利的可能性，也就是事件“该项目赢利”的概率是多少的问题，该事件就是一次性事件(企业家以后可能还会投资，但条件已经不一样，不是当前的重复). 再如，2016年1月15日预报2016年1月16日青岛的天气情况，也是一次性事件，因为只有一个2016年1月16日.

当事件可以在相同条件下重复进行观察时，用其发生的频率作为概率的一种估计是被认可的方法. 但对于一次性事件，不能用频率的方法估计概率，至今也没有一种公认的客观的概率计算方法，只能诉诸主观判断. 例如，投资项目赢利的概率，不同人的估计可能有很大的出入，这与各人的看法、倾向及掌握的信息有关.

这种基于主观判断得到的概率，称为**主观概率**. 既然主观概率是个人根据所掌握的知识和信息对某件事情发生可能性大小做出的判断，带有鲜明的主观色彩，那么人们不免要质疑它的价值.

仍以投资项目为例. 企业家投资项目，不作调查研究，而对赢利的可能性做出盲目的判断，是一种情况；仔细做了可行性研究而做出的判断，又是一种情况. 虽然两者都以主观概率的形式提出，但由于其客观基础不同，价值也不相同. 所以，人们在很多事情上要征求专家的意见. 专家未必能给出一个明确的答案：某事该不该做，该如何做. 他的建议通常以主观概率的形式给出：这样做只有30%的可能成功，那样做成功的可能则变为80%. 专家的意见往往有更多的客观基础，所以给出的主观概率是具有指导意义的.

例10 主观概率的例子.

(1) 在气象预报中，往往会说“明天下雨的概率为90%”，这是气象专家根据气象专业知识和最近的气象情况给出的主观概率，听到这一信息的人，大多出门会带伞.

(2) 一位企业家根据他多年的经验和当时的一些市场信息，认为“某项新产品在未来市场上畅销”的可能性为80%.

(3) 一位外科医生根据自己多年的临床经验和患者病情，认为此手术成功的可能性是70%.

(4) 一位教师根据自己多年的教学经验和甲、乙两学生的学习情况，认为“甲学生能考取大学”的可能性为95%，“乙学生能考取大学”的可能性为40%.

对于主观概率目前尚有很多争论，其精确性有待实践的检验和修正，但结论的可行性在统计意义上是有价值的.

10.2 正态分布——最自然的分布

10.2.1 随机变量及其概率分布

在买奖券前，先了解各等奖的奖金额及概率的大小是一种明智的做法. 假如某奖有 4 个等级，奖金分别为 10000 元，1000 元，100 元和 10 元，而获得各等奖的概率依次为 0.0001，0.001，0.01，0.1，那么不中奖(即奖金为 0)的概率为

$$1-0.0001-0.001-0.01-0.1=0.8889.$$

将上面的信息列成一张表：

奖金额/元	10000	1000	100	10	0
概率	0.0001	0.001	0.01	0.1	0.8889

上表构成了对这个奖的完整描述. 当购买一张奖券时，你可能获得的奖金是上表第一行五种奖金额中的一个，至于是哪个，要看你的运气. 在开奖之前，你能得到的奖金额是一个取值不确定的变量，称这样的量为**随机变量**，通常用大写英文字母 X,Y,Z 表示. 上表给出了奖金额(记为 X)的所有可能取值及相应的概率，称为 X 的**概率分布**. 概率分布是对随机变量取值规律的最完整描述.

例 1 投掷一粒骰子，出现的点数 X 是随机变量，写出 X 的概率分布.

解 将 X 的所有可能取值及相应的概率一一列出，如下表，即为 X 的概率分布.

X	1	2	3	4	5	6
P	$\frac{1}{6}$	$\frac{1}{6}$	$\frac{1}{6}$	$\frac{1}{6}$	$\frac{1}{6}$	$\frac{1}{6}$

或者，可以将 X 的概率分布写成：$P\{X=k\}=\dfrac{1}{6},k=1,2,3,4,5,6.$

注 (1) $P\{X=k\}$表示 X 取值为 k 的概率. 类似地，$P\{a<X\leqslant b\}$，$P\{X\leqslant a\}$，$P\{X>b\}$分别表示 X 在相应范围内取值的概率.

(2) 概率分布中的“分布”是指全部概率 1 是如何分布(分配)到随机变量的各个可能取值上的.

随机变量的概率分布有非常重要的实际意义. 例如，人寿保险公司关心的是人的寿命分布，因为这直接关系到保险公司的投保条件；商店从工厂进一批货，关心的是货物的质量——其中不合格品的数目的概率分布；服装生产中，有各种不同的尺寸，要确定各种尺寸服装的生产量所占比率，就需要了解一些人体参数(身高、体重、腰围等)的概率分布.

10.2.2 期望、方差和标准差

在概率论的萌芽时期，有个著名的“分赌本问题”，对概率论的发展产生了一定影响. 下面是“分赌本问题”的简化版本.

分赌本问题 甲、乙两人赌技相同，各出赌本 50 元，每局中无平局. 约定：先赢 3 局者胜，获得全部赌本 100 元. 当甲赢了 2 局、乙赢了 1 局时，因故中止赌博，问这 100 元怎么分才公平？

这个问题引起了很多人的兴趣. 首先大家都认识到，均分对甲不公平；全归甲对乙不公平；合理的分法应该是按照一定比例分，给甲多分些，给乙少分些. 问题的关键是，按照什么样的比例分才是合理的.

17 世纪的法国数学家帕斯卡提出了如下分法：设想继续赌下去，则甲的最终所得 X 是一个随机变量，可能取值为 0 或 100. 至多再赌两局必然能分出输赢，这两局必为下面四种等可能的情况之一：

甲甲、 甲乙、 乙甲、 乙乙.

其中“甲乙”表示第一局甲胜、第二局乙胜(其余类似). 可见，前三种结果都导致甲获胜，赢得 100 元，所以 X 的概率分布为

X	0	100
P	0.25	0.75

帕斯卡认为，甲的“期望”所得为 $0\times0.25+100\times0.75=75$ 元. 即甲得 75 元，乙得 25 元. 这种分法既考虑了已赌局数，又包括了对再赌下去的一种期望，所以是比较合理的.

分赌本问题引出了“期望”这一数学名词.

定义 10.2 设随机变量 X 的可能取值为 $x_1,x_2,\cdots,x_k$，相应的概率为 $p_1,p_2,\cdots,p_k$，则

$$x_1p_1+x_2p_2+\cdots+x_kp_k$$

称为随机变量 X 的数学期望，或者称为随机变量 X 所服从的**概率分布的数学期望**，简称**期望**，或**均值**，记为 $E(X)$. 其中，E 是期望的英文 Expectation 的首字母.

例 2 求出 10.2.1 节中奖金额的期望.

解 奖金额的期望为

$$(10000\times0.0001+1000\times0.001+100\times0.01+10\times0.1+0\times0.8889)\text{元}=4\text{ 元}.$$

注 (1) 期望是随机变量取值的加权平均值. 对它的通俗解释是：若随机变量 X 的可能取值是 $x_1,x_2,\cdots,x_k$，那能期望它取多少？不能期望 X 一定能取其中的最大值、最小值，或者是某一个特定的值，而只能是一种平均性质的数值. X 取某个值的概率就是在该值上的权重——概率越大，说明该值出现的机会越大，因此应该占到较大的比重.

(2) 在一次试验中，期望的意义并不能充分体现出来. 就上例而言，每次买奖券，获得的

奖金(单位：元)只可能是10000,1000,100,10和0中的一个,不会是4.期望的意义要在大量重复试验中才能体现出来：假如你每周去买一张奖券,持续n周,那么当n非常大时,你在每张奖券上的平均收益会越来越接近某个数,这个数就是4.

期望在实际应用中具有普遍性,是刻画群体性质的一个重要指标.由于偶然性的作用,群体中的个体表现是杂乱无章的,个别值在统计上意义不大,而平均值则有代表性.所以,人们谈论的往往是平均工资、平均住房面积、平均寿命.但有时候,还需要考察一个群体中的个体表现波动程度的大小,由此引入另外一个指标.

定义 10.3 设随机变量X的可能取值为$x_1,x_2,\cdots,x_k$,相应的概率为$p_1,p_2,\cdots,p_k$,它的期望为a,则

$$p_1(x_1-a)^2+p_2(x_2-a)^2+\cdots+p_k(x_k-a)^2$$

称为随机变量X的方差,记为$\mathrm{Var}(X)$.其中,Var是方差的英文Variance的前三个字母.$\sqrt{\mathrm{Var}(X)}$称为X的**标准差**,记为σ_X.

注 方差反映了随机变量的可能取值与均值的偏离程度,定义式中的平方号是为了防止正负偏差的相互抵消.显然,方差越大,表示随机变量取值的波动程度越大.

10.2.3 正态分布

有的随机变量有太多的可能取值.例如,一大群人(如全国在校大学生)的身高,可以取很多个值.由于取的值太多,像10.2.1节中的奖金额那样给出所有的可能取值及相应的概率,就过于烦琐.对于这种随机变量(记为X),人们不会逐一列出可能取值及概率,而是设法定出一条曲线来描述其概率分布,这条曲线称为该随机变量(或其概率分布)的**概率密度曲线**.在直角坐标系xOy中,该曲线位于x轴上方,与x轴所围成图形的面积为1.

如果记这条曲线为$y=p(x)$,则称$p(x)$为X的**概率密度函数**.对于$a<b$,随机变量X在a和b之间取值的概率$P\{a<X\leqslant b\}$,是曲线$y=p(x)$,x轴,直线$x=a$及直线$x=b$所围成图形的面积(图10-2).

概率密度曲线的形式有很多种,其中最重要的一种为**正态曲线**,也称**高斯曲线**,它所代表的分布称为正态分布或**高斯分布**.正态曲线是一条"**中间高,两头低**"的钟形曲线(图10-3),它的数学形式最早由高斯作了详细描述.

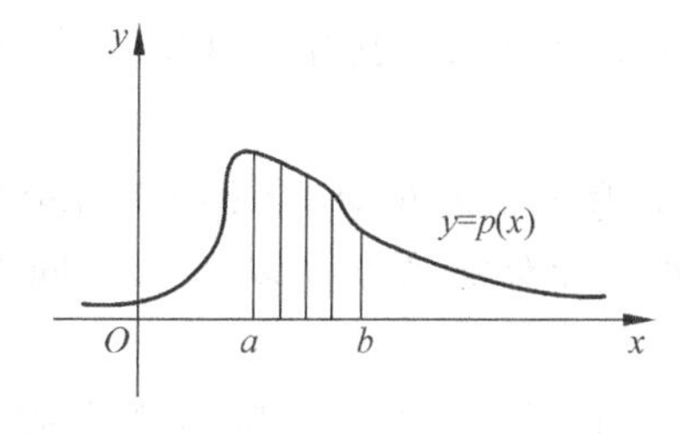

图 10-2

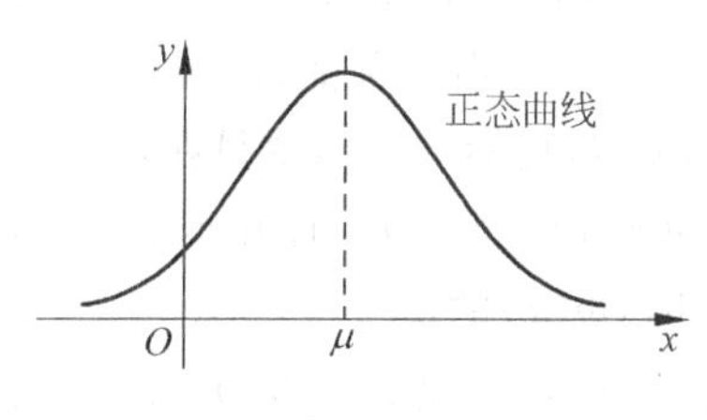

图 10-3

将正态分布的期望和标准差分别记为μ和σ，则正态曲线关于直线$x=\mu$左右对称. μ既是正态分布的中心，又是正态曲线的峰值点. 正态曲线“中间高，两头低”的特性表示服从正态分布的随机变量(简称正态变量)在μ附近取值的概率大，在远离μ的两头取值的概率小.

图 10-4(a)和(b)分别给出了μ和σ变化时，正态曲线的变化情况.

(1) 如果固定σ，改变μ的值，则图形沿x轴平移，而其形状不变，见图 10-4(a).

(2) 如果固定μ，改变σ的值，则σ越小，曲线越高且瘦，即正态变量的取值集中于μ附近；σ越大，曲线越矮且胖，即正态变量的取值向两侧分散，见图 10-4(b).

尽管对于不同的μ和σ，正态曲线表现出不同的形状，但所有的正态分布有着共同的特征，即不论参数μ,σ取何值，正态变量X满足：在$(\mu-\sigma,\mu+\sigma)$内取值的概率为 0.6826；在$(\mu-2\sigma,\mu+2\sigma)$内取值的概率为 0.9544；在$(\mu-3\sigma,\mu+3\sigma)$内取值的概率为 0.9974(图 10-5).

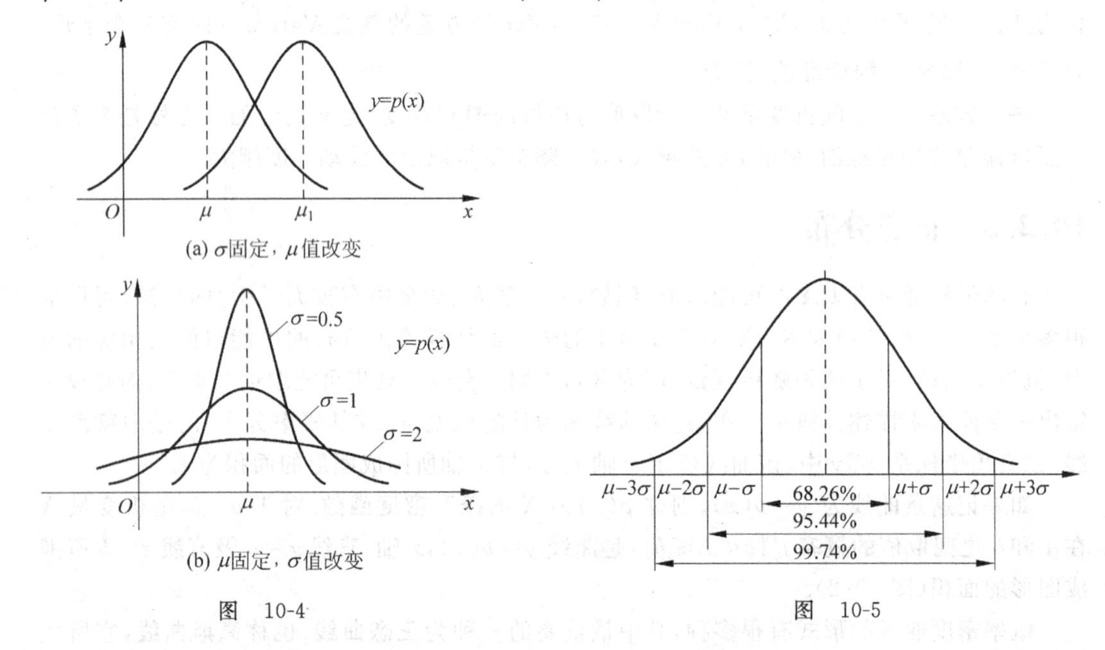

图 10-4　　　　图 10-5

若随机变量X服从期望为μ、标准差为σ的正态分布，则可记为$X\sim N(\mu,\sigma^2)$. 其中，N是正态的英文 Normal 的首字母.

$\mu=0,\sigma=1$时的正态分布称为**标准正态分布**，记为$N(0,1)$，其分布曲线——标准正态曲线是关于y轴左右对称的(图 10-6).

对$\forall x\in\mathbf{R}$，将标准正态变量在$(-\infty,x]$上取值的概率记为$\Phi(x)$. 根据标准正态曲线的特点，有$\Phi(-x)+\Phi(x)=1$. 在本章最后附有标准正态分布表，给出了以 0.01 为间隔，x从 0 到 3.49 时，$\Phi(x)$的值.

给定$\alpha\in(0,1)$，设$X\sim N(0,1)$，则z_α由$P\{X>z_\alpha\}=1-\Phi(z_\alpha)=\alpha$唯一确定，称为**标准正态分布的上$\alpha$分位数**. 也就是说，标准正态曲线在直线$x=z_\alpha$右侧与$x$轴围成图形的面积

为 α(图 10-6).

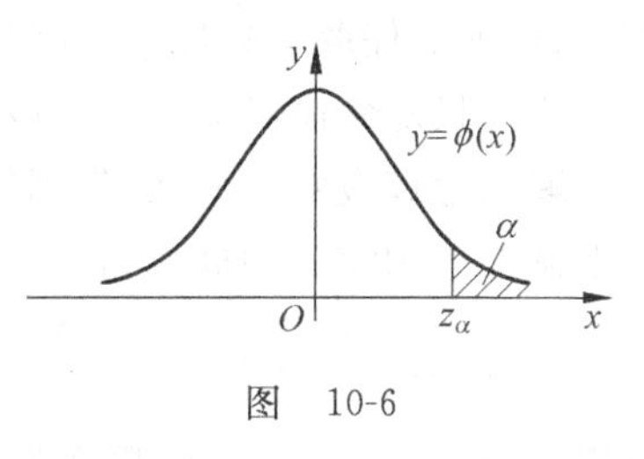

图　10-6

注　(1) 设 $X\sim N(\mu,\sigma^2)$,则 $P\{X<\mu\}=P\{X>\mu\}=\frac{1}{2}$. 并且,对任意的 a,有 $P\{X<\mu-a\}=P\{X>\mu+a\}$.

(2) 设 $X\sim N(\mu,\sigma^2)$,则 X 的概率密度函数为

$$p(x)=\frac{1}{\sqrt{2\pi}\sigma}\mathrm{e}^{-\frac{(x-\mu)^2}{2\sigma^2}},\quad -\infty<x<+\infty.$$

特别地,标准正态变量的概率密度函数(即 $\mu=0,\sigma=1$ 时的 $p(x)$)为

$$\phi(x)=\frac{1}{\sqrt{2\pi}}\mathrm{e}^{-\frac{x^2}{2}},\quad -\infty<x<+\infty.$$

(3) 若 $X\sim N(\mu,\sigma^2)$,则 $\frac{X-\mu}{\sigma}\sim N(0,1)$.

正态分布是概率论与数理统计中最重要的一个分布. 理论表明,如果一个变量是大量微小的、独立的随机因素的叠加结果,则可认为其近似服从正态分布. 因此,很多随机变量可以用正态分布来近似描述,例如,测量误差、人的身高、年降雨量等.

例 3　人的身高是近似服从正态分布的. 假如某地区成年男性身高的均值为 1.75m,标准差为 0.06m,那么在该地区随机挑选一位男性,他身高超过 1.9m 的概率是多少? 低于 1.6m 的概率又是多少? 若该地区有 30000 名成年男性,其中有多少人的身高超过 1.9m? 又有多少人的身高低于 1.6m?

解　将该地区成年男性的身高记为 X,由题意知 X 服从均值 $\mu=1.75$,标准差 $\sigma=0.06$ 的正态分布,则身高超过 1.9m 的概率为

$$\begin{aligned}P\{X>1.9\}&=P\left\{\frac{X-1.75}{0.06}>\frac{1.9-1.75}{0.06}\right\}=P\left\{\frac{X-1.75}{0.06}>2.5\right\}\\&=1-P\left\{\frac{X-1.75}{0.06}\leqslant 2.5\right\}=1-\Phi(2.5)=1-0.9938=0.0062.\end{aligned}$$

类似地,身高低于 1.6m 的概率为

$$\begin{aligned}P\{X<1.6\}&=P\left\{\frac{X-1.75}{0.06}<\frac{1.6-1.75}{0.06}\right\}=P\left\{\frac{X-1.75}{0.06}<-2.5\right\}\\&=\Phi(-2.5)=1-\Phi(2.5)=0.0062.\end{aligned}$$

$30000\times0.0062=186$,故有 186 人身高超过 1.9m. 同样地,有 186 人身高低于 1.6m.

10.2.4　百年灯泡存在的原因

白炽灯泡是一种大批量生产的日用品,因为更换灯泡麻烦,人们比较关注的是它的寿命. 即使是在一个工厂生产的同一批灯泡,也不可避免地存在特性差异,从而使灯泡的寿命具有不确定性.

例 4　现有一批灯泡,其寿命的均值是 1000h,标准差为 100h. 假定灯泡的寿命服从正

态分布，那么任取一只灯泡，其寿命大于1200h的概率是多少？结合概率，从现实的角度如何看待一只寿命仅仅700h的灯泡？

解 记灯泡寿命为 X，根据假设，X 服从均值 $\mu=1000$，标准差 $\sigma=100$ 的正态分布. 灯泡寿命大于1200h的概率为

$$P\{X>1200\}=P\left\{\frac{X-1000}{100}>2\right\}=1-\Phi(2)=1-0.9772=0.0228.$$

灯泡寿命 X 低于700h的概率为

$$P\{X\leqslant 700\}=1-\Phi(3)=1-0.9987=0.0013.$$

灯泡的寿命小于700h的概率很小. 但如果这批灯泡的数量很大，不妨设为10万只，则上面的概率表明，其中寿命低于700h的大约有130只. 依次类推，灯泡寿命低于600h、500h、…、100h，甚至买来就不亮的概率会更小. 但这些事件的概率虽小却不为零，所以，现实生活中，在数百万只灯泡中不可避免会有一些灯泡比预期提前坏掉. 当然，这个分析结果不妨碍人们拿着刚买来就坏掉的商品去寻求售后服务.

换一种角度考虑，灯泡寿命很长甚至一直用不坏的概率也是很小却不为零的，所以世界上的万千灯泡中不可避免地有一些具有惊人的使用寿命.

在美国加利福尼亚州利弗莫尔市，由本市消防队第6分局负责维护着一只"百年灯泡". 它是一只手工吹制而成的4W白炽灯泡，由19世纪的美国发明家阿多尔菲·柴莱特设计，在19世纪90年代的后期由谢尔比电气公司生产. 1901年，这只长寿灯泡被点亮在消防车的待命车库. 历经百年，制造它的谢尔比电气公司早在1914年便已关门大吉，它却始终顽强地亮着. 据悉，到2014年为止，这只灯泡只有过两次较长的熄灭时间：一次是在1976年，将它从原本的消防站转移到新的消防站；第二次则是在2013年，熄灭了将近93.4h.

10.2.5 医院床位紧缺问题的分析

例5 一家医院有1000张病床，长期的数据表明，任意一天的床位需求量，其均值是900张，标准差是50张. 假定每天的床位需求量服从正态分布，考虑下面的问题：

(1) 每年平均有多少天，医院无法提供足够的床位？

(2) 每年平均有多少天，医院的床位占有率低于90%？

解 将每天的床位需求量记为 X，由题意知，X 服从均值 $\mu=900$，标准差 $\sigma=50$ 的正态分布.

(1) 任意一天医院无法提供足够床位，即一天的床位需求量 X 大于1000，其概率为

$$P\{X>1000\}=P\left\{\frac{X-900}{50}>2\right\}=1-\Phi(2)=1-0.9772=0.0228.$$

因此，每年大约有 $365\times 0.00228\approx 8$ 天不能提供充足的床位.

(2) 床位的90%是900，正好是每天的需求量 X 的均值. 所以，每年有一半的时间，即大约183天，医院的床位占有率低于90%. 这意味着，医院的资源没有被充分利用.

这是一个给波动的需求提供资源的简单数学模型.如果需求量是一个确定的值,那么资源可以设计成正好匹配需求.但现实世界中的需求是间歇性的,不可预料的.例如,一次突如其来的流感会导致住院人数大量增加,这时医院不能提供足够的床位或其他医疗服务也就可以理解了.

上述案例中的医院若想降低无法提供足够床位的风险,当然可以考虑增加床位.比如将床位增加至 1050 张,则无法提供足够床位的风险会降至每两年一天,但此时每年将有 250 天的床位占有率低于 90%,有些员工也会赋闲.经营者还可以尝试用其他方法优化医院的效率,如在医院间转移病人,可以让一家医院多出来的病人使用其他医院的闲置床位.

如果是国家政策导致的需求变动,例如我国计划生育政策的放宽,必定带来对医疗服务需求的增加.短期内,这种需求的增加可能仅仅局限在某些特定类型的医院或医院的某些科室.若干年后,人口的增加将使各个地区对医疗服务的需求量有整体水平上的提高.用概率的语言说,就是需求量的期望变大了.不同于意外事故带来的需求变动,应对这种情况的措施就不应该只是临时增设床位或医院之间转移病人,而是医疗服务行业的扩大.

10.3 预言美国总统选举结果——随机抽样之应用

10.3.1 统计学概述

统计学起源于政府部门对人口、资源、财富等国情的统计研究,它的英文 statistics 仍然保留了 state(国家或城邦)这个词根.经过演变,到 19 世纪,统计学定位为一门收集和分析数据的学问,但不涉及数据来自的具体学科领域的研究.比如,统计学家通过收集分析资料得出男婴和女婴的出生比例是 22∶21,但为何是这个比值则是生物学领域需要研究的.

统计学在很长的一段时间内,停留在收集数据或对数据进行简单的加工整理上,即使有时候做出超越数据范围的推断,也只是基于一种朴素的直观想法,而未把问题模型化.20 世纪初,随着概率论和数学工具的发展,也因为应用方面的需求变得迫切,数理统计学得到了快速发展.数理统计学是以数学和概率论为工具,研究如何用有效的方法收集和分析带有随机性影响的数据的学科,它是一个数学分支.

收集数据是为了解决具体的问题,但单有一堆杂乱无章的数据,用处不大,需要用有效的方式从中提取出有用的信息进行分析,从而对所研究的问题做出一定的结论.例如,要了解某城市某行业工人的收入情况,涉及的人数可能以万计,有关数据可以订成一本包含几百页的册子,很难直接从中得到什么有用的结论.经过整理,比如以 50 元为间距将各段收入的人数及其在全体人数中所占的百分比列成一个表,就可以得到不少信息.

需要注意的是,不是所有类型的数据都是统计学的处理对象,只有受到随机性因素影响的数据才属于数理统计学的研究范畴.例如,要比较两个省份成年男性的身高情况,因条件所限,不能采用普查的方法,只能从中抽取若干人开展调查,用这些人的数据作为比较的依据. 抽取这些人的时候当然要遵循不偏不倚的原则,以保证省内每一名成年男性都有同等的机会被抽到. 但最终谁能被抽到,纯属偶然,因此从抽出的人群中测得的数据就不可避免地带有随机性. 比如,因偶然性使得抽出的人中身高较高的人偏多,则比较的结果将会有误差,误差的大小及出现机会的多少就是分析数据时要解决的问题. 若是对两个省的成年男性身高进行了准确无误的普查,那么比较这两个省男性的平均身高,只需要求所有数据的平均值即可,不存在结论出现偏差的可能,这样的工作与数理统计学无关.

再考虑一个农业试验的问题,该试验的目的是比较对某种农作物的产量有影响的一些因素,例如种子的品种、播种量和施肥量. 在进行田间试验时,划出一些形状大小一样的地块. 随机选择几块地用某一指定的配置(品种、播种量和施肥量等),另几块地用其他的配置. 人们发现,即使是使用统一配置的几块地,其产量也各不相同. 这是因为有大量未加控制或不能控制的因素存在,影响了产量. 比如有多人去进行田间管理时,每个人工作的精细程度不同,再如各地块的条件(位置、地力等)有差别,还有外界环境因素(气候、虫害等)对各地块的影响也有差别. 这些影响因素中,有些是经过一定努力可以加以控制的,有些则纯以偶然的方式起作用而不可控.

在数理统计学中,收集数据主要包含两项内容:一项是抽样调查,是指从一个大群体中抽取一部分个体,然后测量这些个体的某些指标得到数据;另一项是试验设计,指通过做实验产生数据. 这两项内容已经发展成了统计学科两个专门的学科分支.

分析数据主要包含估计和假设检验,侧重于对随机性的数量化,这需要通过概率表现出来.

10.3.2 抽样调查

1. 总体和样本

设想有一个大群体(人类、动物、植物或其他物质对象),人们希望了解它的某个特征或指标. 例如:

(1) 全国 18 岁少年的平均身高;

(2) 某一时间段观看某一特定电视节目的人数;

(3) 一批灯泡的平均寿命;

(4) 黄海中秋刀鱼的平均重量.

通过一一检验每个个体来确定这个指标,或者根本不可能,或者缺乏可操作性. 测量全国所有 18 岁少年的身高,或检测所有灯泡的寿命虽然极不经济,还是有可能的. 而捕捞黄海中所有的秋刀鱼是绝无可能的. 此时,用来估计这个群体指标的方法就是抽样调查.

在统计学中,这个群体称为**总体**,是由大量个体构成的. 为了估计总体的某项指标,需要从总体中抽取一部分个体,这部分个体称为**样本**,而这部分个体的数量称为**样本容量**.

指标分为两种情况:数量型和属性型. 前者如人的身高、收入,可以用一个数值来表示.

后者如人的健康状况，可以分为好、中、差三个等级；产品质量分为合格和不合格两个等级.

对于数量型指标，例如，要研究全国18岁少年的身高情况，那么全国18岁少年的全体构成问题的总体，而每个少年是一个个体.每个人有许多指标，如身高、体重、民族、籍贯、血型等.而在这个问题中，人们关心的只是身高，对其他的指标暂不予考虑.这样，每个个体所具有的数量指标——身高就是个体，而将所有身高的全体看成总体.所以，若抛开实际背景，总体就是一堆数，而样本是从这堆数中抽取出的一部分数.这堆数中有大有小，有的出现的机会多，有的出现的机会少，因此用一个概率分布去描述总体是合理的.待考察的数量指标可以认为是服从该概率分布的一个随机变量，它的全部可能取值构成了总体.

属性型指标一般是某种分类.总体中的个体按照某种属性分为 r 类，用 p_i 记第 i 类个体占总体的比例，则 $p_1+p_2+\cdots+p_r=1$.

2. 抽样的原则

因为直接研究总体过于困难，才退而求其次，从中抽取一部分个体进行研究.统计方法这种“由部分推断整体”的特点，要求抽取的样本具有代表性.

随机抽样是一种常用的代表性抽样方法，它要求**群体中的每个个体都有同等机会(概率)被抽出**.在随机抽样中，哪一个个体进入样本，纯由机会定，不受人的主观偏向所影响.这个机制也使得人们可以建立一定的概率模型来刻画抽样，并把误差的计算纳入概率理论的轨道.

理论表明：由随机抽样作出的估计，其精度只取决于样本容量而与群体大小基本无关.这就保证了即使群体中所含个体很多，人们也没必要抽出很多的个体.随机抽样的理论性质一目了然，但实施起来却相当复杂.

对统计数据的错误使用和滥用招致了很多人对统计学的负面评价.马克·吐温(M. Twain)有句名言：“世界上有三种谎言：谎言，该死的谎言，还有统计数据.”也有人开玩笑说，统计学家是一群骗子，他们可以用数据证明任何想要证明的事情.例如，为了自私的目的而伪造数据.即使不伪造数据，只要有偏向地采用数据，也可以引导出想要的结论.例如，在宣传某种保健品的功效时，只提正面的例子，对无效甚至有反面效果的例子略而不提.美国政治家格罗夫纳(C. H. Grosvenor)说过：“数据不会说谎，但说谎的人会想出办法.”

更多的情况是抽取样本时没有遵循“机会均等”的随机性原则，而让采集到的数据不具有代表性，产生误导.另外，如果媒体报道对同一件事有不同说法，且都有统计资料的支持.这时候，需要仔细审查其数据的获得方式，以及数据的规模.因为，在有些问题中，特别是与人体有关的问题中，个体的差异太大，即使数据来源正当，统计分析方法也合乎规范，但依靠规模不大的数据得出的结论也可能体现不出真实情况.

10.3.3 美国总统选举前的民意测验

由于挑选样本未能体现随机性的原则而造成失误的例子在应用上并不少见.历史上一

个著名的例子，是美国一家有名的刊物预测 1936 年美国总统选举结果发生重大失误的事件.

美国总统大选前夕，人们最感兴趣的是候选人的支持率. 公众希望获悉每个选民的投票意向，但在选举真正进行之前，这是悬而未决的. 作为一种替代，各种民意调查机构会从全体选民中抽取样本，通过抽到的样本中选民的意见预测总统选举结果.

1936 年，美国总统选举的候选人是民主党的罗斯福(F. D. Roosevelt)与共和党的兰登(A. Landon). 当时大多数民意测验、新闻机构和政治观察家都预测罗斯福会获胜，但一家著名的杂志《文学摘要》的结论与众不同. 为了预测两位候选人谁能当选，该杂志社按照电话簿上和俱乐部成员名单上的地址发出 1000 万封信，收到回信 240 万封，花费了大量的人力物力. 根据回信，该杂志社预测兰登会以 57%：43%的优势战胜罗斯福，并对这个预测结果进行大力宣传. 但最终结果是，罗斯福以 62%：38%的压倒性优势当选. 由于这个重大失误，这家杂志社不久即宣告破产.

《文学摘要》给出这个预测，并非一种主观臆断，而是根据 240 万份民意测验做出的. 那么，为何如此大规模的调查，却没有取得令人满意的结果？主要问题出在样本的挑选上. 该杂志社从电话号码簿和俱乐部成员名册上挑选访问对象，当然给调查工作带来了方便. 若在全国范围内用随机的方法挑选访问对象，则要麻烦很多. 但在 1936 年，美国家庭装的电话机只有 1100 万部左右，因此有家用电话者，尤其是有条件参加某种俱乐部的人，大多是经济上较富有、政治上保守而倾向共和党的选民，这就造成了显著的系统性偏差. 相对地，较贫穷的阶层，包括当时多达 900 万的失业者，在样本中缺少其应有的代表性. 而当时正值 1929—1933 年经济大萧条过去不久，较贫困的阶层人数不少. 与兰登相比，罗斯福推行的新政较多地考虑了这些人的利益，这就解释了《文学文摘》的预测为何产生如此大的偏差.

除此之外，该杂志社还犯了一个错误：他们起初访问的对象为 1000 万人，并且相信在这个庞大的样本中，美国社会各阶层的代表性会好些. 但这 1000 万人中只有 240 万人有反馈. 较富有的人，对当时现实比较满意以及文化水平较高的人，做出回答的可能性要大些，这个倾向有利于共和党. 这是另一个系统性偏差，它加重了原来在挑选样本时已经存在的系统性偏差. 这一点曾在芝加哥地区得到证实：该杂志向芝加哥地区 1/3 的登记选民发出了调查信，有 20%的人做了回答，其中半数以上有利于兰登. 但实际结果是，芝加哥选区有 2/3 的选民支持罗斯福.

值得一提的是，在《文学摘要》大量发出调查信时，乔治·盖洛普(G. Gallup, 1901—1984)建立不久的民意测验机构事先根据人口分布特点设计抽样方案，仅仅调查了 3000 名选民，便成功预测罗斯福当选. 盖洛普因这次准确预测而名声大震，他在此后曾做过多次关于总统大选结果的民意测验. 基于科学的抽样理论，每次调查的人数不过几千人，却与实际结果十分相近. 从 1936 年开始，盖洛普民意测验公司只在 1948 年的总统选举预测中遭遇过失败——预测杜威会击败杜鲁门. 这次预测失败也让盖洛普进一步改进了随机抽样调查方法. 盖洛普被认为是科学抽样调查方法的创始人，几乎成了民意调查活动的代名词. 他创立的调查机构现在已成为国际性的权威民意调查公司.

类似《文学摘要》的预测错误，在抽样调查工作中时有发生. 除有意的偏向外，为图省事而不去认真实行随机化抽样方案，是一个常见的原因. 例如调查某地区农民的经济情况，为图方便，更多地在交通沿线和城镇附近地区选取样本. 这些地区一般经济较发达，农民的经济状况较好，因而使得样本中包含了较大的偏差.

10.4　池塘里鱼的数量问题——最大似然估计之应用

10.4.1　由样本估计总体

1. 基本概念

抽样以后，要通过样本去了解其代表的总体的某些情况，也就是要进行统计分析(统计推断). 需要了解的总体情况主要有以下几种.

(1) **总体分布**. 总体分布是指总体待考察指标的概率分布. 以某群体的收入情况为例，总体分布就是该群体的收入分布，它可以告诉人们，该群体中有多少人的收入是多少，收入在某个范围内的人有多少.

(2) **总体均值**. 设总体中有 N 个个体，待考察指标的取值分别为 $a_1,a_2,\cdots,a_N$，那么，总体均值就是这 N 个数的算术平均值：

$$\mu=\frac{1}{N}(a_1+a_2+\cdots+a_N).$$

这是一个非常重要的总体特征. 在很多调查工作中，人们关心的就是这个平均值. 对于包含无限多个个体的总体(无限总体)，可以抽象地认为总体均值就是总体分布的期望(均值).

(3) **总体方差**. 总体方差是刻画指标值围绕其平均值的分散程度的量. 仍设总体中有 N 个个体，指标值分别为 $a_1,a_2,\cdots,a_N$，总体均值为 μ，则 $a_i-\mu$ 反映了指标值 a_i 与 μ 的偏差. 共有 N 个偏差：$a_1-\mu,a_2-\mu,\cdots,a_N-\mu$，其平方的算术平均值

$$\sigma^2=\frac{1}{N}[(a_1-\mu)^2+(a_2-\mu)^2+\cdots+(a_N-\mu)^2]$$

称为总体方差. 总体方差的平方根 σ 称为总体标准差. 对于无限总体，可认为总体方差是总体分布的方差.

注　可以将总体的待考察指标视为一个随机变量. 该随机变量所服从的概率分布即为总体分布，其期望为总体均值，其方差为总体方差.

现在，为了解 μ 和 σ^2，从总体中抽取了一个容量为 n 的样本：$x_1,x_2,\cdots,x_n$. 类比于总体均值和总体方差的定义式，有：

(1) 样本均值 $\bar{x}=\frac{1}{n}\sum_{i=1}^{n}x_i$;

(2) 样本方差 $s^2=\frac{1}{n}\sum_{i=1}^{n}(x_i-\bar{x})^2$;

(3) 样本标准差 $s=\sqrt{s^2}=\sqrt{\frac{1}{n}\sum_{i=1}^{n}(x_i-\bar{x})^2}$.

统计理论表明,样本均值$\bar{x}$是总体均值 μ 的一个合理估计,记为 $\hat{\mu}=\bar{x}$. 类似地,样本方差 s^2 是总体方差 σ^2 的一个合理估计. 但在很多情况下,人们用一个修正后的量

$$\widehat{\sigma^2}=\frac{n}{n-1}s^2=\frac{1}{n-1}\sum_{i=1}^{n}(x_i-\bar{x})^2$$

作为总体方差的估计,$\widehat{\sigma^2}$ 称为**修正样本方差**.

注 (1) 基于 $\sum_{i=1}^{n}(x_i-\bar{x})^2=\sum_{i=1}^{n}(x_i^2-2x_i\bar{x}+\bar{x}^2)=\sum_{i=1}^{n}x_i^2-2\bar{x}\sum_{i=1}^{n}x_i+n\bar{x}^2=\sum_{i=1}^{n}x_i^2-n\bar{x}^2$,样本方差还有另一个表达式 $s^2=\frac{1}{n}\sum_{i=1}^{n}x_i^2-\bar{x}^2$. 这个表达式在某些情况下更便于计算.

(2) 不同的符号有着不同的含义: $\hat{\mu}$ 表示总体均值 μ 的一个估计或近似值,它在抽取样本之前的取值是随机的,在抽样得到具体数据后是一个具体的数值. $\widehat{\sigma^2}$ 亦然.

2. 用样本估计总体

下面分析用样本均值估计总体均值的误差问题. 即使是遵循"机会均等"原则从总体中抽出来的样本,由于随机因素的影响,也不可避免地带有随机误差. 这就导致抽出样本的样本均值有时候比总体均值大一些,有时候小一些,很少恰好与总体均值吻合.

设想有一个总体,从中随机抽取 n 个个体,得到一个样本及样本均值$\bar{x}$,而后重新抽取一个容量为 n 的样本并计算其样本均值. 如此这般,重复抽取下去会得到很多个样本均值 $\bar{x}$. 拿它们去估计总体均值 μ,有时偏低,有时偏高,往往与 μ 的真实值有偏差. 但如果能取出总体的所有容量为 n 的样本,计算得到所有样本均值$\bar{x}$的算术平均值,却正好等于 μ,这称为用$\bar{x}$估计 μ 具有**无偏性**,或称$\bar{x}$是 μ 的**无偏估计**. 无偏性是评价估计好坏的一个重要标准. 例如一个总体中含有 10 个个体,放回式地随机抽取出所有容量为 3 的样本,共有 $10^3=1000$ 个,分别算出这 1000 个样本的样本均值,进一步可求出它们的算术平均值恰好是总体均值,也就是这 10 个指标值的算术平均值.

不过,在统计分析中,人们不会把总体中所有容量为 n 的样本全抽取出来. 原因在于,对于包含大量个体的总体很难做到这一点(无限总体则不可能); 而对于不大的群体,普查即可,没必要抽查.

对于随机抽取的样本，设其容量为 n，样本均值为$\bar{x}$. 统计理论表明：

(1) n 充分大时，$\bar{x}$近似服从期望为 μ、方差为 $\sigma_{\bar{x}}^2=\frac{\sigma^2}{n}$的正态分布. $\frac{\sigma^2}{n}$反映了$\bar{x}$的取值与 μ 的偏差程度，所以 n 越大，用$\bar{x}$去估计 μ 的精度越高. 这说明，样本容量较大时，$\bar{x}$是总体均值 μ 的一个很好的估计.

(2) n 充分大时，对给定的 $\alpha\in(0,1)$，$\left(\bar{x}-\frac{\sigma}{\sqrt{n}}z_{\alpha/2},\bar{x}+\frac{\sigma}{\sqrt{n}}z_{\alpha/2}\right)$包含 μ 的概率近似为 $1-\alpha$，称$\left(\bar{x}-\frac{\sigma}{\sqrt{n}}z_{\alpha/2},\bar{x}+\frac{\sigma}{\sqrt{n}}z_{\alpha/2}\right)$为 μ 的**可靠度**为 $1-\alpha$ 的**区间估计**. 粗略地说，这个区间给出了 μ 的一个估计范围.

在给出 μ 的区间估计时，存在一个可靠度与精确度的取舍问题. 因为，要提高估计的可靠度，可以增大估计范围，但此时精确度降低；要提高精确度，可以缩小估计范围，但此时可靠度降低. 例如，考虑某大学学生的身高问题，“平均身高在 1.72m 与 1.75m 之间”这个说法精确度较高，但可靠度可能不够；而“平均身高在 1.5m 与 2m 之间”这个说法很可靠，但精确度太低，对了解学生的身高情况起不了什么作用.

针对区间估计的可靠度与精确度此消彼长的关系，美国统计学家奈曼(J. Neyman，1894—1981)提出了一种折中方案——在保证可靠度满足一定水平的前提下，尽量提高精确度. $\left(\bar{x}-\frac{\sigma}{\sqrt{n}}z_{\alpha/2},\bar{x}+\frac{\sigma}{\sqrt{n}}z_{\alpha/2}\right)$就是基于这种思想给出的——在可靠度不低于 $1-\alpha$ 的前提下，保证了精确度尽可能高.

例如，取 $\alpha=0.01$，查表可得 $z_{0.01/2}=2.575$. 因此，在 σ^2 已知时，$\left(\bar{x}-2.575\frac{\sigma}{\sqrt{n}},\bar{x}+2.575\frac{\sigma}{\sqrt{n}}\right)$是 μ 的可靠度为 0.99 的区间估计.

注 (1) 在实际问题中，总体方差 σ^2 往往是未知的，这时，用 $\widehat{\sigma^2}$ 来替代 σ^2，有$\sqrt{\frac{\widehat{\sigma^2}}{n}}=\frac{s}{\sqrt{n-1}}$. 相应地，$n$ 比较大时，$\bar{x}$近似服从期望为 μ、方差为$\frac{s^2}{n-1}$的正态分布；上述区间估计变为$\left(\bar{x}-\frac{s}{\sqrt{n-1}}z_{\alpha/2},\bar{x}+\frac{s}{\sqrt{n-1}}z_{\alpha/2}\right)$，这个估计的可靠度也近似为 $1-\alpha$.

(2) 可靠度为 $1-\alpha$ 的区间估计，又称为**置信水平**(或**置信度**)为 $1-\alpha$ 的**置信区间**.

例 1 一位批发商从果农处购买一批苹果. 为了估计这批苹果的大小，他从中随机抽取了 20 个，这 20 个苹果的质量(单位：kg)如表 10-3 所示.

表 10-3

0.152	0.203	0.146	0.137	0.123	0.198	0.176	0.139	0.211	0.155
0.139	0.252	0.162	0.180	0.174	0.224	0.156	0.192	0.150	0.167

求：(1) 这 20 个苹果的平均质量(样本均值)与质量的标准差(样本标准差).

(2) 给出这批苹果的平均质量(总体均值)μ 的一个合理估计,及置信水平为 0.95 的置信区间.

解 (1) 样本均值为$\bar{x}=\frac{3.436}{20}\text{kg}=0.1718\text{kg}$.

由 $\frac{1}{n}\sum_{i=1}^{n}x_i^2=\frac{0.611084}{20}\text{kg}^2=0.0305542\text{kg}^2$，得样本方差为

$$s^2=(0.0305542-0.1718^2)\text{kg}^2=0.00103896\text{kg}^2.$$

从而,样本标准差为 $s=\sqrt{s^2}=0.03223\text{kg}$.

(2) 这 20 个苹果的平均质量$\bar{x}=0.1718\text{kg}$,即为 μ 的一个合理估计.

由 $1-\alpha=0.95$ 可算出 $\alpha=0.05$,查表得 $z_{\alpha/2}=1.96$. 本问题中,总体均值 σ 未知.

$$\bar{x}-\frac{s}{\sqrt{n-1}}z_{\alpha/2}=0.1718-\frac{0.03223}{\sqrt{19}}\times 1.96=0.1573,$$

$$\bar{x}+\frac{s}{\sqrt{n-1}}z_{\alpha/2}=0.1718+\frac{0.03223}{\sqrt{19}}\times 1.96=0.1863.$$

因此,(0.1573,0.1863)为 μ 的置信水平为 0.95 的置信区间.

10.4.2 最大似然估计法的原理

最大似然估计法是在估计参数时常用的方法,最早由德国数学家高斯在他的误差理论中提出. 1912 年,英国统计学家费希尔(R. A. Fisher,1890—1962)在一篇论文中把它作为一个一般的估计方法提了出来,并于此后对这一方法进行了大量的研究.

为叙述最大似然原理的直观想法,先来看一个简单的例子.

例 2 设有外形完全相同的两个箱子,甲箱中有 99 个白球和 1 个黑球,乙箱中有 99 个黑球和 1 个白球. 现在随机地抽取一箱,并从中随机抽取一球,结果取得白球,问这球是从哪一个箱子里取出的?

解 不管是哪一个箱子,从箱子里任取一球都有两个可能结果：$A=$“取出白球”,$B=$“取出黑球”. 若取出的是甲箱,则 A 发生的概率为 0.99,若取出的是乙箱,则 A 发生的概率为 0.01. 现在结果 A 发生了,人们的第一印象就是：“这个白球最像从甲箱中取出的”,或者说,从哪个实验条件对 A 出现更有利的角度来看,推断出这球是从甲箱中取出的. 这个推断很符合人们的经验事实,这里的“最像”就是“最大似然”之意.

本例中假设的数据过于极端. 一般地,可以设某个箱子中白球的比例要么是 p_1,要么是

p_2，其中 $p_1>p_2$. 为了估计白球的比例，从箱子中随机抽取一球，若取到的是白球，问白球的比例是多少？

因为 $p_1>p_2$，相比于 p_2，白球的比例为 p_1 对出现结果“取到白球”更有利，所以可以推断白球的比例为 p_1.

最大似然估计法的直观想法为，将抽取出的样本值视力结果，而将总体分布中待估计的参数视为原因. 现在已有结果，反过来推断未知参数取什么值时，该结果出现的可能性最大，或者说参数取什么值对这个结果的出现最有利. 在很多问题中，样本均值 $\bar{x}$ 就是总体均值 μ 的最大似然估计(下面讨论的都是这种情形).

注 对于属性型指标，设总体中的个体按照某种属性分为 r 类，p_i 是第 i 类个体占总体的比例，则 $p_1+p_2+\cdots+p_r=1$. 从中抽取容量为 n 的样本，其中第 i 类有 n_i 个，则 $\hat{p}_i=\frac{n_i}{n}$ 就是 p_i 的最大似然估计，$\left(\hat{p}_i-\sqrt{\frac{\hat{p}_i(1-\hat{p}_i)}{n}}z_{\alpha/2},\hat{p}_i+\sqrt{\frac{\hat{p}_i(1-\hat{p}_i)}{n}}z_{\alpha/2}\right)$ 为 p_i 的置信水平近似为 $1-\alpha$ 的置信区间.

10.4.3 池塘里鱼的数量问题

下面介绍最大似然估计法的一个有趣应用.

例 3 鱼塘主人希望知道他的池塘中有多少条鱼，逐条地去数是不现实的. 那么，他该怎么办？

分析 池塘中鱼种的平均寿命约为 3 年，所以花一个月左右的时间获取鱼的数量的过程不会被出生与死亡所产生的总数量的频繁变化所搅乱. 鱼塘的主人以天为单位在鱼塘的不同角落网起一些鱼，并在鱼鳍上贴上塑料标签，然后将鱼放回鱼塘. 一旦完成约 400 条鱼的标贴，他就再一次开始到鱼塘的不同角落网鱼，但这次只要数清捕捉到的鱼的条数和其中贴有标签的鱼的条数. 这种做法，尽量保证了抽样的随机性. 最后，通过最大似然估计法，便可求出鱼塘中鱼的数量 N 的近似值.

解 这个问题属于属性型指标的情况. 鱼分为两类：贴标签的和没贴标签的.

假设鱼塘主人随机捕捞了 300 条鱼，发现其中有 60 条贴有标签，即抽取的样本中贴标签的鱼占的比例是

$$\hat{p}=\frac{60}{300}=0.2,$$

这就是整个鱼塘中贴有标签的鱼的比例 p 的一个最大似然估计. 据此，他估计出鱼塘中鱼的数目 N 近似为

$$\frac{400}{\hat{p}}=2000.$$

还可以给出 N 的一个区间估计. $\sqrt{\dfrac{\hat{p}(1-\hat{p})}{300}}=0.0231$,取 $\alpha=0.01$,查表得到 $z_{0.005}=2.575$,因此 p 的界限为

$$\hat{p}_L=0.2-2.575\times0.0231=0.1405,$$

$$\hat{p}_U=0.2+2.575\times0.0231=0.2595.$$

相应地,鱼塘中鱼的数目 N 的界限为

$$\hat{N}_L=\frac{400}{\hat{p}_U}=\frac{400}{0.2595}=1541,$$

$$\hat{N}_U=\frac{400}{\hat{p}_L}=\frac{400}{0.1405}=2847.$$

(1541,2847)作为 N 的估计范围,可靠度很大,为 0.99.

*10.5 医学中的药效问题——假设检验之应用

10.5.1 假设检验

例 4 果农贩卖苹果时,定价的一个重要因素是单个苹果的质量. 果农报出一批苹果的平均质量,而批发商将对其进行检验.

一位批发商从果农处购买苹果,随机抽取 20 个,每个苹果的质量如表 10-4 所示(单位: kg).

表 10-4

0.152	0.203	0.146	0.137	0.123	0.198	0.176	0.139	0.211	0.155
0.139	0.252	0.162	0.180	0.174	0.224	0.156	0.192	0.150	0.167

果农声称他所提供的苹果的平均质量不低于 0.2kg,根据上述抽样结果可否驳斥他的话?

解 将这批苹果的平均质量记为 μ,目前的问题是,根据表中的样本值,检验果农的说法"$\mu\geqslant0.2$"(称为假设)为真或假.

首先,样本均值 $\bar{x}$ 是总体均值 μ 的一个合理估计,它在一定程度上代表了 μ 的大小. 若果农的说法为真,即"$\mu\geqslant0.2$"为真,则样本均值 $\bar{x}$ 也应该较大. 因此,若 $\bar{x}$ 比较小,就有理由认为"$\mu\geqslant0.2$"为假. 所以,可将"$\bar{x}\leqslant k$(k 为某个待定的常数)"当作检验准则: 若 $\bar{x}\leqslant k$,则认为"$\mu\geqslant0.2$"为假(称为**拒绝该假设**); 否则,认为"$\mu\geqslant0.2$"为真(称为**接受该假设**).

接下来的问题是,选取合适的 k 以确定检验准则: $\bar{x}\leqslant k$. 一旦检验准则确定了,即可根据样本值做出决策: 是接受"$\mu\geqslant0.2$",还是拒绝"$\mu\geqslant0.2$".

那么,如何选取合适的 k?

“选取 k”的切入点在于一个事实:用上面的检验准则做出的决策可能是错误的.样本带有随机性,抽取的样本不可避免地带有随机误差.这意味着,即使“$\mu\geqslant 0.2$”为真,抽取出来的样本均值$\bar{x}$也可能因随机误差的存在而偏小,导致“$\bar{x}\leqslant k$”,从而做出错误的决策——拒绝“$\mu\geqslant 0.2$”.人们自然希望犯错误的概率比较小.为此,可按照如下的方法确定常数 k:给定一个很小的正数 $\alpha\in(0,1)$,求 k 使得犯错误的概率不大于 α,即

$$P\{\text{当}\ \mu\geqslant 0.2\ \text{时},\bar{x}\leqslant k\}\leqslant\alpha.$$

当 $\mu\geqslant 0.2$ 时,$\{\bar{x}\leqslant k\}\subseteq\{\bar{x}-\mu\leqslant k-0.2\}$.因此,只需 $P\{\bar{x}-\mu\leqslant k-0.2\}=\alpha$,便能保证 $P\{\text{当}\ \mu\geqslant 0.2\ \text{时},\bar{x}\leqslant k\}\leqslant\alpha$.因$\bar{x}$近似服从期望为 μ、方差为$\frac{1}{n-1}s^2$ 的正态分布,由 $P\{\bar{x}-\mu\leqslant k-0.2\}=\alpha$ 可得 $0.2-k=\Phi^{-1}(1-\alpha)\sqrt{\frac{1}{n-1}s^2}$.如取 $\alpha=0.005$,查表得

$$0.2-k=2.575\sqrt{\frac{1}{n-1}s^2}=2.575\times\sqrt{\frac{1}{19}}\times 0.03223=0.019,$$

故 $k=0.181$.

检验准则确定为:$\bar{x}\leqslant 0.181$.例 1 中,已求得$\bar{x}=0.1718<0.181$,故而做出决策:拒绝“$\mu\geqslant 0.2$”,该决策出错的概率不大于 0.005.换言之,至少有 99.5%的把握认为果农说法不真实.

例 4 中,提出假设,分析得到检验准则,并据此做出决策“该假设为真(或假)”的过程,就是**假设检验**.

下面给出假设检验的一般步骤.

(1) 根据实际问题的需要,建立原假设和备择假设.通常,将不应轻易加以否定的假设视为**原假设**,记为 H_0;H_0 被拒绝后可供选择的假设称为**备择假设**,记为 H_1.例 4 中,H_0:$\mu\geqslant 0.2$,H_1:$\mu<0.2$.注意,H_0 与 H_1 不一定互为对立,但一定不相交.

(2) 给定**显著性水平**(即例 4 中的 α)及样本容量 n.由于样本的随机性,检验可能会犯“当 H_0 为真时拒绝 H_0”的错误,在统计学中称之为**第Ⅰ类错误**.显著性水平 α 给出了犯第Ⅰ类错误的概率的上界,在具体的检验问题中要使得犯第Ⅰ类错误的概率在不大于 α 的前提下尽量逼近 α.这主要是考虑到了假设检验中可能会犯的**第Ⅱ类错误**:当 H_0 为假时接受 H_0.第Ⅱ类错误仍然是由样本的随机性带来的,且犯两类错误的概率此消彼长,正如区间估计的可靠度和精确度.

在假设检验理论中,优先控制的是犯第Ⅰ类错误的概率.α 取得小,则犯第Ⅰ类错误的概率就小,即“当 H_0 为真时拒绝 H_0”的可能性小.这意味着 H_0 是受到保护的,也表明 H_0、H_1 的地位是不对等的.

在实际问题中,选哪一个作为原假设需要谨慎.例如,考虑某种药品是否为真药,可能犯两种错误:①将假药误作真药,则有损害病人的健康甚至危及生命的风险;②将真药误作

假药，则有造成经济损失的风险. 显然，错误①比错误②的后果严重，应该优先控制错误①发生的概率，因此选取“药品为假”为 H_0. 可见，选择 H_0，H_1 的一个原则是，使得两类错误中后果严重的错误成为第Ⅰ类错误.

另外，显著性水平也需要根据第Ⅰ类错误的后果严重程度进行调整. 例如，上面的药物检测中，犯第Ⅰ类错误的后果非常严重，所以 α 要取尽量小的数. 例 4 中，第Ⅰ类错误没有太严重的后果，α 就可以不必非常小. 需要注意的是，取不同的显著性水平，可能得到相反的结论.

(3) 根据备择假设，从待检验参数的估计出发，给出拒绝域的形式. 例 4 中，待检验的参数是总体均值 μ，它的一个合理估计是样本均值 $\bar{x}$，由此得到拒绝域的形式为：$\bar{x}\leqslant k$. 所谓**拒绝域**，就是使得原假设被拒绝的样本值所在区域，记为 W. 拒绝域的补集称为**接受域**. 例 4 中，拒绝域为 $W=\{(x_1,x_2,\cdots,x_n)\mid\bar{x}\leqslant k\}$，在不妨碍理解的情况下可简单记为：$\bar{x}\leqslant k$.

(4) 按 $P\{$当 H_0 为真时拒绝 $H_0\}\leqslant\alpha$ 确定拒绝域. 注意，步骤(3)中只是给出了拒绝域的形式，k 为待定常数.

(5) 抽样，根据样本值做出决策：接受 H_0，或者拒绝 H_0.

10.5.2 药物检测

药物在投入正式使用之前，必须要经过有效性的检测. 当这样的试验进行后，很重要的一点是对该试验步骤的有效性进行恰当的评价. 这些评价背后的理论十分深奥，这里只描述一些简单规则.

考虑针对某种疾病的新药物的有效性试验，参与试验的患者被分成了两组：第一组是 10 人，他们服用了该药物，其中 7 人得以康复，3 人没有康复；第二组是 20 人，他们服用了安慰剂(一种看上去像药物但实际上无害也没有任何治愈效果的物质)，其中 5 人得以康复，15 人没有康复. 这些患者自己并不知道他们服用的是药物还是安慰剂，所以可以排除任何由心理引起的生理效应. 据此，能判断新药物有效吗?

该问题可以通过**拟合优度检验法**来回答.

第一步 如下表所示，在表 O(O 表示观测)中列出试验结果：总共 30 名患者，其中 12 人恢复健康，占 0.4. 提出原假设 H_0：药物无效. 若 H_0 为真，则 0.4 是未经过治疗而自然恢复的病人比例，称为自然康复率. 可以据此计算出 H_0 为真时，服用药物和服用安慰剂的两组人中恢复健康和没有恢复健康的人数的期望值，见表 E(E 表示期望)：10 名服用药物的患者中，期望恢复健康和没有恢复健康的人数分别为 4 和 6；20 名服用安慰剂的患者中，期望恢复健康和没有恢复健康的人数分别是 8 和 12.

表 O

类　别	恢复健康	没有恢复健康
服药	7	3
服安慰剂	5	15

表 E

类　别	恢复健康	没有恢复健康
服药	4	6
服安慰剂	8	12

第二步　即使 H_0 为真(即药物无效)，由于随机误差的存在，表 O 和表 E 也可能会有不同. 但若 H_0 为真，两个表的区别不应该太大. 因此，若两个表中的数据相差较大，我们就有理由拒绝 H_0. 用

$$Z=\sum_{i=1}^{2}\sum_{j=1}^{2}\frac{(O_{ij}-E_{ij})^2}{E_{ij}}$$

来表示表 O 和表 E 的差异度. 其中，O_{ij} 和 E_{ij} 分别是表 O 和表 E 右下角的两行两列子表格中第 i 行、第 j 列的数值，$i,j=1,2$. 拒绝域的形式为：$Z\geqslant k$，k 待定.

第三步　根据 $P\{H_0$ 为真时拒绝 $H_0\}=P\{H_0$ 为真时 $Z\geqslant k\}\leqslant\alpha$ 确定常数 k. 统计理论表明，当 H_0 为真时，上面的 $Z=\sum_{i=1}^{2}\sum_{j=1}^{2}\frac{(O_{ij}-E_{ij})^2}{E_{ij}}$ 近似服从自由度为 1 的 χ^2 分布，记为 $Z\sim\chi^2(1)$.

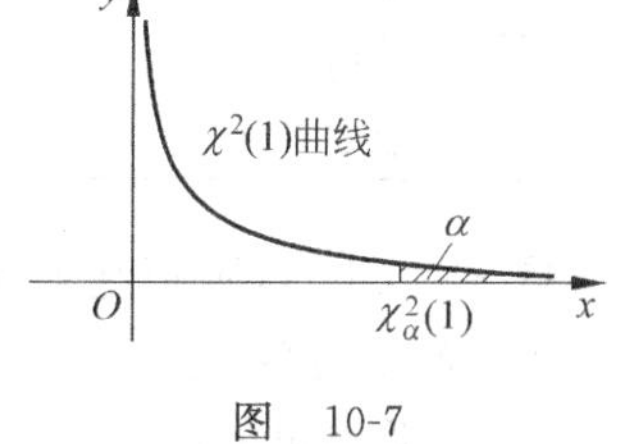

图　10-7

类似于标准正态分布的上 α 分位数 z_α，也可以定义 $\chi^2(1)$的上 α 分位数：设随机变量 $X\sim\chi^2(1)$，则使得 $P\{X>x\}=\alpha$ 的 x 称为 $\chi^2(1)$的上 α 分位数，记为 $\chi^2_\alpha(1)$(图 10-7). 这里，取 $k=\chi^2_\alpha(1)$，即拒绝域为：$Z\geqslant\chi^2_\alpha(1)$.

表 10-5 列出了对应于显著性水平 α 的 8 个取值的 $\chi^2_\alpha(1)$.

表　10-5

α	0.20	0.10	0.05	0.025	0.02	0.01	0.005	0.001
$\chi^2_\alpha(1)$	1.642	2.706	3.841	5.024	5.412	6.635	7.879	10.827

若取 $\alpha=0.05$，则拒绝域为：$Z\geqslant3.841$. 根据表 O 和表 E 的数据，计算得到

$$Z=\frac{(7-4)^2}{4}+\frac{(3-6)^2}{6}+\frac{(5-8)^2}{8}+\frac{(15-12)^2}{12}=5.625.$$

因此拒绝 H_0，认为药物有效. 这里，“$\alpha=0.05$”意味着有 95%的把握推断药物是有效的.

进一步的思考：

(1) 考虑到药物无效带来的严重后果，在检测药物时需要非常谨慎，因此有必要提高药物有效的可信度. 尝试将 α 取得更小一些，例如取 $\alpha=0.01$，拒绝域变为：$Z\geqslant6.635$，因此接受 H_0，认为药物无效. 这表示没有 99%的把握推断药物有效.

并且，因 5.625 介于 5.412 和 6.635 之间，基于表 10-5，可以得到：当 $\alpha\geqslant0.02$ 时，拒绝 H_0，认为药物有效；当 $\alpha\leqslant0.01$ 时，接受 H_0，认为药物无效.

可见，取定的显著性水平不同，可能得到不同的结论. 这并不意味着统计结论可以任人摆布，只是因为统计结论都有一定的可信度. 对于给定的试验结果，事先要求的可信度不同，得出的结论也不同. $\alpha=0.05$ 时和 $\alpha=0.01$ 时不同的结论，不过是表明了，根据试验结果，有 95%的把握认为药物有效，但是没有 99%的把握.

(2) 可以通过扩大样本容量，来减少随机因素对检测结果的影响. 例如，在上面的案例中，将服用药物的患者增加到 20 人，服用安慰剂的患者增加到 40 人，进行试验. 此时，观测表和期望表如下所示.

表 O

类　别	恢复健康	没有恢复健康
服药	14	6
服安慰剂	10	30

表 E

类　别	恢复健康	没有恢复健康
服药	8	12
服安慰剂	16	24

取 $\alpha=0.001$，则拒绝域为：$Z\geqslant 10.827$. 此时的试验结果 $Z=11.25>10.827$，故拒绝 H_0，认为药物有效. 通俗的说法是，有 99.9%的把握认为该药品的试验结果满足推广新药的标准. 试验结果的前后对比，表明了样本容量在进行假设检验时的重要性.

习题 10

自主探索

1. 将一枚硬币抛掷三次，求至少一次正面向上的概率.

2. 对 10.1.2 节中的例 2，在不放回抽样的情形下，求：

(1) 抽到的两个球都是白球的概率；

(2) 抽到的两个球颜色相同的概率.

3. 9 名新生中有 3 名优秀生，现将这 9 名新生随机地平均分配到三个班级中去. 求：

(1) 每个班级各分配到一名优秀生的概率；

(2) 3 名优秀生分配到同一班级的概率.

4. 一名医生对他的患者说："你患上的这种病，成功治愈率只有 10%. 但是你很幸运，在你之前有 9 个患同种疾病的患者来找我看病，而他们都死了." 结合频率的含义，说明医生的说法有何不妥.

5. 在单位圆内任取一点，求该点与圆心的距离不超过 0.5 的概率.

6. 将一枚硬币抛掷两次，写出正面向上的次数 X 的概率分布及其期望.

7. 投掷一粒骰子，求出现点数的期望和方差.

8. 由某机器生产的螺栓长度(单位：cm)服从参数 $\mu=11.25$，$\sigma=0.04$ 的正态分布，规定长度在范围 11.25 ± 0.06 内为合格品，求一螺栓为不合格品的概率.

9. 设 $X\sim N(3,2^2)$，求 $P\{2<X<5\}$，$P\{-4<X<10\}$，$P\{X>3\}$.

10. 在一批货物的容量为 50 的样本中，发现了 8 个不合格品，求这批货物次品率的估计值.

11. 设某种清漆的 9 个样品，其干燥时间(单位：h)分别为

6.0　5.7　5.8　6.5　7.0　6.3　5.6　6.1　5.0

设干燥时间的总体服从均值为 μ、方差为 $\sigma^2=0.6^2$ 的正态分布，求 μ 的置信水平为 0.95 的置信区间.

合作研究

1. 分析骰子赌博这种活动能孕育出概率的原因.

2. 计算你所在的选课班级中"至少有两人同一天生日"这一事件的概率，并调查实际的生日情况.

标准正态分布表

$$\Phi(x)=\int_{-\infty}^{x}\frac{1}{\sqrt{2\pi}}\mathrm{e}^{-\frac{t^2}{2}}\mathrm{d}t$$

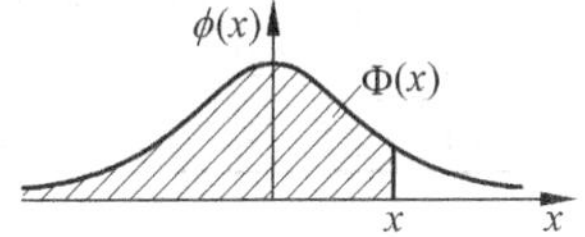

x	0.00	0.01	0.02	0.03	0.04	0.05	0.06	0.07	0.08	0.09
0.0	0.5000	0.5040	0.5080	0.5120	0.5160	0.5199	0.5239	0.5279	0.5319	0.5359
0.1	0.5398	0.5438	0.5478	0.5517	0.5557	0.5596	0.5636	0.5675	0.5714	0.5753
0.2	0.5793	0.5832	0.5871	0.5910	0.5948	0.5987	0.6026	0.6064	0.6103	0.6141
0.3	0.6179	0.6217	0.6255	0.6293	0.6331	0.6368	0.6404	0.6443	0.6480	0.6517
0.4	0.6554	0.6591	0.6628	0.6664	0.6700	0.6736	0.6772	0.6808	0.6844	0.6879
0.5	0.6915	0.6950	0.6985	0.7019	0.7054	0.7088	0.7123	0.7157	0.7190	0.7224
0.6	0.7257	0.7291	0.7324	0.7357	0.7389	0.7422	0.7454	0.7486	0.7517	0.7549
0.7	0.7580	0.7611	0.7642	0.7673	0.7703	0.7734	0.7764	0.7794	0.7823	0.7852
0.8	0.7881	0.7910	0.7939	0.7967	0.7995	0.8023	0.8051	0.8078	0.8106	0.8133
0.9	0.8159	0.8186	0.8212	0.8238	0.8264	0.8289	0.8355	0.8340	0.8365	0.8389
1.0	0.8413	0.8438	0.8461	0.8485	0.8508	0.8531	0.8554	0.8577	0.8599	0.8621
1.1	0.8643	0.8665	0.8686	0.8708	0.8729	0.8749	0.8770	0.8790	0.8810	0.8830
1.2	0.8849	0.8869	0.8888	0.8907	0.8925	0.8944	0.8962	0.8980	0.8997	0.9015
1.3	0.9032	0.9049	0.9066	0.9082	0.9099	0.9115	0.9131	0.9147	0.9162	0.9177
1.4	0.9192	0.9207	0.9222	0.9236	0.9251	0.9265	0.9279	0.9292	0.9306	0.9319
1.5	0.9332	0.9345	0.9357	0.9370	0.9382	0.9394	0.9406	0.9418	0.9430	0.9441

续表

x	0.00	0.01	0.02	0.03	0.04	0.05	0.06	0.07	0.08	0.09
1.6	0.9452	0.9463	0.9474	0.9484	0.9495	0.9505	0.9515	0.9525	0.9535	0.9535
1.7	0.9554	0.9564	0.9573	0.9582	0.9591	0.9599	0.9608	0.9616	0.9625	0.9633
1.8	0.9641	0.9648	0.9656	0.9664	0.9672	0.9678	0.9686	0.9693	0.9700	0.9706
1.9	0.9713	0.9719	0.9726	0.9732	0.9738	0.9744	0.9750	0.9756	0.9762	0.9767
2.0	0.9772	0.9778	0.9783	0.9788	0.9793	0.9798	0.9803	0.9808	0.9812	0.9817
2.1	0.9821	0.9826	0.9830	0.9834	0.9838	0.9842	0.9846	0.9850	0.9854	0.9857
2.2	0.9861	0.9864	0.9868	0.9871	0.9874	0.9878	0.9881	0.9884	0.9887	0.9890
2.3	0.9893	0.9896	0.9898	0.9901	0.9904	0.9906	0.9909	0.9911	0.9913	0.9916
2.4	0.9918	0.9920	0.9922	0.9925	0.9927	0.9929	0.9931	0.9932	0.9934	0.9936
2.5	0.9938	0.9940	0.9941	0.9943	0.9945	0.9946	0.9948	0.9949	0.9951	0.9952
2.6	0.9953	0.9955	0.9956	0.9957	0.9959	0.9960	0.9961	0.9962	0.9963	0.9964
2.7	0.9965	0.9966	0.9967	0.9968	0.9969	0.9970	0.9971	0.9972	0.9973	0.9974
2.8	0.9974	0.9975	0.9976	0.9977	0.9977	0.9978	0.9979	0.9979	0.9980	0.9981
2.9	0.9981	0.9982	0.9982	0.9983	0.9984	0.9984	0.9985	0.9985	0.9986	0.9986
3.0	0.9987	0.9987	0.9987	0.9988	0.9988	0.9989	0.9989	0.9989	0.9990	0.9990
3.1	0.9990	0.9991	0.9991	0.9991	0.9992	0.9992	0.9992	0.9992	0.9993	0.9993
3.2	0.9993	0.9993	0.9994	0.9994	0.9994	0.9994	0.9994	0.9995	0.9995	0.9995
3.3	0.9995	0.9995	0.9995	0.9996	0.9996	0.9996	0.9996	0.9996	0.9996	0.9997
3.4	0.9997	0.9997	0.9997	0.9997	0.9997	0.9997	0.9997	0.9997	0.9997	0.9998

第 11 章　运筹学应用专题

运筹学的英文为 Operations Research 或者 Operational Research,原意是“运作研究”或“作战研究”.我国在 1955 年将它译作“运筹学”,是借用了《史记・高祖本纪》中“夫运筹策帷幄之中,决胜于千里之外”一语中的“运筹”二字,既显示了它的军事起源,也表明运筹思想在我国古代早已存在.

作为一门现代科学,运筹学被认为诞生于 20 世纪的第二次世界大战期间.战争期间,国家迫切需要将有限的资源以有效的方式分配给各种军事活动,为此英美等国召集了大批科学家运用科学手段来处理战略与战术问题.这些科学家小组正是最早的运筹小组,他们成功解决了许多重要的作战问题.

“二战”后,对统筹协调类问题的研究让运筹学在工商企业、军事、民政事业等部门得到了广泛应用.随着科学技术和生产的发展,运筹学已经渗透进诸如服务、搜索、人口、控制、资源分配、厂址定位、可靠性等多个领域,发挥着越来越重要的作用.运筹学已发展为包含规划论(包括线性规划、非线性规划、整数规划、动态规划等)、图论、博弈论(对策论)、决策论、排队论、可靠性理论、搜索论等多个分支的一门学科.

本章将简单介绍其中的两个分支:博弈论和规划论,并在最后简述世界近代三大数学难题之一的“四色问题”.

11.1　对抗与合作——博弈论

11.1.1　博弈的含义

当你和朋友兴高采烈地通电话时,信号突然中断了.这时,你会立刻拨电话过去,还是等你朋友拨电话过来?

显然,你是否应该拨电话过去,取决于你朋友是否会拨回来.若你们一方要拨,另一方最好等待;若一方等待,另一方最好拨过去.若双方都拨,就会出现电话占线;若双方都不拨,时间就会在等待中流逝.

你必须考虑对方可能的选择来确定自己的最优决策,对方也是如此,这种策略性的互动就是**博弈**. 博弈的参与者都为了最大化自身利益,而在做出决策时揣摩其他参与者可能的选择. 博弈论,可以被定义为研究这种**互动决策行为**的一门学问.

博弈论是现代数学的一个分支,也是运筹学的重要组成部分. 在我国,博弈思想更是源远流长,《孙子兵法》《三十六计》《三国志》等书中充满了博弈的思想. 不过,一般认为近代博弈论起源于策梅洛、波雷尔、冯·诺依曼的工作,以及冯·诺依曼与摩根斯特恩(O. Morgenstern,德-美,1902—1977)合著的奠基性著作《博弈论与经济行为》.

博弈论的英文为 Game Theory. game,直译本是"游戏",但为了避免博弈论被误认为是研究无足轻重的消遣活动的理论,game 被译为"博弈".

小到日常生活中的下棋游戏,大到国家的政治军事,因利益而产生的矛盾冲突是不可回避的,从而处处可见博弈的身影. 博弈的参与者们都是些聪明理性又关心自身利益的人. 一方在做出选择时,需要想到自己的选择会影响到其他参与者的决策,而其他参与者的选择也会影响自己的决策. 每个参与者的收益往往不仅依赖于自身的决策,还取决于其他参与者的决策.

任意一个博弈,至少包含三个要素:

(1) **参与者**,或称**局中人**. 博弈中至少有两个参与者,否则不能形成决策行为的互动.

(2) 参与者可采取的**策略**.

(3) 参与者的**收益**. 用数学语言来说,每个参与者的收益都是所有参与者的策略组合的函数.

在博弈中,参与者的决策互动方式一般有两种. 第一种方式是序贯发生,即参与者们轮流做出决策,这种博弈称为**序贯博弈**或者**动态博弈**. 第二种方式是同时发生,即参与者们同时做出决策,这种博弈称为**静态博弈**.

注 (1) 上面三个要素是博弈的三个基本要素. 而在动态博弈中,还应该定义参与者的决策顺序. 此外,有些强调信息不对称的博弈,还应该包含信息结构. 不过,本节只讨论完全信息的博弈,即每个参与者都知道自己和其他参与者在不同策略组合下的收益情况,也知道其他参与者知道这一点.

(2) 在博弈论中,假设所有参与者都是**理性**的,即参与者采取策略的前提是自身利益的最大化.

下面,请大家通过几个小故事来体会博弈中的策略思维.

例 1 瞎子点灯,并不白费蜡.

一个在夜间行走的盲人,打着一盏灯笼. 有人问他:"你又看不见灯光,提着灯笼干吗?"盲人说:"我虽然看不见,但别人看得见,免得撞到我."

例 2 在发薪日,老板给了雇员张三和李四每人一个红包. 张三和李四都看到了自己的红包里装着 1000 元钱,但不知道对方红包里装着多少钱. 老板说:"你们的红包里装着 1000 元或者 3000 元. 若你们现在愿意跟对方交换红包,我可以做公证,但你们每人要支付给我公证费 100 元."

张三想：假如我跟李四交换红包，若他红包里也是1000元，那么我损失100元公证费，这种可能性是50%；若李四红包里是3000元，我就拿到了3000元，再扣除100元公证费. 所以，跟李四交换红包的期望收益是50%(1000－100)＋50%(3000－100)＝1900元；而不换的话，我只有1000元.

李四也是这么想的，所以二人异口同声地说要交换.

这时，老板又问："真的愿意吗?"两人仍然表示愿意，于是交换了红包，结果每人白白损失了100元. 试问：张三和李四的推理在哪里出错了?

分析　开始时，张三只知道自己红包里是1000元，而李四红包里要么是1000元，要么是3000元，所以交换红包有1900元的期望收益，这个推理没错，第一次选择交换是有道理的. 但看到李四也同意交换时，张三就应该想："若李四红包里是3000元，他还会同意交换吗? 不会，因为李四会想，不管张三红包里是1000元还是3000元，选择交换的最终收益都会小于原先的3000元. 由此推断，李四红包里是1000元，因此我不应该跟他换."李四看到张三同意交换后也应该如此推理. 所以，当再次被询问时，若两人运用了策略思维，就都应该选择不换.

例3　为什么只接受1元钱?

一个小乞丐，面对施舍，坚持只要1元钱，而不要更多的(比如5元钱). 世界上竟有如此傻的人，只要1元却不要5元! 消息传开后，更多的人想见识这个傻瓜，他们纷纷掏出1元钱和5元钱(或者更多的)给小乞丐，而小乞丐也真的只收1元钱. 人们很好奇，于是不断有人来找小乞丐. 小乞丐的行为里蕴含着什么道理?

分析　小乞丐清楚地认识到自己处于一个长期重复博弈中. 在单次的博弈中，面对1元和5元，选5元当然是最优决策. 但如此一来，小乞丐就变得不"傻"，人们也不会因为好奇再来给他1元了. 因此，接受5元虽然在短期内赢得了一笔，却损失了以后细水长流的许多个1元. 考虑到长远收益，小乞丐只能暂时放弃眼前的收益.

如果故事还有后续——小乞丐找到工作，以后再也不做乞丐，他可能就会欣然接受大数额的施舍了.

例4　司马懿眼中的"空城计".

街亭失守后，在西城兵力空虚的情形下，诸葛亮利用司马懿多疑的性格摆"空城计"，而司马懿果然中计撤兵. 这个故事是《三国演义》用来说明诸葛亮智慧的经典案例. 但从博弈论的角度看，也有另外的解释：司马懿不是不敢攻城，而是不想过早地除掉诸葛亮. 因为这段时期司马懿一直受魏国大将军曹真等人的排挤，甚至一度被贬出朝外. 只因诸葛亮伐魏，朝中无人能挡，才不得已又请司马懿出山. 司马懿深知，只有诸葛亮存在，自己对曹魏才有价值. 一旦诸葛亮倒下，自己就会被驱逐甚至迫害. "兔死狗烹"的顾虑让司马懿在空城前退缩了.

下面将介绍一些经典的博弈模型，其中11.1.2～11.1.6节为静态博弈部分，11.1.7节为动态博弈部分.

11.1.2 个人利益与集体利益的冲突——囚徒困境

1. 囚徒困境模型

囚徒困境 甲和乙因盗窃被抓获，警方怀疑两人还有抢劫行为，但没有确凿证据. 至少有一个人供认，才能确认抢劫罪. 但即使两人都不供认，也可判他们盗窃罪. 于是，警方将二人分离审查，不允许他们之间互通消息，并交代了如下政策：若两人都拒绝供认(抢劫)，则每人都会因盗窃罪被判处 2 年监禁；若有一人供认而另外一个拒绝供认，则供认方被认为有立功表现而判 1 年监禁，拒绝供认方则会因抢劫罪、盗窃罪以及抗拒从严而被判 10 年监禁；若两人都供认，则每人都会因抢劫罪加盗窃罪被判 8 年监禁.

下面用一个表格来直观地表示囚徒甲和囚徒乙之间的博弈(图 11-1).

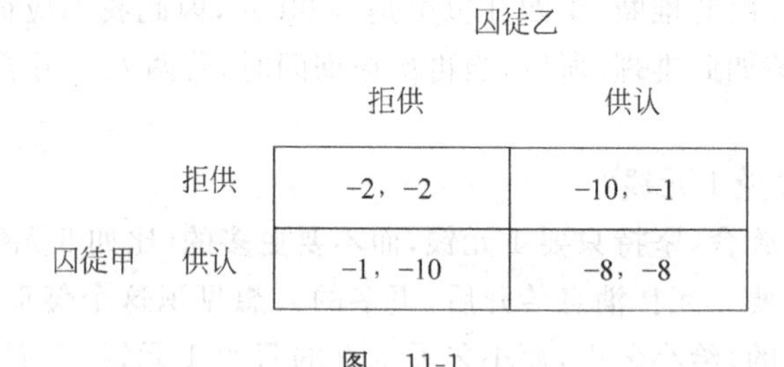

		囚徒乙 拒供	囚徒乙 供认
囚徒甲	拒供	−2，−2	−10，−1
	供认	−1，−10	−8，−8

图 11-1

上述表格称为**收益矩阵**. 收益矩阵是参与者为两个且每个参与者的策略离散的情形下，常用来表达博弈(尤其是静态博弈)的工具，它完整地展示了两个参与者在所有策略组合下的收益情况.

收益矩阵的构造方法如下：将参与者 1(本例中为囚徒甲)及其策略(拒供，供认)标注在左边，而将参与者 2(本例中为囚徒乙)及其策略(拒供，供认)标注在上边. 假定参与者 1 有 m 个可采取的策略，参与者 2 有 n 个可采取的策略，就得到一个 $m\times n$ 表格. 每个单元格中有两个数字，分别表示参与者 1 和参与者 2 在相应策略组合下的收益. 例如，图 11-1 中，第 2 行第 1 列处的单元格内，$(-1,-10)$表示囚徒甲供认，囚徒乙拒供的策略组合下，囚徒甲的收益为-1(被监禁 1 年)，囚徒乙的收益为-10(被监禁 10 年).

从囚徒困境的收益矩阵中可以看到，(拒供，拒供)的策略组合有比较好的结果：各判 2 年. 但是，这个比较好的结果是不太可能发生的. 原因在于，博弈论中的每个参与者优先考虑的是自身利益. 因此，囚徒乙在分析收益矩阵后，会得到下面的结论：

(1) 若甲拒供，那么我拒供的收益为-2，供认的收益为-1，显然选择供认更有利；

(2) 若甲供认，那么我拒供的收益为-10，供认的收益为-8，还是选择供认更有利.

所以，不论甲如何选择，对于乙来说，选择供认都更有利. 囚徒甲和囚徒乙的处境是一样的，进行的思考和得到的结论也与乙相同. 最终，两人都选择供认，于是双双被判了 8 年监禁.

这样的结果似乎有些出乎人的意料.可能你会提出,为什么两个人不订立一个永不背叛的盟约,来得到一个更好的结果呢?理由是,即使两人在被抓捕之前歃血为盟,在被抓捕隔离审查后,谁也不能保证对方不背叛.双方都在想,谁能保证对方不背叛呢?若订立盟约是对方诱导我坚守盟约而对方趁机背盟的手段怎么办?因此,双方不能结成稳定的盟约.

注 收益矩阵中的数字,仅仅代表博弈的参与者之间收益的相对大小关系.换言之,即使收益的具体值改变,只要相对大小不变,收益矩阵反映的就是同一种类型的博弈.收益矩阵中的收益甚至可以不是数字,而只是能确定相对好坏关系的文字.

取四个数字 a,b,c,d,它们的大小满足:$b<d<a<c$,可以将图 11-1 中具体的囚徒困境博弈进行一般化,如图 11-2 所示.

		参与者2	
		合作	背叛
参与者1	合作	a, a	b, c
	背叛	c, b	d, d

图 11-2

下面给出几个博弈论的术语.

定义 11.1 一个博弈中有多个参与者,每个参与者又有多个可用策略.对于某个参与者 i,若在其他参与者选择某个策略组合时,参与者 i 的策略 A 能给其带来最大收益,则称参与者 i 的策略 A 是该策略组合的**最佳应对**.进一步地,若策略 A 是其他参与者的所有策略组合的最佳应对,则称策略 A 为参与者 i 的**占优策略**.

囚徒困境中,"供认"是每个囚徒的占优策略.

定义 11.2 若对于其他参与者的所有策略组合,策略 A_1 都能给参与者 i 带来比策略 A_2 更大的收益,则称策略 A_2 是参与者 i 的一个**劣势策略**.

显然,劣势策略是参与者在做决策时永远不会选的.

定义 11.3 对于所有参与者的某个策略组合来说,若该组合中每一个参与者的策略都是该组合中其他参与者策略组合的最佳应对,则称该策略组合为一个**纳什均衡**.例如,在两个参与者的博弈中,如果参与者 1 的策略 A 和参与者 2 的策略 B 互为最佳应对,则(A,B)为一个纳什均衡.纳什均衡是博弈的一个相对稳定结果,因为在纳什均衡中,没有参与者愿意单独改变策略.

在囚徒困境中,囚徒甲的"供认"是囚徒乙的所有策略的最佳应对,因此是囚徒甲的占优策略.而"拒供"是每个囚徒的劣势策略.(供认,供认)是囚徒困境博弈的纳什均衡.在该组合中,每个参与者的策略"供认"都是占优策略,称这种纳什均衡为**占优策略纳什均衡**.

囚徒困境生动地刻画了"个人私利面前,建立合作非常困难"这种现象,通常被认为是个体理性与集体理性冲突的经典博弈模型. 在囚徒困境局势中,每个人都会根据自己的利益做出决策,最后的结果却是集体遭殃——这也是"困境"名称的由来. 现实中的许多问题和现象,正是囚徒困境的体现.

2. 现实中的囚徒困境

例5 军备竞赛

现有实力相当并处于敌对状态的两个国家:A国和B国. 为提高自身的相对安全状况,双方考虑增加军费支出. 实际上,若双方都不增加军费支出,双方的相对安全状况并没有变化,却可以将更多资金投入经济建设. 因此,都不搞军备竞赛,也就是不增加军费支出对双方是有好处的.

但博弈的结果却是双方不断增加军费. 因为,若对方不增加军费,自己增加军费可以使己方安全而使对方陷入危险;若对方增加军费,那么自己更得增加军费才不至于使己方陷入危险. 所以,增加军费是双方的占优策略,双方都增加军费变成了最稳定的结果. 军备竞赛博弈中(图 11-3),双方都增加军费或者都不增加军费时,处于实力相当的正常状态,但前者高消耗,后者低消耗.

		B国	
		增加军费	不增加
A国	增加军费	高消耗正常, 高消耗正常	安全, 危险
	不增加	危险, 安全	低消耗正常, 低消耗正常

图 11-3

类似地,一所学校可以选择应试教育,也可以选择素质教育. 若所有学校都选择素质教育,那么对于培养人才是好的. 但是,每所学校都考虑到,若其他学校选择素质教育而自己选择应试教育,则可以在升学考试中有突出成绩;若其他学校选择应试教育,则自己也只能选择应试教育才不会在升学考试中落下太远. 最后,所有学校都选择了应试教育.

例6 公共资源的滥用

公共资源的滥用在现实中很常见,如草地上的过度放牧,深海中的过度捕捞,工厂滥排污水,大气污染…….我们以两个牧羊人为例,来解释这类现象的产生. 有牧羊人A和B,在一块公共草地上放牧. 假定这块草地养2只羊时最有效率,在每只羊身上创造的价值为100个单位. 随着羊的增加,草地在每只羊身上创造的价值是递减的. 3只羊时,在每只羊身上创造的价值减少为60个单位;而4只羊时,在每只羊身上创造的价值变为40个单位. 若两人各养1只羊,则收益各为100个单位,草地也得到合理休养. 若一人养1只羊,一人养2只羊,则分别收益60个单位和120个单位. 若每人都养2只羊,则分别收益80个单位. 该博弈的收益矩阵如图 11-4 所示.

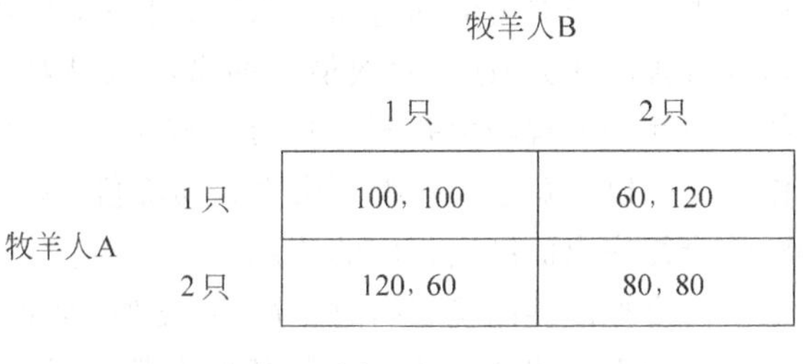

牧羊人B

牧羊人A		1只	2只
	1只	100，100	60，120
	2只	120，60	80，80

图　11-4

可以看到，每人养 1 只羊时，草地创造的总价值最大，为 200 个单位. 但二人博弈的结果是，两人各养 2 只羊. 这时草地创造的总价值只有 160 个单位，同时也被过度放牧.

例 7　价格之争

市场经济中，充满了商家的价格战，例如家电、手机数码产品、飞机票等. 本来商家可以通过合作抬高价格来增加利润(当然这时消费者就难过了)，但高价格往往维持不了多久. 下面，我们简化实际背景，通过某个市场中的公司 A 和公司 B 来分析这种现象. 公司 A 和公司 B 都有降价和不降价两种选择. 都不降价，则利润维持在原来的水平，各为 100 个单位；一家降价，一家不降价，则不降价公司的市场份额将被降价公司抢去一部分. 这时，降价公司的利润为 140 个单位，不降价公司的利润为 50 个单位. 二者都降价，则利润都变为 80 个单位. 二者的收益如图 11-5 所示.

公司B

公司A		降价	不降价
	降价	80，80	140，50
	不降价	50，140	100，100

图　11-5

显然，从整体来看，双方都不降价的利润最高. 但“降价”却是每家公司的占优策略. 最终，双方都降价，而使消费者受益. 价格波动，是市场常态. 但多家公司陷入囚徒困境，恶意竞争而争先降价，将使得经济秩序发生紊乱.

3. 囚徒困境的克服

囚徒困境反映了人类社会中一个非常糟糕的问题——个体成员只考虑自己的利益，结果使社会利益受到损害，自身利益也不能幸免. 因此，人们对如何走出囚徒困境非常感兴趣.

在纯粹的囚徒困境博弈中，每个囚徒都为了自身利益而选择背叛. 但是，若两个囚徒都隶属于一个犯罪团伙，这个犯罪团伙对其成员的背叛行为有严厉的惩罚手段. 那么，囚徒甲和囚徒乙因害怕惩罚，就可能选择合作，从而两人都能提前出狱.

在商场的价格之争中，也可以采取类似的惩罚手段. 只要一家公司降价，其他公司马上跟进，甚至比第一家公司降价幅度还大. 这种两败俱伤的做法就是对率先降价公司的惩罚，降价几次后，首先降价的公司就会发现降价并不会让自己有利可图，从而会主动寻求合作. 同时，这还起到了震慑作用——以后每家公司都不会再轻易降价，因为会遭到报复. 另外，针对公共资源的滥用问题，政府往往出面制定相应的法规.

事实上，人们可能也不需要把囚徒困境看得过分严重. 比如，面临大规模灾难时，若完全按照囚徒困境博弈，应该是每个人都选择逃避——若其他人都选择逃避，我当然选择逃避，因为单凭一个人也阻止不了灾难；若其他人挺身而出，那我选择逃避也不会有什么损失. 但现实生活中，在面对灾难需要团结抗灾时，合作往往是很容易达成的.

人们通过一些囚徒困境场景的观察和实验也发现，参与者的合作还是相当频繁的，尤其是在囚徒困境的重复博弈中. 对此，博弈论学者给出了几种解释. 例如，现实中的人们并不是完全理性的，其价值取向受到很多情感因素的影响，如集体精神、奉献精神. 再者，虽然单次囚徒困境中背叛是占优策略，但现实中人与人之间的交往却是重复博弈的过程. 这次己方的背叛可能会导致下次对方的背叛，从长远来看合作可能比背叛更有利. 因此，长期关系中合作往往更容易达成.

11.1.3 搭便车——智猪博弈

1. 智猪博弈模型

智猪博弈 有一大一小两头非常聪明的猪(称为智猪)，共同生活在一个猪圈里. 猪圈的一端有一个踏板，踏板连着开放饲料的机关. 只要踩一下，在猪圈另外一端的食槽就会出现 10 个单位的食物. 假定任何一头猪去踩踏板都会付出成本——相当于 2 个单位的食物. 每只猪有两种选择：“踩”或“不踩”.

若两只猪一起去踩，然后一起回槽边进食，则大猪由于吃得快可吃下 8 个单位的食物，小猪只能吃到 2 个单位的食物. 若两只猪都不去踩，则没有食物吃.

若大猪去踩，小猪等候在食槽边，则大猪因为时间耽搁只能吃到 7 个单位的食物，小猪吃到 3 个单位的食物.

若小猪去踩，大猪等候在食槽边，则当小猪踩完踏板赶到食槽时，大猪就会吃光 10 个单位的食物.

当然，每个去踩踏板的猪都要扣掉成本——2 个单位的食物. 由此，智猪博弈中，大小猪的收益如图 11-6 所示.

从表中可以看到，当大猪选择“踩”时，小猪选择“不踩”更好(给相应的收益“3”加一道下划线)；大猪选择“不踩”时，小猪还是选择“不踩”更好(给相应的收益“0”加下划线). 所以，“不踩”是小猪的占优策略(并且严格占优)，而“踩”是小猪的劣势策略. 因为劣势策略是参与者永远不会选的，所以可先将小猪“踩”对应的一列剔除，得到第一轮剔除劣势策略以后的收益矩阵(图 11-7).

		小猪	
		踩	不踩
大猪	踩	6，0	5，3
	不踩	10，-2	0，0

图　11-6

		小猪
		不踩
大猪	踩	5，3
	不踩	0，0

图　11-7

既然小猪选择“不踩”，大猪还是选择“踩”更好(给相应的收益“5”加下划线). “不踩”是大猪此时的劣势策略，剔除掉.

最后，只剩下策略组合(踩，不踩)，为智猪博弈的纳什均衡.

注　(1) 这种逐步剔除劣势策略得到纳什均衡的思想，其依据是参与者永远不会选择劣势策略.

(2) 即使不存在劣势策略，通过给最佳应对对应的收益画下划线，最终所有数字都标有下划线的单元格对应的策略组合即为纳什均衡. 图 11-6 中，第 1 行第 2 列的单元格中两个数字均标有下划线，该单元格对应的策略组合(踩，不踩)为纳什均衡. 若不存在数字都标有下划线的单元格，就说明不存在(纯策略)纳什均衡.

2. 大猪的疑惑

阿尔弗雷德·莫勒尔(Alfred Mohler，瑞士)在《玩世箴言》中的一句话“尽管大家是乘一条船，可一些人是划船，另一些人只是坐船”，简洁贴切地描述出了“搭便车”的现象. 智猪博弈正是经济生活中搭便车问题的一个数学模型. 无论大猪踩不踩踏板，小猪都选择不踩；既然小猪不踩，大猪只好去踩. 有意思的是，大猪选择踩踏板主观上是为了自己的利益，但客观上小猪也享受到了好处. 在经济学中，这只小猪被称为“搭便车者”.

现实生活中，有许多搭便车的现象. 在股票市场上，大户是大猪，要进行技术分析，收集信息、预测股价走势；大量的散户就是小猪，不会花成本去进行技术分析，而是跟着大户的投资战略进行股票买卖，即“散户跟大户”的现象. 在技术创新市场或销售市场上，大企业是大猪，它们投入大量资金进行技术创新，开发新产品并做广告；而中小企业是小猪，不会进行大规模技术创新，而是等待大企业的新产品形成新市场后生产山寨产品去销售. 同样的道理还可解释为什么小餐馆、旅馆开在人员密集的车站或风景区旁边.

需要注意的是，若全部的参与者都试图免费搭车，就可能陷入囚徒困境. 例如在社会变革的过程中，总有些人为改革东奔西走甚至流血牺牲，像“大猪”一样承担了为推动改革而付出的代价；而另一些人就像“小猪”一样，不愿为改革努力却坐享成果. 若一个社会中，所有的人虽然对旧制度不满，却都想让别人承担责任而自己免费搭车，就会陷入囚徒困境——人人都不会站出来挑战旧制度，其结果是不那么美好的社会制度却能长期存在.

在一个共同竞争的环境中，占优势的一方(大猪)最终得到的结果有悖于他的初始理性，原本处于劣势的一方未参与竞争，这说明了社会资源配置并不是最佳状态. 搭便车行为的产生，很大程度上与缺乏产权界定或产权配置的无效率有关. 在智猪博弈中，去踩踏板的只付出劳动却没有相应的回报，甚至还因此在分配食物时落在不劳动者的后边，这显然是不合理的. 若在其中加入一项法律规定：谁付出劳动，谁就受益，并且有第三方强制实施这条法律，那么不劳动者就有动力去劳动. 或者，明确每个参与者的责任及义务，严格按照规定考核，奖勤罚懒，搭便车的现象就会得到一定程度的缓解. 事实上，小猪选择“不踩”，归根结底还是因为只要去“踩”，本应属于自己的资源便会被大猪掠夺殆尽. 所以，搭便车现象也可以理解为在缺乏产权界定的情况下，由大猪的掠夺行为造成的. 因此，针对智猪博弈引入产权保护法律，对双方参与者都是有好处的. 读者可自行分析，在“若小猪踩而大猪不踩，则大猪必须给小猪留下 3 个单位的食物”这一强制性规定下的博弈结果.

11.1.4 狭路相逢勇者胜——懦夫博弈

两名司机在一条可能彼此相撞的路上开车. 每个人可以在相撞前转向一边而避免相撞，但这将使他被视为“懦夫”；他也可以选择继续向前——若两人都向前，就会发生车祸，两败俱伤；若一人转向而另一人向前，向前的将成为“勇士”. 这是一个比谁胆大的博弈.

将两名司机在各种情况下的收益赋予一定的效用值，可得懦夫博弈的收益矩阵(图 11-8).

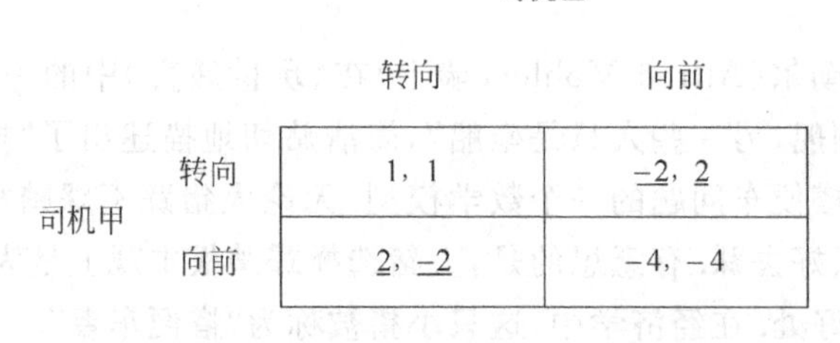

		司机乙	
		转向	向前
司机甲	转向	1, 1	−2, 2
	向前	2, −2	−4, −4

图 11-8

使用画线法可以得到懦夫博弈的均衡结果：(转向，向前)和(向前，转向). 也就是说，均衡结果将是一个司机向前，另一个司机就得转向避让. 向前的司机被视为“勇士”，而不得已避让的将被称为“懦夫”，受别人嘲笑. 博弈双方当然存在一定程度的共同利益——为了不撞车，必须合作——但一方的快乐完全建立在另一方的痛苦之上. 而且，懦夫博弈形成了一种骑虎难下的局面：一方坚持博弈，另一方就难以退出博弈——因为退出博弈也是懦夫.

博弈的均衡结果有两个，并且都不是占优策略纳什均衡. 实际情况中到底会出现哪种结果，需要考虑博弈论之外的因素. 假如博弈的参与者，一方是鲁莽不计后果的人，另一方是足够理性的人，那么鲁莽者极可能是博弈的胜出者. 若这种懦夫博弈进行多次，冒险选择向前而得益的人就更能树立起一种粗暴的形象,使得对手在未来的对局中害怕,从而获得好处.依次类推,也许精神病人在谈判中可能比理智的人更占据优势地位!另外,表现鲁莽的人可能并不是真正的鲁莽,而是为了让对方选择避让而营造的假象.换言之,若能在对抗中率先表现出不理性,便更可能在对局中获胜.例如,20 世纪 70 年代,在美国通用食品公司与宝洁公司的斗争中,通用食品公司就凭借其鲁莽和粗暴获得了斗争的胜利——利用自杀式的加大广告投入并大幅度降价向其他企业传递了一个信号:谁要跟我争夺市场,我就跟谁同归于尽!以至于在以后的岁月里,几乎没有公司试图与通用食品公司夺取市场.

11.1.5 双赢或双亏——情侣博弈和安全博弈

1. 情侣博弈

一对情侣处于热恋中,男方偏好足球,女方偏好芭蕾,但他们宁愿在一起不分开.将他们在各种情况下的收益赋予一定的效用值,可得情侣博弈的收益矩阵(图 11-9).

		女方	
		足球	芭蕾
男方	足球	$\underline{2}$, $\underline{1}$	0, 0
	芭蕾	0, 0	$\underline{1}$, $\underline{2}$

图 11-9

用画线法得到情侣博弈的均衡结果有两个:(足球,足球)和(芭蕾,芭蕾).二者都不是占优策略纳什均衡,至于哪个结果会出现,就带有比较大的不确定性.这两个纳什均衡都是有效率的,但不确定性可能导致低效率的情况发生.例如,欧·亨利(O. Henry,美)的短篇小说《麦琪的礼物》中的那对年轻夫妇,都为对方着想却导致了最低效率的结果出现.

这种博弈的一个典型特征是,若一方坚持,那么另一方顺从比较好.这也符合现实中的情况——情侣(或者夫妻)关系中,一方坚持己见的时候,另一方常常会迁就一些,做出让步.在单次博弈中,为了避免不确定性带来的低效率,事先进行沟通是比较好的方法.而在长期重复博弈中,往往会形成比较有规律的现象.比如双方商定轮流做主,也可能有一方比较强硬,每次都是这方说了算.

2. 安全博弈

有些商品具有性质:拥有的消费者越多,价值越高.这种性质被称为网络外部性.以电话为例,假如你认识的人持有电话,你购买电话才有价值.若你认识的人都没有电话,你一个人买就会很可笑——因为电话的主要价值是跟认识的人通话.并且,认识的人中持有电话的越多,电话带来的价值越大.

计算机的操作系统也是如此.目前,主宰市场的是微软操作系统.因此,即便有些人认为苹果电脑好用,却仍然选择购买装有微软操作系统的电脑.因为苹果电脑的操作系统与微软操作系统不兼容,为微软操作系统开发的软件无法在苹果电脑上使用.而在市场上,哪种操作系统的消费者多,软件企业就愿意拿大部分资源来开发这种操作系统的软件,相应地,这种操作系统的消费者就能获得更大的好处——能使用的软件多.

这样,商品的潜在消费者之间形成了一种博弈.该博弈中,参与者之间的利益是完全一致的,且倾向于采取统一的行动.这种博弈被称为安全博弈.

现在有甲、乙两人,都比较喜欢苹果操作系统.假定,两人都使用苹果操作系统会给每人带来 10 个单位的效用;但若预期对方购买微软操作系统,他们自己也会做出同样的选择,这时每人有 9 个单位的效用;假如一人使用苹果操作系统,另一人使用微软操作系统,则各得 5 个和 4 个单位的效用,可得二人博弈的收益矩阵(图 11-10).

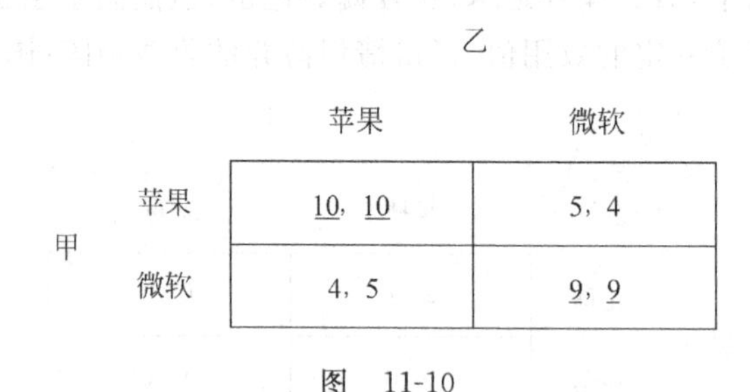

		乙	
		苹果	微软
甲	苹果	10, 10	5, 4
	微软	4, 5	9, 9

图 11-10

通过画线法得到两个非占优策略的纳什均衡:(苹果,苹果),(微软,微软).到底哪个结果会出现,仍然带有不确定性,需要考虑博弈论之外的因素.考虑到微软仍是市场主流,使用者最多,所以消费者一般更倾向于选择微软,从而更容易产生(微软,微软)的结果,导致了微软的优势变得一面倒:因为普及而变得更普及.

如此看来,具有网络外部性的商品市场可能出现"赢者通吃"的局面:原先占据优势的商品,优势会越来越大,处于劣势者是很难扭转局势的.

注 在懦夫博弈、情侣博弈和安全博弈中,参与者之间都存在着某些共同利益,均需要协调行动以达到某些均衡结果.鉴于此,这三种博弈可以被归入一类应用广泛的博弈——**协调博弈中**.当然,三者的协调方式是不同的.在懦夫博弈中,参与者要尽量避免采取一致的行动.在情侣博弈和安全博弈中,参与者都要尽量采取统一行动.不同之处在于,情侣博弈中参与者之间的偏好是不同的,而安全博弈中的参与者是有共同偏好的.

11.1.6 混合策略

例 8 猜硬币博弈

甲和乙两人用一枚硬币玩猜谜游戏,甲出而乙猜,规定:乙猜错,则甲赢得 1 分,乙输掉 1 分;乙猜对,则甲输掉 1 分,乙赢得 1 分,可得猜硬币博弈的收益矩阵(图 11-11).

		乙 正面	乙 反面
甲	正面	−1, 1	1, −1
甲	反面	1, −1	−1, 1

图 11-11

可以看到，猜硬币博弈中没有纯策略纳什均衡！那么，参与者应该采取什么策略呢？

分析 甲可以采取以下策略：

(1) 总是出正面；

(2) 总是出反面；

(3) 以概率 p 出正面，以概率 $1-p$ 出反面，其中 $0\leqslant p\leqslant 1$.

显然，(1)不是好策略，因为乙猜正面即可获胜；(2)也同样；(3)则是甲的混合策略，记为$(p,1-p)$. 所谓**混合策略**，就是不纯粹这样做或那样做，而是百分之多少这样做，百分之多少那样做，这两个百分比加起来等于 1. 用数学语言来说，混合策略是一个概率分布.

定义 11.4 一个参与者按照某个概率分布选择自己的策略，这个概率分布就是该参与者的**混合策略**.

例如，可以将乙的混合策略记为$(q,1-q)$，其中 $0\leqslant q\leqslant 1$.

定义 11.5 一个混合策略组合中，若所有参与者的混合策略都是其他参与者混合策略组合的最佳应对，则称该混合策略组合为**混合策略纳什均衡**.

混合策略纳什均衡的一个原则是，选择策略的概率要使对方无机可乘，也就是使对方选哪个(纯)策略的期望收益都相等. 当然，劣势策略除外.

以猜谜游戏为例，当甲出正面的概率 p 使得乙猜正面和猜反面有相等的期望收益时，对乙来说就无所谓哪个策略更好了. 反过来，乙猜正面的概率 q 也要使得甲没有空子可钻——出正面和出反面的期望收益相等. 据此原则，可得

$$\begin{cases}1\times p+(-1)\times(1-p)=(-1)\times p+1\times(1-p),\\(-1)\times q+1\times(1-q)=1\times q+(-1)\times(1-q).\end{cases}$$

解得，$p=q=1/2$.

从而，猜谜游戏的混合策略纳什均衡为$\left\{\left(\frac{1}{2},\frac{1}{2}\right),\left(\frac{1}{2},\frac{1}{2}\right)\right\}$.

这个混合策略可采用如下方式实现：玩猜谜游戏时，双方各自事先准备另一枚硬币. 猜硬币的人，在每次猜谜之前抛一下，哪面向上猜哪面；出硬币的人，在每次出硬币之前抛一下，哪面向上出哪面.

注 (1) 利用上述原则计算混合策略纳什均衡之前，需要先将所有的劣势策略剔除掉.

(2) 只要参与者有限,并且每个参与者的可用策略有限,就一定存在混合策略纳什均衡.

(3) 混合策略为退化分布时,即对应着一个纯策略.所以,纯策略可认为是混合策略的一种特殊情形.

例 9 "石头,剪刀,布"游戏

分析 这个游戏没有(纯策略)纳什均衡(图 11-12),下面计算它的混合策略纳什均衡.

		参与人B		
		石头	剪刀	布
参与人A	石头	0, 0	1, −1	−1, 1
	剪刀	−1, 1	0, 0	1, −1
	布	1, −1	−1, 1	0, 0

图 11-12

解 设参与人 A 的混合策略为$(p_1, p_2, 1-p_1-p_2)$,参与人 B 的混合策略为$(q_1, q_2, 1-q_1-q_2)$.

要使该策略组合为混合策略纳什均衡,$(p_1, p_2, 1-p_1-p_2)$应使得参与人 B 选剪刀、石头、布的期望收益相等,即

$$0\times p_1+(-1)\times p_2+1\times(1-p_1-p_2)=1\times p_1+0\times p_2+(-1)\times(1-p_1-p_2)$$
$$=(-1)\times p_1+1\times p_2+0\times(1-p_1-p_2).$$

解得 $p_1=p_2=1/3$.读者可自行练习计算参与人 B 的最佳混合策略,得 $q_1=q_2=1/3$.

因此,"石头,剪刀,布"游戏的混合策略纳什均衡为$\left\{\left(\frac{1}{3},\frac{1}{3},\frac{1}{3}\right),\left(\frac{1}{3},\frac{1}{3},\frac{1}{3}\right)\right\}$.

在"石头,剪刀,布"游戏中,参与者可以按照如下方式完成上面的混合策略纳什均衡:每个参与者各自准备三个大小和质感完全一样的球,分别标记剪刀、石头、布后,放入箱子中.每次随机摸球,按照摸出的球出招.

上面两个游戏中,通过抛硬币和摸球的方式来选择策略,似乎有些草率,过于随意.但正是这种随意性抑或说随机性让对手找不到规律,无法推测下一步的走向.事实上,这种完全凭运气的游戏,无论你怎么想,都不会有一个最优策略.既然如此,最好的办法也许就是什么都不去想,脑海中突然出现了哪个策略就选哪个.

注 在玩游戏的时候,通过抛硬币和摸球的结果决定自己的策略有些不方便,因此还有一种备选方案——游戏之前准备好一个随机序列,按照序列指示选策略.例如,抛一枚硬币,若抛出正面,标记 1; 抛出反面,标记 0.重复抛硬币,就得到一串由 0 和 1 构成的字符串,这就是一个随机序列.

例 10 小偷与警卫

一个警卫人员守卫着一家仓库,日常值班中有两种选择: 睡觉,不睡觉.另有一个小偷,

有两种选择：偷，或者不偷. 小偷不偷东西，则警卫睡觉没人发现，不受处罚，而警卫获得睡觉的收益 S(可认为是偷懒带给警卫的幸福感)；小偷偷东西而警卫睡觉，则小偷获利 V 而警卫偷懒被察觉，被罚 D. 警卫选择不睡觉，则小偷偷东西会被抓，损失 P. 可得小偷与警卫的收益矩阵，如图 11-13 所示.

警卫

		睡觉	不睡觉
小偷	偷	$\underline{V}$, $-D$	$-P$, $\underline{0}$
	不偷	0, $\underline{S}$	$\underline{0}$, 0

图 11-13

分析 该博弈仍然没有纯策略纳什均衡，下面计算它的混合策略纳什均衡.

解 设小偷的混合策略为$(x,1-x)$，警卫的混合策略为$(y,1-y)$，令

$$\begin{cases}-D\cdot x+S(1-x)=0,\\ V\cdot y+(-P)(1-y)=0,\end{cases}$$

计算得到 $x=\dfrac{S}{D+S}$, $y=\dfrac{P}{V+P}$. 从而，这个博弈的混合策略纳什均衡为

$$\left\{\left(\frac{S}{D+S},\frac{D}{D+S}\right),\left(\frac{P}{V+P},\frac{V}{V+P}\right)\right\}.$$

人们直觉上会认为，偷东西的惩罚力度越大或者偷的东西的价值越小，小偷偷东西的可能性越小；对警卫失职的惩罚力度越大或者偷懒给警卫带来的幸福感越小，警卫失职的可能性越小. 而均衡结果显示，小偷偷东西的概率随着偷懒给警卫带来的幸福感的减少和警卫失职时受到惩罚力度的增加而下降；而警卫偷懒的概率随着所偷东西价值的上升和小偷被抓时惩罚力度的下降而下降.

这个混合策略纳什均衡的结果与直观感觉有悖吗？不然. 这个均衡结果恰恰体现了博弈的互动性. 失职时受到的惩罚力度越大，警卫越勤快，而小偷就会退避三舍——因为只要警卫不偷懒，偷东西一定会被抓，因此小偷偷东西的可能性降低了. 而东西的价值越大或盗窃罪的惩罚力度越低，小偷的犯罪活动就越猖狂，察觉到这一点的警卫就会加强警惕，因此警卫偷懒的可能性变小了. 博弈的互动决策让小偷和警卫的策略取决于对方的情况，导致了这种表面看起来不合理的隐晦均衡结果.

例 11 足球赛场上的罚球博弈

设想在足球比赛中，你即将踢一个点罚球，你会把球踢向守门员的左边还是右边？这个决策可能依赖于你是惯用左脚还是右脚，守门员是左撇子还是右撇子，或者上次你踢罚球所

选择的方向.假定你结合上面的因素,觉得应该把球踢向左边.若这个守门员能预料到你的想法,那么他会准备保护左边.所以,你反过来选择守门员的右边会更好.但是,若守门员考虑到了这一层呢?那么你还是踢向他的左边比较好.如此循环下去,分析就没有尽头了.但有一点是我们能确定的——只要你的选择遵循任何规律或者模式,另一个参与者就会利用它,把它变成自己的有利条件.因此,你似乎不应该遵循任何规律或者模式.

下面将通过踢球者和守门员的罚球博弈来分析这个问题.我们将看到,这种攻防博弈中策略的选择还是有一定规律的——一种带有随机性的规律.

踢球者和守门员各有两种选择:左边,右边.在两人左边和右边的每种组合下,仍有一些偶然因素.例如,踢球者踢向右边而守门员扑向左边防守时,球可能越过球门的横梁而没有进网;踢球者和守门员都选择右边时,可能出现守门员碰到球而让球偏转进了网的情况.对于参与者的每种策略组合,用进球得分所占的比例代表踢球者的收益,而用没有进球的比例代表守门员的收益,这两个比例之和为1.例如,若在100次踢球者和守门员都选择左边的情形下,进球得分次数为58次,则策略组合(左边,左边)相应的收益为(0.58,0.42).

根据经济学家伊格纳西奥·帕兰乔斯-韦尔塔(Ignacio Palacios-Huerta)收集整理的1995年到2000年间意大利、西班牙以及英国最高足球联盟的数据,考虑不同踢球者和守门员的平均值,博弈论学者得到一个足球赛场上的罚球博弈的收益矩阵(图11-14).

		守门员	
		左边	右边
踢球者	左边	0.58, <u>0.42</u>	<u>0.95</u>, 0.05
	右边	<u>0.93</u>, 0.07	0.70, <u>0.30</u>

图 11-14

可以看到,这个博弈没有纯策略纳什均衡,下面计算它的混合策略纳什均衡.

解 设踢球者选择"左边"的概率为p,守门员选择"左边"的概率为q.在纳什均衡中,应满足

$$\begin{cases}0.42p+0.07(1-p)=0.05p+0.30(1-p),\\0.58q+0.95(1-q)=0.93q+0.70(1-q).\end{cases}$$

计算得$p=0.383$,$q=0.417$.从而,踢球者(0.383,0.617),守门员(0.417,0.583)为混合策略纳什均衡.也就是说,踢球者的最优策略是以0.383的概率踢向左边,而守门员以0.417的概率护住球门左边.

那么,踢球者和守门员的实际表现与混合策略纳什均衡中的理论值有多大差异呢?

由表11-1可以看到,高水平球员实际表现中选择"左边"的比例与混合策略纳什均衡中

选择“左边”的概率非常接近.这是意料之中的事.同一批高水平运动员经常相互较量,研究对方的打法,积累经验,留意任何较为明显的模式,并加以利用,长期实战经验让他们之间的攻防博弈基本达到了最佳应对状态.

表 11-1　理论最优与现实数据的对比表

		选择“左边”策略的概率
踢球者	理论最优	0.383
	实际	0.400
守门员	理论最优	0.417
	实际	0.423

例 12　找出下列博弈中的所有纳什均衡(图 11-15).

		乙 X	乙 Y	乙 Z
甲	A	7, 3	0, 2	<u>4</u>, <u>5</u>
	B	<u>8</u>, <u>6</u>	<u>2</u>, 2	0, 5

图　11-15

这里要求的所有纳什均衡,包含纯策略纳什均衡和混合策略纳什均衡.

通过画线法可得到两个纯策略纳什均衡:(B,X),(A,Z).

下面计算混合策略纳什均衡.首先,剔除乙的劣势策略“Y”.

设甲的混合策略为$(p,1-p)$,乙的混合策略为$(q,0,1-q)$,第二个数字 0 表示乙不会选劣势策略“Y”.根据混合策略纳什均衡的原则,有

$$\begin{cases}7q+4(1-q)=8q+0(1-q),\\3p+6(1-p)=5p+5(1-p).\end{cases}$$

解得 $p=1/3,q=4/5$.

所以,该博弈的所有纳什均衡为:纯策略纳什均衡(B,X),(A,Z),以及混合策略纳什均衡$\left\{\left(\frac{1}{3},\frac{2}{3}\right),\left(\frac{4}{5},0,\frac{1}{5}\right)\right\}$.

11.1.7　动态博弈

例 13　抓堆游戏

有一堆谷子,共有 30 粒.甲、乙轮流抓,每次可以抓 1～3 粒.甲先抓,规定谁抓到最后一把谁赢,问:甲如何抓才能赢?

分析　获胜的关键在于抓最后一把,而最后一把可以有 1 到 3 粒.轮到甲抓的时候,如

果这堆谷粒还剩下1粒到3粒，则甲赢——因为他可以一把抓完．如果剩4粒，则不管甲如何抓，都会留下能让乙一把抓完的谷粒．例如，甲抓走1粒，乙就会把剩下的3粒全抓走．

下面，将这个问题一般化，设这堆谷粒共有n粒．推理过程如下：

$n=1,2,3$时，甲必赢，因为可以一把抓完．

$n=4$时，甲不管怎么抓，总会给乙剩下能一把抓完的谷粒，所以甲必输．

$n=5,6,7$时，甲总可以抓适当的粒数，给乙留下4粒．乙面对4粒的谷堆，必输，从而甲必赢．

$n=8$时，不管甲怎么抓，总会给乙剩下5粒、6粒或者7粒．乙面对5粒、6粒、7粒的情况必赢，从而甲必输．

依次类推，可以得到抓堆游戏有如下规律：

(1) 先抓者面对$n=4k$时，必输．

(2) 先抓者面对$n=4k+1,4k+2,4k+3$时，总可以抓走适当的谷粒给后抓者剩下$4k$粒，则后抓者必输，从而先抓者必赢．其中，k为非负整数．

读者可通过数学归纳法证明这个规律．

根据这个规律，容易得到结论：面对30粒的谷堆，甲先抓2粒，并在此后每次抓时，都抓适当的粒数给乙剩下4的整数倍的谷粒，便能保证获胜．

在抓堆游戏中，直接讨论第一局是很难得到结论的，但从游戏的最后一局逆向分析，却能慢慢找到规律，这种解决问题的思路就是逆向推理．

例14 市场进入博弈中的空洞威胁

日常生活中，威胁和恐吓是人们为了达到目的惯用的手段．但理性的人会发现，有些威胁是不可置信的，即所谓的“空洞威胁”．威胁之所以变得空洞，在于将威胁付诸实施对于威胁者本人来说比不实施更不利．既然如此，威胁者便不会真的实施他的威胁，被威胁者自然也就不用理会这个威胁．

例如一个市场垄断者，每年可获利100个单位．现在有一家新的企业准备进入这个市场，若垄断者对进入者实施打压政策，那么进入者将每年亏损10个单位，同时垄断者的利润也下降为每年40个单位；若垄断者对进入者实施默认政策，那么进入者和垄断者将每年各得50个单位．垄断者声称：若进入者进入，它就会实施打击政策．进入者应该相信这个威胁吗？

可用一个动态博弈来刻画这个问题．

(1) 参与者：垄断者、进入者．

(2) 参与者的行动．进入者可选择：进入，不进入；垄断者可选择：打击，默认．

(3) 参与者的行动顺序：进入者先行动，垄断者观察进入者的行动后再选择自己的行动．

(4) 参与者的收益：若进入者选择不进入，则进入者和垄断者的收益分别为0和100，记为(0,100)；若进入者选择进入，垄断者选择默认，则收益为(50,50)；若进入者选择进入，垄断者选择打击，则收益为(−10,40)．

上面的动态博弈可用博弈树(game tree)表示,如图 11-16 所示.

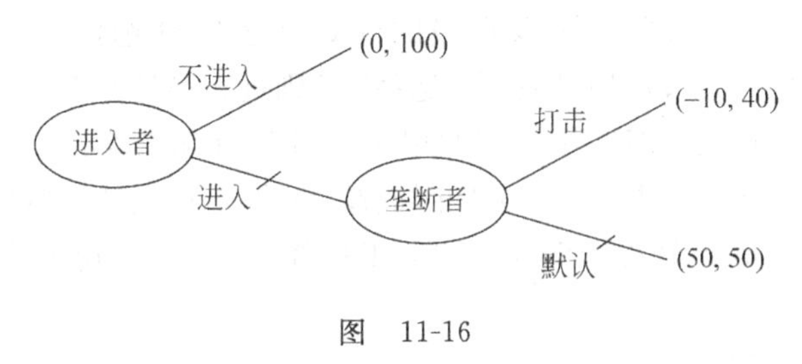

图 11-16

博弈树可作如下解读:第一个阶段,进入者选择“不进入”或者“进入”;若进入者选择“进入”,则博弈进行到第二个阶段.在第二个阶段,垄断者观察进入者的选择后选择“打击”或者“默认”,最右边括号里的数字是各种情况下双方的收益情况,前一个数字代表第一个行动人(进入者)的收益,第二个数字代表第二个行动人(垄断者)的收益.有更多个参与者序贯行动时,收益的排列顺序依然与行动顺序一致.

下面介绍如何用**逆向归纳法**找出动态博弈的均衡,分析步骤如下:

(1) 从最后一个阶段中采取行动的参与者如何决策开始考虑.图 11-16 中,最多只有两个阶段.若进入者选择“不进入”,那么只有一个阶段,而垄断者也无须做出决策.若进入者选择“进入”,则博弈分两个阶段.最后一个阶段(本例中,即第二个阶段)中,垄断者考虑如何决策.垄断者发现,选择“打击”的收益为 40,选择“默认”的收益为 50,因此垄断者选择“默认”.在垄断者“默认”的分支上标一条短粗线.

(2) 考虑次后阶段采取行动的参与者的决策.图 11-16 中,即第一个阶段.此时进入者已经预见到:若自己选择“进入”,垄断者会选择“默认”,自己的收益为 50,而“不进入”的收益为 0.因此,在第一个阶段,进入者选择“进入”.在进入者“进入”的分支上标一条短粗线.

(3) 依次类推,在逆向分析完所有阶段上的行动后,若存在一条从第一个决策点开始到某个最终决策点的路径,其每个分支都标有短粗线,那么这条路径为**均衡路径**,即在每个决策点都不会有人偏离的路径.图 11-16 中,均衡路径是进入者选择“进入”,而后垄断者选择“默认”.

这种均衡路径称为**子博弈完美纳什均衡**.子博弈完美纳什均衡的求解过程体现了,该均衡既是整个博弈的均衡,也是该路径上所有子博弈的均衡.

例 15 图 11-17 所示的博弈会出现什么结果?

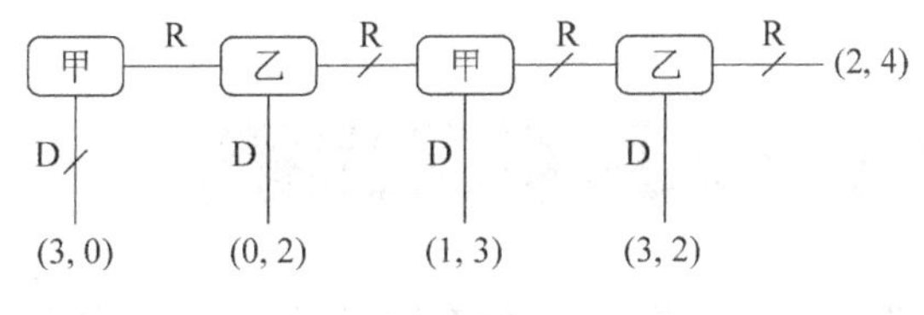

图 11-17

分析 第一个数字是先行动者甲的收益，第二个数字是后行动者乙的收益. 用逆向归纳法分析，若博弈能进行到第四个阶段，该阶段的行动者为乙. 他选择"R"得 4，选择"D"得 2，因此乙选择"R". 在第三个阶段，甲预见到：选择"R"则进入第四个阶段，而第四个阶段乙必选择"R"，导致甲得 2；而选择"D"得 1，因此甲选择"R". 在第二个阶段，乙可以预见后续阶段的各种可能结果，从而知道选择"R"得 4，而选择"D"得 2，因此乙选择"R". 在第一个阶段，甲可以预见到选择"R"得 2，选择"D"得 3. 因此甲选择"D". 所以，均衡路径为第一个阶段甲选择"D"，博弈结束.

例 16 最后通牒博弈

甲、乙两人分 100 元钱，规定：首先，由甲提出一种分配方案；然后，乙选择"同意"或者"不同意". 若乙同意，则两人按照甲提出的方案分钱；若乙不同意，则 100 元被没收，谁也分不到钱. 假定"元"是最小的分钱单位，问：甲应该怎么分？

分析 甲希望提出一种分钱方案，在乙同意的前提下让自己能分到尽可能多的钱.

设甲提出的方案为：甲得 x 元，乙得 $100-x$ 元. 若乙同意，则收益为 $100-x$ 元；若乙不同意，则收益为 0 元. 甲要想保证乙能同意，必须让 $100-x>0$.

在 $100-x>0$ 的前提下，甲要最大化自己的收益 x. 该博弈的结果是，甲提议给自己 99 元，给乙 1 元；而乙表示同意.

这里，甲被称为提议者，乙被称为回应者. 可以看到，在最后通牒博弈中，提议者是占有绝对优势的.

但在现实场景中，往往不会出现上面的博弈结果. 博弈论学者围绕最后通牒博弈做了大量实验，结果表明，如果现实中提议者只给回应者 1 元，常常会遭到回应者的拒绝. 实验数据显示，不少被接受的分配方案是分给回应者 30～50 元，而 20 元以下的分配被拒绝的频率很高. 这体现了人们在现实中做出的决策可能并不仅出于纯粹利益上的考虑，还要受到心理因素的影响——若对方财富超过我太多，我心里就会不舒服，宁愿牺牲自己的利益也要让对方一无所得. 也许是出于这种顾虑，提议者们也往往乐意让出自己的部分利益让双方差距不至于太大.

此外，在动态博弈的理论分析中，我们假定每个参与者在每个决策点都能预计到将来可能发生的每种情况及其收益，从而做出最优决策. 在完全信息的情况下，理性的参与者通过向前展望、向后推理的逆向归纳法可以得到一条以后永远不会后悔的决策路径. 但在现实中，人们的理性和推算能力都是有局限性的，不免会漏估某些可能发生的状况，导致在某些决策点上偏离了最优路径. 不然，怎么会有那么多的"悔不当初"呢？

11.2 资源的合理利用——规划论

假如你打算在暑假期间来一次旅行，访问东京、纽约、巴黎、伦敦、罗马和多伦多. 你想从北京出发，最后再回到北京. 从网上你可以很容易地查到国际航班的票价，那么为了将这些城市各访问一次,最便宜的走法是什么?是北京—东京—多伦多—纽约—伦敦—巴黎—罗马—北京呢,还是有其他更省钱的路线?这个规划最优路线的问题,就是被称为“旅行售货员问题”(travelling salesman problem,TSP)的难题中的一例.

可能你会觉得,这不是什么难题.出发点已经确定是北京,可以选择剩余6座城市中的任何一个作为第二站,选定第二站后还剩5座作为第三站的选项,如此下去,周游路线有$6\times5\times4\times3\times2\times1=720$种可能.计算机考察所有这些可能性并得出最好路线,很可能只需要几毫微秒的时间.但是,如果城市数量多一些,这种穷举法就没什么用处了.例如,城市的数目增加到了100,那么为了检查所有可能的路线,必须完成大约10^{150}次计算,用当今最快的超级计算机也需要10^{120}年左右的时间.

对TSP这种带有约束的最优化问题的研究,在“二战”时及战后有了相当大的进展,并逐渐成为运筹学中被称为“规划论”的一个分支.规划论又称“数学规划”,它研究在给定条件下,如何按照某一衡量指标来寻求计划管理工作中的最优方法,为合理地利用有限的人力、物力、财力等资源做出最优决策提供了科学依据,在经济管理、工程设计和过程控制等方面有着广泛应用.通常将必须满足的条件称为**约束条件**,衡量指标称为**目标函数**.

11.2.1 生产计划问题——线性规划

线性规划,研究的是线性约束条件下线性目标函数的极值问题,英文为Linear Programming,简称LP,是运筹学中发展最成熟、应用最广泛的一个分支.

在生产和经营管理工作中,经常需要进行计划或规划.虽然各行各业中计划和规划的内容千差万别,但一般都可归结为:在现有各项资源条件的限制下,如何确定方案措施,使预期目标达到最优.

例1 某企业生产甲、乙两种产品,要用A,B,C三种原料,单位产品耗用原料的资料如表11-2所示.问:企业应该如何安排生产计划,使一天的总利润最大?

表 11-2

产品	单位耗用			单位利润/百元
	原料A	原料B	原料C	
甲	1	1	0	3
乙	1	2	1	4
供应量	6	8	3	

分析 为了准确地回答该生产计划安排问题,需要用数学语言来描述它,这个过程称为建立其数学模型,简称建模.建模过程如下:

(1) 确定变量.设所求的甲、乙产品每天的生产量分别为x_1,x_2,称其为**决策变量**,简称变量.因为产量一般是非负数,所以有$x_1\geqslant0,x_2\geqslant0$,称其为**非负约束**.

(2) 目标函数.设该企业一天分别生产x_1,x_2个单位的甲、乙产品所得的总利润为z,显

然 $z=3x_1+4x_2$. 目标是总利润 z 能达到最大,可用下面的公式表达:

$$\max z=3x_1+4x_2.$$

(3) 约束条件. 规划问题往往给出一些限制条件,在本例中,3 种原料每天的耗用量都不能超过每天各自的供应量 6,8,3,这对产品的生产量 x_1,x_2 起到了约束作用. 原料约束表示如下:

	耗用量 供应量
A 原料:	$x_1+x_2\leqslant 6$,
B 原料:	$x_1+2x_2\leqslant 8$,
C 原料:	$x_2\leqslant 3$.

把上述所有的数学公式归纳如下:

$$\max z=3x_1+4x_2;$$

$$\begin{cases} x_1+x_2\leqslant 6, \\ x_1+2x_2\leqslant 8, \\ x_2\leqslant 3, \\ x_1,x_2\geqslant 0. \end{cases} \tag{11-1}$$

这就是上述问题的线性规划模型. 可以看到,**线性规划模型**由三部分组成: ①一组决策变量; ②一个线性目标函数; ③一组线性约束方程.

上述三点称为线性规划问题的三要素,而满足上述三要素的问题称为线性规划问题.

例 1 中求的是目标函数的最大值(maximum). 有些问题可能希望目标函数最小(minimum),例如求生产费用的最小值. 并且,约束条件的约束符号也不局限于"$\leqslant$",根据实际问题的需求可以是"$\geqslant$"或者"$=$".

设一个线性规划问题中有 n 个决策变量、m 个约束方程,则其一般表达式为

$$\max(\min)z=c_1x_1+c_2x_2+\cdots+c_nx_n; \tag{11-2}$$

$$\begin{cases} a_{11}x_1+a_{12}x_2+\cdots+a_{1n}x_n\leqslant(\geqslant,=)b_1, \\ a_{21}x_1+a_{22}x_2+\cdots+a_{2n}x_n\leqslant(\geqslant,=)b_2, \\ \quad\vdots \\ a_{m1}x_1+a_{m2}x_2+\cdots+a_{mn}x_n\leqslant(\geqslant,=)b_m, \\ x_1,x_2,\cdots,x_n\geqslant(\leqslant)0. \end{cases} \tag{11-3}$$

式(11-2)称为**目标函数**,式(11-3)称为**约束条件**,c_j 称为价值系数,b_i 称为右边常数,a_{ij} 为约束方程系数. 满足式(11-3)的解称为**可行解**. 所有可行解的集合称为**可行域**. 满足式(11-2)的可行解称为**最优解**.

线性规划问题的一般解法——**单纯形法**,是由美国数学家丹齐格(G. B. Dantzig, 1914—2005)在 1947 年提出的. 其基本思想是,把在凸多面体上寻找最优点简化成在凸多面体的有限个顶点上寻找最优点. 单纯性法的出现使得线性规划在理论上日益趋向成熟,现在的电子计算机能处理具有成千上万个约束条件和决策变量的线性规划问题.

目前，我们不对规划问题的解法作过多讨论，有兴趣的读者可以参阅相关专业书籍. 在实践中，线性规划问题的数学建模完成后，解可以在计算机上由线性规划程序运行得出.

11.2.2 背包问题——整数线性规划

例2 合理下料问题

合理下料是许多工业部门经常遇到的问题. 例如，机械加工时，常常将一定的条形金属原材或板料切割成若干段或块，加工成所需的毛坯. 一般情况下，材料不可能被完全利用，总有边角余料要处理，造成大材小用. 因此，如何最大限度地减少边角余料，提高原材料的利用率，就是提高经济效益的规划问题.

有一批长度为180cm的钢管，需截成70cm，52cm和35cm这3种管料. 它们的需求量分别不少于100根，150根和100根. 问应如何下料才能使钢管的消耗量为最少？

分析 先将一根180cm的钢管可以截出70cm，52cm和35cm管料个数的所有可能情况及相应的余料列出来，见表11-3.

表 11-3

下料方式	70cm管料/个	52cm管料/个	35cm管料/个	余料/cm
(1)	2	0	1	5
(2)	1	2	0	6
(3)	1	1	1	23
(4)	1	0	3	5
(5)	0	3	0	24
(6)	0	2	2	6
(7)	0	1	3	23
(8)	0	0	5	5

因此，为了使钢管耗用最少，就要在上述8种下料方式中做出选择，使其在满足三种管料需求量的前提下，使得钢管耗用最少. 建模如下：

(1) 确定变量. 设采用上述8种下料方式切割的钢管根数分别为 $x_1, x_2, \cdots, x_8$.

(2) 目标函数. 此问题的目标是钢管耗用量最少，设钢管耗用根数为 z，则 $z = x_1 + x_2 + \cdots + x_8$ 为目标函数.

(3) 约束条件. 必须使各种下料方式提供的管料个数不少于需求量，即

$$\begin{cases} 2x_1 + x_2 + x_3 + x_4 \geqslant 100, \\ 2x_2 + x_3 + 3x_5 + 2x_6 + x_7 \geqslant 150, \\ x_1 + x_3 + 3x_4 + 2x_6 + 3x_7 + 5x_8 \geqslant 100. \end{cases}$$

该问题的规划模型如下：

$$\min z = x_1 + x_2 + \cdots + x_8;$$

$$\begin{cases} 2x_1 + x_2 + x_3 + x_4 \geqslant 100, \\ 2x_2 + x_3 + 3x_5 + 2x_6 + x_7 \geqslant 150, \\ x_1 + x_3 + 3x_4 + 2x_6 + 3x_7 + 5x_8 \geqslant 100, \\ x_1, x_2, \cdots, x_8 \geqslant 0 \text{ 且均为整数}. \end{cases}$$

合理下料问题的规划模型中，约束条件带有变量为整数的限制，这样的规划问题称为**整数规划问题**.进一步地，若目标函数和约束条件的函数都是线性函数，则称为**整数线性规划问题**，上面的合理下料问题就是一个整数线性规划问题.整数线性规划问题的解法有分支定界法和割平面法.

例 3 背包问题

一个旅行者要在其背包里装一些最有用的旅行物品.背包容积为 a，携带物品总重量最多为 b.现有物品 m 件，第 i 件物品的体积为 a_i，重量为 $b_i(i=1,2,\cdots,m)$.为了比较物品的有用程度，假设第 i 件物品的价值为 $c_i(i=1,2,\cdots,m)$.若每件物品都能放入背包中且只能整体携带，不考虑物品放入背包后相互之间的间隙，问旅行者应该携带哪几件物品，才能使携带物品的总价值最大？要求建立本问题的数学模型.

分析 问题是 m 件物品里哪些入选(进背包)，因此每件物品最终有两种状态：在包里，或者不在包里.用取值为 0 或 1 的变量(0－1 变量)来描述这个问题，令

$$x_j = \begin{cases} 1, & \text{第 } j \text{ 件物品在包里}, \\ 0, & \text{第 } j \text{ 件物品不在包里}, \end{cases} \quad j = 1, 2, \cdots, m.$$

类似于例 1、例 2 中的建模过程，可以得到背包问题的规划模型为

$$\max z = c_1 x_1 + c_2 x_2 + \cdots + c_m x_m;$$

$$\begin{cases} a_1 x_1 + a_2 x_2 + \cdots + a_m x_m \leqslant a, \\ b_1 x_1 + b_2 x_2 + \cdots + b_m x_m \leqslant b, \\ x_i = 0 \text{ 或 } 1, i = 1, 2, \cdots, m. \end{cases}$$

背包问题的规划模型中要求变量只能取 0 或者 1，这种规划问题称为 **0-1 型整数规划问题**，其解法多是隐枚举法.

*11.3 四色问题——图论

若让你为世界地图着色，要求每个国家着一种颜色，问至少需要几种颜色才能让有公共边界的国家不会有相同的颜色？这就是世界近代三大数学难题之一——四色问题.

四色问题，又称“**四色猜想**”，在 1852 年由一位年轻的大学毕业生古色利(F. Guthrie，英，

1831—1899)为一张英国地图着色时发现：为了使任意两个具有公共边界的区域颜色不同，似乎只需要四种颜色就够了. 但他证明不了这个猜想，于是请教英国数学家德摩根(A. De Morgan，1806—1871)，希望得到帮助. 德摩根很容易证明了三种颜色是不够的，至少要四种颜色，但无法证明四种颜色足够，故而又将其转给了其他数学家. 但在当时，这个问题并没有引起数学家的重视.

1878 年，英国数学家凯莱(A. Cayley，1821—1895)对其进行思考后，认为这不是一个可以简单解决的问题，并于当年在《伦敦数学会文集》上发表了一篇名为《论地图着色》的文章. 直到此时，四色问题才引起了更大的关注. 1879 年，英国数学家肯普(A. B. Kempe，1849—1922)宣布证明了“四色猜想”. 但在 1890 年，一位叫希伍德(P. J. Heaword，英，1861—1955)的年轻人指出肯普的证明中有严重错误. 一个看似简单的问题，研究起来竟然如此困难，这引起了数学家们的兴趣.

可以看到，对于着色问题，各个地区的形状、大小并不重要，只跟两个地区有没有公共边界有关. 从数学上来看，地图着色问题的实质在于地图的拓扑结构.

在解决四色猜想遇到严重困难时，数学家不得不退而求其次，去证明一些与四色猜想相似，但弱一些的结论. 1890 年，希伍德证明了五色定理. 此后八九十年间，四色定理的研究进展一直很缓慢地推进着. 电子计算机问世以后，由于演算速度迅速提高，大大加快了对四色猜想证明的进程. 1976 年 6 月，美国伊利诺斯大学的阿佩尔和哈肯使用了 3 台超高速计算机，耗时 1200h，终于证明了四色猜想，轰动了世界. 当这两位数学家将他们的研究成果发表出来的时候，当地的邮局在当天发出的所有邮件上都加盖了“FOUR COLORS SUFFICE”的特制邮戳，来庆祝这个百年难题得以解决.

一个多世纪以来，数学家为证明四色定理所引进的概念和方法刺激了拓扑学与图论的发展. 在四色定理的研究过程中，不少新的数学理论随之产生，也发展了很多数学计算技巧.

从应用的角度来看，在给地图染色时未必有人在意非得用四种颜色. 然而，数学家依然投入了大量的时间和精力去研究这个问题，这反映了人类对客观规律的探索精神和求知热情.

习题 11

自主探索

1. 甲乙两人玩一个写数字游戏，游戏规则如下：两人分别在一张纸上写下 0～100 之间的一个整数(包含 0 和 100)，规定所写数字最小的人可以得到他所写的金额. 假如有平手的情形，总奖金由二人平分. 在甲和乙都非常理性的情况下，找出这个博弈的合理结果.

2. 假定有一条街道上的居民是分布均匀的，且人们购物都遵循就近原则. 现有两家超市计划在这条街道上选址建店，若两家超市的决策者都是完全理性的，问两家超市的位置最可能在哪儿？并做出合理解释.

3. 区分图 11-18(a),(b)中的懦夫博弈、安全博弈,并找出各自的(纯策略)纳什均衡.

甲 \ 乙	A	B
A	−7, −7	2, −3
B	−2, 1	−1, −1

(a)

甲 \ 乙	A	B
A	9, 9	2, 1
B	3, 2	5, 5

(b)

图 11-18

4. 求出图 11-9 中情侣博弈的混合策略纳什均衡.

5. 将抓堆游戏中的"谁抓最后一把谁赢"改为"谁抓最后一把谁输",其他规则不变,仍然是甲先抓,问甲应该怎么抓?

6. 图 11-19 中的博弈可能出现什么结果?

7. 现有一家狗饲料公司,他们制造两种牌子的狗饲料：A 和 B. 两种饲料均为羊羔肉、鱼和牛肉三种成分的混合物,区别在于其配置的不同. 表 11-4 给出了公司每种成分的库存总量. 假设 A 和 B 两种狗饲料给公司带来的利润分别为每千克 12 元和 8 元,问公司该如何决定 A,B 的产量以使得总利润最大?写出这个混合配料问题的线性规划模型.

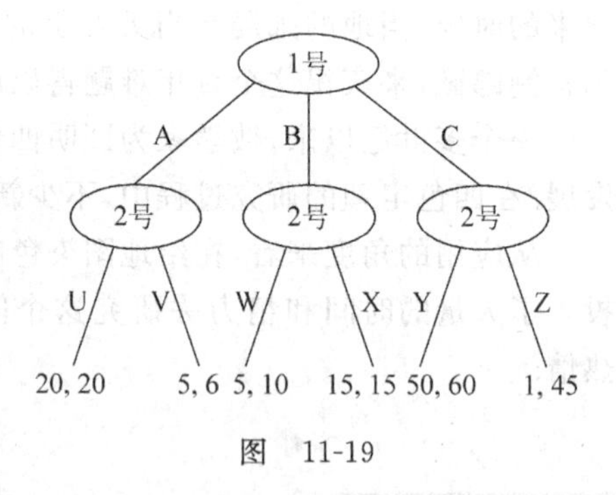

图 11-19

8. 举例说明,为了让有公共边界的区域有不同颜色,三种颜色是不够的.

表 11-4

成分	每千克 A 中包含的成分量/kg	每千克 B 中包含的成分量/kg	总可用量/kg
羊羔肉	0.3	0.4	140
鱼	0.5	0.2	180
牛肉	0.2	0.4	180

合作研究

1. 有5名海盗抢来了100枚金币，大家决定分赃的方式为：由海盗一提出一种分配方案，若同意这种方案的人达到半数，那么该提议就通过并付诸实施；若同意这种方案的人未达半数，则提议不能通过且提议人将被扔进大海喂鲨鱼，然后由接下来的海盗继续重复提议过程.假设每个海盗都聪明绝顶，也不相互合作，并且每个海盗都想得到尽可能多的金币.那么，海盗又该如何投议，既能使提议被通过，又能最大限度地得到金币呢?

习题答案或提示

思考题 1

7. 追求实用；注重算法；寓理于算. 尤其以计算为中心，具有程序性和机械性的算法化模式的特点.

思考题 2

3. (1) 区别：归纳法中的不完全归纳法在数学上常用于猜测和推断；数学归纳法则用于证明. 联系：在数学研究中，特别是对于与正整数 n 有关的数学命题，人们常常依靠不完全归纳法从某些特殊结论来猜测一般结论，因而得到的结论未必可靠，而用数学归纳法证明的命题才一定是真的.

(2) 并非每一个与正整数 n 有关的数学命题都必须或可以用数学归纳法证明. 例如，费马定理 $x^n+y^n=z^n$ 在 $n>2$ 时无正整数解.

(3) 问题关键在于“秃子”这个概念没有严格的数学界定，即无法用“头发的数量”来具体定义，从“秃子”到“非秃子”是一个模糊的渐变过程，因此不能使用数学归纳法.

4. (1) $\frac{a+b}{2}$.

(2) $5001!+2, 5001!+3, \cdots, 5001!+5001$.

(3) $f(x)=\frac{f(x)-f(-x)}{2}+\frac{f(x)+f(-x)}{2}$.

5. 化归法的思想是指把待解决的问题，通过某种转化，归结到一类已经解决或者比较容易解决的问题中去，最终求得原问题的解答，达到化繁为简、化难为易的目的.

6. (2)第 3 个和第 4 个网络是可以遍历的.

思考题 3

2. 不是逻辑悖论，而是一种诡辩. 这个诡辩错误的原因是：从学生的角度看，当学生打赢官司时，他按照官司本身的规则不付学费给老师；当学生打输官司时，他按照与老师的约定不付学费给老师. 这二者采用了不同的标准. 站在老师的角度，采用上述不同的标准准则，当学生打赢官司时，按照师生约定，学生要付学费给老师；当学生打输官司时，按照官司本身的规则，学生要付学费给老师.

4. 第一次数学危机与毕达哥拉斯悖论相联系，问题是不认识无理数，而无理数是无限不循环小数；第二次数学危机与贝克莱悖论相联系，问题是极限理论的逻辑基础不完善，而极限正是“有穷过渡到无穷”的重要手段；第三次数学危机与罗素悖论相联系，问题在于“是其本身成员的所有集合的集合”这样的界定有问题，人们犯了自我指谓、恶性循环的错误.

6. 罗素的集合论悖论的通俗说法是“理发师悖论”. 尽管 ZFC 公理集合论的建立消除了集合论悖论，但是第三次数学危机的解决并不令人满意，因为 ZFC 系统本身是否有矛盾至今无法得到证明，因此也就不能保证这一系统中不会出现新的悖论.

思考题 4

4. $(0,1)$与$(0,+\infty)$中点一样多，因为可以在两个数集上建立一一映射：$y=\frac{x}{1-x}, x\in(0,1)$；或 $y=\tan\frac{\pi}{2}x, x\in(0,1)$等.

5. 一方面通过数学的学习、研究的实践形成，另一方面通过数学的审美实践和审美教育来培养. 自觉了解基本的数学美学知识，掌握数学美的特点，你才能感受和欣赏数学美，从而进一步理解数学美的真正含义.

习　题　7

自主探索

1. 星期三；星期日.
2. 提示：(2)的证明利用(1)的结论即可.
3. 11.
4. $239+420t$(t 为任意非负整数).
5. 148.
6. 5,47,48.
7. mathematics.
8. 可选 $r=3$，得 $s=43$.
9. (1) $\begin{bmatrix}1 & 1 & 1 & 1\\ 1 & 2 & -3 & 4\\ 2 & -3 & 5 & -1\\ 3 & -15 & 2 & 6\end{bmatrix}\begin{bmatrix}x_1\\ x_2\\ x_3\\ x_4\end{bmatrix}=\begin{bmatrix}10\\ 12\\ 7\\ 3\end{bmatrix}$，(1,2,3,4)是所给方程组的解.

(2) $\begin{cases}2x+y+2z=5,\\ 4x+2y+5z=4,\\ 2x-y+3z=1.\end{cases}$ $x=9, y=-1, z=-6$,

合作研究

1. 186,192,216.
2. car.

习　题　8

自主探索

3. 方法 1：可以把手指放在莫比乌斯带一面的任何一点上，然后沿着这个面向前移动，不越过带子的边缘，最终你会遍历莫比乌斯带的所有地方，然后回到出发点. 同样，可以把手指放在莫比乌斯带的上边缘上，然后沿着上边缘一直向前移动，最后你会遍历莫比乌斯带的整个边缘，然后回到出发点.

方法 2：染色法. 将方法 1 中的手指改为蜡笔染色即可.

4. 变成一个更大、更长的环.

合作研究

1. 自然与社会是在不断变化的，但是在变化中又要追求平稳才能长期健康发展，于是这种变化多表现为一种迭代系统，也就是说，按照一定模式不断重复变化，螺旋式上升，体现在数学上，就是一个函数的迭代问题. 而黄金矩形就是一个在其中截去一个正方形后保持形状不变的矩形，这种做法可以一直延续下去，永无止境.

2. 火车转弯处外轨垫高的原因是用重力产生的分力抵消离心力；缓冲曲线一般采用三次抛物线的形状.

习　题　9

自主探索

1. (1) $f_1(1)=2, \lim\limits_{x\to1}f_1(x)=2$.

(2) $f_2(1)=3, \lim\limits_{x\to1}f_2(x)=2$.

(3) $f_3(1)=2, \lim\limits_{x\to1}f_3(x)$不存在.

(4) $f_4(x)$在 $x=1$ 处没有定义，$\lim\limits_{x\to1}f_4(x)=+\infty$.

(5) $f_5(x)$在 $x=1$ 处没有定义，$\lim\limits_{x\to1}f_5(x)=2$.

2. $\lim\limits_{x\to3^-}f(x)=\dfrac{1}{3}$，$\lim\limits_{x\to3^+}f(x)=11$，因为 $\lim\limits_{x\to3^-}f(x)\neq\lim\limits_{x\to3^+}f(x)$，所以 $f(x)$ 在 $x\to3$ 时的极限不存在.

3. (1) $y'=\dfrac{1}{2\sqrt{x}}$；(2) $y'=2(\ln2)x2^{x^2-1}$；(3) $y'=2\cos2x$；(4) $y'=\dfrac{x}{\sqrt{x^2-1}}$.

4. 设长方形猪圈与现有篱笆相接的边长为 x m，则猪圈面积为 $s(x)=x(100-2x)$，对其求导得 $s'(x)=100-4x$. 当 $x<25$ 时，$s'(x)>0$，从而 $s(x)$ 单调增加；当 $x>25$ 时，$s'(x)<0$，从而 $s(x)$ 单调减少. 因此 $x=25$ 时，$s(x)$ 取得最大值. 也就是猪圈与现有篱笆相接的两边长为 25m，与篱笆平行的一边长为 50m 时，猪圈面积最大.

5. (1) $\int x^{\frac{2}{5}}\,\mathrm{d}x=\dfrac{5}{7}x^{\frac{7}{5}}+C$；(2) $\int\sqrt{x+1}\,\mathrm{d}x=\int\sqrt{x+1}\,\mathrm{d}(x+1)=\dfrac{2}{3}(x+1)^{\frac{3}{2}}+C$.

6. 两条曲线的交点为(0,0),(1,1).求解过程分为三步:

(1) 选取 y 为积分变量,它的变化区间为[0,1].

(2) 设想将[0,1]划分为若干个小区间,其中任意一个区间$[y,y+\mathrm{d}y]$所对应的窄条的面积可用高为$\sqrt{y}-y^2$、底为 $\mathrm{d}y$ 的窄矩形的面积来近似,从而得到面积元素

$$\mathrm{d}A=(\sqrt{y}-y^2)\mathrm{d}y.$$

(3) 以$(\sqrt{y}-y^2)\mathrm{d}y$ 为被积表达式,在区间[0,1]上作定积分,即得所求图形的面积

$$A=\int_0^1(\sqrt{y}-y^2)\mathrm{d}y=\left(\frac{2}{3}y^{\frac{3}{2}}-\frac{1}{3}y^3\right)\bigg|_0^1=\frac{1}{3}.$$

7. 面积为$\int_0^\pi \sin x\mathrm{d}x-\int_\pi^{2\pi}\sin x\mathrm{d}x=-\cos x\Big|_0^\pi+\cos x\Big|_\pi^{2\pi}=4.$

旋转体体积为$\int_0^\pi \pi\sin^2 x\mathrm{d}x=\frac{\pi}{2}\int_0^\pi(1-\cos 2x)\mathrm{d}x=\frac{\pi}{2}\left(x-\frac{1}{2}\sin 2x\right)\bigg|_0^\pi=\frac{\pi^2}{2}.$

8. 每秒钟重复次数,即频率为$\frac{700\pi}{2\pi}=350.$

合作研究

1. 水的总量太大,边际效用相对低;钻石量太少,相应地,边际效用非常大.因此,一般情况下人们认为钻石非常昂贵而水很便宜.但在缺水的沙漠里,人就会觉得水变得珍贵而钻石没那么重要了,这就是“物以稀为贵”.

2. 表示汽车的瞬时速率.用数学语言来说,测速仪可称为导数显示器.

3. (1) $\frac{\mathrm{d}T}{\mathrm{d}t}=-k(T-T_0)$,其中 $k>0$ 为常数,取负号是由于$\frac{\mathrm{d}T}{\mathrm{d}t}$为负值,将上式分离变量得 T 与 t 的函数关系为 $T=T_0+C\mathrm{e}^{-kt}$,C 为任意常数.

(2) $t_0=\frac{\ln 67-\ln 17}{\ln 67-\ln 37}\times 6\mathrm{h}\approx 13.86\mathrm{h}.$

习　题　10

自主探索

1. $\frac{7}{8}$.

2. 分别用 A,B 表示事件“抽到的两个球全是白球”及“抽到的两个球全是红球”,则 $A\cup B$ =“抽到的两个球颜色相同”.

$$P(A)=\frac{4\times 3}{7\times 6}=\frac{2}{7},\quad P(A\cup B)=\frac{4\times 3+3\times 2}{7\times 6}=\frac{3}{7}.$$

3. (1)$\frac{81}{112}$;(2)$\frac{1}{28}$.

4. 成功治愈率是指每次治疗中治疗成功的概率,而医生的说法将之曲解为了这 10 次治疗中治疗成功的频率.

5. 0.25.

6. X 的可能取值为 0,1,2,相应的概率为

$$P\{X=0\}=0.25, P\{X=1\}=0.5, P\{X=2\}=0.25.$$

7. 记出现的点数为 X,它的概率分布为 $P\{X=k\}=\frac{1}{6}, k=1,2,3,4,5,6$. 点数的期望为 $E(X)=3.5$;方差为 $D(X)=\frac{35}{12}$.

8. 0.1336.

9. $P\{2<X<5\}=0.5328$;$P\{-4<X<10\}=0.9996$;$P\{X>3\}=0.5$.

10. 0.6.

11. (5.608,6.392).

合作研究

1. (1) 赌博中机会(偶然性)的作用非常明显,参加者出于对自己胜负的关心,自然要注意各种可能情况出现的机会大小的计算问题.

(2) 赌博能在同等条件下多次重复,这样有利于积累经验并与理论上的数据作比较.

(3) 骰子赌博带来的可能性大小计算不算复杂,以当时的数学知识水平能应付得了.

习　题　11

自主探索

1. 甲和乙均写 1,结果两人平分 1 元,各得 0.5 元.

2. 两家超市都选址在街道中间位置.

3. (a)为懦夫博弈,纯策略纳什均衡为(A,B),(B,A).

(b)为安全博弈,纯策略纳什均衡为(A,A),(B,B).

4. $\left\{\left(\frac{2}{3},\frac{1}{3}\right),\left(\frac{2}{3},\frac{1}{3}\right)\right\}$.

5. 抓堆规律为:

(1) 先抓者面对 $n=4k+1$ 时,必输.

(2) 先抓者面对 $n=4k+2,4k+3,4k+4$ 时,总可以抓走适当的谷粒给后抓者剩下 $4k+1$ 粒,让后抓者必输,从而先抓者必赢,其中 k 为非负整数.

现在谷堆有 30 粒,甲先抓走 1 粒,给乙留下 29 粒,并且每次轮到甲抓时都给乙留下 4 的整数倍加 1 粒,便能保证取胜.

6. 1 号参与者选 C,2 号参与者选 Y.

7. 设 A 产量为 $x$kg,B 产量为 $y$kg,规划模型如下:

$$\max z=12x+8y;$$

$$\begin{cases}0.3x+0.4y\leqslant 140,\\0.5x+0.2y\leqslant 180,\\0.2x+0.4y\leqslant 180,\\x,y\geqslant 0.\end{cases}$$

合作研究

1. (98,0,1,0,1),即海盗一提出分给自己 98 个金币,给海盗三和五各 1 个硬币. 该提议会得到海盗一、三、五的赞成,得以通过.

参 考 文 献

[1] 张顺燕.数学的美与理[M].北京：北京大学出版社，2004.

[2] 张顺燕.数学的源与流[M].2版.北京：高等教育出版社，2003.

[3] 顾沛.数学文化[M].北京：高等教育出版社，2008.

[4] 王元明.数学是什么[M].南京：东南大学出版社，2003.

[5] 周明儒.文科高等数学基础教程[M].北京：高等教育出版社，2005.

[6] 韩雪涛.数学悖论与三次数学危机[M].长沙：湖南科学技术出版社，2007.

[7] 莫里斯·克莱因.古今数学思想[M].张理京，张锦炎，江泽涵，等译.上海：上海科学技术出版社，2009.

[8] 柯朗R，罗宾，著，斯图尔特修订.什么是数学——对思想和方法的基本研究[M].左平，张饴慈，译.增订版.上海：复旦大学出版社，2008.

[9] 李文林.数学史概论[M].北京：高等教育出版社，2000.

[10] 张文俊.数学欣赏[M].北京：科学出版社，2011.

[11] 林寿.文明之路——数学史演讲录[M].北京：科学出版社，2010.

[12] 方延明.数学文化[M].2版.北京：清华大学出版社，2009.

[13] 莫里兹.数学的本性[M].朱剑英，译.大连：大连理工大学出版社，2008.

[14] 徐本顺，殷启正.数学中的美学方法[M].大连：大连理工大学出版社，2008.

[15] 王树禾.数学思想史[M].北京：国防工业出版社，2003.

[16] 史蒂夫·斯托加茨.x的奇幻之旅——为什么工作和生活中要有数学思维？[M].鲁冬旭，译.北京：中信出版社，2014.

[17] 谢惠民.数学史赏析[M].北京：高等教育出版社，2014.

[18] 李尚志.数学大观[M].北京：高等教育出版社，2015.

[19] 亚当斯，哈斯，汤普森.微积分之屠龙宝刀[M].张菽，译.长沙：湖南科学技术出版社，2005.

[20] BITTINGER M L，ELLENBOGEN D J，SURGENT S A. Calculus and Its Applications[M]. Tenth Edition. New York：Pearson Education，2012.

[21] 同济大学数学系.高等数学[M].6版.北京：高等教育出版社，2007.

[22] 莫里斯·克莱因.西方文化中的数学[M].张祖贵，译.上海：复旦大学出版社，2005.

[23] 盛骤，谢式千，潘承毅.概率论与数理统计[M].4版.北京：高等教育出版社，2008.

[24] 陈希孺.机会的数学[M].北京：清华大学出版社，2000.

[25] 迈克尔·伍夫森.人人都来掷骰子——日常生活中的概率与统计[M].王继延，吴颖康，程靖，等，译.上海：上海科技教育出版社，2010.

[26] 劳C R.统计与真理：怎样运用偶然性[M].北京：科学出版社，2004.

[27] MILLER J D.活学活用博弈论[M].戴至中，译.北京：机械工业出版社，2011.

[28] 阿维纳什·迪克西特，巴里·奈尔伯夫.妙趣横生博弈论：事业与人生的成功之道[M].董志强，王尔山，李文霞，译.北京：机械工业出版社，2009.

[29] 董志强.身边的博弈[M].北京：机械工业出版社，2008.

[30] 约翰·卡斯蒂.20世纪数学的五大指导理论[M].叶其孝，刘宝光，译.上海：上海教育出版社，2000.

[31] 吴良刚.运筹学[M].长沙：湖南人民出版社，2001.

[32] 胡运权.运筹学教程[M].北京：清华大学出版社，1998.